全国医药类高职高专规划教材

供临床医学、药学、检验、影像、口腔、康复、护理等专业用

生物化学

主　编　徐世明　黄川锋

副主编　史仁玖　张丽娟　康爱英　于海英

编　者（以姓氏笔画为序）

于海英　漯河医学高等专科学校

王贞香　张掖医学高等专科学校

王宏娟　首都医科大学燕京医学院

王海凤　山东中医药高等专科学校

史仁玖　泰山医学院

张丽娟　首都医科大学燕京医学院

张春蕾　黑龙江中医药大学佳木斯学院

徐世明　首都医科大学燕京医学院

康爱英　南阳医学高等专科学校

黄川锋　南阳医学高等专科学校

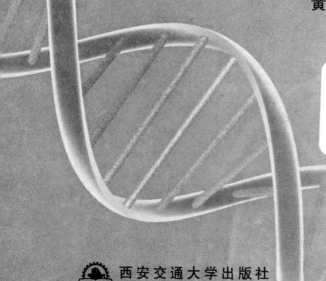

U0315544

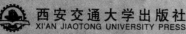

西安交通大学出版社

XI'AN JIAOTONG UNIVERSITY PRESS

内容简介

本书共十六章,内容涵盖蛋白质的结构与功能、酶、维生素、糖代谢、脂类代谢、生物氧化、氨基酸代谢、核酸的结构、功能与核苷酸代谢、基因信息的传递、基因表达调控与基因工程、癌基因、抑癌基因与生长因子、细胞信号转导、血液的生物化学、肝的生物化学和水、电解质与酸碱平衡等内容。在编写体例上,设有"学习目标"、"知识链接"、"学习小结"、"目标检测"等内容,方便对知识点的学习。本教材适合临床医学、药学、检验、影像、口腔、康复、护理等专业使用。

图书在版编目(CIP)数据

生物化学/徐世明等主编. —西安:西安交通大学
出版社,2012.11
ISBN 978-7-5605-4365-9

Ⅰ.①生… Ⅱ.①徐… Ⅲ.①生物化学-高等职业教
育-教材 Ⅳ.①Q5

中国版本图书馆 CIP 数据核字(2012)第 098133 号

书　　名	生物化学
主　　编	徐世明　黄川锋
责任编辑	王华丽
出版发行	西安交通大学出版社
	(西安市兴庆南路 10 号　邮政编码 710049)
网　　址	http://www.xjtupress.com
电　　话	(029)82668357　82667874(发行中心)
	(029)82668315　82669096(总编办)
传　　真	(029)82668280
印　　刷	陕西时代支点印务有限公司
开　　本	787mm×1092mm　1/16　　印张　18.5　　字数　441 千字
版次印次	2012 年 11 月第 1 版　　2012 年 11 月第 1 次印刷
书　　号	ISBN 978-7-5605-4365-9/Q·8
定　　价	39.80 元

读者购书、书店添货、如发现印装质量问题,请与本社发行中心联系、调换。
订购热线:(029)82665248　(029)82665249
投稿热线:(029)82668803
读者信箱:xjtumpress@163.com

前　言

　　医学高职高专层次教育的办学宗旨是为基层培养实用型医学人才服务,其特点是学制较短,学生的知识层次偏低,教学中的工学结合要求较高,如何适应这些现实特点,进行有针对性的教学,培养出社会需要的实用型医学人才,是我们在教学工作中应该时刻思考的问题。

　　教材是知识的载体,一套合适的教材在教学实践中往往可以收到事半功倍的效果。本版《生物化学》是在西安交通大学出版社的组织下,由多所医学高职高专学校的教师经过研讨编写,体现了"国家中长期教育改革和发展规划纲要(2010～2020年)"的精神。

　　本教材以满足高职层次医学人才岗位需要和职业发展为目标,精心设计教材的结构体系,突出"三基"(基础知识、基本理论和基本技能),紧密联系临床实际,努力使教材兼备科学性、先进性、思想性、实用性和启发性。教材内容的选择以"必需、够用、实用"为原则,删减优化了部分繁难的教学内容,增加了部分临床需要的新内容。力求语言流畅,叙述清晰,图文并茂,利于教学。同时参考了助理医师执业资格考试的大纲,使教材内容更加符合学生未来职业实践的要求。文中每章开头有"学习目标",结尾有"学习小结"和"目标检测"等内容,方便了学生的学习和应考。重点章节都有数量不等的"知识链接"用于拓展知识、提高学习兴趣。

　　本教材内容分为十六章,包括绪论、蛋白质的结构与功能、酶、维生素、糖代谢、脂类代谢、生物氧化、氨基酸代谢、核酸的结构、功能与核苷酸代谢、基因信息的传递、基因表达调控与基因工程、癌基因、抑癌基因与生长因子、细胞信号转导、血液的生物化学、肝的生物化学以及水、电解质与酸碱平衡等十六章内容,能较好地满足高职高专的教学需要。

　　本书由来自七所院校的十位老师共同担任编写任务。全书共分为十六章,各章编写工作如下:第一章,徐世明;第二章,王宏娟与徐世明;第三章和第十五章,康爱英;第四章和第十六章,王海凤;第五章和第九章,于海英;第六章和第十章,黄川锋;第七章,张丽娟;第八章,王贞香与徐世明;第十一章和第十二章,史仁玖;第十三章和第十四章,张春蕾。

　　参加本教材编写的人员都是具有丰富生物化学教学经验和较高理论水平的一线教师,全体参编人员以严谨的工作作风,团结协作的精神完成了编写任务。由于编写时间仓促,我们的学识水平有限,本教材定有差错和不妥之处,期盼同行专家、使用本教材的师生和广大读者多提宝贵意见。

徐世明　黄川锋

2012年2月

前言

目　录

3

4

第一章　绪论

生物化学(biochemistry)是从分子水平研究生物体的化学组成及化学变化,阐释生命现象化学本质的科学,因此被称为"生命的化学"。生物化学按照研究对象不同,可分为动物生化、植物生化、微生物生化等。以人体为主要研究对象的生物化学,即医学生物化学,是一门重要的医学专业基础课程。随着医学科学的发展,生物化学的理论和技术取得巨大成就,已经成为生命科学领域的前沿科学。

一、生物化学发展简史

(一)萌芽阶段

生物化学起源于生产实践。在我国古代,劳动人民用"曲"作"媒"(即酶)催化谷物淀粉发酵酿酒,用蛋白质凝固的原理制作豆腐,用富含维生素 A 的猪肝治疗雀目(夜盲症)等,都是生物化学知识在生产实践中的应用。

(二)叙述生物化学阶段

18 世纪中叶到 19 世纪末是生物化学发展的初级阶段,有机化学的崛起奠定了生物化学诞生的基础。20 世纪初生物化学成为一门独立的学科,从生理学中分离出来并迅速发展,这一时期主要研究生物体的化学组成,称为叙述生物化学阶段,重要贡献有:对糖类、脂类及氨基酸的性质进行了较为系统的研究,发现了核酸,人工合成了简单的多肽,从血液中分离了血红蛋白,发现酵母发酵过程中"可溶性催化剂",奠定了酶学的基础等。

(三)动态生物化学阶段

20 世纪初开始,生物化学获得了蓬勃发展,许多重要的物质代谢途径如鸟氨酸循环、三羧酸循环、脂肪酸 β 氧化等过程被相继阐明,因此被称为动态生物化学阶段。这一时期,在营养方面,发现了必需脂肪酸、必需氨基酸和多种维生素;在内分泌方面,发现并分离了多种激素;在酶学发面,得到脲酶的结晶,证明酶的化学本质是蛋白质;在生物能方面,提出了生物能产生过程中的 ATP 循环学说。

(四)分子生物学时期

20 世纪 40 年代,遗传学研究突飞猛进。1953 年 DNA 双螺旋结构模型的提出具有里程碑意义,是生物化学进入分子生物学时期的重要标志。此后不久,初步确立了遗传信息传递的中心法则。70 年代,重组 DNA 技术的建立使人们主动改造生物体成为可能。20 世纪末启动的人类基因组计划,是人类生命科学领域的又一伟大创举。之后,功能基因组研究迅速崛起,并催生了其他"组学"的研究,如蛋白质组学、转录组学、RNA 组学、代谢组学、糖组学……

尽管生物化学和分子生物学的研究发展迅速,但人类基因组序列的揭晓只是序幕而已,关于生命本质的认识仍然任重而道远。

二、我国科学家对生物化学的贡献

早在 20 世纪 30 年代，我国生物化学家吴宪就提出了蛋白质变性学说，创立了血滤液的制备和血糖测定法。新中国成立后，我国的生物化学迅速发展。1965 年我国在世界上首次人工合成了具有生物活性的结晶牛胰岛素。1981 年又成功合成了酵母丙氨酰- tRNA。1999 年我国参加人类基因组计划，承担其中 1‰的工作，并于次年完成。2002 年我国学者完成了水稻的基因组精细图。近年来，我国在基因工程、蛋白质工程、新基因的克隆、疾病相关基因的定位克隆等方面的研究均取得了重要成果。我国科学家为生物化学的发展做出了重要贡献。

三、生物化学研究的主要内容

(一)生物分子的组成、结构及功能

生物体是由蛋白质、核酸、糖、脂、水、无机盐和维生素等物质组成的，其中蛋白质、核酸因分子量大、结构复杂，被称为生物大分子。介绍生物分子的组成、结构及功能的内容被称为叙述生化。生物大分子的结构具有一定的规律性，即由一定的基本单位通过一定的基本结构键连接成链状并进行复杂的折叠，形成具有特定空间结构的分子，如蛋白质以氨基酸为基本单位通过肽键连接，核酸以核苷酸为基本单位通过 $3', 5'$-磷酸二酯键连接，二者都需要进一步折叠才能成为具有生物功能的分子。生物大分子的结构和功能对从病毒到复杂的多细胞生物都具有重要的意义：核酸负责遗传信息的贮存、传递和表达；蛋白质是基因的表达产物，是生命的重要体现者；酶是一种特殊的蛋白质，在物质代谢过程中发挥催化作用。生物大分子结构和功能的异常可导致疾病。

(二)物质代谢及其调控

机体不断与周围环境进行物质和能量的交换，以实现自我更新的过程称为新陈代谢。新陈代谢是生命的基本特征。物质代谢及其调控的内容又被称为动态生化，是生物化学研究的重要内容。生物体从外界环境摄取营养物质，合成自身组织成分，同时储存能量，称为合成代谢；自身组织成分分解，并释放能量供机体利用，称为分解代谢。据估计，一个人在一生中(以 60 岁年龄计算)，与外环境交换的物质约有 60000kg 水、10000kg 糖、1600kg 蛋白质，以及 1000kg 脂。食物中的糖、脂和蛋白质经过消化和吸收进入人体，在人体内发生各种代谢变化，代谢产物或被人体利用，或被排出体外。核苷酸是合成核酸的原料，人体内的核苷酸几乎都来自于自身合成。物质代谢往往伴随有能量的储存与释放，ATP 在物质代谢过程中发挥重要的能量载体的作用。

各种物质代谢过程既相对独立又彼此联系，适应人体内外环境的变化，维持着动态平衡。研究发现，在同一细胞中，近 2000 种酶可同时催化不同代谢途径的各种化学反应。由于人体内存在完善的调节系统，各种化学反应可有条不紊地高速进行且互不干扰。一旦调节系统出现异常，就会引起物质代谢紊乱，甚至引起疾病。

(三)遗传信息的贮存、传递与表达

遗传是生命的又一重要特性，遗传信息的贮存、传递与表达及其调控机制是现代分子生物

学研究的主要内容。20 世纪 50 年代,生物化学进入了分子生物学(molecular biology)时代。从广义上说,分子生物学是生物化学的重要组成部分,也是生物化学的发展和延续。

DNA 是遗传的物质基础,遗传信息的传递是指细胞在分裂增殖的过程中,通过 DNA 的复制实现遗传信息的世代相传。在 DNA 分子中,具有表达活性的功能性片段称为基因。遗传信息的表达,是指贮存在 DNA 分子中的遗传信息通过转录合成 RNA,以 mRNA 为模板通过翻译合成蛋白质的过程。遗传信息的传递和表达受到各种复杂机制的严格调控。除了复制、转录和翻译,少数病毒体内还存在逆转录、RNA 复制等遗传信息传递的流向。遗传信息的贮存、传递和表达与机体的遗传、生长和分化等生命过程有关,也与遗传性疾病、肿瘤、心血管病等多种疾病的发生密切相关。

四、生物化学与医学

生物化学在疾病的预防、诊断和治疗等方面均具有重要作用。了解疾病的发病机制,进行主动的健康干预,可以有效减少疾病的发生,如已知 2 型糖尿病与能量代谢障碍有关,可以提倡"少食多动"以预防糖尿病的发生;已知苯丙酮尿症是由于遗传性缺乏苯丙氨酸羟化酶造成的,及早进行营养干预可以有效避免神经系统损害的发生。生物化学检验报告往往是作出临床诊断必不可少的依据之一,通过对血、尿、脑脊液等生物样品中蛋白质、酶、激素、糖、脂类、胆红素、尿素等的检测,可以帮助临床医生确定诊断、评价疗效和分析预后;PCR 技术、基因芯片等先进的分子生物学技术已广泛应用于遗传病、感染性疾病的诊断以及法医物证学研究。最有效的治疗是根据疾病发生的分子机制和药物作用的分子机制进行合理施治,生物化学的理论和技术的发展推动了对疾病本质的认识,也促进了新药的开发和应用。近年来,人们对复杂病因疾病,如心血管疾病、恶性肿瘤、代谢性疾病、免疫性疾病、神经系统疾病等的研究取得了长足进步;基因治疗已经试用于临床并取得一定疗效;重组 DNA 技术生产的蛋白质、多肽类药物使生化药物获得了全新的定义……

生物化学理论和技术已经渗透到医学科学的各个学科和领域,成为各学科之间相互联系的共同语言。生物化学也因吸取了众多学科的长处而更具有生命力,为推动医学科学的发展做出了巨大贡献。

因此,学习和掌握一定的生物化学知识,不仅有利于我们理解生命现象的本质和人体正常生理过程的分子机制,更为我们学习后续的基础课程和临床课程打下了扎实的基础。

第二章　蛋白质的结构与功能

学习目标

【掌握】蛋白质元素组成及平均含氮量；蛋白质一、二、三、四级结构概念及维系键。

【熟悉】20 种氨基酸名称、特点、分类；蛋白质的理化性质。

【了解】蛋白质结构与功能的关系；蛋白质的呈色反应；蛋白质的分类。

第一节　蛋白质的分子组成

一、蛋白质的元素组成

从各种动植物组织提取的蛋白质(protein)，经元素分析表明，含碳 50%～55%、氢 6%～8%、氧 19%～24%、氮 13%～19% 和硫 0%～4%，有些蛋白质还含有少量磷、硒或金属元素铁、铜、锌、锰、钴、钼等，个别蛋白质还含有碘。

各种蛋白质的含氮量很接近，平均为 16%。由于动植物组织中含氮物质以蛋白质为主，因此通过测定生物样品中的含氮量，根据蛋白质的平均含氮量为 16%，就可以按下列公式计算出样品中蛋白质的大致含量。

$$100 克样品中蛋白质含量 = 每克样品中含氮克数 \times 6.25 \times 100$$

二、蛋白质的基本组成单位——氨基酸

研究大分子有机化合物的组成单位，最常用的方法是将大分子化合物进行水解。蛋白质在酸、碱或蛋白酶的作用下，可以被水解为小分子物质。蛋白质彻底水解后，用化学分析方法证明其基本组成单位是氨基酸(amino acid)。

(一)氨基酸的一般结构特点

(1)组成天然蛋白的氨基酸都是 α-氨基酸(脯氨酸为 α-亚氨基酸)　蛋白质水解生成的天然氨基酸，其化学结构具有一个共同的特点，即连接羧基的 α 碳原子上还连有一个氨基(或亚氨基)，故称 α-氨基酸，其结构通式如下：

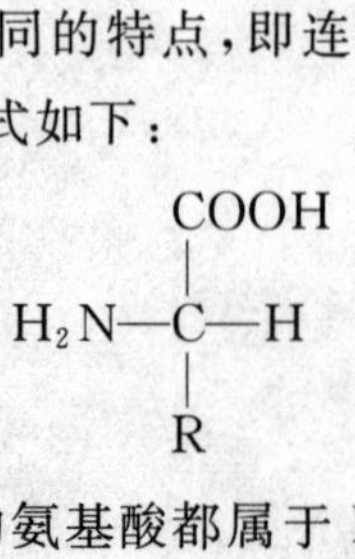

$$H_2N-\underset{\underset{R}{|}}{\overset{\overset{COOH}{|}}{C}}-H$$

(2)除甘氨酸外，组成天然蛋白质的氨基酸都属于 L-型氨基酸　由氨基酸结构通式可以

看出,除 R 为 H 外,与 α 碳原子相连的四个原子或基团各不相同,所以除甘氨酸外其余氨基酸的 α 碳原子是一个不对称碳原子,因而具有旋光异构现象,有 D 和 L 两种构型之分。组成天然蛋白质的氨基酸属于 L-型氨基酸。目前,生物界中已发现的 D-型氨基酸大都存在于某些细菌产生的抗生素及个别植物的生物碱中。

(3)不同的氨基酸主要体现在侧链(R 基团)的不同 组成天然蛋白质的 20 种氨基酸,都具有 α-氨基、α-羧基及 α 碳上的氢,其不同在于侧链(R 基团)的不同。

(二)氨基酸的分类

根据氨基酸侧链(R 基团)的结构和性质不同,将 20 种氨基酸分为四类(表 2-1)。

(1)非极性侧链氨基酸 这类氨基酸的特征是其具有非极性侧链,它们显示出不同程度的疏水性。属于这一类的氨基酸包括脂肪族氨基酸(丙氨酸、缬氨酸、亮氨酸、异亮氨酸和蛋氨酸)和芳香族氨基酸(苯丙氨酸和色氨酸)以及亚氨基酸(脯氨酸)。

(2)非电离极性侧链氨基酸 其特征是具有极性侧链,故有亲水性。这类氨基酸有的具有羟基(丝氨酸、苏氨酸和酪氨酸),有的具有巯基(半胱氨酸),有的具有酰胺基(天冬酰胺和谷氨酰胺);侧链只有一个氢但仍能表现一定极性的甘氨酸也属此类。

(3)酸性侧链氨基酸 其侧链含有羧基,在生理条件下分子带负电荷,又称带负电荷的侧链氨基酸,包括天冬氨酸和谷氨酸。

(4)碱性侧链氨基酸 这类氨基酸的特征是在生理条件下带正电荷,又称带正电荷的侧链氨基酸,包括侧链含 ε-氨基的赖氨酸、含胍基的精氨酸和含咪唑基的组氨酸。

三、肽

蛋白质是由氨基酸聚合成的高分子化合物。在蛋白质分子中,氨基酸之间通过肽键(peptide bond)相连。肽键是由一个氨基酸的羧基和另一个氨基酸的氨基脱水缩合形成的键,又称酰胺键(—CO—NH—)。

$$\underset{\underset{H}{|}}{\overset{\overset{R_1}{|}}{H_2N-C-COOH}} + \underset{\underset{H}{|}}{\overset{\overset{R_2}{|}}{H_2N-C-COOH}} \longrightarrow \underset{\underset{H}{|}}{\overset{\overset{R_1}{|}}{H_2N-C-}}\overset{O}{\overset{\|}{C}}\underset{\underset{H}{|}}{-N}\underset{\underset{H}{|}}{\overset{\overset{R_2}{|}}{-C-COOH}} + H_2O$$

氨基酸之间通过肽键相互连接而成的化合物称为肽(peptide)。由两个氨基酸形成的肽叫二肽,如甘氨酸与丝氨酸脱水生成的二肽即甘氨酰丝氨酸。三个氨基酸形成的肽叫三肽,以此类推。一般十肽以下称为寡肽,十肽以上者则称为多肽或多肽链(polypeptide chain)。肽链中的氨基酸分子因脱水缩合而有残缺,故称为氨基酸残基。蛋白质就是由许多氨基酸残基组成的多肽链,通常将分子量在 10000 以上的称为蛋白质,以下的称为多肽(胰岛素的分子量虽为 5733,但习惯上仍称为蛋白质)。多肽链中有游离 α-氨基的一端称为氨基末端或 N 末端;有游离 α-羧基的一端称羧基末端或 C 末端。按照惯例,命名和书写肽链均从 N 末端开始指向 C 末端。

生物体内能合成许多具有各种重要生物学活性的小分子肽,称为生物活性肽,如抗氧化作用的谷胱甘肽(glutathione,GSH)、下丘脑分泌的促甲状腺素释放激素及腺垂体分泌的促肾上腺皮质激素等。近年来,通过重组 DNA 技术,在体外还可以生成重组多肽类药物、重组多肽类疫苗等。

表 2-1 组成蛋白质的 20 种编码氨基酸

氨基酸名称	简写符号	结构式	等电点(pI)
非极性侧链氨基酸			
丙氨酸	丙,Ala,A	$CH_3-\underset{\underset{NH_3^+}{\mid}}{CH}-COO^-$	6.00
缬氨酸	缬,Val,V	$\underset{\underset{CH_3}{\mid}}{CH_3}-\underset{\underset{NH_3^+}{\mid}}{CH}-COO^-$	5.96
亮氨酸	亮,Leu,L	$\underset{\underset{CH_3}{\mid}}{CH}-CH_2-\underset{\underset{NH_3^+}{\mid}}{CH}-COO^-$	5.98
异亮氨酸	异,Ile,I	$CH_3-CH_2-\underset{\underset{CH_3}{\mid}}{CH}-\underset{\underset{NH_3^+}{\mid}}{CH}-COO^-$	6.02
蛋氨酸(甲硫氨酸)	蛋,Met,M	$CH_3-S-CH_2-CH_2-\underset{\underset{NH_3^+}{\mid}}{CH}-COO^-$	5.74
苯丙氨酸	苯,Phe,F	$C_6H_5-CH_2-\underset{\underset{NH_3^+}{\mid}}{CH}-COO^-$	5.48
色氨酸	色,Trp,W	吲哚环$-CH_2-\underset{\underset{NH_3^+}{\mid}}{CH}-COO^-$	5.89
脯氨酸	脯,Pro,P	$\underset{H_2C}{\overset{H_2C---CH_2}{\diagdown}}\underset{\underset{NH_2^+}{\mid}}{CH}-COO^-$	6.30
非电离极性侧链氨基酸			
甘氨酸	甘,Gly,G	$H-\underset{\underset{NH_3^+}{\mid}}{CH}-COO^-$	5.97
丝氨酸	丝,Ser,S	$HO-CH_2-\underset{\underset{NH_3^+}{\mid}}{CH}-COO^-$	5.68

氨基酸名称	简写符号	结构式	等电点（pI）
苏氨酸	苏，Thr，T	HO—CH—CH—COO⁻ (CH₃, NH₃⁺)	5.60
酪氨酸	酪，Tyr，Y	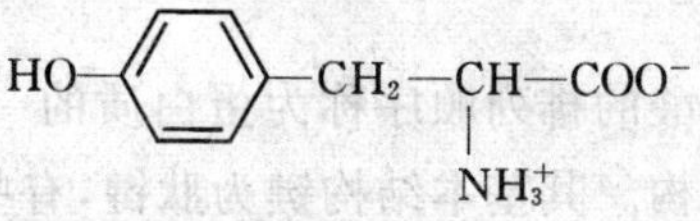 HO—〈苯环〉—CH₂—CH—COO⁻ (NH₃⁺)	5.66
半胱氨酸	半，Cys，C	HS—CH₂—CH—COO⁻ (NH₃⁺)	5.07
天冬酰胺	天-NH₂，Asn，N	H₂N—C(=O)—CH₂—CH—COO⁻ (NH₃⁺)	5.41
谷氨酰胺	谷-NH₂，Gln，Q	H₂N—C(=O)—CH₂—CH₂—CH—COO⁻ (NH₃⁺)	5.65

酸性侧链氨基酸

氨基酸名称	简写符号	结构式	等电点（pI）
天冬氨酸	天，Asp，D	HOOC—CH₂—CH—COO⁻ (NH₃⁺)	2.97
谷氨酸	谷，Glu，E	HOOC—CH₂—CH₂—CH—COO⁻ (NH₃⁺)	3.22

碱性侧链氨基酸

氨基酸名称	简写符号	结构式	等电点（pI）
赖氨酸	赖，Lys，K	H₂N—CH₂—CH₂—CH₂—CH₂—CH—COO⁻ (NH₃⁺)	9.74
精氨酸	精，Arg，R	H₂N—C(=NH)—NH—CH₂—CH₂—CH₂—CH—COO⁻ (NH₃⁺)	10.76
组氨酸	组，His，H	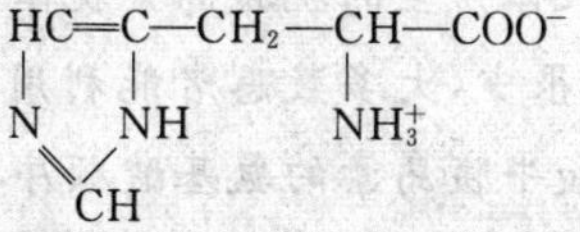 HC=C—CH₂—CH—COO⁻ (N, NH, CH, NH₃⁺)	7.59

第二节　蛋白质的分子结构

　　蛋白质是由 20 种氨基酸借肽键连接形成的生物大分子。生物体内存在着种类繁多、功能各异的蛋白质。每种蛋白质都有其特定的结构并执行独特的功能。根据对不同种类、不同形状、不同功能的蛋白质结构的研究，可将蛋白质的结构分为一、二、三和四级，后三者统称空间结构、高级结构或空间构象。但并非所有蛋白质都有四级结构，由一条肽链形成的蛋白质只有一、二和三级结构，由两条以上肽链形成的蛋白质才可能有四级结构。

一、蛋白质的一级结构

蛋白质分子中各氨基酸的排列顺序称为蛋白质的一级结构（primary structure）。一级结构是蛋白质分子的基本结构。其基本结构键为肽键，有些尚含有二硫键，由两个半胱氨酸残基的巯基（—SH）脱氢氧化而生成。

1954 年英国生物化学家 Sanger 报道了胰岛素（insulin）的一级结构，这是世界上第一个被确定一级结构的蛋白质。胰岛素是由胰岛 β 细胞分泌的一种激素，分子量 5733，由 A 和 B 两条多肽链组成。A 链有 21 个氨基酸残基，B 链有 30 个氨基酸残基，A 和 B 链通过两个链间二硫键相连，A 链本身第 6 和第 11 位半胱氨酸间形成一个链内二硫键，使 A 链部分环合（图 2-1）。

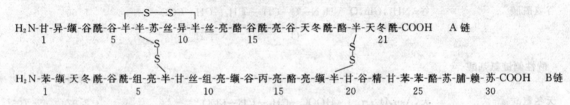

图 2-1　人胰岛素的一级结构

蛋白质分子的一级结构是其生物学活性及特异空间结构的基础。尽管各种蛋白质的基本结构都是多肽链，但所含氨基酸数目以及氨基酸种类在多肽链中的排列顺序不同，这就形成了结构多样、功能各异的蛋白质。因此，对蛋白质一级结构的研究，是在分子水平上阐述蛋白质结构与其功能关系的基础。

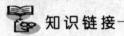 **知识链接**

人和动物的胰岛素一级结构差别与糖尿病的治疗

糖尿病治疗用的胰岛素，通常是从猪和牛胰腺提取的胰岛素。由于它们的氨基酸顺序与人胰岛素有差异，某些糖尿病患者对注入的动物胰岛素初期会发生变态反应，而在治疗后期则产生胰岛素抗性，后者是因为人体产生的抗胰岛素抗体的滴度太高所致。所幸，对猪和牛胰岛素产生这种有害免疫反应的人很少，大多数患者能利用这种胰岛素而无免疫反应并发症。人类的这种相容性，一是因为猪和牛胰岛素的氨基酸顺序与人胰岛素的差别甚小，二是因为所改变的氨基酸具有保守性（如牛的 A_8 和 A_{10} 相应为 Ala 和 Val，而非人的 Thr 和 Ile，但 A_8 和 A_{10} 恰好位于 A 链的二硫键构成的环内），这种变化对胰岛素的三维结构并无明显干扰。猪胰岛素因比牛胰岛素更接近人类而易于被人接受。其他动物的胰岛素则不适用于临床应用。

二、蛋白质的空间结构

蛋白质的空间结构也称蛋白质的构象,是指蛋白质分子内各原子围绕某些共价键的旋转而形成的各种空间排布及相互关系。各种蛋白质的分子形状、理化性质和生物学活性主要取决于它特定的空间结构。

蛋白质的构象可分为主链构象和侧链构象。主链构象是指多肽链主链骨架上各原子(即肽键有关原子及 α 碳原子)的排布及相互关系,侧链构象是指多肽链中各氨基酸残基侧链(R基团)中原子的排布及相互关系。

(一)蛋白质的二级结构

蛋白质的二级结构(secondary structure)是指多肽链中主链原子在局部空间的规律性排列,并不涉及侧链的构象。在所有已测定的蛋白质中均有二级结构的存在,主要形式包括:α-螺旋、β-折叠、β-转角和无规卷曲等。

1.肽键平面

肽链中的肽键键长为 0.132nm,短于 C_α—N 单键的 0.149nm,而长于 C=N 双键的 0.127nm,故肽键具有部分双键的性质,不能自由旋转。在肽键中,与 C—N 相连的 O 和 H 为反式结构,且 C 和 N 周围的 3 个键角之和均为 360°,因此,肽键中的 C、O、N、H 四个原子与它们相邻的两个 α 碳原子都处在同一个平面上,该平面称肽键平面,也称肽单元(图 2-2)。在肽键平面中只有 C_α—C 和 C_α—N 之间的单键能够旋转,旋转角度的大小决定了两个肽键平面之间的关系。因此,肽键平面随 α 碳原子两侧单键的旋转而构成的排布是主链中各种构象的结构基础。

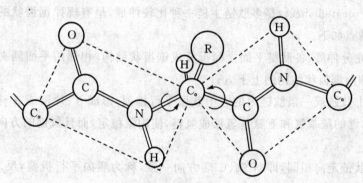

图 2-2 肽键平面

2. α-螺旋

α-螺旋(α-helix)是指多肽链中肽键平面通过 α 碳原子的相对旋转,沿长轴方向有规律盘绕形成的一种紧密螺旋盘曲构象(图 2-3),是多肽链最简单的排列方式,其特点如下:

(1)多肽链主链围绕中心轴按顺时针方向紧密盘曲形成稳固的右手螺旋;

(2)螺旋中每 3.6 个氨基酸残基上升一圈,螺距为 0.54nm;

(3)相邻两圈螺旋之间借肽键中 C=O 的 O 和第四个肽键的 N—H 形成许多链内氢键,这是稳定 α-螺旋的主要化学键;

（4）肽链中氨基酸侧链 R 基团分布在螺旋外侧。

α-螺旋是球状蛋白质构象中最常见的二级结构形式,第一个被阐明空间结构的蛋白质(肌红蛋白)几乎完全由 α-螺旋结构组成。

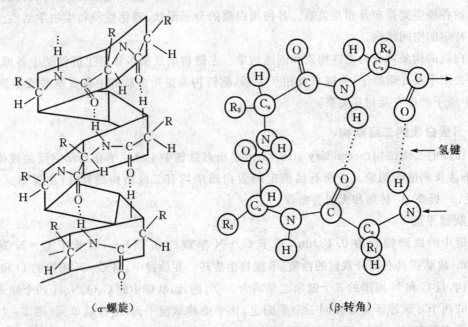

（α-螺旋）　　　　　　　　　　　　　　　（β-转角）

图 2-3　α-螺旋及 β-转角结构

3. β-折叠

β-折叠(β-pleated sheet)是多肽链主链一种比较伸展,呈有规律锯齿状的二级结构形式(图 2-4)。其特点如下:

（1）多肽链充分伸展,各肽键平面之间折叠成锯齿状结构,相邻两平面间夹角为 110°,侧链 R 基团交错伸向锯齿状结构的上下方;

（2）两条以上肽链或一条肽链内的若干肽段平行排列,形成 β-片层或 β-折叠层结构,它们之间靠链间肽键的羰基氧和亚氨基氢形成氢键,使构象稳定,而且氢键的方向与折叠的长轴垂直;

（3）若两条肽链走向相同,即 N 端、C 端方向一致,称为顺向平行折叠,反之,称为反向平行折叠。从能量角度看,反向平行更为稳定。

β-折叠一般与结构蛋白的空间构象有关,但也存在于某些球状蛋白的空间构象中。如天然丝心蛋白就同时具有 β-折叠和 α-螺旋,溶菌酶、羧肽酶等球状蛋白中也都存在 β-折叠。

4. β-转角

在球状蛋白质分子中,肽链主链常常会出现 180°的回折,回折部分称为 β-转角(β-turn)(图 2-3)。β-转角通常由 4 个连续的氨基酸残基组成,第一个残基的羰基氧与第四个残基的亚氨基氢形成氢键,以维持转角构象的稳定。

5. 无规卷曲

上述的 α-螺旋、β-折叠和 β-转角为有规律的蛋白质二级结构形式,其余若干肽段的空间

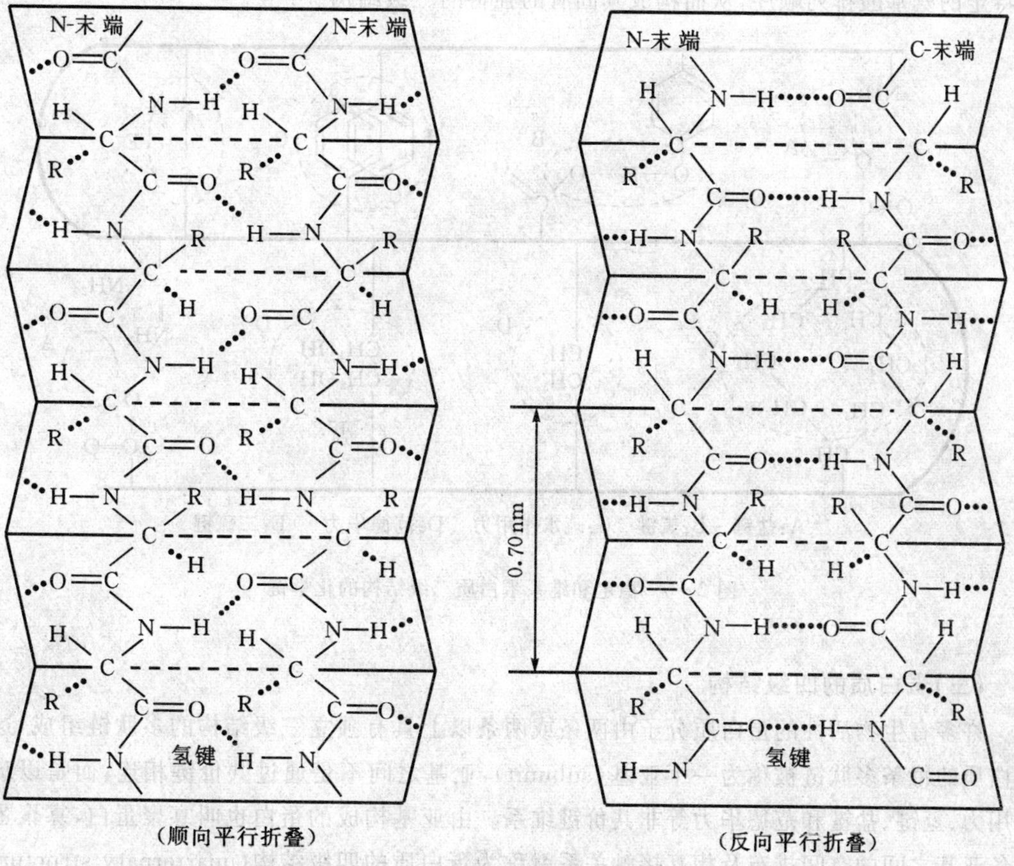

图 2-4 β-折叠结构

排列虽有些规则,但规律性不强,不易描述,这些没有确定规律性的部分肽链构象称为无规卷曲(random coil)。

（二）蛋白质的三级结构

一条具有二级结构的多肽链,由于其序列上相隔较远的氨基酸残基侧链的相互作用而具有范围广泛的盘曲与折叠,形成包括主、侧链在内的空间排布,这种在一条多肽链内所有原子在三维空间的整体排布就称为蛋白质的三级结构(tertiary structure)。分子量较大的蛋白质形成三级结构时,肽链中某些局部的二级结构常汇集在一起,形成在空间上可以明显区别的局部区域并发挥特定的生物学功能,这种局部区域就称为结构域(domain)。结构域大多呈"口袋"、"洞穴"或"裂缝"状,一般每个结构域约由 100～300 个氨基酸残基组成,各有独特的空间构象,并承担不同的生物学功能。稳定三级结构的因素主要是 R 基团之间相互作用形成的各种非共价键,包括疏水作用力、氢键、盐键(离子键)和范德华力等(图 2-5)。其中疏水作用力是许多疏水基团具有的一种避开水相、聚合而藏于蛋白质分子内部趋势的结合力,它是维持蛋白质三级结构最主要的稳定力。有些蛋白质分子中两个半胱氨酸巯基共价结合而形成的二硫键也参与维持三级结构的稳定。蛋白质的三级结构是由一级结构决定的,每种蛋白质都有自已特定的氨基酸排列顺序,从而构成其固有的独特的三级结构。

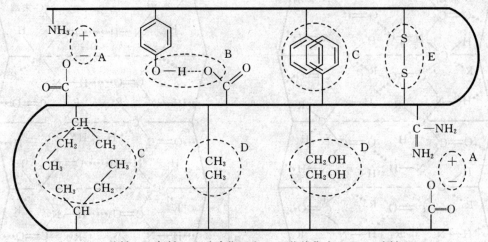

A:盐键　B:氢键　C:疏水作用力　D:范德华力　E:二硫键

图 2-5　稳定和维系蛋白质三级结构的化学键

(三)蛋白质的四级结构

　　许多有生物活性的蛋白质分子由两条或两条以上具有独立三级结构的多肽链组成,这种蛋白质的每条多肽链被称为一个亚基(subunit),亚基之间不是通过共价键相连,而是以疏水作用力、氢键、盐键和范德华力等非共价键维系。由亚基构成的蛋白也叫寡聚蛋白,寡聚蛋白中各亚基之间的空间排布及相互接触关系就称为蛋白质的四级结构(quarternary structure)。分子量 55000 以上的蛋白质几乎都有亚基,亚基可以相同也可以不同。如血红蛋白是由两个 α 亚基和两个 β 亚基构成的 $\alpha_2\beta_2$ 四聚体(图 2-6),具有运输 O_2 和 CO_2 的功能。单独的亚基一般没有生物学活性,只有完整的四级结构寡聚体才有生物学活性。因此在一定条件下,亚基的聚合和解聚对四级结构蛋白质的活性具有调节作用。有些蛋白质虽然由两条或两条以上的多

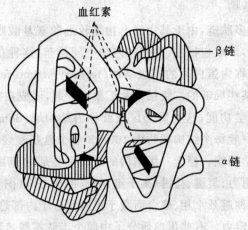

图 2-6　血红蛋白四级结构

肽链组成,但肽链间通过共价键(如二硫键)连接,这种结构不属于四级结构,如前述的胰岛素。

第三节　蛋白质结构与功能的关系

蛋白质的分子结构纷纭万象,其功能亦多种多样。每种蛋白质都执行着特异的生物学功能,而这些功能又都是与其特异的一级结构和空间构象密切联系。因此,蛋白质结构与功能的关系是生物化学研究的重要课题。

一、蛋白质一级结构与功能的关系

蛋白质特定的构象和功能是由其一级结构决定的。多肽链中氨基酸的排列顺序决定了该肽链的折叠、盘曲方式,即决定了蛋白质的空间结构,进而显示特定的功能。一级结构主要从两个方面影响蛋白质的功能活性:一部分氨基酸残基直接参与构成蛋白质的功能活性区,它们的特殊侧链基团即为蛋白质的功能基团,如果这种氨基酸残基被置换,将影响该蛋白质的功能;另一部分氨基酸残基虽然不直接作为功能基团,但它们在蛋白质的构象中处于关键位置,如置换也将影响其功能。例如,不同哺乳动物来源的胰岛素,它们的一级结构虽不完全一样,但肽链中与胰岛素特定空间结构形成有关的氨基酸残基却完全一致,51 个氨基酸残基中有 24 个恒定不变,分子中半胱氨酸残基的数量(6 个)及其排列位置恒定不变,而它们在决定胰岛素空间结构中起关键作用。如将胰岛素分子中 A 链 N 端的第一个氨基酸残基切去,其活性只剩下 2%～10%,如再将紧邻的第 2～4 位氨基酸残基切去,其活性完全丧失,说明这些氨基酸残基属于胰岛素活性部位的功能基团;如将胰岛素 A、B 两链间的二硫键还原,两链即分离,此时胰岛素的功能也完全丧失,说明二硫键是必不可少的;如将胰岛素分子 B 链第 28～30 位氨基酸残基切去,其活性仍能维持原活性的 100%,说明这些位置的氨基酸与功能活性及整体构象的关系不太密切。

二、蛋白质空间结构与功能的关系

蛋白质分子一级结构决定其三维空间结构,而蛋白质构象是生物活性的基础。若蛋白质一级结构保持不变,构象的改变即可导致其功能的变化。体内外各种蛋白质活性调节物质主要通过改变蛋白质构象来达到调节其生物活性的目的。

核糖核酸酶是由 124 个氨基酸残基组成的单链蛋白质,依靠分子内 4 个二硫键及其他非共价键维系空间结构的稳定。用蛋白变性剂尿素(8mol/L)和还原剂 β-巯基乙醇处理核糖核酸酶,分别破坏次级键和二硫键,使其二、三级结构遭到破坏,但肽键不受影响,所以一级结构仍存在,但此时该酶活性已丧失。如果通过透析方法,将尿素和 β-巯基乙醇除去,使核糖核酸酶分子中的巯基缓慢地氧化形成二硫键,其构象得到恢复,重现其酶活性(图 2－7)。此例充分证明,特定的蛋白质构象,以其一级结构为基础,并与其生物功能存在密切的关系。

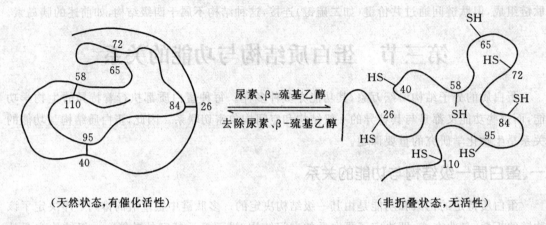

图 2-7　核糖核酸酶空间结构与功能的关系

第四节　蛋白质的理化性质

蛋白质由氨基酸组成,其理化性质有一部分与氨基酸相同或相关,例如两性解离及等电点、紫外吸收性质、呈色反应等。蛋白质又是由许多氨基酸组成的高分子化合物,也有一部分化学性质与氨基酸不同,表现出单个氨基酸分子所未有的性质,如高分子量、胶体性质、变性、沉淀和凝固等。

一、蛋白质的两性解离和等电点

蛋白质由氨基酸通过肽键连接,肽链两端游离的 α-氨基和 α-羧基均是可解离的基团,其侧链上也有一些可解离的基团,如谷氨酸及天冬氨酸侧链羧基、赖氨酸侧链ε-氨基、精氨酸的胍基、组氨酸的咪唑基、酪氨酸的酚羟基和半胱氨酸的巯基等。由于蛋白质分子中既含有能解离出 H^+ 的酸性基团(如羧基、巯基),又含有能结合 H^+ 的碱性基团(如氨基、胍基),因此蛋白质分子为两性电解质。它们在溶液中的解离状态受溶液 pH 的影响。当溶液处于某一 pH 值时,蛋白质解离成阳离子和阴离子的趋势相等,即净电荷为零,呈兼性离子状态,此时溶液的 pH 值称为该蛋白质的等电点(pI)。蛋白质分子的解离状态可用下式表示:

$$
\begin{array}{ccccc}
& NH_3^+ & & NH_3^+ & & NH_2 \\
& | & \xrightleftharpoons[H^+]{OH^-} & | & \xrightleftharpoons[H^+]{OH^-} & | \\
P & & & P & & P \\
& | & & | & & | \\
& COOH & & COO^- & & COO^-
\end{array}
$$

阳离子　　　　　两性离子　　　　阴离子
(pH<pI)　　　　(pH=pI)　　　　(pH>pI)

各种蛋白质的一级结构不同,所含酸性基团、碱性基团数目及解离度不同,等电点也各不相同,因此在同一 pH 环境下,所带净电荷的性质(正或负)及电荷量也就不同。利用这一特性,可将混合蛋白质通过电泳方法分离、纯化。

人体大多数蛋白质的等电点接近于 pH5.0,所以在体液 pH7.4 环境下,这些蛋白质游离成阴离子。

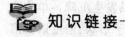

知识链接

　　电泳是指带电粒子在电场中向相反电极移动的现象。蛋白质分子在电场中移动的速度和方向,取决于它所带电荷的性质、数目及蛋白质分子的大小和形状。带电少、分子大的泳动速度慢,反之则泳动速度快。

二、蛋白质的胶体性质

　　蛋白质是高分子化合物,其分子量多介于 1 万～100 万之间,分子直径可达1～100nm,颗粒大小已达胶粒范围,在水溶液中形成胶体溶液,具有胶体溶液的各种性质。蛋白质在溶液中表现为扩散速度慢、黏度大、不能透过半透膜等。

　　蛋白质水溶液是一种比较稳定的亲水胶体。蛋白质形成亲水胶体有两个基本的稳定因素,即水化膜和表面电荷。由于蛋白质颗粒表面带有许多亲水的极性基团,如氨基、羧基、羟基、巯基等,它们易与水起水合作用,在蛋白质颗粒表面形成一比较稳定的水化膜,水化膜的存在使蛋白质颗粒相互隔开,阻止其聚集而沉淀。另外,蛋白质分子在一定 pH 溶液中带有同种电荷,同种电荷相互排斥也能防止蛋白质分子聚合。因此,水化膜和表面电荷是蛋白质维持亲水胶体稳定的两个关键因素。若去掉这两个稳定因素,蛋白质就极易从溶液中沉淀出来(图 2－8)。

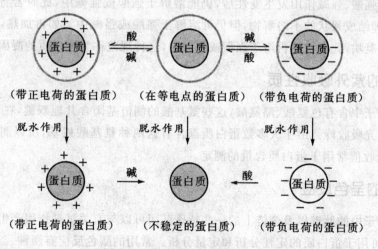

图 2－8　蛋白质胶体颗粒的沉淀

　　蛋白质胶体的颗粒很大,不能通过半透膜。当蛋白质溶液中混杂有小分子物质时,可将此溶液放入半透膜做成的袋内,将袋置于蒸馏水或适宜缓冲液中,小分子杂质即从袋内逸出,大分子蛋白质留于袋内得以纯化,这种用半透膜来分离纯化蛋白质的方法称为透析。人体的细胞膜、线粒体膜、微血管壁等都具有半透膜性质,使各种蛋白质分子分布于细胞内外的不同部位。

蛋白质和其他生物高分子物质一样,在一定的溶剂中经超速离心可以发生沉降。单位离心力场中的沉降速度为沉降系数(S)。沉降系数与蛋白质分子量大小、分子形状、密度以及溶剂密度的高低有关,分子量大、颗粒紧密,沉降系数也大,故利用超速离心法可以分离纯化蛋白质,也可以测定蛋白质的分子量。有些高分子物质就是以沉降系数来命名,如 30S 核蛋白体小亚基、5S rRNA 等。

三、蛋白质的变性、沉淀和凝固

蛋白质在某些物理或化学因素作用下,其空间构象受到破坏(不涉及一级结构的改变),导致蛋白质理化性质发生改变、生物活性丧失,这种现象称为蛋白质的变性(denaturation)。

能使蛋白质变性的物理因素有加热、高压、紫外线、X 射线、超声波、剧烈震荡与搅拌等,化学因素有强酸、强碱、重金属盐和尿素、乙醇、丙酮等有机溶剂。蛋白质变性后,其溶解度降低,黏度增加,结晶能力消失,生物活性丧失,易被蛋白酶水解。在医学上,变性因素常被应用来消毒及灭菌。此外,防止蛋白质变性也是有效保存蛋白质制剂(如疫苗)的必要条件。

蛋白质变性后,疏水侧链暴露在外,溶解度降低,多肽链相互缠绕而聚集,从溶液中析出,这一现象称为沉淀。变性的蛋白质易于沉淀,但沉淀的蛋白质不一定变性(如盐析法沉淀)。在蛋白质溶液中加入高浓度的中性盐(如硫酸铵、硫酸钠、氯化钠等),破坏蛋白质的胶体稳定性,使蛋白质从水溶液中沉淀,称为盐析。盐析法不引起蛋白质变性,只需经透析除去盐分,即可得到较纯的保持原活性的蛋白质。

蛋白质经强酸、强碱作用发生变性后,仍能溶解于强酸或强碱中,此时若将 pH 调至等电点,蛋白质立即结成絮状的不溶解物,但仍可溶解于强酸或强碱中。如再加热,则絮状物可变成比较坚固的凝块,此凝块不再溶于强酸或强碱中,这种现象称为蛋白质的凝固作用。

四、蛋白质的紫外吸收性质

蛋白质分子中含有色氨酸、酪氨酸,这些氨基酸的侧链基团含共轭双键,在 280nm 波长附近具有最大的光吸收峰。由于大多数蛋白质都含有这两种氨基酸残基,所以测定蛋白质溶液 280nm 的光吸收值常用于蛋白质含量的测定。

五、蛋白质的呈色反应

蛋白质分子中的肽键以及侧链上的一些特殊基团可以与有关试剂作用产生一定的颜色反应,这些反应可用于蛋白质的定性分析和定量分析。常用的颜色反应有两种。

(1)双缩脲反应 在碱性条件下,蛋白质分子内的肽键可与 Cu^{2+} 加热形成紫红色的内络盐。由于氨基酸不呈现此反应,故此反应除用于蛋白质的定量测定外,还可用于检测蛋白质水解的程度。

(2)茚三酮反应 在 pH5~7 的溶液中,蛋白质分子中的游离 α-氨基能与茚三酮反应生成蓝紫色化合物。此反应可用于蛋白质的定性、定量分析。

第五节　蛋白质的分类

天然蛋白质的种类繁多,结构复杂,分类方法也多种多样,通常可以见到以下几种分类方法。

一、按组成分类

蛋白质从组成上可分为单纯蛋白质和结合蛋白质。单纯蛋白质的分子中只含氨基酸残基,可根据理化性质及来源分为清蛋白(又名白蛋白)、球蛋白、谷蛋白、醇溶谷蛋白、精蛋白、组蛋白、硬蛋白等。结合蛋白质的分子中除氨基酸外还有非氨基酸成分(称为辅基),按辅基的不同,结合蛋白质可分为核蛋白、磷蛋白、金属蛋白、色蛋白等。见表 2-2。

表 2-2　蛋白质按组成分类

蛋白质类别	举例	非蛋白成分(辅基)
单纯蛋白质	血清蛋白,球蛋白	无
结合蛋白质		
核蛋白	病毒核蛋白,染色质蛋白	核酸
糖蛋白	免疫球蛋白,粘蛋白,蛋白聚糖	糖类
脂蛋白	乳糜微粒,低密度脂蛋白,高密度脂蛋白	脂类
磷蛋白	酪蛋白,卵黄磷蛋白	磷酸
色蛋白	血红蛋白,细胞色素	色素
金属蛋白	铁蛋白,铜蓝蛋白	金属离子

二、按分子形状分类

从蛋白质形状上,可将它们分为球状蛋白质及纤维状蛋白质等。球状蛋白质的长轴与短轴相差不多,整个分子盘曲呈球状或近似球状,如免疫球蛋白、胰岛素等;纤维状蛋白质的长轴与短轴相差较悬殊,整个分子多呈长纤维状,如皮肤中的胶原蛋白、毛发中的角蛋白等。

三、按功能分类

体内蛋白质种类繁多,有些蛋白质只参与生物细胞或组织器官的构成、支持或保护作用,如胶原蛋白、角蛋白、弹性蛋白等。而许多其他蛋白质,在生命活动过程中发挥调节、控制的作用,其蛋白质的活性随生命活动的变化而被激活或抑制,因而其功能具有时间性和调节性。表 2-3 为蛋白质的主要功能分类。

表 2-3　蛋白质按主要功能分类

功能	蛋白质举例	功能	蛋白质举例
催化作用	酶	保护作用	免疫球蛋白
收缩作用	肌动蛋白、肌球蛋白	调节作用	钙调蛋白
基因调节	转录因子、阻遏蛋白	结构作用	胶原蛋白、弹性蛋白
激素作用	胰岛素	运输作用	清蛋白、血红蛋白

 ## 学习小结

　　组成蛋白质的主要元素有碳、氢、氧、氮、硫等，其中氮的含量比较恒定，为 16% 左右，这是蛋白质定量测定的依据。蛋白质的基本组成单位是 α-氨基酸。组成蛋白质的氨基酸目前有20 种，除甘氨酸外都是 L-型氨基酸。根据侧链结构和性质不同，分为四类：①非极性侧链氨基酸；②非电离极性侧链氨基酸；③酸性侧链氨基酸；④碱性侧链氨基酸。

　　氨基酸之间借肽键连接形成多肽链，氨基酸在蛋白质多肽链中的排列顺序称为蛋白质的一级结构，维系蛋白质一级结构的化学键主要是肽键。蛋白质的二级结构是指多肽链中主链原子在局部空间的排布，主要有 α-螺旋、β-折叠、β-转角和无规卷曲结构。维持蛋白质二级结构的化学键主要是氢键。蛋白质的三级结构是指一条多肽链在二级结构的基础上进一步盘曲、折叠而形成的整体构象。维持蛋白质三级结构的化学键主要是氢键、盐键、疏水作用力、范德华力及二硫键等。四级结构则是指由二条或二条以上具有独立三级结构的多肽链通过非共价键结合而形成的更高级结构。维持蛋白质四级结构的化学键主要是氢键、盐键、疏水作用力、范德华力等次级键。

　　蛋白质具有两性解离、等电点、紫外吸收和呈色反应等理化性质。天然蛋白质常以稳定的亲水胶体溶液存在，这是由于蛋白质颗粒表面存在水化膜和电荷所致，如除去这两个稳定因素，蛋白质就可发生沉淀。许多理化因素能够破坏稳定蛋白质构象的次级键，从而使蛋白质失去原有的理化性质和生物学活性，称为蛋白质变性。

 ## 目标检测

1.解释下列名词：等电点，亚基，蛋白质变性。
2.组成蛋白质的元素有哪几种？哪一元素的含量可表示蛋白质的相对含量？
3.简述蛋白质的一、二、三、四级结构，及各级结构的维系键。
4.蛋白质在溶液中的带电情况如何判断？
5.三聚氰胺是一种高含氮量物质（含氮量 66.7%），"三鹿奶粉事件"即系在奶粉中添加三聚氰胺，以达到提高"蛋白质含量"目的。试分析厂家在蛋白质含量的测定方法上存在的缺陷。

第三章 酶

学习目标

【掌握】酶、酶的活性中心、单纯酶、结合酶、酶原、同工酶的概念;酶促反应特点及影响酶活性的因素。

【熟悉】酶的作用机理;维生素与辅酶关系。

【了解】酶的命名、分类;酶活性的调节;酶与医学的关系。

生命活动的基本特征之一是新陈代谢,生物体内新陈代谢过程中发生的各种化学反应,几乎都是在酶(enzyme,E)催化下进行的。因此,酶是维持生命活动的必要条件。学习酶学知识对了解生命活动的规律、分析疾病的发病机制和治疗的药理学基础、指导医学研究和临床实践,具有重要意义。

第一节 概述

一、酶的概念

酶是由活细胞合成的具有高效催化作用的特殊蛋白质。近年来发现一类新的生物催化剂,其本质是核酸,被称为核酶(ribozyme),主要作用是参与 RNA 的剪接。

酶催化生物体内化学反应的进行,有酶所催化的反应称为酶促反应。在酶促反应中,被酶催化的物质称为底物(substrate,S),也称为基质或作用物;催化反应所生成的物质称为产物(product,P)。酶所具有的催化能力称为酶的活性;如果酶丧失催化能力,称为酶的失活。

二、酶促反应的特点

酶作为生物催化剂具有一般催化剂的特征,如:①微量的酶就能发挥巨大的催化作用,在反应前后没有质和量的改变;②只能催化热力学上允许进行的化学反应;③只能缩短化学反应达到平衡所需的时间,而不能改变化学反应的平衡点;④对可逆反应的正反应和逆反应都具有催化作用;⑤酶和一般催化剂的作用机制均是降低反应所需的活化能。但是,酶是蛋白质,具有与一般催化剂不同之处,称为酶促反应的特点。

1. 高度的催化效率

酶具有极高的催化效率。一般而言,对于同一反应,酶的催化效率比非催化反应高 $10^8 \sim 10^{20}$ 倍,比一般催化剂高 $10^7 \sim 10^{13}$ 倍。例如,酵母蔗糖酶催化蔗糖水解的速度是 H^+ 的 2.5×10^{12} 倍。酶高度的催化效率有赖于酶蛋白与底物分子之间独特的作用机制。

2.高度的特异性

酶对底物具有严格的选择性,称为酶的特异性或专一性(specificity)。根据酶对底物选择的严格程度不同,酶的特异性可分为三种类型。

(1)绝对特异性 一种酶只能催化一种底物,发生一定的化学反应,生成一定的产物,称为绝对特异性。如脲酶只能催化尿素水解成 NH_3 和 CO_2,而对尿素的衍生物则无催化作用。

(2)相对特异性 一种酶可作用于一类底物或一种化学键发生化学变化,这种不太严格的选择性称为相对特异性。如脂肪酶不仅能催化脂肪水解,也可水解简单的酯类化合物;蔗糖酶既能水解蔗糖,也可水解棉籽糖中的同一糖苷键。

(3)立体异构特异性 一种酶只对底物的一种立体异构体具有催化作用,这种特性称为酶的立体异构特异性。如 L-乳酸脱氢酶只催化 L-型乳酸脱氢转变为丙酮酸的反应,而对 D-型乳酸没有催化作用;α-淀粉酶只能水解淀粉中的 $\alpha-1,4$ 糖苷键,而不能水解纤维素中的 $\beta-1,4$ 糖苷键。

3.酶活性的可调节性

机体通过对酶活性的调节控制体内的各种代谢反应,以适应机体生理需要,促进体内物质代谢的协调统一,保证生命活动的正常进行。例如,酶与代谢物在细胞内的区域化分布,代谢物对酶活性的抑制与激活,对代谢途径中关键酶的调节,酶的含量受酶生物合成的诱导与阻遏作用的调节,等等。

4.酶的高度不稳定性

酶的化学本质绝大部分是蛋白质,酶促反应要求一定的 pH、温度和压力等条件,强酸、强碱、有机溶剂、重金属盐、高温、紫外线、剧烈震荡等,任何使蛋白质变性的理化因素都可使酶蛋白变性,使其失去催化活性。

第二节 酶的分子结构与功能

一、酶的分子组成

酶的化学本质是蛋白质,根据酶的化学组成不同,可分为单纯酶(simple enzyme)和结合酶(conjugated enzyme)两类。

(一)单纯酶

单纯酶是仅由氨基酸残基构成的单纯蛋白质,通常只有一条多肽链。其催化活性主要由蛋白质结构所决定。如淀粉酶、脂肪酶、蛋白酶、脲酶、核糖核酸酶等,均属于单纯酶。

(二)结合酶

1.结合酶的组成

结合酶由蛋白质部分和非蛋白质部分组成,前者称为酶蛋白(apoenzyme),后者称为辅助因子(cofactor),酶蛋白和辅助因子结合形成的复合物称为全酶(holoenzyme)。

2.辅助因子的种类

结合酶的辅助因子有两类,即金属离子和小分子有机化合物。常见的金属离子有 K^+、

Na^+、Mg^{2+}、Zn^{2+}、Fe^{2+}、Cu^{2+} 等。金属离子的作用包括：①维持酶分子的特定构象；②参与电子的传递；③在酶与底物之间起桥梁作用；④中和阴离子，降低反应的静电斥力等。

作为辅助因子的一些小分子有机物，多数是 B 族维生素或其衍生物（表 3-1），它们的主要作用是参与酶的催化过程，在酶促反应中起传递电子、质子或转移某些基团（如酰基、氨基、甲基等）的作用。

表 3-1　B 族维生素构成的辅助因子

维生素	化学本质	辅酶（基）形式	主要功能
维生素 B_1	硫胺素	焦磷酸硫胺素（TPP）	脱羧
维生素 B_2	核黄素	黄素单核苷酸（FMN） 黄素腺嘌呤二核苷酸（FAD）	递氢
维生素 PP	尼克酸或 尼克酰胺	尼克酰胺腺嘌呤二核苷酸（NAD^+） 尼克酰胺腺嘌呤二核苷酸磷酸（$NADP^+$）	递氢
维生素 B_6	吡哆醇、吡哆醛、吡哆胺	磷酸吡哆醛 磷酸吡哆胺	转氨基 氨基酸脱羧
泛酸		辅酶 A	转移酰基
生物素		生物素	羧化
叶酸		四氢叶酸（FH_4）	转移一碳单位
维生素 B_{12}	钴胺素	甲基 B_{12}	转移甲基

3. 辅酶与辅基的区别

酶的辅助因子按其与酶蛋白结合的牢固程度可分为辅酶和辅基。与酶蛋白结合疏松，用透析或超滤的方法易分开的辅助因子称为辅酶（coenzyme）。与酶蛋白结合紧密，不能通过透析或超滤方法将其除去的称为辅基（prosthetic group）。

4. 结合酶的特点

酶催化作用有赖于全酶的完整性，酶蛋白和辅助因子单独存在时均无催化活性，只有结合在一起构成全酶才有催化活性。一种辅助因子可与不同的酶蛋白结合，构成多种不同特异性的酶。在酶促反应过程中，酶蛋白决定催化反应的特异性，而辅助因子则决定反应的类型。

二、酶的活性中心

（一）酶的必需基团

酶蛋白分子的结构特点是具有活性中心。酶分子中存在有许多化学基团，如—NH_2、—COOH、—SH、—OH 等，这些基团并不都与酶的催化活性有关。其中与酶活性密切相关的基团称为酶的必需基团（essential group）。常见的必需基团有：组氨酸残基上的咪唑基，丝氨酸和苏氨酸残基上的羟基，半胱氨酸残基上的巯基，某些酸性氨基酸残基上的自由羧基和碱性氨基酸残基上的氨基等。酶的必需基团有两种：能直接与底物结合的必需基团称为结合基团（binding group），能催化底物转化为产物的必需基团称为催化基团（catalytic group）。有的必需基团可同时具有这两方面的功能。

(二)酶的活性中心

酶分子的必需基团在一级结构的排列上可能相距甚远，但肽链经过盘绕、折叠形成空间结构时，这些必需基团可彼此靠近，形成一个能与底物特异性结合并催化底物转化为产物的特定区域，称为酶的活性中心(active center)或活性部位(active site)。单纯酶的活性中心，是由氨基酸残基组成的三维结构；对结合酶来说，辅酶或辅基也参与酶活性中心的形成。

(三)酶活性中心外的必需基团

有一些必需基团虽然不在酶的活性中心内，却是维持酶活性中心的空间构象所必需的，这些基团称为酶活性中心外的必需基团(图 3-1)。

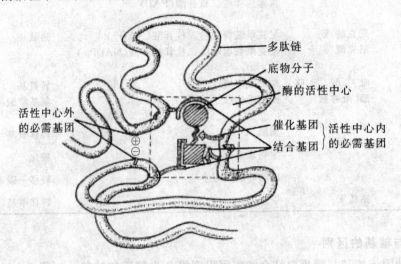

图 3-1 酶的活性中心示意图

酶的活性中心往往位于酶分子表面，或凹陷处，或裂缝处，也可通过凹陷或裂缝深入到酶分子内部。不同的酶分子结构不同，活性中心各异，催化作用各不相同。具有相同或相近活性中心的酶，尽管其分子组成和理化性质不同，催化作用可相同或极为相似。酶的活性中心一旦被其他物质占据，或某些理化因素使酶的空间结构破坏，酶则丧失其催化活性。

三、酶原与酶原的激活

(一)酶原的概念

有些酶在细胞内合成或初分泌时，没有催化活性，这种无活性的酶的前身物质称为酶原(zymogen)。酶原是体内某些酶暂不表现催化活性的一种特殊存在形式。在一定条件下，酶原受某种因素作用后，分子结构发生变化，暴露或形成了活性中心，转变成为有活性的酶的过程，称为酶原的激活。

体内胃蛋白酶、胰蛋白酶、糜蛋白酶(胰凝乳蛋白酶)、羧基肽酶、弹性蛋白酶等在它们初分泌时均以无活性的酶原形式存在，其激活过程见表 3-2。

表 3-2 部分酶原的激活过程

酶 原	激活条件	激活的酶	水解片段
胃蛋白酶原	$\xrightarrow{H^+ \text{或胃蛋白酶}}$	胃蛋白酶	六个多肽片段
胰蛋白酶原	$\xrightarrow{\text{肠激酶}}$ 或胰蛋白酶	胰蛋白酶	六肽
糜蛋白酶原	$\xrightarrow{\text{胰蛋白酶}}$ 或糜蛋白酶	糜蛋白酶	两个二肽
羧基肽酶原 A	$\xrightarrow{\text{胰蛋白酶}}$	羧基肽酶 A	几个碎片
弹性蛋白酶原	$\xrightarrow{\text{胰蛋白酶}}$	弹性蛋白酶	几个碎片

(二)酶原激活的机制

酶原激活的实质是酶的活性中心形成或暴露的过程,现以胰蛋白酶原的激活为例。在胰腺细胞内胰蛋白酶原合成和初分泌时,并无活性,当它随胰液进入肠道后,在肠激酶的作用下,从 N 端的第六位赖氨酸与第七位异亮氨酸残基之间的肽键断裂,水解掉一个六肽片段,使肽链分子空间构象发生改变,形成了活性中心,胰蛋白酶原转变成具有催化活性的胰蛋白酶(图 3-2)。

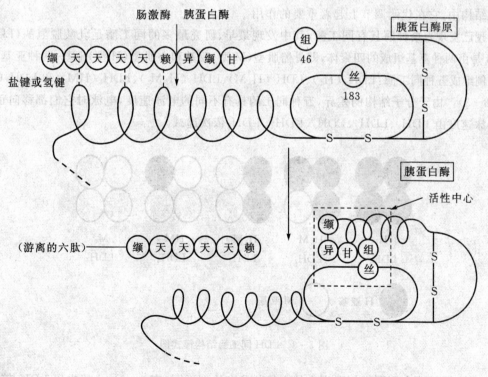

图 3-2 胰蛋白酶原激活示意图

（三）生理意义

酶原及酶原的激活具有重要的生理意义，不仅保护了产生酶原的组织细胞免受酶的自身消化，且保证酶在特定部位和环境发挥催化作用。如血液中参与凝血过程的酶类在正常情况下均以酶原形式存在，保证血流畅通；在出血时，凝血酶原被激活，使血液凝固，防止过多出血。

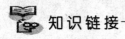 **知识链接**

酶原激活与急性胰腺炎

急性胰腺炎是一种常见疾病，是多种病因导致胰酶在胰腺内被激活，引起胰腺组织自身消化、水肿、出血，甚至坏死的炎症反应。正常胰腺能分泌胰蛋白酶、糜蛋白酶、胰淀粉酶、胰脂肪酶、磷脂酶等多种消化酶，除胰淀粉酶、脂肪酶、核糖核酸酶外，在胰腺细胞内多数酶以无活性的酶原形式存在。在胆石症、酗酒、暴饮暴食等致病因素作用下，胰腺自身的保护作用被破坏，胰蛋白酶原、糜蛋白酶原等在胰腺内过早被激活，导致胰腺自身消化，被激活的酶还可通过血液和淋巴循环到达全身，引起多器官损伤，并成为胰腺炎致死和各种并发症的原因。

四、同工酶

同工酶（isoenzyme）是指催化相同的化学反应，但酶蛋白的分子结构、理化性质乃至免疫学特性不同的一组酶。这些酶存在于同一机体的不同组织中，甚至同一组织细胞内的不同亚细胞结构中，它在代谢调节上起着重要的作用。

现已发现百余种酶具有同工酶，其中发现最早、研究最多的同工酶是乳酸脱氢酶（LDH）。LDH 是由两种亚基组成的四聚体，即骨骼肌型（M 型）亚基和心肌型（H 型）亚基，两种亚基以不同比例组成五种同工酶：LDH_1（H_4）、LDH_2（H_3M）、LDH_3（H_2M_2）、LDH_4（HM_3）和 LDH_5（M_4）（图 3-3）。由于分子结构的差异，五种同工酶具有不同的电泳速度，电泳时它们都移向正极，其电泳速度由 LDH_1、LDH_2、LDH_3、LDH_4、LDH_5 依次递减。

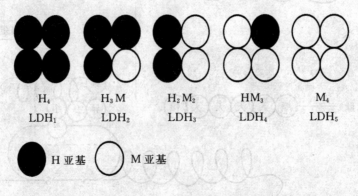

图 3-3 LDH 同工酶结构模式图

LDH 同工酶在不同组织器官中的含量与分布比例不同（表 3-3），心肌中以 LDH_1 较为丰富,主要催化乳酸脱氢生成丙酮酸,有利于心肌细胞利用乳酸氧化功能;肝和骨骼肌中含LDH_5较多,催化丙酮酸还原为乳酸,利于骨骼肌进行糖酵解作用。

表 3-3　人体各组织器官中 LDH 同工酶的分布(占总活性的％)

组织器官	LDH_1	LDH_2	LDH_3	LDH_4	LDH_5
心肌	67	29	4	<1	<1
肾	52	28	16	4	<1
肝	2	4	11	27	56
骨骼肌	4	7	21	27	41
红细胞	42	36	15	5	2
肺	10	20	30	25	15
胰腺	30	15	50	—	5
脾	10	25	40	25	5
子宫	5	25	44	22	4

　　同工酶的测定已应用于临床实践,是现代医学诊断中较灵敏可靠的手段。当某组织病变时,可能有某种特殊的同工酶释放出来,使同工酶谱发生改变。因此,通过观测患者血清中LDH 同工酶的电泳图谱,可鉴别病变器官和判断损伤程度。例如,心肌受损患者血清 LDH_1含量上升,肝细胞受损患者血清 LDH_5含量显著增高。

五、细胞内酶活性的调节

　　生物体具有调节自身物质代谢的能力,各种代谢途径的调节主要是对代谢途径中关键酶的调节。细胞内的物质代谢是由一系列酶组成的多酶体系连续催化完成的,因此,要想调控反应的总速度,并不需要改变全部酶的活性,只调节关键酶的活性即可实现。在多酶体系中,各种酶的活性不同,其中催化活性最低的酶称为限速酶(或关键酶),限速酶的活性高低会影响整条代谢途径的速度和方向。这些酶通常只催化单向反应,多位于代谢途径的起始点或分支处,因此,各种代谢途径的调节主要是对限速酶的调节。调节限速酶的活性主要有变构调节和化学修饰调节两种方式。

(一)变构调节

1.变构调节的概念

　　有些酶除了具有结合底物的部位(活性中心)外,还有一个或几个其他部位,即变构部位或称调节部位。当特异性代谢物可逆地与酶的调节部位结合时,引起酶分子变构,改变酶的活性,这种调节称为酶的变构调节(allosteric regulation)。受变构调节的酶称为变构酶(allosteric enzyme)。引起酶变构的代谢物分子称为变构效应剂,能使酶变构后活性增强者称为变构激活剂,而使酶活性降低者称为变构抑制剂。

2.变构酶的结构及调节意义

　　变构酶通常含有多个(偶数)亚基,具有四级结构。与底物结合的催化部位和与变构效应剂结合的调节部位可以在不同的亚基,也可在同一亚基的不同部位。含催化部位的亚基称为催化亚基,含调节部位的亚基称为调节亚基。变构效应剂引起酶的构象变化,影响了酶-底物复合物(ES)的形成,改变酶的活性,从而改变物质代谢的速度和代谢途径的方向。例如,ATP是磷酸果糖激酶的变构抑制剂,而 ADP、AMP 为其变构激活剂。磷酸果糖激酶是葡萄糖分解代谢中最重要的限速酶,葡萄糖的氧化分解使 ADP 生成 ATP。当 ATP 生成过多时,通过变构调节可限制葡萄糖的分解;而 ADP 增多时,则可促进葡萄糖的分解。通过变构调节,既保证细胞内能量的正常供应,又避免能源物质的浪费,使体内物质代谢与生理需要相一致。

(二)共价修饰调节

1.共价修饰的概念

酶蛋白肽链上的一些基团可与某种化学基团发生可逆的共价结合,从而改变酶的活性,称为酶的共价修饰调节(covalent modification)或化学修饰(chemical modification)。在共价修饰过程中,酶发生无活性(或低活性)与有活性(或高活性)两种形式的互变。这种互变由不同的酶所催化,后者又受激素的调控。

2.共价修饰的方式

酶的共价修饰包括磷酸化与去磷酸化、乙酰化与脱乙酰化、甲基化与脱甲基化、腺苷化与脱腺苷化,以及氧化型巯基(—S—S—)与还原型巯基(—SH)等,其中以磷酸化修饰最为常见。酶的共价修饰是体内又一快速、经济调节的方式。

第三节　酶促反应的机理

一、酶大幅度降低反应活化能

酶和一般催化剂加速反应的机制都是降低反应的活化能。在反应体系中,底物分子所含的能量各不相同。在反应的任一瞬间,只有那些含能较高,达到或超过一定能量水平的分子(即活化分子)才有可能发生化学反应。底物分子从初态转变为活化态所需的能量称为活化能。反应体系中活化分子数目越多,反应越快。酶之所以有高度催化效率,就是能大幅度地降低反应所需要的活化能(图 3-4)。

例如:

$$H_2O_2 + H_2O_2 \longrightarrow 2H_2O + O_2$$

在无催化剂存在时,上述反应所需活化能为 75600J/mol;用胶体钯作催化剂时,需活化能 49000J/mol;若被过氧化氢酶催化,需活化能 8400J/mol。可见在过氧化氢酶催化下,反应活化能由 75600J 降至 8400J,同时,反应速度增加百万倍以上。

二、酶与底物结合的机制

酶作为生物催化剂,能否发挥高效的催化效率,关键在于酶活性中心的结合基团能否与底物结合,并进一步形成过渡状态。酶与底物结合并使底物形成过渡态的机制有下列几方面。

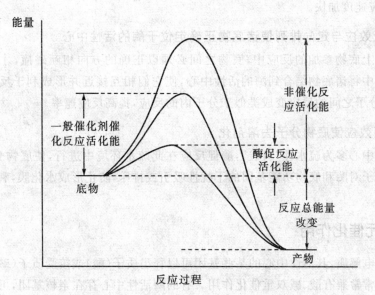

图 3-4 酶促反应与非酶促反应活化能的比较

(一)诱导契合作用促使酶与底物密切结合

酶在发挥催化作用时,首先与底物(S)结合形成酶-底物复合物(ES),这种中间产物不稳定,很快分解为产物(P)和游离的酶,即中间产物学说。此反应可用下式表示:

$$E + S \rightleftharpoons ES \longrightarrow E + P$$

酶与底物结合的能量来自于酶活性中心功能基团与底物相互作用时形成的多种非共价键,如氢键、离子键、疏水作用力等,它们结合时产生的能量称为结合能。E 与 S 结合生成 ES 复合物并进一步形成过渡状态,此过程释放较多的结合能,可抵消部分反应物分子所需的活化能,使更多的初态分子转变为活化状态。

酶与底物的结合不是强硬的锁与钥匙的关系,20 世纪 60 年代 Koshland 提出诱导契合学说(induced-fit hypothesis),合理地解释了酶-底物复合物形成的机理。酶在催化反应时,酶与底物相互靠近,在结构上相互诱导、变形、适应,进而相互结合,称为诱导契合学说(图 3-5)。酶的构象改变利于和底物结合;底物在酶的诱导下也发生变形,处于不稳定的过渡态;过渡态的底物与酶的活性中心最相吻合,易受酶的催化攻击,从而大幅度地降低酶促反应所需的活化

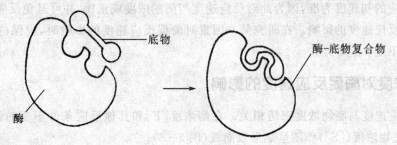

图 3-5 酶与底物结合的诱导契合假说示意图

能,使化学反应速度加快。

(二)邻近效应与定向排列使诸底物正确定位于酶的活性中心

在两个以上底物参加的反应中,底物之间必须以正确的方向相互碰撞,才有可能发生反应。酶在反应中将诸底物结合到酶的活性中心,使它们相互接近并形成利于反应的正确定向关系,也即将分子之间的反应变成类似于分子内的反应,提高反应速率。

(三)表面效应使底物分子去溶剂化

酶的活性中心多为疏水性"口袋",酶促反应在此疏水环境中进行,使底物分子脱溶剂化,排除周围水分子对酶和底物功能基团的干扰性吸引或排斥,防止形成水化膜,利于酶与底物密切接触结合。

三、酶的多元催化作用

酶是两性电解质,其活性中心的某些基团可以释出质子(酸)或接受质子(碱),参与质子的转移,因此,酶常常兼有酸、碱双重催化作用。有的酶活性中心存在亲核基团,可提供电子给带有正电荷的过渡态中间物,加速产物的生成,称为亲核催化作用。某些酶的催化基团通过与底物形成瞬间共价键而激活底物,与之结合生成产物,称为共价催化作用。

总之,酶促反应常常是多种催化机制的综合协同作用实现的,这是酶促反应高效率的重要原因。

第四节 影响酶促反应速度的因素

临床上常通过测定酶的活性作为诊断疾病、判断药物疗效、估计疾病愈后的依据。通常用酶促反应速度的大小来衡量酶活性的高低。酶促反应速度可用单位时间内底物的消耗量或产物的生成量来表示。1976 年,国际酶学委员会规定:在最适条件下,每分钟催化 1 微摩尔底物转化为产物所需的酶量,为一个国际单位(IU)。1979 年,国际酶学委员会又推荐用催量(Kat)来表示酶活性,其定义为:在最适条件下,每秒钟使 1 摩尔底物转化为产物所需的酶量为 1 Kat。催量与国际单位之间的换算关系为:$1Kat=6\times10^7IU$;$1IU=16.67\times10^{-9}$ Kat。

由于酶的化学本质是蛋白质,因此,凡能影响蛋白质理化性质的因素都可影响酶促反应速度。影响因素主要包括底物浓度、酶浓度、pH、温度、激活剂和抑制剂等。测定酶促反应速度应以酶促反应的初速度为准,因为此时反应速度与酶的浓度成正比,并可避免反应产物及其他因素对酶促反应速度的影响。在研究某一因素对酶促反应速度的影响时,应保持反应体系中的其他因素不变。

一、底物浓度对酶促反应速度的影响

酶促反应速度与底物浓度密切相关。在酶浓度[E]和其他反应条件不变的情况下,反应速度(V)对底物浓度([S])作图呈矩形双曲线(图 3 − 6)。

曲线表明,当[S]很低时,V 随[S]的增加而急剧加快,呈正比关系;随着[S]的不断增加,V加快但不呈正比;当[S]增加到一定程度时,再增加[S],V 也不再加快,此时的反应速度称最

大反应速度($V_{\max}$),说明酶的活性中心已被底物所饱和。

底物浓度对反应速度的影响曲线可以用中间产物学说来解释。酶催化反应时,首先 E 与 S 结合成 ES 中间复合物,然后转变成产物(S+E→ES→E+P)。由此可知,酶促反应速度主要取决于 ES 复合物浓度([ES]),[ES]越多,V 越快。当[S]很低时,增加[S],E 立即与 S 结合生成 ES,V 与[S]呈正比;随着[S]的增加,多数 E 已与 S 结合,新的 ES 形成渐缓,V 的增幅减小;当[S]增加到一定程度时,所有酶的活性中心均被底物所饱和,[ES]将保持不变,反应速度接近最大值。

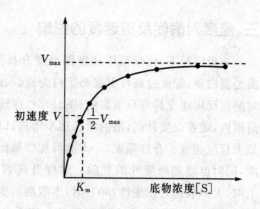

图 3-6 底物浓度对酶促反应速度的影响

(一)米-曼氏方程式

1913 年,Michaelis 与 Menten 根据中间产物学说,提出了底物浓度与酶促反应速率关系的数学表达式,称为米氏方程式:

$$V = \frac{V_{\max}[S]}{K_m + [S]}$$

式中,V 为反应初速度,[S]为底物浓度,$V_{\max}$ 为反应的最大速度,K_m 为米氏常数。

(二)K_m 与 $V_{\max}$ 的意义

(1)当酶促反应速度为最大反应速度一半时(设 $V = V_{\max/2}$),米氏常数与底物浓度相等($K_m = [S]$)。

由 $\frac{1}{2}V_{\max} = \frac{V_{\max}[S]}{K_m + [S]}$,得 $K_m = [S]$,即 K_m 值是最大反应速度一半时的底物浓度(单位为 mol/L)。K_m 值是酶的特征性常数,通常只与酶的结构、酶所催化的底物和反应环境有关,而与酶的浓度无关。

(2)K_m 值可用来表示酶与底物的亲和力。K_m 值愈大,表示酶与底物的亲和力愈小,反之亦然。这表示不需要很高的底物浓度便可达到最大反应速度。

(3)K_m 值可以用来判断酶作用的最适底物。K_m 值最小的底物一般认为是该酶的天然底物或最适底物。

(4)$V_{\max}$ 是酶完全被底物饱和时的反应速度,与酶浓度呈正比。

二、酶浓度对酶促反应速度的影响

酶促反应体系中,在底物浓度足以使酶饱和的情况下,酶促反应速度与酶浓度呈正比关系,即酶浓度越高,反应速度越快(图 3-7)。

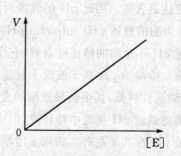

图 3-7 酶浓度对酶促反应速度的影响

三、温度对酶促反应速度的影响

一般情况下,化学反应速度随温度升高而加快。酶是蛋白质,温度过高可引起酶蛋白变性,因此,温度对酶促反应速度具有双重影响(图3-8)。在较低温度范围内,随着温度升高,酶的活性逐步增加,以至达到最大反应速度。升高温度,一方面可加快酶促反应速度,同时也增加酶变性的危险。温度升高到60℃以上时,大多数酶开始变性;80℃时,多数酶的变性不可逆转,反应速度则因酶变性而降低。综合这两种因素,将酶促反应速度达到最大时的环境温度称为酶的最适温度(optimum temperature)。温血动物组织中酶的最适温度一般在35~40℃之间。环境温度低

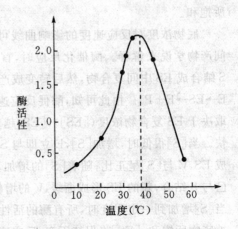

图3-8 温度对淀粉酶活性的影响

于最适温度时,温度加快反应速度这一效应起主导作用,温度每升高10℃,反应速度可加大1~2倍。

温度对酶促反应速度的影响在临床上具有理论指导意义。低温条件下,由于分子碰撞机会少的缘故,酶的催化作用难以发挥,酶活性处于抑制状态。但低温一般不破坏酶,一旦温度回升,酶活性即恢复。所以酶制剂和酶检测标本(如血清、血浆等)应放在低温保存。另外,低温麻醉可通过低温降低酶活性以减慢组织细胞代谢速度,提高机体在手术过程中对氧和营养物质缺乏的耐受性。温度升高超过80℃后,多数酶因热变性而失去活性。酶的最适温度不是酶的特征性常数,因为最适温度与反应进行时间有关。酶可以在短时间内耐受较高的温度,但是,延长反应时间,最适温度便降低。据此,在生化检验中,可以采取适当提高温度、缩短反应时间的方法,进行酶的快速检测诊断。

四、pH 对酶促反应速度的影响

酶促反应介质的 pH 可影响酶分子中的极性基团,特别是酶活性中心上必需基团的解离状态和必需基团中质子供体或质子受体所需的离子状态,同时也可影响底物和辅酶(如 NAD^+、CoA-SH、氨基酸等)的解离状态,从而影响酶与底物的结合。只有在某一 pH 范围内,酶、底物和辅酶的解离情况才最适宜于它们之间互相结合,且酶具有最大催化作用,使酶促反应速度达最大值。因此 pH 的改变对酶的催化作用影响很大(图3-9)。酶催化活性最大时的 pH 称为酶的最适 pH(optimum pH)。

最适 pH 不是酶的特征性常数,它受底物浓度、缓冲液的种类与浓度,以及酶的纯度等因素的影响。溶液的 pH 高于或低于最适 pH,酶的活性降低,酶促反应速度减慢;偏离最适 pH 越远,酶的活性越低,甚至会导致酶的变性失活。每一种酶都有其各自的最适 pH。生物体内大多数酶的最适 pH 接近中性环境,但也有例外,如胃蛋白酶的最适 pH 大约为 1.8,肝精氨酸酶的最适 pH 在 9.8 左右。临床上用酸性溶液配制胃蛋白酶合剂就是依据这一特点。此外,同一种酶催化不同的底物,其最适 pH 也稍有变动。

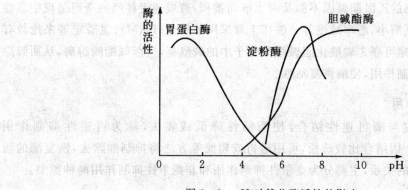

图 3-9 pH 对某些酶活性的影响

五、激活剂对酶促反应速度的影响

能使酶由无活性变为有活性或使酶活性增加的物质称为酶的激活剂(activator)。激活剂包括无机离子和小分子有机物,如 Mg^{2+}、K^+、Mn^{2+}、Cl^- 及胆汁酸盐等。其中,大多数金属离子激活剂对酶促反应是不可缺少的,否则酶将失去活性,这类激活剂称为必需激活剂。如 Mg^{2+} 是激酶的必需激活剂。有些激活剂不存在时,酶仍有一定的催化活性,但催化效率较低,加入激活剂后,酶的催化活性显著提高,这类激活剂称为非必需激活剂。如 Cl^- 是淀粉酶的非必需激活剂。

激活剂具有如下功能:①维持和稳定酶催化作用时所需的空间结构;②作为酶与底物之间的桥梁;③作为辅助因子的一部分而构成活性中心。

六、抑制剂对酶促反应速度的影响

凡能选择性地使酶的催化活性下降,但不使酶蛋白变性的物质,统称为酶的抑制剂(inhibitor)。通常根据抑制剂与酶结合的紧密程度不同,把酶的抑制作用分为可逆性抑制作用和不可逆性抑制作用两类。

(一)不可逆性抑制作用

抑制剂以牢固的共价键与酶的活性中心上的必需基团结合,使酶失去活性,称为不可逆性抑制作用(irreversible inhibition)。这种抑制剂不能用透析、超滤等简单的物理方法予以去除,只能靠某些药物才能解除抑制,使酶恢复活性。

例如农药敌百虫、敌敌畏、1059 等有机磷化合物能专一性地与胆碱酯酶活性中心丝氨酸残基的羟基(—OH)结合,使酶失去活性,引起有机磷农药中毒。

$$O-P-X \quad + \quad HO-Ser-E \longrightarrow \quad O-P-O-Ser-E + HX$$

有机磷杀虫剂　胆碱酯酶(活)　磷酰化胆碱酯酶(失活)

胆碱酯酶能催化乙酰胆碱水解为乙酸和胆碱。当有机磷化合物中毒时,此酶活性受到抑制,胆碱能神经末梢分泌的乙酰胆碱因不能及时水解而蓄积,造成迷走神经兴奋而呈现中毒症状,如流涎、肌痉挛、瞳孔缩小、心率减慢等。临床上常采用解磷定(PAM)、氯磷定等来抢救有机磷化合物中毒。解磷定可夺走磷酰化胆碱酯酶分子中的磷酰基,使胆碱酯酶游离,从而解除有机磷化合物对酶的抑制作用,使酶恢复活性。

(二)可逆性抑制作用

抑制剂以非共价键与酶可逆性结合,使酶活性降低或丧失,称为可逆性抑制作用(reversible inhibition)。因结合比较疏松,可用透析或超滤等方法将抑制剂除去,恢复酶的活性。根据抑制剂与底物的关系,主要分为竞争性抑制作用和非竞争性抑制作用两种类型。

1.竞争性抑制作用

竞争性抑制剂(I)与底物(S)的结构相似,能与底物竞争酶的活性中心,从而阻碍酶与底物结合,这种抑制称为竞争性抑制作用(competitive inhibition)。竞争性抑制作用具有以下特点:①抑制剂在结构上与底物相似,两者竞相争夺同一酶的活性中心;②抑制剂与酶的活性中心结合后,酶分子失去催化作用;③竞争性抑制作用的强弱取决于抑制剂与底物的浓度之比,抑制剂浓度不变时,通过增加底物浓度可以减弱甚至解除抑制作用;④酶既可以结合底物分子,也可以结合抑制剂,但不能与两者同时结合。E、S、I及其催化反应的关系见图3-10。

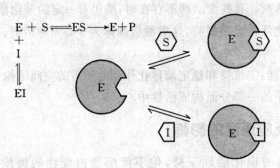

图3-10 竞争性抑制作用示意图

例如,丙二酸对琥珀酸脱氢酶的抑制作用是最典型的竞争性抑制作用。丙二酸与琥珀酸的结构相似,故两者竞争地与琥珀酸脱氢酶的活性中心结合。由于丙二酸与酶的亲和力远大于琥珀酸对其的亲和力,当丙二酸的浓度为琥珀酸浓度的 1/50 时,酶的活性可被抑制 50%。若增加琥珀酸的浓度,此种抑制作用可被减弱。

应用竞争性抑制的原理可阐明某些药物的作用机理。如磺胺类药物和磺胺增效剂便是通过竞争性抑制作用抑制细菌生长的。对磺胺类药物敏感的细菌,在生长繁殖时不能利用环境中的叶酸,而是在菌体内二氢叶酸合成酶的作用下,利用对氨基苯甲酸(PABA)、二氢喋呤及谷氨酸合成二氢叶酸(FH_2),后者在二氢叶酸还原酶的作用下,进一步还原生成四氢叶酸(FH_4),四氢叶酸是细菌合成核酸过程中不可缺少的辅酶。磺胺类药物与对氨基苯甲酸结构相似,是二氢叶酸合成酶的竞争性抑制剂,可以抑制二氢叶酸的合成;磺胺增效剂(TMP)与二氢叶酸结构相似,是二氢叶酸还原酶的竞争性抑制剂,可以抑制四氢叶酸的合成。

$$H_2N-\underset{}{\bigcirc}-COOH \qquad H_2N-\underset{}{\bigcirc}-SO_2NHR$$

（对氨基苯甲酸） （磺胺类药物）

对氨基苯甲酸
二氢喋呤 ── 二氢叶酸合成酶 ─→ 二氢叶酸 ── 二氢叶酸还原酶 ─→ 四氢叶酸
谷氨酸 磺胺类药物（一） TMP（一）

　　磺胺类药物与其增效剂在两个作用点分别竞争性抑制细菌体内二氢叶酸的合成及四氢叶酸的合成，影响一碳单位的代谢，从而有效地抑制了细菌体内核酸及蛋白质的生物合成，导致细菌不能生长繁殖。人体能从食物中直接获取叶酸，所以人体四氢叶酸的合成不受磺胺及其增效剂的影响。根据竞争性抑制作用的特点，在服用磺胺类药物时，必须保持血液中药物的浓度，才能发挥最有效的抑菌作用。

　　许多抗代谢类抗癌药物，如氨甲蝶呤（MTX）、5-氟尿嘧啶（5-FU）、6-巯基嘌呤（6-MP）等，都是酶的竞争性抑制剂，可抑制肿瘤的生长。

2. 非竞争性抑制作用

　　抑制剂（I）与底物（S）的结构不相似，I与酶活性中心外的必需基团结合，使酶活性降低，这种抑制称为非竞争性抑制作用（non-competitive inhibition）。典型的非竞争性抑制作用的反应过程见图3-11。

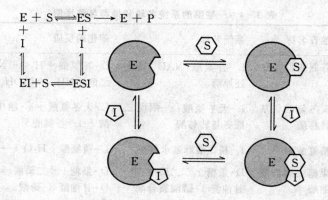

图 3-11　非竞争性抑制作用示意图

　　由于I结合在E活性中心外的部位，不影响E与S、E与I的结合，I与S之间无竞争关系。I可以与游离的E结合形成EI，也可与ES结合形成ESI，EI也可以再与S结合形成ESI。在反应体系中，形成不能分解为产物的ESI，即"死端"复合物，抑制酶的活性。

　　非竞争性抑制作用中，抑制剂对酶活性的抑制程度取决于抑制剂的绝对浓度，与底物浓度无关。抑制剂浓度愈大，抑制作用愈强。可见，非竞争性抑制不能通过增加底物浓度加以解除。

第五节　酶的命名与分类

一、酶的命名

酶的命名方法分为习惯命名法和系统命名法。

1. 习惯命名法

通常是以酶催化的底物、反应性质以及酶的来源等来命名。

(1)依据酶所催化的底物命名　如淀粉酶、脂肪酶、蛋白酶等。还可指明酶的来源,如唾液淀粉酶、胰蛋白酶等。

(2)依据催化反应的类型命名　如脱氢酶、转氨酶等。

(3)综合上述两项原则命名　如乳酸脱氢酶、氨基酸氧化酶等。

习惯命名法简单、易记,应用历史较长,但缺乏系统性,有时会出现混乱。

2. 系统命名法

国际酶学委员会(IEC)以酶的分类为依据,制定了与分类法相适应的系统命名法。系统命名法规定每一种酶均有一个系统名称,它标明酶的所有底物与反应性质,并附有一个 4 位数字的分类编号,底物名称之间用":"隔开。系统命名法虽然合理,但比较繁琐,使用不方便。为了应用方便,国际酶学委员会又从每种酶的数个习惯名称中选定一个简便实用的推荐名称。现将一些酶的系统名称和推荐名称举例列于表 3-4。

表 3-4　一些酶的系统名称和推荐名称举例

编号	推荐名称	系统名称	催化的反应
EC1.4.1.3	谷氨酸脱氢酶	L-谷氨酸:NAD$^+$ 氧化还原酶	L-谷氨酸+H$_2$O+NAD$^+$ ⟶⟵ α-酮戊二酸+NH$_3$+NADH
EC2.6.1.1	天冬氨酸氨基转移酶	L-天冬氨酸:α-酮戊二酸氨基转移酶	L-天冬氨酸+α-酮戊二酸 ⟶⟵ 草酰乙酸+L-谷氨酸
EC3.5.3.1	精氨酸酶	L-精氨酸脒基水解酶	L-精氨酸+H$_2$O ⟶ L-鸟氨酸+尿素
EC4.1.2.13	果糖二磷酸醛缩酶	D-果糖1,6 二磷酸:D-甘油醛 3-磷酸裂合酶	D-果糖1,6 二磷酸 ⟶⟵ 磷酸二羟丙酮+D-甘油醛 3-磷酸
EC5.3.1.9	磷酸葡萄糖异构酶	D-葡萄糖 6-磷酸酮醇异构酶	D-葡萄糖 6-磷酸 ⟶⟵ D-果糖 6-磷酸
EC6.3.1.2	谷氨酰胺合成酶	L-谷氨酸:氨连接酶	ATP+L-谷氨酸+NH$_3$ ⟶ ADP+磷酸+L-谷氨酰胺

二、酶的分类

国际酶学委员会提出酶的系统分类法原则是根据酶催化反应的类型,将酶分为六大类,分别用 1,2,3,4,5,6 编号来表示。

1. 氧化还原酶类

氧化还原酶类（oxidoreductase）是催化底物进行氧化还原反应的酶类。反应通式：$AH_2 + B \longrightarrow A + BH_2$，如乳酸脱氢酶、琥珀酸脱氢酶、细胞色素氧化酶等。该类酶的辅酶是 NAD^+ 或 $NADP^+$，FMN 或 FAD。

2. 转移酶类

转移酶类（transferase）是催化底物之间进行某种基团的转移或交换的酶类。反应通式：$A-R + C \longrightarrow A + C-R$，如氨基转移酶、甲基转移酶、磷酸化酶等。

3. 水解酶类

水解酶类（hydrolase）是催化底物发生水解反应的酶类。反应通式：$A-B + H_2O \longrightarrow A-H + B-OH$，如淀粉酶、蛋白酶、脂肪酶、磷酸酶等。

4. 裂合酶类或裂解酶类

裂合酶类或裂解酶类（lyses）是催化从底物分子上移去一个基团并留下双键的反应或其逆反应的酶类。反应通式：$A-B \longrightarrow A+B$，如柠檬酸合酶、醛缩酶等。

5. 异构酶类

异构酶类（isomerase）是催化各种同分异构体间相互转化的酶类。反应通式：$A \rightleftharpoons B$，如磷酸丙糖异构酶、磷酸己糖异构酶等。

6. 合成酶类或连接酶类

合成酶类或连接酶类（ligase）是催化两分子底物合成为一分子化合物，同时偶联有 ATP 的磷酸键断裂释放能量的酶类。反应通式：$A + B + ATP \longrightarrow A-B + ADP + Pi$，如谷氨酰胺合成酶、谷胱甘肽合成酶等。

第六节　酶与医学的关系

一、酶与疾病的关系

（一）酶与疾病发生

体内的物质代谢在酶催化下，通过各种因素的调节有条不紊地进行。酶的质和量异常或酶的活性受抑制，可引发某些疾病。

1. 先天性酶异常

先天性或遗传性酶缺陷可引起某些疾病，如苯丙氨酸羟化酶缺陷导致苯丙酮酸尿症，酪氨酸酶缺乏导致白化病，6-磷酸葡萄糖脱氢酶缺乏导致溶血性贫血（蚕豆病）等。

2. 继发性酶异常

激素代谢障碍或维生素缺乏也可影响某些酶的活性，例如，胰岛素分泌不足导致多种酶活性的异常而发生糖尿病；维生素 K 缺乏时，γ-谷氨酰羧化酶活性降低，肝脏合成的凝血因子 Ⅱ、Ⅶ、Ⅸ、Ⅹ 不能进一步羧化成熟，造成凝血功能障碍。

中毒性疾病常是由于毒物抑制酶的活性所致，如一氧化碳、氰化物、有机磷农药、重金属离子等分别抑制不同的酶，造成代谢反应中断或代谢物的堆积，导致一系列中毒症状，甚至死亡。

(二)酶与疾病诊断

正常情况下,在细胞内发挥催化作用的酶在血清中含量甚微,某些病理情况下,可导致血清酶活性的改变。其主要原因有:

(1)组织细胞损伤或细胞膜通透性增大,进入血液中酶的量增加,如急性胰腺炎时血清中淀粉酶活性升高,肝脏损伤时血清中丙氨酸氨基转移酶活性增加。

(2)某些细胞增殖加快,其特异的标志酶可释放入血,如前列腺癌患者血清中酸性磷酸酶活性升高。

(3)酶的排泄障碍,引起血清酶活性升高,如胆管阻塞时血清碱性磷酸酶活性升高。

(4)酶合成障碍或酶活性受到抑制时,血清酶活性降低,如肝病时血中某些凝血酶原或凝血因子含量降低;有机磷中毒时胆碱酯酶活性降低。

另外,血清同工酶谱的测定对疾病的器官定位诊断有一定参考意义,如 LDH 和 CK 同工酶的测定,对心脏、肝脏、脑组织的病变都具有一定诊断价值。现将常用于临床诊断的血清酶列于表 3-5。

表 3-5 常见用于临床诊断的血清酶

血清酶	主要来源	诊断的主要疾病
丙氨酸氨基转移酶	肝、心、骨骼肌	肝实质疾病
酸性磷酸酶	红细胞、前列腺	骨病、前列腺癌
碱性磷酸酶	肝、骨、肾、肠黏膜、胎盘	肝胆疾病、骨病
醛缩酶	骨骼肌、心	肌肉病
天冬氨酸氨基转移酶	肝、心、肾、骨骼肌、红细胞	肝实质疾病、心肌梗死、肌肉病
肌酸激酶	脑、心、骨骼肌、平滑肌	心肌梗死、肌肉病
淀粉酶	胰腺、卵巢、唾液腺	胰腺疾病
胆碱酯酶	肝	肝实质疾病、有机磷杀虫剂中毒
γ-谷氨酰转肽酶	肝、肾	肝实质疾病、酒精中毒
谷氨酸脱氢酶	肝	肝实质疾病
5'核苷酸酶	肝胆管	肝胆疾病
乳酸脱氢酶	心、肝、骨骼肌、红细胞、淋巴结等	心肌梗死、溶血、肝实质疾病

(三)酶与疾病治疗

酶在医学研究中应用广泛,可作为试剂、药物和工具,用于诊断、治疗和科学研究。下面仅就酶在临床治疗上的应用归纳如下。

(1)帮助消化 胃蛋白酶、胰蛋白酶、淀粉酶、脂肪酶等都可用于帮助消化。

(2)消炎抑菌 溶菌酶、菠萝蛋白酶、木瓜蛋白酶可缓解炎症,促进消肿;糜蛋白酶可用于外科清疮和烧伤患者痂垢的清除以及防治脓胸患者浆膜粘连等。磺胺类药物通过酶的竞争性抑制作用起到抑菌消炎的作用。

（3）防治血栓　链激酶、尿激酶和纤溶酶等均可溶解血栓，防止血栓形成，可用于脑血栓、心肌梗死等疾病的防治。

（4）治疗肿瘤　人工合成的巯嘌呤（6-巯基嘌呤）、氟尿嘧啶（5-氟尿嘧啶）等药物，通过阻断肿瘤细胞代谢通路中相应的酶活性，可以达到遏制肿瘤生长的目的。

二、酶在医学研究领域中的应用

酶作为试剂广泛应用于临床检验和科学研究。不仅生化检验中测定血糖、血脂等用酶法分析，一些免疫学检测指标、激素、肿瘤标志物的测定也应用酶学方法，这种方法灵敏、准确、方便、迅速。

酶工程是对酶进行改造的新型应用技术，主要是利用物理、化学或分子生物学的方法对酶分子进行改造，包括对酶分子中功能基团进行化学修饰、酶的固定化、抗体酶等。固定化酶是指采用物理化学技术，将水溶性酶转化成为不溶于水但仍具催化活性的固态酶，能连续催化反应，又可回收反复使用。现已能利用固定化酶生产多种药物，如利用氨基甲酰磷酸激酶生产ATP，利用 11-β-羟化酶生产氢化可的松等。抗体酶是具有催化功能的免疫球蛋白，既有抗体的高度选择性，又有酶的高效催化能力。医学上可以利用抗体酶特异性地破坏病毒蛋白、清除血管凝血块或用于吸毒、癌症药物治疗中减轻化疗副作用等。

酶学知识及其应用技术的发展，为新药研发、生产、医疗服务等开拓了更为广阔的前景。

 学习小结

生物体内新陈代谢发生的化学反应，几乎都是在酶的催化下进行的。酶是由活细胞产生的具有高效催化作用的特殊蛋白质。酶促反应的特点有：高效的催化效率、高度的特异性、酶活性的可调节性及高度不稳定性。根据酶的化学组成将酶分为单纯酶和结合酶，单纯酶仅由氨基酸组成，结合酶由蛋白质和非蛋白质组成。金属离子和小分子有机物构成酶的辅助因子。

酶分子中有许多化学基团，其中与酶活性密切相关的基团称为酶的必需基团。必需基团在一级结构上可能相距甚远，但肽链盘绕、折叠、彼此靠近，形成一个能与底物结合并催化底物生成产物的特定区域，称为酶的活性中心。有些必需基团存在于酶的活性中心以外，但可维持酶活性中心的空间构象，称为酶活性中心外的必需基团。

无活性的酶的前身物质称为酶原。酶原在一定条件下，转变为有活性的酶的过程，称为酶原的激活。同工酶是指催化相同的化学反应，但酶蛋白的分子结构、理化性质乃至免疫学特性不同的一组酶。物质代谢的调节主要是对代谢途径中关键酶的调节，有两种调节方式，即变构调节和共价修饰调节。酶与底物结合并进一步形成过渡状态，大幅度降低反应活化能，增加活化分子数目，发挥高度催化效率。

影响酶促反应速度的因素主要有底物浓度、酶浓度、pH、温度、激活剂和抑制剂等。当[S]很低时，V 随[S]的增加呈正比加快，继续增加[S]，V 加快但不呈正比，[S]增加到一定程度时，V 不再加快。酶促反应速度与酶浓度呈正比。温度对酶活性具有双重影响，反应速度达最大时的温度称为酶的最适温度。酶活性与反应环境的 pH 有关，酶催化活性最大时的 pH 称为酶的最适 pH。酶的抑制作用分为两类：抑制剂以共价键与酶结合，抑制酶的活性，称为不可逆性抑制;抑制剂以非共价键与酶可逆地结合,使酶活性降低,称可逆性抑制。在可逆性抑制作用中,抑制剂与底物结构相似,竞争酶的活性中心,阻碍酶与底物结合,称为竞争性抑制作用;抑制剂与底物的结构不相似,与酶活性中心外的必需基团结合,使酶活性降低,称为非竞争性抑制作用。

酶的命名方法分为习惯命名法和系统命名法。国际酶学委员会规定,酶分为六大类,即氧化还原酶类、转移酶类、水解酶类、裂合酶类、异构酶类、合成酶类。

酶与医学的关系密切,许多疾病的发生、发展与酶的结构异常和活性改变有关,测定酶的活性可帮助诊断疾病。酶作为药物广泛用于疾病的治疗及新药的研发。

目标检测

1. 解释名词:酶,酶的特异性,单纯酶,结合酶,酶的活性中心,必需基团,酶原,酶原的激活,同工酶,竞争性抑制作用,非竞争性抑制作用。
2. 酶促反应有何特点? 酶的特异性有哪些?
3. 影响酶促反应速度的因素有哪些?
4. 说明有机磷农药中毒的生化机制。
5. 比较竞争性抑制作用与非竞争性抑制作用的异同。
6. 解释磺胺药的抑菌机理。

第四章　维生素

学习目标

【掌握】维生素的概念；脂溶性维生素的主要生理功能；水溶性维生素在体内的活性形式
　　　　及主要生理功能。

【熟悉】维生素的特点；维生素常见缺乏病；维生素的分类。

【了解】维生素缺乏病的原因；各种维生素的化学本质、性质及来源。

第一节　概述

一、维生素的概念及特点

维生素(vitamin)又名维他命，是一类参与细胞代谢以维持机体正常生理活动，在体内不
能合成或合成量很少，必须由食物供给的微量小分子有机物，是维持机体健康所必需的营养素
之一。

维生素既不参与机体的组成，也不产生能量，然而它在能量产生的反应中以及调节机体物
质代谢过程中起着十分重要的作用。长期缺乏就会引发相应的缺乏症，对人体健康造成损害。

二、维生素的命名与分类

(一)命名

维生素常用的命名方式一般是按其发现的先后顺序以大写英文字母命名，如维生素 A、
B、C、D、E 等。一种维生素若有多种存在形式，命名时便在其原英文字母下标注 1、2、3 等加以
区别，如维生素 B_1、B_2、B_6 等。也有按其生理功能命名的，如抗坏血酸、抗干眼病维生素和抗凝
血维生素等。还有按其化学结构命名的，如核黄素、视黄醇等。

(二)分类

按维生素的溶解性质可将其分为脂溶性维生素和水溶性维生素两大类。脂溶性维生素主
要包括维生素 A、维生素 D、维生素 E 和维生素 K。水溶性维生素主要包括 B 族维生素和维生
素 C。B 族维生素有维生素 B_1、B_2、B_6、B_{12}、PP、泛酸、叶酸和生物素等。

三、维生素缺乏病的原因

机体由于维生素缺乏引起的疾病称为维生素缺乏病。导致维生素不足或缺乏的原因很
多，常见的主要有以下几个方面。

(1)摄入不足　机体所需的大多数维生素必须通过食物摄取,由于各种原因造成的膳食中维生素含量降低或丢失破坏,将导致机体不能获得足够的维生素摄入。

(2)吸收障碍　某些消化系统疾病可使机体对维生素的吸收利用能力下降。

(3)机体的需要量增加　个体差异、特殊生理状态、特殊生活或作业环境,都可使机体对维生素需要量增加,造成相对摄入不足。

(4)长期服用某些药物可导致维生素缺乏。

(5)肝肾功能不良者。

第二节　脂溶性维生素

脂溶性维生素包括维生素 A、D、E、K,其共同特点是:①化学组成仅含碳、氢、氧,不溶于水而易溶于脂肪及有机溶剂(如苯、乙醚及氯仿等);②在食物中常与脂类共存,吸收时与脂类吸收密切相关,需要胆汁酸的协助,主要在肝和脂肪中储存;当脂类吸收不良时,如胆道梗阻或长期腹泻,它们的吸收大为减少,甚至会引起缺乏症;③排泄效率低,故摄入过多时可在体内蓄积,产生有害作用,甚至发生中毒。

一、维生素 A

(一)化学本质、性质及分布

维生素 A 又称抗干眼病维生素,是最早被发现的维生素,其化学结构是具有酯环的多烯基一元醇,故又称为视黄醇,包括维生素 A_1、A_2 两种。维生素 A_1 为视黄醇,维生素 A_2 为 3 -脱氢视黄醇。视黄醇可由植物来源的类胡萝卜素合成,如 α -胡萝卜素、β -胡萝卜素、γ -胡萝卜素、隐黄素等,其中以 β -胡萝卜素活性最高。在体内 β -胡萝卜素- 15,15 -双氧酶(双加氧酶)催化下,β -胡萝卜素可转变为两分子的视黄醛,视黄醛在视黄醛还原酶的作用下可被还原为视黄醇,故 β -胡萝卜素也称为维生素 A 原。视黄醇在体内可被氧化为视黄醛和视黄酸,视黄醇、视黄醛和视黄酸都是维生素 A 在体内的活性形式。

维生素 A 为板条状黄色结晶,其化学性质活泼,易被氧化和受紫外线破坏,保存时应避光,对酸、碱和热稳定,一般烹调和罐头加工不易破坏。

维生素 A 只存在于动物性食物中,主要在肝脏、蛋黄、奶(未脱脂)及奶制品中含量较多,各种鱼肝是维生素 A 最丰富的来源。维生素 A 原,即各种类胡萝卜素,存在于植物性食物中,主要分布于深绿色蔬菜、深黄色蔬菜及水果中,含量较丰富的有菠菜、胡萝卜、青椒、南瓜、玉米等。

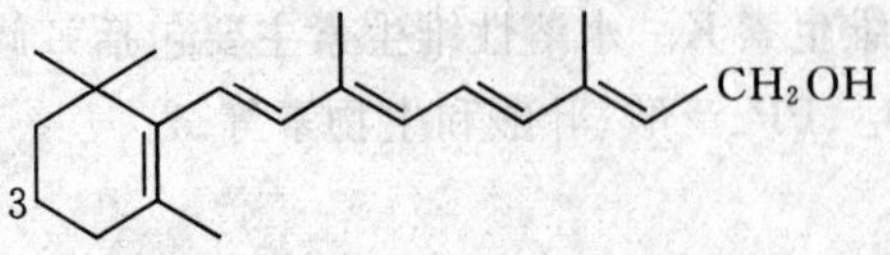

维生素 A_1(视黄醇)

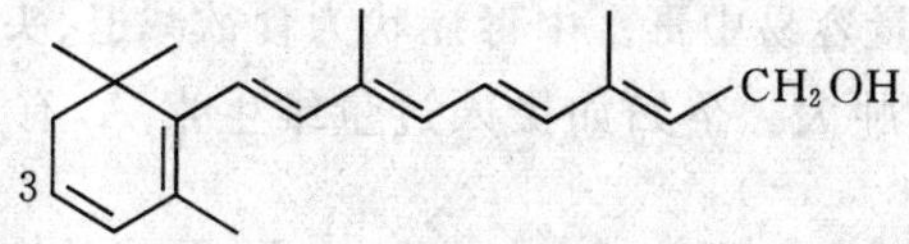

维生素 A₂（3-脱氢视黄醇）

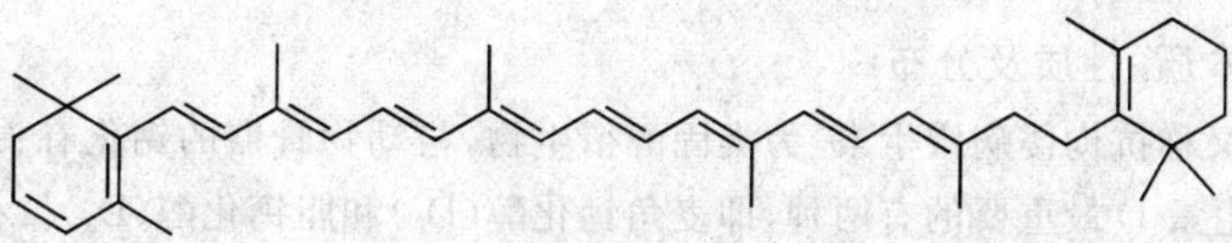

β-胡萝卜素

(二)生理功能及缺乏病

1.构成视觉细胞内感光物质

人的视网膜视细胞由感受强光的视锥细胞和感受弱光的视杆细胞构成。视杆细胞内的感光物质是视紫红质。视紫红质是由11-顺视黄醛和视蛋白构成,因此维生素 A 参与了感光物质的合成,可调试眼睛适应外界光线强弱的能力,以降低夜盲症和视力减退的发生,维持正常的视觉反应,有助于对多种眼疾的治疗。如果维生素 A 缺乏,会影响视紫红质的合成和更新,出现夜盲症,使眼的暗视能力减弱。

2.维持上皮组织结构的健全与完整

维生素 A 是调节糖蛋白合成的一种辅酶,而糖蛋白是上皮细胞膜的成分,所以维生素 A 对上皮细胞的细胞膜起稳定作用,可维持上皮细胞的形态完整和功能健全。同时,维生素 A 可减弱上皮细胞向鳞片状的分化,防止上皮干燥角质化,不易受细菌伤害。维生素 A 缺乏的初期易出现上皮组织干燥,继而过度角化变性和腺体分泌减少,容易导致结膜和角膜干燥、软化甚至穿孔,以及泪腺分泌减少,即形成眼干燥症。

3.促进生长发育和维护生殖功能

维生素 A 参与细胞 RNA、DNA 的合成,对细胞分化、组织更新有一定影响,并参与软骨内成骨,因此维生素 A 可促进生长、发育、强壮骨骼及维护牙齿和牙床的健康。缺乏时,影响机体生长、发育。维生素 A 还参与类固醇激素的合成。缺乏时,还会导致男性性腺萎缩,也可影响胎盘发育。

4.加强免疫能力

维生素 A 有助于维持免疫系统功能正常,促进体液免疫和细胞免疫,能加强机体抵抗力。缺乏时,容易影响到免疫功能。

5.抗氧化作用

维生素 A 也有一定的抗氧化作用,可以中和有害的自由基。

6.抑癌作用

许多研究显示,皮肤癌、肺癌、喉癌等都跟维生素 A 的摄取量有关。维生素 A 和 β-胡萝卜素从影响致癌物质的作用、干扰细胞的癌变和促进癌细胞自溶等方面起到防癌和抗癌的作用。

维生素 A 能在身体中积累,补充过量容易中毒。中毒症状为食欲减退、头痛、视力模糊、急躁、脱发、皮肤干燥、腹泻、恶心、肝脾肿大。孕妇如摄入过量维生素 A,有可能导致胎儿畸形。

二、维生素 D

(一)化学本质、性质及分布

维生素 D 又称抗佝偻病维生素,为类固醇衍生物,与动物骨骼的钙化有关,故又称为钙化醇。天然的维生素 D 最重要的有两种,即麦角钙化醇(D_2)和胆钙化醇(D_3)。植物油或酵母中所含的麦角固醇(24-甲基-22 脱氢-7-脱氢胆固醇),经紫外线激活后可转化为维生素 D_2。动物皮下的 7-脱氢胆固醇,经紫外线照射也可以转化为维生素 D_3。因此,麦角固醇和 7-脱氢胆固醇常被称作维生素 D 原。

维生素 D_2 及 D_3 皆为无色或白色结晶,性质比较稳定,但遇光或空气易破坏。无论维生素 D_2 或 D_3,本身都没有生物活性,它们必须在动物体内进行一系列的代谢转变,才能具有活性。这一代谢主要是在肝脏及肾脏中进行的羟化反应,维生素 D_3 首先在肝脏羟化成 25-羟维生素 D_3,然后在肾脏进一步羟化成为 1,25-二羟维生素 D_3($1,25\text{-}(OH)_2\text{-}D_3$)。$1,25\text{-}(OH)_2\text{-}D_3$ 是维生素 D_3 在体内的活性形式。

维生素 D 是可以在体内合成的一种维生素,人体皮下固醇类物质经紫外线照射后即可形成维生素 D。食物中的维生素 D 主要存在动物性食物中,如海鱼、虾、肝脏、蛋黄、奶油、干酪等含量较多,尤以鱼肝油含量最丰富。另外,酵母和蘑菇也含有一定量的维生素 D。

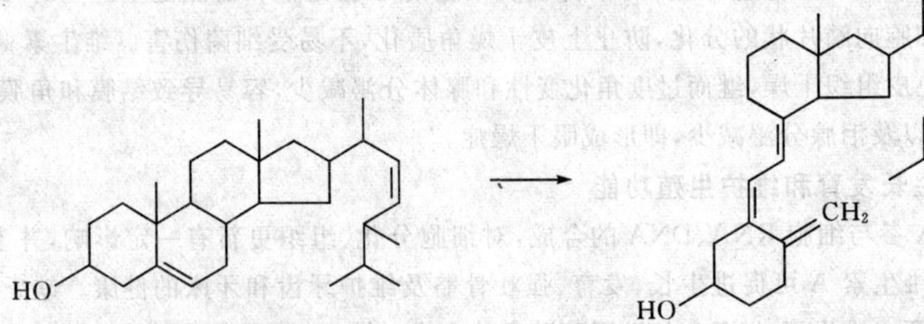

麦角固醇 → 维生素 D_2

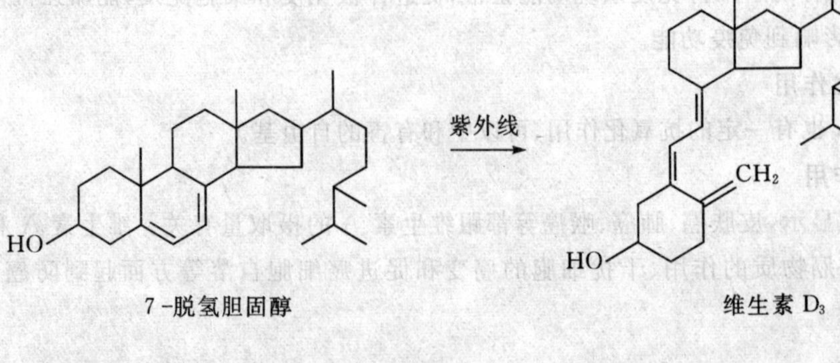

7-脱氢胆固醇 紫外线→ 维生素 D_3

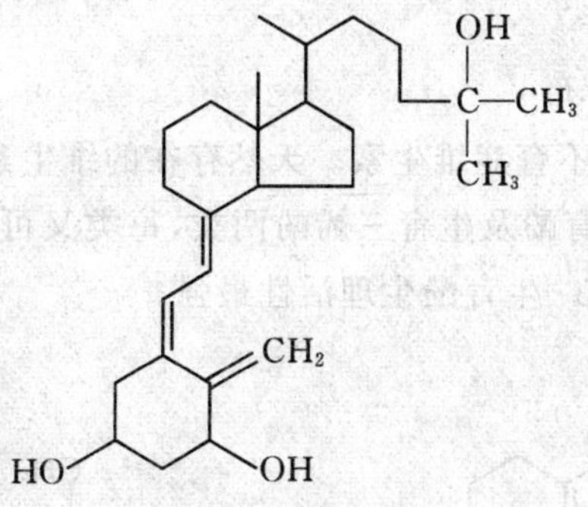

$$1,25\text{-}(OH)_2\text{-}D_3$$

(二)生理功能及缺乏病

$1,25\text{-}(OH)_2\text{-}D_3$ 具有显著调节钙、磷代谢的活性。它能促进小肠黏膜对钙、磷的吸收和转运，同时也能促进肾小管对钙、磷的吸收，有助于骨的钙化及骨的更新生长，是骨及牙齿正常发育所必需的营养素。

维生素 D 缺乏时，容易手足抽搐，在儿童可引起佝偻病、全身代谢障碍、发育不良，在成人可引起骨软化症，孕妇和哺乳期妇女更为明显。

长期摄入过多的维生素 D(5000IU)，将引起高血钙和高尿钙，特征为食欲减退、过度口渴、恶心、呕吐、烦躁、体弱，以及便秘腹泻交替出现，严重者将因肾钙化、心脏和大动脉钙化而死亡。

知识链接

佝偻病

佝偻病俗称缺钙，在婴儿期较为常见，是由于维生素 D 缺乏引起体内钙、磷代谢紊乱，而使骨骼钙化不良的一种疾病。佝偻病发病缓慢，小儿佝偻病早期表现为多汗、好哭、睡眠不沉、易惊，由于头部的多汗而使头部发痒，患儿常摇头而致枕秃。如病情进一步发展，可见患儿的肌肉松弛无力，特别是腹壁及肠壁肌肉的松弛，可引起肠胀气，而致腹部膨隆犹如蛙腹。佝偻病患儿最主要的变化是由于骨骼病变所出现的症状，这是佝偻病的特征表现。6 个月以下的孩子，手指轻压其枕骨或顶骨，犹如乒乓球有弹性感。8～9 个月的孩子头颅呈方形，前囟门也偏大，至 18 个月前囟门尚不能闭合。在 1 岁左右的孩子，胸部则可见到肋骨与肋软骨交界处膨大如珠，称为肋串珠，并可出现胸廓畸形，如胸骨前突呈"鸡胸"和肋缘的外翻。由于四肢和背部肌肉的无力，孩子的坐、立和走路都晚于健康的孩子，且容易跌跤。到了 1 岁以后会走路，可出现两下肢向内或向外弯曲的畸形，呈"O"型腿或"X"型腿。此外，孩子的出牙也延迟，且容易发生蛀牙。

三、维生素 E

(一)化学本质、性质及分布

维生素 E 又名生育酚、抗不育症维生素。天然存在的维生素 E 均为苯骈二氢吡喃的衍生物,根据其化学结构可分为生育酚及生育三烯酚两类,每类又可根据甲基的数目和位置不同,分为 α、β、γ 和 δ 四种,其中以 α-生育酚生理活性最强。

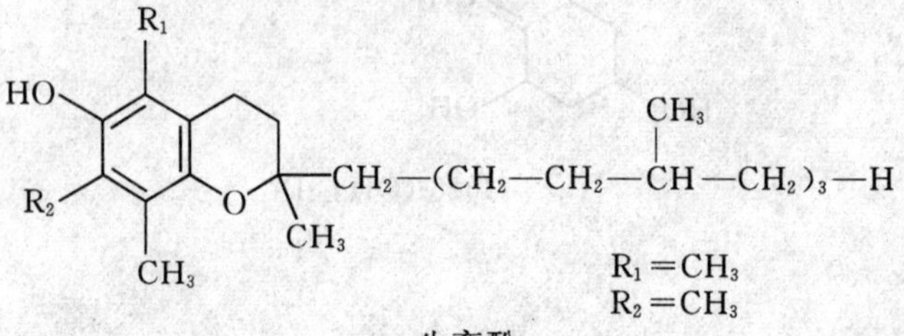

$R_1 = CH_3$
$R_2 = CH_3$

α-生育酚

维生素 E 为微带黏性的淡黄色油状物,对热、酸稳定,对氧敏感,在空气中维生素 E 极易被氧化,颜色变深。

各种植物油、谷物的胚芽、许多绿色植物、肉、奶油、奶、蛋等都含有较多的维生素 E。

(二)生理功能及缺乏病

1. 较强的抗氧化作用

维生素 E 可结合机体当中的自由基,从而阻止自由基对不饱和脂肪酸过氧化作用,起到很强的抗氧化作用,维持着含不饱和脂肪酸较多的细胞膜的完整性和正常功能,保持红细胞膜的完整性,因而具有预防大细胞性溶血性贫血的作用。维生素 E 抵抗脂质过氧化,从而消除了体内其他成分受到脂质过氧化物的损害,因此,也具有延缓衰老的作用。

2. 促进生育

维生素 E 与性器官和胚胎发育有关。动物实验表明,缺乏维生素 E 将引起雌、雄动物生殖系统的损害,使生殖上皮发生不可逆变化。临床上常用维生素 E 来治疗不孕不育症及习惯性流产。

3. 促进血红素代谢

维生素 E 可促进血红素合成过程中关键酶的活性,促进血红素合成,有利于血红蛋白和红细胞的生成。新生儿机体中维生素 E 含量不足,因而容易引起贫血。

此外,维生素 E 还参与 DNA 的生物合成,它还是抗坏血酸、辅酶 Q 合成的辅助因子。近年来有研究发现维生素 E 可抑制眼睛内的过氧化脂反应,使末稍血管扩张,改善血液循环,预防近视的发生和发展。

由于一般食品中维生素 E 含量尚充分,较易吸收,故不易发生维生素 E 缺乏症,仅见于肠道吸收脂类不全时。人体缺少它,男女都不能生育,红细胞数量减少、膜脆性增加,引起贫血,严重者会引起肌肉萎缩、神经麻木、核酸代谢紊乱等。

四、维生素 K

(一)化学本质、性质及分布

维生素 K 又称凝血维生素,为 2-甲基-1,4-萘醌的衍生物。常见的天然维生素 K 有维生素 K_1 和 K_2 两种。

维生素 K_1 是黄色油状物,维生素 K_2 是淡黄色结晶,均有耐热性,但易受紫外线照射而破坏,故要避光保存。

维生素 K_1 主要从食物中摄取,绿叶蔬菜、动物肝脏中含量较高,其次是奶及肉类,水果及谷类含量低。菠菜、莴苣、花椰菜、牛肝、鱼肝油、乳酪等均含有较丰富的维生素 K_1。维生素 K_2 主要由肠道细菌合成。维生素 K 在回肠内吸收,故肠道细菌必须在回肠内合成,才能为人体所利用。现人工亦可合成维生素 K_3 和 K_4,使其水溶性明显增加。

(二)生理功能及缺乏病

维生素 K 的主要功能是促进肝脏合成的四种凝血因子(凝血酶原与凝血因子 Ⅶ、Ⅸ 及 Ⅹ)由无活性状态转变为有凝血活性状态,以促进凝血。肝脏合成的这四种凝血因子如果要有活性,必须将其分子中的谷氨酸残基进行 γ 羧化,而维生素 K 正是这种羧化作用必不可少的辅助因子。

此外,维生素 K 可溶于线粒体膜的类脂中,起着电子转移作用;维生素 K 可增加肠道蠕动和分泌功能;维生素 K 家族中某些成员具有治疗和预防骨质疏松症的功能。

维生素 K 缺乏比较少见。在临床上,维生素 K 缺乏常见于胆道梗阻、脂肪痢、长期服用广谱抗生素者以及新生儿中。常表现为皮肤淤点、淤斑、黏膜出血,程度一般较轻。此外,外伤、手术后渗血、血尿、月经过多及胃肠道出血患者亦常发生,使用维生素 K 可予以纠正。但过大剂量维生素 K 也有一定的毒性。

第三节　水溶性维生素

水溶性维生素主要包括 B 族维生素(维生素 B_1、维生素 B_2、维生素 PP、维生素 B_6、泛酸、生物素、叶酸、维生素 B_{12})和维生素 C(抗坏血酸)等。其共同特点是:①溶于水,不溶于脂肪及有机溶剂;②容易从尿中排出体外,且排出效率高,故摄入后一般不会产生蓄积和毒害作用,除非一次性大剂量摄入;③该类维生素必须每天从食物中摄入补充,否则较易出现缺乏症;④绝大多数参与构成酶的辅酶或辅基,在机体代谢过程中起着极为重要的作用;⑤其体内营养水平多数可在血液和尿中反映出来。

一、维生素 B_1

(一)化学本质、性质及分布

维生素 B_1 又称为抗脚气病维生素(抗神经炎素),化学本质为 3-[(4-氨基-2-甲基-5-嘧啶基)甲基]-5-(2-羟乙基)-4-甲基氯化噻唑盐酸盐,其噻唑环含硫,嘧啶环由氨基取代,因而又名硫胺素。硫胺素在体内与 ATP 反应,生成其活性形式焦磷酸硫胺素(TPP)。

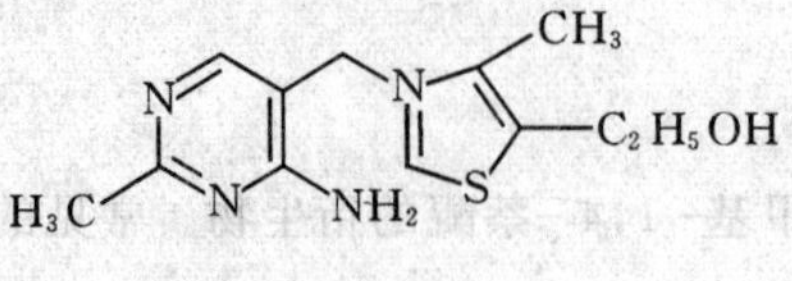

维生素 B₁

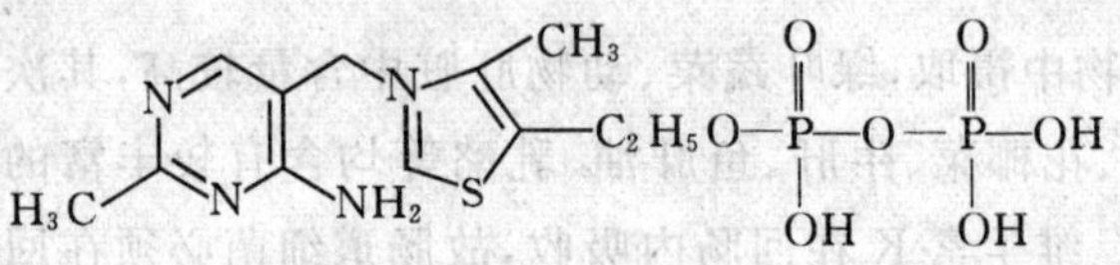

焦磷酸硫胺素

维生素 B₁ 为白色结晶或结晶性粉末,其水溶液随 pH 值升高稳定性降低,在酸性溶液中很稳定,在碱性溶液中不稳定,易被氧化和受热破坏,露置在空气中易吸收水分。

维生素 B₁ 主要存在于粮谷类的外皮和胚芽中,如米糠和麸皮中含量很丰富,故碾磨精度不宜过度,在谷类、坚果、酵母中含量也极丰富。另外,动物的肝脏、蛋黄、鱼、芹菜叶中含量也较丰富。但生鱼中含有破坏维生素 B₁ 的酶,咖啡、可可、茶等饮料也含有破坏维生素 B₁ 的因子。

(二)生理功能及缺乏病

1. 维生素 B₁ 在体内以活性形式 TPP 参与糖的代谢,保护神经系统

TPP(羧化辅酶)作为酰基载体,是 α-酮酸脱羧酶的辅酶,参与糖代谢中丙酮酸、α-酮戊二酸的氧化脱羧反应,分别生成乙酰辅酶 A 和琥珀酰辅酶 A,进入三羧酸循环,有利于糖氧化分解产能。

TPP 也是转酮醇酶的辅酶,参与磷酸戊糖代谢,产生的 5-磷酸核糖和 NADPH 可促进核酸的合成。

在正常情况下,神经组织主要依靠糖的氧化分解获能,因此维生素 B₁ 可维护神经系统正常的生理功能。

2. 维生素 B₁ 参与乙酰胆碱的代谢,促进胃肠蠕动

维生素 B₁ 可抑制胆碱酯酶的活性,减少神经递质乙酰胆碱的水解。另外,丙酮酸脱羧产生的乙酰辅酶 A 可作为乙酰胆碱合成的原料。因此,维生素 B₁ 可维持体内乙酰胆碱的含量,影响神经传导,促进胃肠蠕动,增加食欲。

近年来,一些专家还提出维生素 B₁ 具有治疗失眠、缓解用脑过度、预防疲劳、防治心律失常和铅积蓄中毒等新用途,甚至还可以起到驱蚊的作用。

当体内严重缺乏维生素 B₁ 时,就会发生脚气病。脚气病以消化系统、神经系统及心血管系统的症状为主。

二、维生素 B₂

(一)化学本质、性质及分布

维生素 B₂ 是核糖醇和二甲基异咯嗪的缩合物,为橙黄色结晶性粉末,故又称核黄素。在生物体内,维生素 B₂ 以黄素单核苷酸(FMN)和黄素腺嘌呤二核苷酸(FAD)的活性形式存在,它们是多种氧化还原酶(黄素蛋白)的辅基。

维生素 B₂ 水溶性较低,但在碱性溶液中容易溶解,在强酸溶液中稳定,对光敏感,光照及紫外照射可引起不可逆的分解。

维生素 B₂ 广泛存在于动物性和植物性食物中,绿色蔬菜、肝、肾、奶类、蛋黄等含量较多。

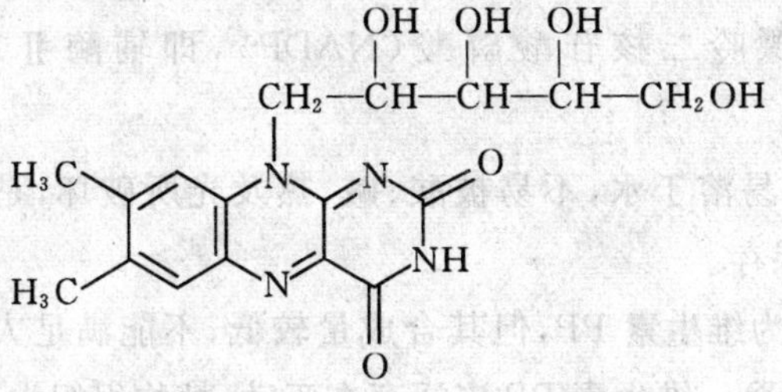

维生素 B₂

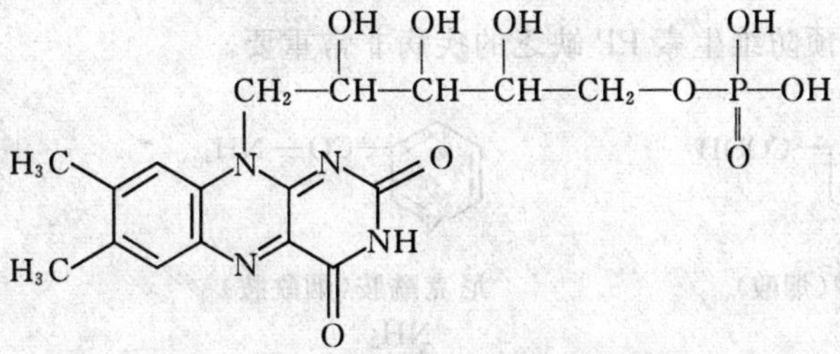

黄素单核苷酸（FMN）

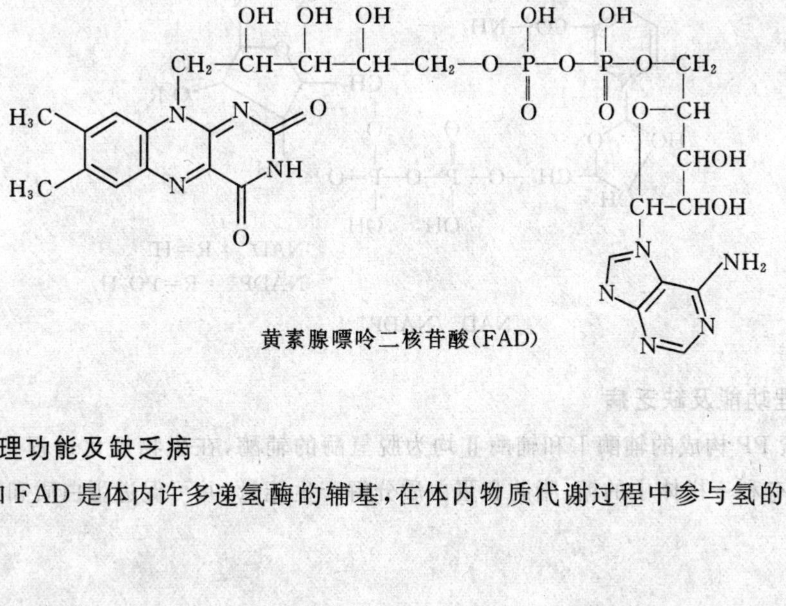

黄素腺嘌呤二核苷酸(FAD)

(二)生理功能及缺乏病

FMN 和 FAD 是体内许多递氢酶的辅基,在体内物质代谢过程中参与氢的传递,核黄素还是糖、蛋白质、脂肪酸代谢和能量利用与组成所必需的物质,能促进生长发育,保护眼睛、皮肤的健康。

维生素 B_2 的缺乏会导致口腔、唇、皮肤、生殖器等皮肤黏膜炎症的发生。

三、维生素 PP

(一)化学本质、性质及分布

维生素 PP 又称为抗癞皮病维生素,是 B 族维生素中人体需要量最多的一类维生素。在自然界中包括尼克酸(烟酸)和尼克酰胺(烟酰胺)两种,二者均为吡啶的衍生物,分别为吡啶羧酸和吡啶酰胺。尼克酸和尼克酰胺在体内的活性形式分别为尼克酰胺腺嘌呤二核苷酸(NAD^+,即辅酶Ⅰ)和尼克酰胺腺嘌呤二核苷酸磷酸($NADP^+$,即辅酶Ⅱ)。NAD^+ 和 $NADP^+$ 都是脱氢酶的辅酶。

维生素 PP 为一种白色针状晶体,易溶于水,不易被酸、碱、热及光所破坏,是维生素中性质最稳定的一种,食物经烹煮后也能保存。

人体的肝细胞可以将色氨酸转变为维生素 PP,但其合成量较低,不能满足人体的日常所需,所以维生素 PP 也必须从食物中摄取。维生素 PP 广泛存在于动、植物组织中,但多数含量较少。在动物性食品中,肝、肾、瘦肉等烟酸含量较高,并且色氨酸含量也较高。植物性食品,酵母、花生及豆类等含量较高。用碱处理玉米,游离维生素 PP 可被释放,并被机体利用,因此,推广玉米粉加碱的措施对预防维生素 PP 缺乏的疾病非常重要。

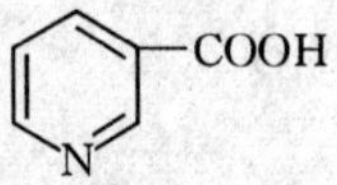

尼克酸(烟酸) 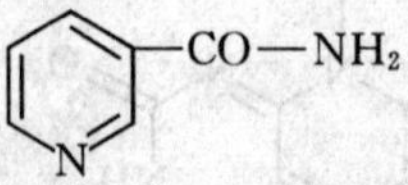　　　　　尼克酰胺(烟酰胺)

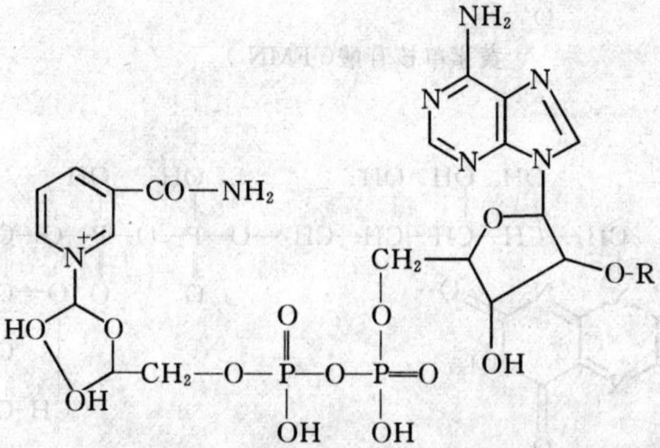

NAD^+：$R=H$
$NADP^+$：$R=PO_3H_2$

$NAD^+/NADP^+$

(二)生理功能及缺乏病

由维生素 PP 构成的辅酶Ⅰ和辅酶Ⅱ均为脱氢酶的辅酶,在生物氧化过程中起到传递氢原子的作用,有利于机体中的糖、脂肪和蛋白质分解产生能量,并可促进蛋白质和脂肪的合成,同时对维持皮肤、神经和消化系统的正常功能起着重要作用。

有报道,服用维生素PP能降低血胆固醇、甘油三酯(TG)及β-脂蛋白浓度,并有扩张血管的作用。大剂量烟酸对复发性非致命的心肌梗死有一定程度的保护作用。

维生素PP缺乏可引起癞皮病。此病起病缓慢,常有前驱症状,若不及时治疗,则可出现对称性皮炎(dermatitis)、腹泻(diarrhea)和痴呆(dementia),故又称为"3D"症状。

四、维生素 B₆

(一)化学本质、性质及分布

维生素B₆又称吡哆素,吡哆素是吡啶衍生物,包括吡哆醇、吡哆醛及吡哆胺。吡哆醇在体内转变成吡哆醛,吡哆醛与吡哆胺可相互转变。维生素B₆在体内与磷酸结合并转化为其活性形式磷酸吡哆醛或磷酸吡哆胺,二者亦可相互转变。

维生素B₆易溶于水和酒精,稍溶于脂肪溶剂,遇光和碱易被破坏,不耐高温。

一般而言,人肠道中细菌可合成维生素B₆,但其量甚微,还需要从食物中补充。在动物性及植物性食物中均富含维生素B₆,酵母粉含量最多,谷物和豆类含量亦丰富,肉类、肝脏、家禽、鱼、马铃薯、甜薯、蔬菜中也含有维生素B₆。

吡哆醇　　　　　　　吡哆醛　　　　　　　吡哆胺

(二)生理功能及缺乏病

(1)磷酸吡哆醛与氨基酸代谢密切相关,磷酸吡哆醛是氨基酸的转氨酶及脱羧酶的辅酶,参与氨基酸的转氨基和脱羧基作用,故对氨基酸代谢十分重要。磷酸吡哆醛能促进谷氨酸脱羧,增进γ-氨基丁酸的生成,临床常用维生素B₆辅助治疗妊娠呕吐和小儿惊厥。

(2)磷酸吡哆醛还可作为δ-氨基-γ-酮戊酸(ALA)合酶的辅酶,参与血红素的合成。缺乏维生素B₆可引起小细胞低色素性贫血。

(3)磷酸吡哆醛作为糖原磷酸化酶的重要组成成分,参与糖原分解。

另外,充足的维生素B₆有利于淋巴细胞的增殖,还能维持神经系统的功能,降低血浆中同型半胱氨酸含量。

单纯的维生素B₆缺乏少见,通常与其他B族维生素缺乏同时存在。但是,抗结核药异烟肼能与磷酸吡哆醛结合,使其失去辅助因子的作用。因此,在服用异烟肼时,应当加服维生素B₆,以防出现不安、失眠和多发性神经炎等不良反应。

五、泛酸

(一)化学本质、性质及分布

泛酸又名遍多酸,因在动植物中广泛分布而得名,是由2,4-二羟基-3,3-二甲基丁酸与

β-丙氨酸用酰胺键连接构成。在体内,泛酸可通过一系列的生化反应转变为辅酶 A(CoA)。辅酶 A 是泛酸的活性形式。

泛酸为浅黄色黏稠油状物,能溶于水、醋酸等,几乎不溶于苯、氯仿,具有右旋光性,对酸、碱和热都不稳定。

泛酸在食物中普遍分布,尤其以动物组织、谷类食物和酵母等含量丰富,肠道细菌也可以合成。

(二)生理功能及缺乏病

辅酶 A 是酰基转移酶的辅酶,参与体内的乙酰化反应,对糖、脂肪及蛋白质的代谢产能起重要作用。

因泛酸在自然界中广泛分布,所以,很少见其缺乏病。

六、生物素

(一)化学本质、性质及分布

生物素又称维生素 H,由杂环与戊酸侧链构成。

生物素为白色结晶粉末,在中等强度的酸及中性溶液中可稳定数日,在碱性溶液中稳定性较差,在普通温度下相当稳定,但高温和氧化剂可使其丧失活性。

生物素分布广泛,糙米、小麦、草莓、柚子、葡萄、啤酒、肝、蛋、瘦肉、奶制品等含量较丰富。除了食物以外,肠道细菌也能合成生物素。

(二)生理功能及缺乏病

生物素是体内羧化酶的辅酶,可以把 CO_2 由一种化合物转移到另一种化合物上,从而使化合物发生羧化反应,如丙酮酸羧化为草酰乙酸、乙酰辅酶 A 羧化为丙二酰辅酶 A 等都由依赖生物素的羧化酶催化。因此,生物素对体内糖、脂肪代谢及蛋白质的合成有重要作用。

另外,生物素还参与维生素 B_{12}、叶酸、泛酸的代谢,促进尿素合成与排泄。

生物素来源广泛,所以缺乏症较少见。但在生鸡蛋清中有抗生物素蛋白,能与生物素紧密结合,使其失去活性。若长期大量吃生鸡蛋,则可导致生物素缺乏病,产生一系列症状,如精神倦怠、肌肉酸痛、毛发脱落、皮肤发炎、食欲减退、体重下降等。

七、叶酸

(一)化学本质、性质及分布

叶酸即维生素 B_{11}(维生素 M),是从菠菜叶中提取纯化的,故而命名为叶酸,由蝶啶、对氨基苯甲酸和谷氨酸构成,因此又称蝶酰谷氨酸。叶酸可在体内叶酸还原酶催化下,并有维生素 C 和 NADPH 参与,经过两次连续的还原生成 5,6,7,8-四氢叶酸(FH_4)。四氢叶酸是叶酸在体内的活性形式。

叶酸为淡橙黄色结晶或薄片,在酸性溶液中不稳定,并易受阳光紫外线照射、加热等的影响而发生氧化,进而失去活力。食物在室温下储存,其所含叶酸也易损失。在碱性溶液中相对稳定。

叶酸广泛存在于动植物类食品中,尤以酵母、肝、肉类及绿叶蔬菜中含量比较多,新鲜的水果、豆类、谷物、坚果等都含有叶酸。肠道细菌也能合成部分叶酸。

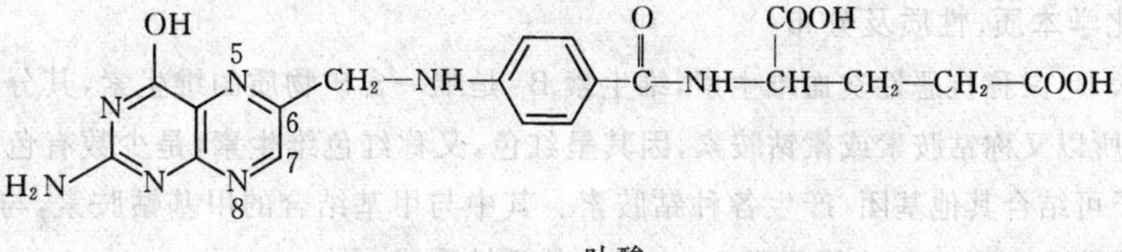

叶酸

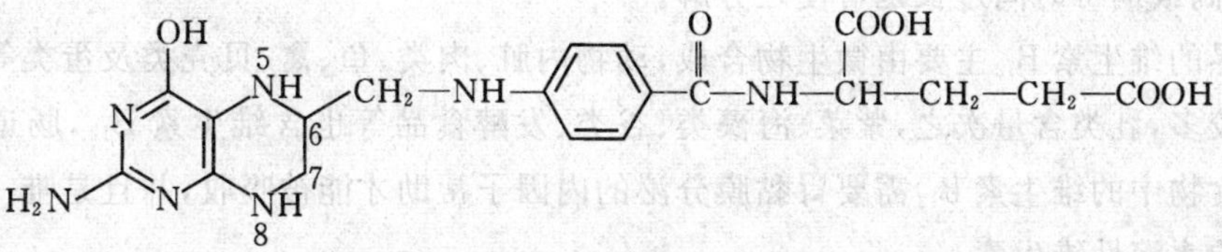

四氢叶酸

(二)生理功能及缺乏病

四氢叶酸(FH_4)是体内一碳单位转移酶的辅酶,FH_4分子中第5,10两个氮原子即为结合一碳单位的部位,能携带一碳单位进行转移,参与多种物质的合成。

(1)参与嘌呤和胸腺嘧啶的合成,进一步合成核酸(DNA、RNA)。

(2)参与氨基酸代谢,在甘氨酸与丝氨酸、组氨酸与谷氨酸、同型半胱氨酸与蛋氨酸之间的相互转化过程中充当一碳单位的载体。

(3)参与血红蛋白及甲基化产物的合成,如肾上腺素、胆碱、肌酸等的合成。

显而易见,叶酸与许多重要的生化过程密切相关,直接影响核酸的合成及氨基酸代谢,对细胞分裂、增殖和组织生长具有极其重要的作用。

叶酸缺乏引起的疾病,包括下列三种。

(1)巨幼红细胞贫血　叶酸缺乏时,核酸合成障碍,骨髓中幼红细胞分裂增殖速度减慢,停留在巨幼红细胞阶段而成熟受阻,细胞体积增大,不成熟的红细胞增多,同时引起血红蛋白的合成减少,表现为巨幼红细胞贫血。

(2)神经管缺陷　孕妇早期缺乏叶酸是引起胎儿神经管畸形的主要原因,叶酸缺乏可引起神经管未能闭合而导致以脊柱裂和无脑畸形等为主的神经管畸形。

(3)同型半胱氨酸血症　近年来临床研究证实,血浆同型半胱氨酸浓度升高容易引发心血管疾病。叶酸、维生素 B_{12} 和维生素 B_6 是血浆同型半胱氨酸水平的决定因素,其中以叶酸的关系最大。

因为叶酸分布广泛,所以一般人不容易发生缺乏症。但一些生长代谢旺盛的群体,如孕妇、哺乳期妇女及婴幼儿等应适量补充叶酸。另外,避孕药及抗惊厥药物能干扰叶酸吸收与代谢,因此,长期服用此类药物应及时补充叶酸,以预防叶酸缺乏病。

八、维生素 B_{12}

(一)化学本质、性质及分布

维生素 B_{12} 又称抗恶性贫血维生素,维生素 B_{12} 是唯一含矿物质的维生素,其分子中含钴,也含有氰,所以又称钴胺素或氰钴胺素,因其呈红色,又称红色维生素,是少数有色的维生素。钴胺素分子可结合其他基团,产生各种钴胺素。其中与甲基结合的甲基钴胺素,与 $5'$-脱氧腺苷结合的辅酶 B_{12}(Co12),为维生素 B_{12} 在体内的活性形式。

维生素 B_{12} 为红色结晶,在 pH4.5～5 时最稳定,其活性容易被重金属及氧化还原剂所破坏,温度过高或消毒时间过长也可使之分解。

自然界的维生素 B_{12} 主要由微生物合成,动物内脏、肉类、鱼、禽、贝壳类及蛋类等动物性食物中含量较多,乳类含量次之,紫菜、海藻类、谷类、发酵食品等也含维生素 B_{12},肠道细菌亦可以合成。食物中的维生素 B_{12} 需要胃黏膜分泌的内因子帮助才能被吸收,并且是唯一可以在肝脏中储存的水溶性维生素。

(二)生理功能及缺乏病

维生素 B_{12} 以甲基钴胺素和辅酶 B_{12} 形式在体内作为甲基转移酶的辅酶进行甲基转移,参与多种分子的甲基化反应。

1.提高叶酸利用率,间接促进核酸的合成

维生素 B_{12} 可接受甲基四氢叶酸提供的甲基,然后将甲基转移给同型半胱氨酸用于合成甲硫氨酸。由此,四氢叶酸可重新游离,被充分利用,促进核酸的合成。同时,甲硫氨酸可作为通用甲基供体,参与甲基化反应。若维生素 B_{12} 缺乏时,从甲基四氢叶酸上转移甲基基团的活动减少,使叶酸变成不能利用的形式,导致叶酸缺乏症,易出现巨幼红细胞贫血。同时,同型半胱氨酸堆积造成同型半胱氨酸尿症,并容易引发心血管疾病。

2.促进红细胞的发育和成熟

维生素 B_{12} 可促进甲基丙二酰辅酶 A 转化成琥珀酰辅酶 A,后者可促进血红素的合成,有助于红细胞的发育和成熟。琥珀酰辅酶 A 还参与三羧酸循环,因此,维生素 B_{12} 与糖、脂肪、蛋白质的代谢有关。

3.维护神经髓鞘的代谢与功能

维生素 B_{12} 可促进胆碱的合成,胆碱存在于神经鞘磷脂之中,有助于维持有鞘神经纤维的正常功能。缺乏维生素 B_{12} 可导致周围神经炎、神经障碍、脊髓变性,并可引起严重的精神症状。

维生素 B_{12} 日需量极微($2～3\mu g$),正常的膳食将会保证体内有足量的维生素 B_{12},鲜见缺乏。但若患有吸收障碍的患者(胃切除术后、肠道吸收不良等),可能患上维生素 B_{12} 缺乏症。

九、硫辛酸

硫辛酸也称 α-硫辛酸,其化学结构是 6,8-二硫辛酸。硫辛酸是既具水溶性又具脂溶性的淡黄色晶体。α-硫辛酸为氧化型,其亦可接受氢被还原为二氢硫辛酸。

硫辛酸是参与三羧酸循环必需的物质,可作为丙酮酸脱氢酶系、α-酮戊二酸脱氢酶系和氨基己酸脱羧酶的辅助因子,起到转移酰基和递氢的作用,具有很强的生物抗氧化活性,与机体的物质代谢和能量产生密切相关。

近年来,硫辛酸在抗氧化,预防治疗心脏病、糖尿病及其并发症,以及防治其他多种疾病方面的作用已受到关注,其医用价值正在得到认可。

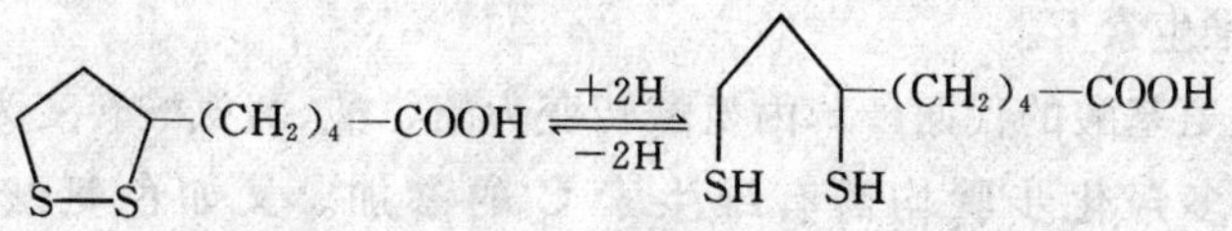

$$\text{硫辛酸} \xrightleftharpoons[-2H]{+2H} \text{二氢硫辛酸}$$

十、维生素C

(一)化学本质、性质及分布

维生素C又称抗坏血酸,其化学式为$C_6H_8O_6$,是具有烯醇式(一烯二醇)结构的多羟基化合物,为烯醇式L-己糖酸内酯。

维生素C为白色结晶,具有较强的有机酸性和较强的还原性。在所有维生素中,维生素C是最不稳定的。其分子中C_2及C_3位上的两个相邻的烯醇式羟基极易分解释放H^+,被氧化,并呈酸性。加热或受光照射维生素C易氧化分解,在中性或碱性溶液中更易被氧化。此外,植物组织中尚含有抗坏血酸氧化酶,能催化抗坏血酸氧化分解,失去活性。因此,维生素C在贮藏、加工和烹调时,均易被破坏。

维生素C主要存在于新鲜蔬菜、水果中,以深色蔬菜和水果中含量丰富,如猕猴桃、鲜枣、木瓜、青椒、西红柿、橘子、椰菜、草莓等都含有丰富的维生素C。

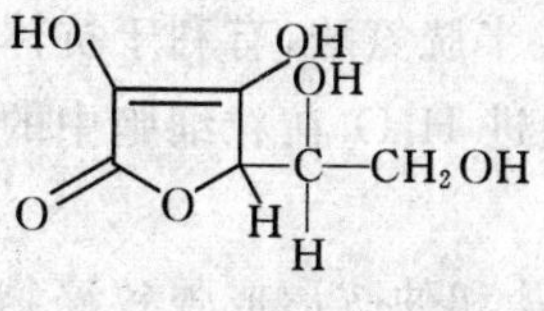

维生素C

(二)生理功能及缺乏病

1. 维生素C是体内羟化酶的辅助因子,可参与体内一系列的羟化反应

(1)促进胶原蛋白的合成 胶原蛋白合成时,其前肽链上某些脯氨酸残基和赖氨酸残基需经过羟化酶催化生成羟脯氨酸和羟赖氨酸,维生素C是胶原脯氨酸羟化酶及胶原赖氨酸羟化酶维持活性所必需的辅助因子,因而可促进胶原蛋白的合成。胶原蛋白是体内结缔组织、骨及毛细血管的重要组成成分。缺乏维生素C,胶原蛋白不能正常合成,导致细胞连接障碍,使毛细血管的通透性增加,从而引起皮肤及黏膜出血、牙齿松动等症状,称为坏血病。在创伤愈合时,结缔组织的生成是其前提,所以维生素C对创伤的愈合亦是不可缺少的,如果缺乏,必然会导致创伤不易愈合。

(2)促进胆固醇的转化　在正常情况下,体内大部分胆固醇要转变成胆汁酸,而催化这一过程的关键酶7α-羟化酶的辅助因子即为维生素C。缺乏维生素C,则此羟化过程受阻,胆固醇转变成胆汁酸的作用下降,肝中胆固醇堆积,血中胆固醇浓度增高。因此,临床上使用大量维生素C可降低血中胆固醇,其机理可能在于维生素C促进胆固醇向胆汁酸转变。此外,肾上腺皮质激素合成增强时,皮质中维生素C含量显著下降,这可能是皮质激素合成过程中某些羟化步骤需消耗维生素C。

(3)参与芳香族氨基酸的代谢　苯丙氨酸转变为酪氨酸、酪氨酸转变为儿茶酚胺或分解为尿黑酸等过程的许多羟化步骤均需有维生素C的参加。又如色氨酸转变为5-羟色胺(5-HT)时也需要维生素C。儿茶酚胺和5-羟色胺都是重要的神经递质,它们在调节神经活动方面有重要作用。维生素C缺乏时,酪氨酸代谢紊乱,出现酪氨酸血症,尿中会出现大量对羟苯丙酮酸。

2.维生素C具有很强的还原性,参与体内的氧化还原反应

(1)保护巯基　已知许多含巯基的酶在体内发挥催化作用时需要有自由的—SH,维生素C能使巯基酶的—SH维持还原状态,从而保持酶的活性。维生素C也可在谷胱甘肽还原酶作用下,促使氧化型谷胱甘肽(G—S—S—G)还原为还原型谷胱甘肽(GSH)。还原型谷胱甘肽能使细胞膜的脂质过氧化物还原,起到保护细胞膜的作用。

(2)促进铁的吸收和利用　维生素C能使难吸收的Fe^{3+}还原成易吸收的Fe^{2+},促进铁的吸收。它还能促使体内的Fe^{3+}还原,有利于血红素的合成。此外,维生素C还能使红细胞中的高铁血红蛋白(MHb)直接还原为血红蛋白,使其恢复对氧的运输。

(3)防治贫血　维生素C能保护维生素A、E及B免遭氧化,还能促使叶酸转变成为有活性的四氢叶酸。由此可见,维生素C对缺铁性贫血和巨幼红细胞性贫血的治疗都可起辅助作用。

(4)促进抗体的生成　抗体分子中含有较多的二硫键,其合成需要足够量的半胱氨酸。体内的维生素C可以把胱氨酸还原成半胱氨酸,有利于抗体的合成。此外,维生素C还能增强白细胞对流感病毒的反应性以及促进H_2O_2在粒细胞中的杀菌作用等。因此,维生素C有助于提高人体的免疫力。

另外,维生素C可阻断亚硝酸盐和仲胺形成强致癌物亚硝胺,并且能促进其分解,因此,维生素C具有一定的防癌作用。

 学习小结

维生素是一类参与细胞代谢以维持机体正常活动,在体内不能合成或合成量很少,必须由食物供给的微量小分子有机物质,是维持机体健康所必需的营养素之一。通常按溶解性质将其分为脂溶性维生素和水溶性维生素两大类。脂溶性维生素主要包括维生素A、D、E、K。水溶性维生素主要包括B族维生素和维生素C。

维生素缺乏病的原因有摄入不足、吸收障碍、机体的需要量增加、长期服用抗生素及肝肾功能不良等。

维生素A又称为抗干眼病维生素,参与感光物质的合成,并维持上皮组织结构的完整,防止干燥角质化。缺乏时易得夜盲症和干眼病。

维生素 D 又称为抗佝偻病维生素，可调节钙、磷代谢，有助于骨的钙化及骨的更新生长。缺乏时，容易手足抽搐，儿童可引起佝偻病，成人可引起骨软化症。

维生素 E 又名生育酚，有较强的抗氧化作用，可促进生育。

维生素 K 又称凝血维生素，可促进肝脏合成凝血因子，缺乏时凝血时间延长，易出血。

B 族维生素绝大多数参与构成酶的辅酶或辅基。维生素 B_1 又称为抗脚气病维生素，当体内严重缺乏维生素 B_1 时，就会发生脚气病；维生素 B_2 又称核黄素，是多种氧化还原酶的辅基，缺乏会导致口腔、唇、皮肤、生殖器的炎症和功能障碍；维生素 PP 又称为抗癞皮病维生素，是脱氢酶的辅酶，缺乏可引起癞皮病；维生素 B_6 包括吡哆醇、吡哆醛及吡哆胺；叶酸的活性形式四氢叶酸（FH_4）是体内一碳单位转移酶的辅酶，缺乏可引起巨幼红细胞贫血；维生素 B_{12} 又称抗恶性贫血维生素，在体内作为甲基转移酶的辅酶，缺乏易出现巨幼红细胞贫血。

维生素 C 又称抗坏血酸，具有较强的有机酸性和较强的还原性，缺乏时会导致坏血病。

 目标检测

1. 维生素的概念。
2. 简述维生素的分类。
3. 简述维生素 A、D、E、K 主要的生理功能。
4. 维生素 C 的主要功能及缺乏病。
5. 简述维生素 B_1、B_2、B_6、维生素 PP、泛酸、叶酸在体内的活性形式。
6. 哪几种维生素的缺乏容易导致巨幼红细胞贫血？

第五章　糖代谢

学习目标

【掌握】糖酵解、糖有氧氧化、三羧酸循环、乳酸循环、糖异生的概念；糖在体内分解代谢的途径及最主要的代谢途径；糖酵解、糖有氧氧化、三羧酸循环、磷酸戊糖途径、糖异生、糖原合成与糖原分解的限速酶及生理意义；血糖的来源与去路。

【熟悉】糖酵解、糖有氧氧化、三羧酸循环、磷酸戊糖途径、糖异生的反应过程及调节；糖原合成与糖原分解的反应过程及特点；血糖浓度的调节。

【了解】糖的消化吸收、生理功能及代谢概况；高血糖和低血糖。

糖是人体最重要的能源物质，广泛存在于动植物体内，特别是植物中含量尤为丰富，约占其干重的 85%～95%，人体含糖量约占干重的 2%。人类食物中的糖主要是淀粉，无论是多糖还是双糖均需要在酶的催化作用下，最终水解为单糖（主要是葡萄糖），才能被吸收入体内进行代谢。人体从自然界中摄取的营养物质中，除水以外，糖是摄取量最多的物质。糖在生命活动中的主要作用是提供碳源和能源。在机体的糖代谢中，葡萄糖居主要地位，其他的单糖如果糖、半乳糖、甘露糖等所占比例很小。因此，本章重点阐述葡萄糖在体内的分解代谢。

第一节　概述

一、糖的生理功能

糖是人体能量的主要来源。1mol 葡萄糖完全氧化成二氧化碳和水，可释放 2840kJ 的能量。糖在人体最主要的作用是氧化供能，人体所需能量的 50%～70% 来自糖的氧化分解。糖还是机体内重要的信息和结构物质，如糖与脂类、蛋白质组成的糖脂、糖蛋白和蛋白多糖等糖复合物是细胞膜、神经组织、结缔组织的主要成分，其糖链部分还参与细胞间识别、黏着及信息传递等过程。核糖、脱氧核糖是细胞内遗传物质核酸的组成成分。此外，某些具有生理功能的物质，如免疫球蛋白、部分激素及大部分凝血因子等，均属于糖蛋白。

二、糖的消化与吸收

食物中的糖类主要是淀粉，还包括纤维素、少量的双糖（如蔗糖、乳糖、麦芽糖）以及单糖（如葡萄糖和果糖）等。纤维素不被消化，但纤维素能促进肠管蠕动，其余的糖被消化道中水解酶类分解为单糖后才能被吸收。唾液中含有唾液淀粉酶，胃液中不含水解糖的酶类，肠液中有胰腺分泌的胰淀粉酶。小肠是糖消化的主要场所，消化所生成的单糖主要在小肠上段被吸收扩散入血，经门静脉入肝，其中一部分在肝进行代谢，另一部分经肝静脉入体循环，运输到全身各组织器官中被利用。小肠黏膜细胞对葡萄糖的摄入是一个依赖于特定载体转运的且主动耗能的过程,在吸收过程中同时伴 Na^+ 的转运。这类葡萄糖转运体称为 Na^+ 依赖型葡萄糖转运体,主要存在于小肠黏膜及肾小管上皮细胞中。

三、糖代谢概况

糖代谢主要是指葡萄糖在体内的一系列复杂的化学反应。它在不同类型细胞中的代谢途径有所不同,其分解代谢方式还在很大程度上受氧供应状况的影响。在缺氧时,葡萄糖进行糖酵解生成乳酸;在供氧充足时,葡萄糖进行有氧氧化生成 CO_2 和 H_2O;此外,葡萄糖也可进入磷酸戊糖途径等代谢进而发挥不同的生理作用。当进食糖类食物后,葡萄糖经合成代谢聚合成糖原,储存于肝或肌组织;空腹或饥饿时,肝糖原分解为葡萄糖进入血液,以维持血糖浓度。有些非糖物质,如乳酸、丙氨酸等,还可经糖异生途径转变成葡萄糖或糖原。

第二节 糖的分解代谢

糖在体内的分解代谢途径主要有三条:①无氧氧化(糖酵解);②有氧氧化;③磷酸戊糖途径。有氧氧化为主要途径。

一、糖酵解

葡萄糖或糖原在无氧或氧供应不足的情况下分解成为乳酸(pyruvate)的过程,称为糖的无氧氧化。由于此过程与酵母中糖生醇发酵过程相似,故又称为糖酵解(glycolysis)。

(一)糖酵解的反应过程

糖酵解的全部反应在胞液中进行,依其分子结构的变化分为 4 个阶段:①由葡萄糖或糖原转变为 1,6 -二磷酸果糖;②1 分子 1,6 -二磷酸果糖裂解为 2 分子磷酸丙糖;③磷酸丙糖氧化成为丙酮酸;④丙酮酸还原生成乳酸。

1.1, 6 -二磷酸果糖的生成

(1)6 -磷酸葡萄糖(glucose - 6 - phophate,G - 6 - P)的生成　若从葡萄糖开始,葡萄糖经己糖激酶催化,生成 6 -磷酸葡萄糖(G - 6 - P)。这是一步耗能的不可逆反应,消耗 1 分子 ATP,并需要 Mg^{2+} 参与,为糖酵解的第一步限速反应。催化此反应的酶是己糖激酶(hexokinase,HK)。哺乳动物体内已发现有 4 种己糖激酶同工酶,分别称为 Ⅰ～Ⅳ 型,Ⅰ、Ⅱ、Ⅲ 型主要存在于肝外组织;Ⅳ 型主要存在于肝脏,又称为葡萄糖激酶(glucokinase,GK)。

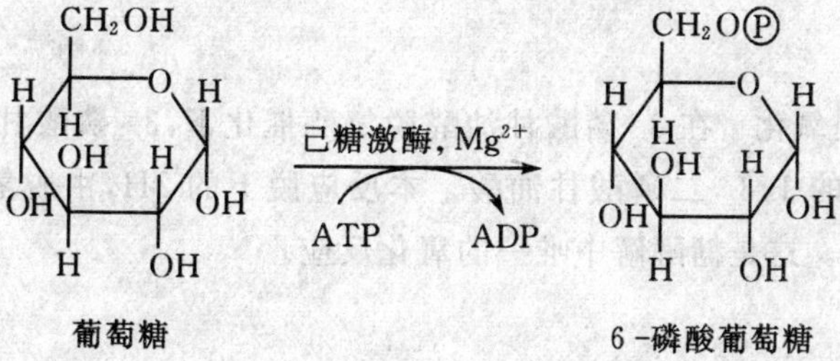

葡萄糖　　　　己糖激酶,Mg^{2+}　　　6 -磷酸葡萄糖

ATP　ADP

若从糖原开始,首先由磷酸化酶催化糖原非还原端的葡萄糖单位磷酸化,生成 1 - 磷酸葡萄糖(glucose - 1 - phophate,G - 1 - P)。G - 1 - P 又在磷酸葡萄糖变位酶催化下生成 G - 6 - P。

$$\text{糖原} \xrightarrow{\text{磷酸化酶}} 1 - \text{磷酸葡萄糖} \xrightarrow{\text{磷酸葡萄糖变位酶}} 6 - \text{磷酸葡萄糖}$$

(2)1,6 - 二磷酸果糖的生成 6 - 磷酸葡萄糖在磷酸己糖异构酶催化下发生异构反应生成 6 - 磷酸果糖(fructose - 6 - phosphate,F - 6 - P),然后在磷酸果糖激酶 - 1 催化下,由 ATP 提供磷酸基,再磷酸化生成 1,6 - 二磷酸果糖。磷酸果糖激酶 - 1 是糖酵解过程中最重要的限速酶,此反应不可逆。

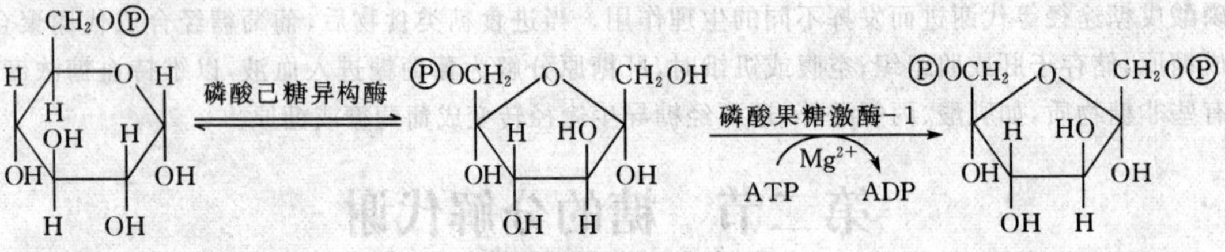

6 - 磷酸葡萄糖　　　　　　　　　6 - 磷酸果糖　　　　　　　　　1,6 - 二磷酸果糖

这一阶段是耗能反应过程,从葡萄糖开始,消耗 2 分子 ATP,而从糖原开始,只需消耗 1 分子 ATP。

2. 磷酸丙糖的生成

1,6 - 二磷酸果糖在醛缩酶催化下,裂解为 2 分子磷酸丙糖,即 3 - 磷酸甘油醛和磷酸二羟丙酮,两者是异构体,在磷酸丙糖异构酶催化下可以互相转变。但由于 3 - 磷酸甘油醛不断进入下一步反应,所以磷酸二羟丙酮很容易经异构反应变为 3 - 磷酸甘油醛,此步反应可看成是 1 分子的 1,6 - 二磷酸果糖生成两分子的 3 - 磷酸甘油醛。

1,6 - 二磷酸果糖

3. 丙酮酸的生成

(1)3 - 磷酸甘油醛氧化 在 3 - 磷酸甘油醛脱氢酶催化下,3 - 磷酸甘油醛脱氢氧化,生成含有一个高能磷酸键的 1,3 - 二磷酸甘油酸。本反应脱下的 2H,由脱氢酶的辅酶 NAD^+ 接受,生成 $NADH + H^+$。这是糖酵解中唯一的氧化反应。

$$
\begin{array}{c}
\mathrm{CHO} \\
|\\
\mathrm{CHOH} \\
|\\
\mathrm{CH_2O\,\textcircled{P}}
\end{array}
\quad
\xrightarrow[\substack{\mathrm{NAD^+} \quad\quad\quad \mathrm{NADH+H^+} \\ \mathrm{Pi}}]{3-磷酸甘油醛脱氢酶}
\quad
\begin{array}{c}
\mathrm{O=C-O\sim P} \\
|\\
\mathrm{CHOH} \\
|\\
\mathrm{CH_2O\,\textcircled{P}}
\end{array}
$$

3-磷酸甘油醛　　　　　　　　　　　　　　　　　　　　　1,3-二磷酸甘油酸

　　(2)3-磷酸甘油酸的生成　1,3-二磷酸甘油酸在磷酸甘油酸激酶催化下,将分子中的高能磷酸基团转移给 ADP 生成 ATP,而本身转变为 3-磷酸甘油酸。此步反应是糖酵解中第一个以底物水平磷酸化方式生成 ATP 的反应。

$$
\begin{array}{c}
\mathrm{O=C-O\sim P} \\
|\\
\mathrm{CHOH} \\
|\\
\mathrm{CH_2O\,\textcircled{P}}
\end{array}
\quad
\xrightarrow[\substack{\mathrm{ADP} \quad\quad \mathrm{ATP}}]{磷酸甘油酸激酶}
\quad
\begin{array}{c}
\mathrm{COOH} \\
|\\
\mathrm{CHOH} \\
|\\
\mathrm{CH_2O\,\textcircled{P}}
\end{array}
$$

1,3-二磷酸甘油酸　　　　　　　　　　　　3-磷酸甘油酸

　　(3)2-磷酸甘油酸的生成　3-磷酸甘油酸在磷酸甘油酸变位酶的催化下,3-磷酸甘油酸 C_3 位上的磷酸基转移到 C_2 位上,生成 2-磷酸甘油酸。

$$
\begin{array}{c}
\mathrm{COOH} \\
|\\
\mathrm{CHOH} \\
|\\
\mathrm{CH_2O\,\textcircled{P}}
\end{array}
\quad
\xrightarrow{磷酸甘油酸变位酶}
\quad
\begin{array}{c}
\mathrm{COOH} \\
|\\
\mathrm{CHO\,\textcircled{P}} \\
|\\
\mathrm{CH_2OH}
\end{array}
$$

3-磷酸甘油酸　　　　　　　　　　　　　2-磷酸甘油酸

　　(4)丙酮酸的生成　2-磷酸甘油酸在烯醇化酶催化下,脱水生成含高能磷酸键的磷酸烯醇式丙酮酸。后者在丙酮酸激酶催化下,将高能磷酸键交给 ADP 生成 ATP,而本身则转变为丙酮酸。此反应是糖酵解途径中第二个以底物水平磷酸化方式生成 ATP 的反应,也是糖酵解途径的第三个限速反应。

$$
\begin{array}{c}
\mathrm{COOH} \\
|\\
\mathrm{CHO\,\textcircled{P}} \\
|\\
\mathrm{CH_2OH}
\end{array}
\quad
\xrightarrow[\substack{}]{\substack{烯醇化酶 \\ \uparrow H_2O}}
\quad
\begin{array}{c}
\mathrm{COOH} \\
|\\
\mathrm{CO\sim\textcircled{P}} \\
\|\\
\mathrm{CH_2}
\end{array}
\quad
\xrightarrow[\substack{\mathrm{ADP}\quad\mathrm{ATP}}]{丙酮酸激酶}
\quad
\begin{array}{c}
\mathrm{COOH} \\
|\\
\mathrm{C=O} \\
|\\
\mathrm{CH_3}
\end{array}
$$

2-磷酸甘油酸　　　　　　磷酸烯醇式丙酮酸　　　　　　　丙酮酸

4. 丙酮酸在无氧条件下还原为乳酸

在缺氧的情况下,丙酮酸经乳酸脱氢酶催化,由 NADH+H$^+$ 提供氢生成乳酸。

$$\begin{array}{ccc}
\underset{\substack{|\\ C=O\\ |\\ COOH}}{CH_3} + NADH+H^+ & \xrightleftharpoons{\text{乳酸脱氢酶}} & \underset{\substack{|\\ CHOH\\ |\\ COOH}}{CH_3} + NAD^+ \\
\text{丙酮酸} & & \text{乳酸}
\end{array}$$

糖酵解总反应,见图 5-1。

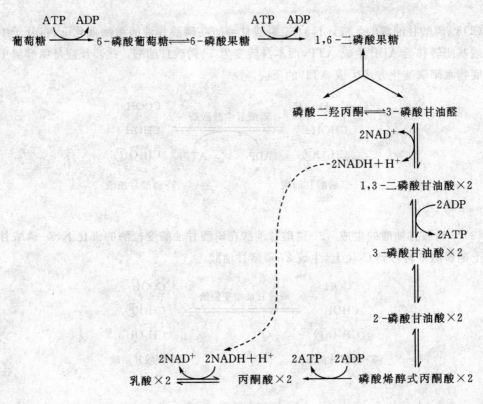

图 5-1　糖酵解总反应

(二)糖酵解的反应特点

(1)糖酵解全过程没有氧参与,代谢终产物是乳酸。

(2)糖酵解过程中有三步不可逆反应。催化这三步反应的酶分别是己糖激酶(葡萄糖激酶)、磷酸果糖激酶-1、丙酮酸激酶,它们的活性很低,是糖酵解过程中的关键酶(限速酶)。

(3)机体以糖酵解方式进行代谢,只能发生不完全的分解,释放能量较少。1分子葡萄糖可氧化为2分子丙酮酸,经两次底物水平磷酸化,可生成4分子 ATP,去除葡萄糖活化时消耗的2分子 ATP,可净生成2分子 ATP;若从糖原开始,可净生成3分子 ATP。

(4)红细胞中的糖酵解存在2,3-二磷酸甘油酸支路。1,3-二磷酸甘油酸通过磷酸甘油酸变位酶的催化生成 2,3-二磷酸甘油酸(2,3-bisphosphoglycerate,2,3-BPG),进而在2,3-二磷酸甘油酸磷酸酶催化下生成3-磷酸甘油酸。

（三）糖酵解的生理意义

（1）糖酵解是机体在缺氧条件下获得能量的一种有效方式，这是其最主要的生理意义。例如，在剧烈运动时，能量需要增加，此时即使呼吸和循环加快来增加氧的供应，仍不能满足需要，骨骼肌依然处于相对缺氧状态，必须依靠糖酵解提供急需的能量。大量失血，呼吸、循环功能障碍，严重贫血等病理情况导致机体缺氧时，糖酵解反应增强甚至反应过度，会导致乳酸堆积而发生乳酸中毒。

（2）糖酵解是红细胞供能的主要方式。成熟红细胞没有线粒体，只能靠糖酵解获得能量。

（3）某些组织细胞，如肾髓质、神经、骨髓、白细胞、睾丸、视网膜、肿瘤细胞等，即使在有氧条件下仍通过糖酵解获得部分能量。

（4）2,3-BPG 对于调节红细胞的携氧功能具有重要意义。红细胞内含有较高浓度的 2,3-BPG，可与血红蛋白结合从而降低血红蛋白与氧的亲和力，促进氧合血红蛋白释放氧，保证在血氧饱和度较低情况下仍能满足组织细胞对氧的需求。

（四）糖酵解的调节

（1）糖酵解途径有 3 个反应是不可逆的，催化此 3 个反应的关键酶分别为己糖激酶（葡萄糖激酶）、磷酸果糖激酶-1 和丙酮酸激酶。这 3 个关键酶是调节糖酵解途径流量的 3 个调节点，尤其以调节磷酸果糖激酶-1 的活性最为重要。

（2）糖酵解途径的调节与机体的能量需求有关。当细胞内消耗能量多时，ATP/AMP 比值降低，磷酸果糖激酶-1 即被激活；反之，细胞内有足够的 ATP 储备时，ATP/AMP 比值升高，磷酸果糖激酶-1 即被抑制。磷酸果糖激酶-1 还可受到 1,6-二磷酸果糖的变构激活调节。1,6-二磷酸果糖是磷酸果糖激酶-1 催化的反应产物，这种正反馈作用较少见，它有利于糖代谢。

（3）通过调节己糖激酶或丙酮酸激酶的活性也可调节糖酵解的速率。如 6-磷酸葡萄糖可变构抑制己糖激酶，ATP 可变构抑制丙酮酸激酶等。

二、糖的有氧氧化

葡萄糖或糖原在有氧条件下彻底氧化分解生成二氧化碳和水并释放能量的过程，称为糖的有氧氧化（aerobieoxidation）。有氧氧化是糖氧化产能的主要方式，体内绝大多数组织细胞都通过此途径获得能量。糖酵解产生的乳酸在有氧时也能彻底氧化为 CO_2 和 H_2O。

（一）有氧氧化反应过程

糖有氧氧化的反应过程大致可分为三个阶段。第一阶段：在胞液内，葡萄糖转变为丙酮酸；第二阶段：丙酮酸进入线粒体氧化脱羧，生成乙酰辅酶 A；第三阶段：乙酰辅酶 A 进入三羧酸循环，彻底氧化为 CO_2 和 H_2O，并释放较多的能量。

1.丙酮酸的生成

有氧情况下，葡萄糖或糖原在胞液内分解生成丙酮酸，这一阶段反应过程与糖酵解过程基本相同，所不同的是无氧的情况下丙酮酸还原成乳酸，而有氧的情况下丙酮酸继续氧化。

2.丙酮酸的氧化脱羧

在胞液中生成的丙酮酸进入线粒体并由丙酮酸脱氢酶复合体催化氧化脱羧，并与辅酶 A

结合生成乙酰辅酶 A。此为不可逆反应。

$$CH_3COCOOH + HS—CoA \xrightarrow[\text{NAD}^+ \quad \text{NADH}+\text{H}^+]{\text{丙酮酸脱氢酶复合体}} CH_3COS\sim CoA + CO_2$$

丙酮酸   辅酶 A   NAD⁺   NADH+H⁺   乙酰辅酶 A

丙酮酸脱氢酶复合体由三种酶蛋白和五种辅助因子组成(表 5-1)。该复合体的五种辅酶(辅基)均含有维生素,当这些维生素缺乏时,势必影响糖代谢反应。如维生素 B_1 缺乏,体内 TPP 不足,丙酮酸氧化脱羧受阻,能量生成减少,丙酮酸及乳酸堆积则发生多发性末梢神经炎。

表 5-1   组成丙酮酸脱氢酶复合体的三种酶蛋白及五种辅助因子

酶	辅酶(辅基)	所含维生素
丙酮酸脱氢酶	TPP	维生素 B_1
二氢硫辛酸乙酰转移酶	二氢硫辛酸,辅酶 A	硫辛酸,泛酸
二氢硫辛酸脱氢酶	FAD,NAD⁺	维生素 B_2,维生素 PP

3. 三羧酸循环

三羧酸循环(tricarboxylic acid cycle,TAC 或 TCA 循环)又称柠檬酸循环。此名称源于第一个中间产物是含有三个羧基的柠檬酸。三羧酸循环反应在线粒体内,由草酰乙酸与乙酰CoA 缩合生成柠檬酸开始,经过 4 次脱氢和 2 次脱羧反应后,又以草酰乙酸的再生而结束。每循环一次相当于一个乙酰基被氧化。三羧酸循环的全过程见图 5-2。

(1)柠檬酸的生成   在柠檬酸合酶催化下,乙酰 CoA 中的乙酰基与草酰乙酸缩合成柠檬酸。该反应为不可逆反应。

$$乙酰 CoA + 草酰乙酸 + H_2O \xrightarrow{\text{柠檬酸合酶}} 柠檬酸 + 辅酶 A$$

(2)异柠檬酸的生成   柠檬酸在顺乌头酸酶的作用下,先脱水再加水,异构生成异柠檬酸。

$$柠檬酸 \underset{+H_2O}{\overset{-H_2O}{\rightleftharpoons}} 顺乌头酸 \underset{-H_2O}{\overset{+H_2O}{\rightleftharpoons}} 异柠檬酸$$

(3)第一次氧化脱羧   在异柠檬酸脱氢酶催化下,异柠檬酸脱氢生成不稳定的中间产物草酰琥珀酸,并迅速脱羧生成 α-酮戊二酸,脱下的氢由 NAD⁺ 接受,生成 NADH+H⁺。此反应不可逆。

$$异柠檬酸 + NAD^+ \xrightarrow{\text{异柠檬酸脱氢酶}} \alpha\text{-}酮戊二酸 + CO_2 + NADH + H^+$$

(4)第二次氧化脱羧   α-酮戊二酸在 α-酮戊二酸脱氢酶复合体的催化下,氧化脱羧生成含有高能硫酸酯键的琥珀酰 CoA、CO_2 和 NADH+H⁺。该复合体的组成和催化反应过程与前述的丙酮酸脱氢酶复合体类似。此步反应也是不可逆反应。

$$\alpha\text{-}酮戊二酸 + CoA—SH \xrightarrow[\text{NAD}^+ \quad \text{NADH}+\text{H}^+]{\alpha\text{-}酮戊二酸脱氢酶复合体} 琥珀酰 CoA + CO_2$$

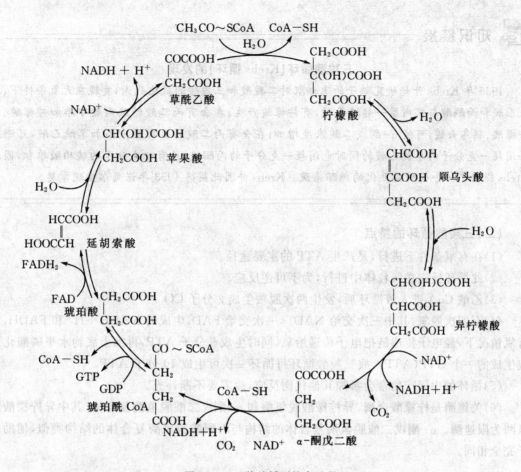

图 5-2 三羧酸循环的全过程

(5)底物水平磷酸化反应 在琥珀酰 CoA 合成酶(琥珀酸硫激酶)催化下,琥珀酰 CoA 的高能硫酸酯键水解使 GDP 磷酸化生成 GTP。该反应是三羧酸循环中唯一发生底物水平磷酸化的反应。

$$琥珀酰\ CoA + GDP + Pi \xrightarrow{琥珀酸硫激酶} 琥珀酸 + GTP + CoA - SH$$

$$GTP + ADP \rightleftharpoons GDP + ATP$$

(6)延胡索酸的生成 在琥珀酸脱氢酶催化下,琥珀酸脱氢生成延胡索酸,脱下的氢由 FAD 接受,生成 $FADH_2$。

$$琥珀酸 + FAD \xrightarrow{琥珀酸脱氢酶} 延胡索酸 + FADH_2$$

(7)苹果酸的生成 在延胡索酸酶催化下,延胡索酸加水生成苹果酸。

$$延胡索酸 + H_2O \xrightarrow{延胡索酸酶} 苹果酸$$

(8)草酰乙酸的生成 在苹果酸脱氢酶的催化下,苹果酸脱氢生成草酰乙酸,脱下的氢由 NAD^+ 接受,生成 $NADH + H^+$。

$$苹果酸 + NAD^+ \xrightleftharpoons{苹果酸脱氢酶} 草酰乙酸 + NADH + H^+$$

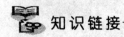 知识链接

三羧酸循环(Krebs循环)的发现

1936年Krebs开始研究鸽子的飞翔肌对二羧酸和三羧酸的氧化代谢,发现在无氧条件下,草酰乙酸和丙酮酸与肌肉糜一起培养时,有柠檬酸产生;在含有丙二酸的肌肉糜中添加柠檬酸、异柠檬酸、顺乌头酸,可使 α-酮戊二酸浓度增加;在含有丙二酸的肌肉糜中添加草酰乙酸,可测到每消耗一克分子的草酰乙酸的同时也消耗一克分子的丙酮酸,并有一克分子的琥珀酸堆积,因此Krebs提出了一个丙酮酸氧化的循环系统。Krebs并因此获得1953年诺贝尔生理学奖。

(二)三羧酸循环的特点

(1)在有氧条件下进行,是产生 ATP 的主要途径。

(2)此循环反应在线粒体中进行,为不可逆反应。

(3)乙酰 CoA 进入该循环后,发生两次脱羧生成 2 分子 CO_2。

(4)有四次脱氢,其中三次交给 NAD^+,一次交给 FAD,生成的 $NADH+H^+$ 和 $FADH_2$ 在有氧情况下,经电子传递链把电子传递给氧,同时生成 9 分子 ATP,再加上底物水平磷酸化反应生成的一个 GTP(ATP),故三羧酸循环每循环一次可生成 10 分子 ATP。

(5)循环的中间产物常会参加其他代谢反应,故需要不断补充。

(6)关键酶是柠檬酸合酶、异柠檬酸脱氢酶和 α-酮戊二酸脱氢酶复合体,其中异柠檬酸脱氢酶为限速酶。α-酮戊二酸脱氢酶复合体的结构与丙酮酸脱氢酶复合体的结构类似,辅助因子完全相同。

(三)三羧酸循环的生理意义

(1)三羧酸循环是三大营养物质的最终代谢通路。糖、脂肪、氨基酸在体内进行生物氧化都将产生乙酰 CoA,然后进入三羧酸循环进行分解。三羧酸循环中只有一个底物水平磷酸化反应生成 GTP(ATP),循环本身并不是释放能量、生成 ATP 的主要环节,其作用在于通过四次脱氢,为氧化磷酸化反应生成 ATP 提供 $NADH+H^+$ 和 $FADH_2$。

(2)三羧酸循环是三大营养物质代谢联系的枢纽。在能量充足的条件下,从食物摄入的糖相当一部分分解成丙酮酸进入线粒体,氧化脱羧生成乙酰 CoA,乙酰 CoA 先与草酰乙酸缩合成柠檬酸,再通过载体转运至胞浆,在柠檬酸裂解酶作用下,裂解生成草酰乙酸和乙酰 CoA,后者即可合成脂肪酸;脂肪分解产生甘油和脂肪酸,前者可转变成磷酸二羟丙酮进而异生成糖,后者可生成乙酰 CoA 进入三羧酸循环,三羧酸循环的个别中间产物可部分转变成糖。三羧酸循环反应过程中的 α-酮戊二酸和草酰乙酸可分别转变成谷氨酸和天冬氨酸;同样这些氨基酸也可脱氨基生成相应的 α-酮酸,进入三羧酸循环彻底氧化。

(3)三羧酸循环可提供某些物质生物合成的前体。三羧酸循环中的某些成分可用于合成其他物质,如琥珀酰 CoA 可用于血红素的合成,乙酰 CoA 是合成胆固醇的原料。

(四)三羧酸循环的调节

三羧酸循环是机体氧化分解能源物质产生能量的主要方式。机体对能量的需求变动很

大,因此必须对三羧酸循环的速率和流量加以调节。三羧酸循环的速率和流量受多种因素的调控。在三羧酸循环中有三个不可逆反应,即柠檬酸合酶、异柠檬酸脱氢酶和 α-酮戊二酸脱氢酶复合体催化的反应。柠檬酸合酶活性可决定乙酰 CoA 进入三羧酸循环的速率,曾被认为是三羧酸循环主要的调节点。但柠檬酸可移至胞液,分解成乙酰 CoA,用于合成脂肪酸,所以其活性升高并不一定加速三羧酸循环的运转。目前一般认为异柠檬酸脱氢酶和 α-酮戊二酸脱氢酶复合体才是三羧酸循环的调节点。异柠檬酸脱氢酶和 α-酮戊二酸脱氢酶复合体在 $NADH/NAD^+$、ATP/ADP 比例高时被反馈抑制,ADP 还是异柠檬酸脱氢酶的变构激活剂。

(五)糖有氧氧化的生理意义

(1)糖有氧氧化是机体获得能量的主要方式。每分子葡萄糖彻底氧化成 CO_2 和 H_2O 时,净生成 30(或 32)分子 ATP,其中有 20 分子 ATP 来自三羧酸循环。因此,在一般生理条件下,各种组织细胞(除红细胞外)皆从糖的有氧氧化获得能量,故有氧氧化是机体获得能量的最有效方式,且糖的有氧氧化不仅产能效率高,而且逐步放能,并逐步贮存于 ATP 分子中,因此,能量利用率极高。葡萄糖有氧氧化时 ATP 的生成与消耗见表 5-2。

(2)三羧酸循环是体内营养物质彻底氧化分解的共同通路。

(3)三羧酸循环是体内物质代谢相互联系的枢纽。

表 5-2　葡萄糖有氧氧化时 ATP 的生成与消耗

反应过程	生成 ATP 的数量
葡萄糖→6-磷酸葡萄糖	-1
6-磷酸果糖→1,6-二磷酸果糖	-1
3-磷酸甘油醛+NAD^++Pi→1,3-二磷酸甘油醛+$NADH$+H^+	2.5(1.5)[1]×2[2]
1,3-二磷酸甘油酸+ADP→3-磷酸甘油酸+ATP	1×2
磷酸烯醇式丙酮酸+ADP→烯醇式丙酮酸+ ATP	1×2
丙酮酸+NAD^+→乙酰 CoA+$NADH$+H^++CO_2	2.5×2
异柠檬酸+NAD^+→α-酮戊二酸+$NADH$+H^++CO_2	2.5×2
α-酮戊二酸+NAD^+→琥珀酰辅酶 A+$NADH$+H^++CO_2	2.5×2
琥珀酰辅酶 A+ADP+Pi→琥珀酸+ATP	1×2
琥珀酸+FAD→延胡索酸+$FADH_2$	1.5×2
苹果酸+NAD^+→草酰乙酸+$NADH$+ H^+	2.5×2
合计	30 或 32

备注:①根据 $NADH+H^+$ 进入线粒体的方式不同,如 α-磷酸甘油穿梭经电子传递链只产生 1.5×2mol ATP。

②1 分子葡萄糖生成 2 分子 3-磷酸甘油醛,故×2。

三、磷酸戊糖途径

在糖的分解代谢过程中,由 6-磷酸葡萄糖转变为 5-磷酸核糖和 $NADPH+H^+$ 的过程,称为磷酸戊糖途径(pentose phosphate pathway),其主要发生在肝脏、脂肪组织、哺乳期的乳腺、肾上腺皮质、性腺、骨髓和红细胞等。

(一)磷酸戊糖途径的反应过程

整个反应过程在胞液中进行,可分为两个阶段:第一阶段是不可逆的氧化阶段,第二阶段为基团转移反应。磷酸戊糖途径总反应见图 5 - 3。

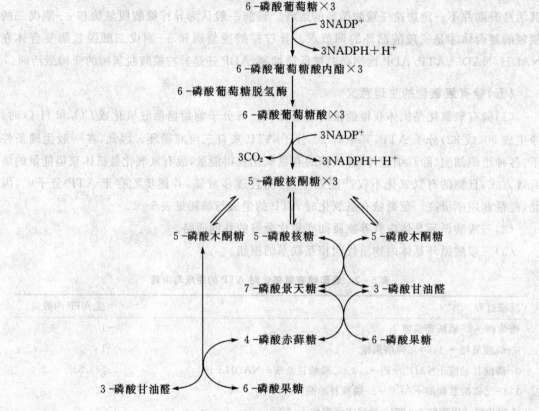

图 5 - 3　磷酸戊糖途径总反应

1.氧化反应阶段

6 - 磷酸葡萄糖在 6 - 磷酸葡萄糖脱氢酶和 6 - 磷酸葡萄糖酸脱氢酶催化下,经 2 次脱氢和 1 次脱羧反应,生成 2 分子 NADPH＋H＋和 1 分子 CO_2 后,转变为 5 - 磷酸核酮糖。6 - 磷酸葡萄糖脱氢酶是磷酸戊糖途径的限速酶。

2.基团转移反应阶段

5 - 磷酸核酮糖在异构酶、转酮醇酶、转醛醇酶等一系列酶的作用下,转变成 5 - 磷酸核糖、6 - 磷酸果糖和 3 - 磷酸甘油醛等。这些反应均为可逆反应。

(二)磷酸戊糖途径的特点

(1)以 6 - 磷酸葡萄糖起始。

(2)脱氢酶的辅酶为 NADP＋,而不是 NAD＋。

(3)6 - 磷酸葡萄糖脱氢酶是关键酶(限速酶)。

(4)生成两种重要物质:5 - 磷酸核糖和 NADPH＋H＋。

（三）磷酸戊糖途径的生理意义

磷酸戊糖途径的主要生理意义是生成 5-磷酸核糖和 NADPH＋H$^+$。

1.5-磷酸核糖的作用

磷酸戊糖途径是葡萄糖在体内生成 5-磷酸核糖的唯一途径。5-磷酸核糖是体内合成各种核苷酸、核酸及其衍生物的重要原料，故在损伤后修复再生的组织、更新活跃的组织（如梗死后的心肌、肾上腺皮质及部分切除后的肝）等情况下，此代谢途径均较为旺盛。

2. NADPH 的作用

NADPH 作为供氢体参与体内多种代谢反应，其作用如下：

（1）NADPH 是体内许多合成代谢的供氢体，参与脂肪酸、胆固醇等化合物的生物合成。

（2）NADPH 是谷胱甘肽还原酶的辅酶，这对于维持细胞内还原型谷胱甘肽（GSH）的正常含量具有重要作用。GSH 可与氧化剂如 H_2O_2 起反应，从而保护含巯基的酶和膜蛋白免受氧化剂的损害。这对维持红细胞膜的完整性有重要作用。遗传性 6-磷酸葡萄糖脱氢酶缺陷的患者，NADPH 缺乏，GSH 含量减少，在某些因素（食入蚕豆）诱发下，其红细胞易于破裂而发生溶血性贫血。

（3）NADPH 是加单氧酶的辅酶，参与肝细胞对药物、毒物及激素的生物转化作用。

（四）磷酸戊糖途径的调节

此反应途径中的限速酶是 6-磷酸葡萄糖脱氢酶。此酶活性受 NADPH 浓度影响，NADPH 浓度升高可抑制该酶的活性。因此，磷酸戊糖途径主要受体内 NADPH 的需求量调节。

第三节　糖原的合成与分解

糖原（glycogen）是以葡萄糖为单位通过 $\alpha-1,4-$糖苷键和 $\alpha-1,6-$糖苷键聚合而成的大分子物质。糖原是动物体内糖的储存形式，主要以肝糖原、肌糖原形式存在，肝糖原约 70～100g，肌糖原约 250～400g。通过 $\alpha-1,4-$糖苷键相连构成直链，通过 $\alpha-1,6-$糖苷键相连构成支链，非还原性末端是合成与分解的起始点。糖链的结构见图 5-4。

一、糖原的合成

葡萄糖可在肝和肌肉等组织中合成糖原。由单糖（主要指葡萄糖）合成糖原的过程称为糖原的合成（glycogenesis）。

（一）糖原的合成过程

（1）葡萄糖磷酸化生成 6-磷酸葡萄糖

$$葡萄糖＋ATP \xrightarrow{\text{己糖激酶}} 6-磷酸葡萄糖＋ADP$$

（2）6-磷酸葡萄糖转变为 1-磷酸葡萄糖

$$6-磷酸葡萄糖 \xleftrightarrow{\text{磷酸葡萄糖变位酶}} 1-磷酸葡萄糖$$

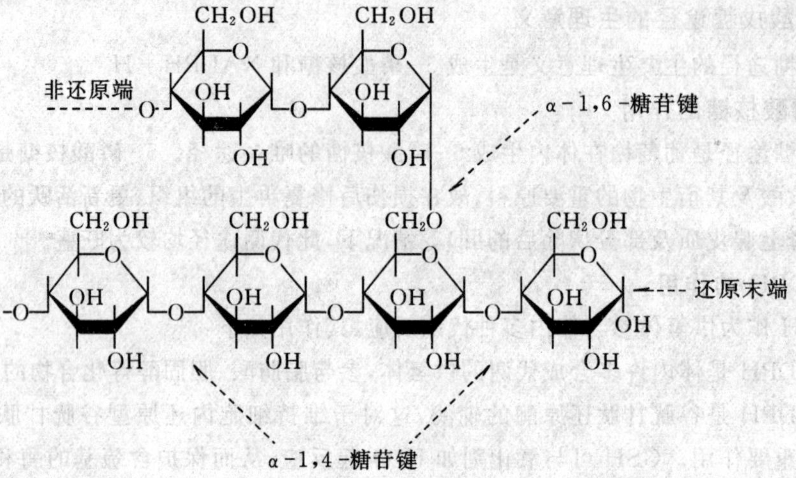

图 5-4 糖链的结构

（3）1-磷酸葡萄糖生成尿苷二磷酸葡萄糖（UDPG）

$$1\text{-磷酸葡萄糖} + UTP \xrightarrow{\text{UDPG 焦磷酸化酶}} UDPG + PPi（焦磷酸）$$

（4）糖原的合成　糖原合成时需要体内原有的糖原分子作引物，在糖原合酶催化下，将 UDPG 中的葡萄糖转移至糖原引物上。每反应一次，糖原引物即增加一个葡萄糖单位，使葡萄糖链不断延长。

$$糖原（G_n） + UDPG \xrightarrow{\text{糖原合酶}} 糖原（G_{n+1}） + UDP$$

在糖原合酶和分支酶的共同作用下，糖原分子不断增大，分支不断增多。糖原合成过程是消耗能量的过程，糖原合酶是糖原合成过程的限速酶。

（二）糖原合成的特点

（1）糖原合酶是糖原合成的限速酶，其活性受多因素调节。

（2）UDPG 是葡萄糖的直接供体，也称之为"活性葡萄糖"。

（3）每增加一个葡萄糖单位，需消耗 1 分子 ATP 和 1 分子 UTP。

（4）糖原的合成需要小分子糖原作为引物。

（5）糖原是在胞液中合成的。

二、糖原的分解

肝糖原分解为葡萄糖的过程称为糖原分解（glycogenolysis）。在糖原磷酸化酶（glycogen phosphorylase）作用下，糖原分子从非还原端逐个断开 α-1,4-糖苷键，使葡萄糖基磷酸化生成 1-磷酸葡萄糖。磷酸化酶只作用于 α-1,4-糖苷键，对 α-1,6-糖苷键无作用，当糖链上的葡萄糖基离分支点约 4 个葡萄糖基时，则由脱支酶将 3 个葡萄糖基转移到邻近糖链上，以 α-1,4-糖苷键连接，剩下的 1 个葡萄糖基继续由脱支酶水解生成游离葡萄糖。在磷酸化酶和脱支酶的共同作用下，糖原不断生成 1-磷酸葡萄糖和少量的游离葡萄糖。1-磷酸葡萄糖进一步由磷酸葡萄糖变位酶催化转变为 6-磷酸葡萄糖。在葡萄糖-6-磷酸酶（glucose-6-

phosphatase)的催化下,6-磷酸葡萄糖水解生成葡萄糖和磷酸。脱支酶的作用见图5-5。

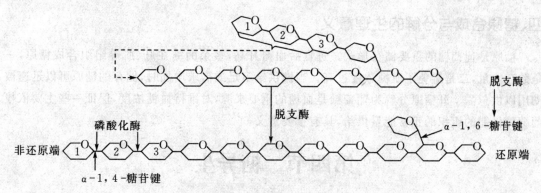

图5-5 脱支酶作用示意图

(一)糖原分解的过程

(1)糖原分解为1-磷酸葡萄糖 在糖原磷酸化酶催化下,糖原分子分解掉一个葡萄糖单位生成1-磷酸葡萄糖。糖原磷酸化酶是糖原分解的限速酶。

$$糖原(G_n)+H_3PO_4 \xrightarrow{\text{糖原磷酸化酶}} 糖原(G_{n-1})+1-磷酸葡萄糖$$

(2)1-磷酸葡萄糖转变为6-磷酸葡萄糖 1-磷酸葡萄糖在磷酸葡萄糖变位酶作用下生成6-磷酸葡萄糖。

$$1-磷酸葡萄糖 \xrightarrow{\text{磷酸葡萄糖变位酶}} 6-磷酸葡萄糖$$

(3)6-磷酸葡萄糖水解成葡萄糖 在葡萄糖-6-磷酸酶催化下,6-磷酸葡萄糖生成葡萄糖以补充血糖浓度。

$$6-磷酸葡萄糖+H_2O \xrightarrow{\text{葡萄糖-6-磷酸酶}} 葡萄糖+H_3PO_4$$

(二)糖原分解的特点

(1)糖原磷酸化酶是糖原分解的限速酶。

(2)葡萄糖-6-磷酸酶只存在于肝和肾脏中,故肝糖原可直接分解为葡萄糖以补充血糖,而肌糖原则不能直接分解为葡萄糖。肌糖原只能进入糖酵解途径生成乳酸或进入有氧氧化途径彻底氧化。乳酸可在肝脏异生为葡萄糖,所以肌糖原可间接调节血糖浓度。

三、糖原合成与分解的调节

糖原合酶和糖原磷酸化酶分别是糖原合成和分解代谢途径中的关键酶。ATP、6-磷酸葡萄糖是糖原合酶的激活剂,是糖原磷酸化酶的抑制剂。AMP、1-磷酸葡萄糖、磷酸则是糖原磷酸化酶的激活剂。糖原合酶和糖原磷酸化酶均有磷酸化和去磷酸化两种形式,当它们都以同一种方式存在时,其活性却截然相反。糖原合酶以磷酸化形式存在时无催化活性;糖原磷酸化酶以磷酸化形式存在时催化活性强。如饥饿时,糖原合酶磷酸化失去催化活性,抑制糖原合成;而此时糖原磷酸化酶磷酸化表现催化活性,加速糖原的分解,有利于维持血糖浓度。相反,进食后血糖浓度升高,糖原合酶去磷酸化表现催化活性,促进糖原合成;而此时糖原磷酸化酶去磷酸化失去催化活性,抑制糖原分解,有利于糖的贮存。

四、糖原合成与分解的生理意义

糖原是葡萄糖的重要储存形式。进食后血糖升高,多余的糖在肝、肌等组织合成糖原,一是贮存能量,二是避免了血糖浓度过高。当糖供给不足或需求增加时,储存的糖原可以迅速被动用以供急需。肝糖原分解为葡萄糖是血糖的重要来源,对维持血糖浓度,保证一些主要依赖葡萄糖供能的组织的正常能量供给,具有重要意义。

第四节　糖异生

由非糖物质转变为葡萄糖或糖原的过程称为糖异生(gluconeogenesis)。能转变为糖的非糖物质主要有乳酸、丙酮酸、甘油和生糖氨基酸等。在生理情况下,肝是糖异生的主要器官,肾的糖异生能力只有肝的 1/10。长期饥饿时肾糖异生能力则大为增强。

一、糖异生的途径

糖异生途径基本上是糖酵解途径的逆过程。但是,在糖酵解途径中,由己糖激酶(葡萄糖激酶)、磷酸果糖激酶-1 及丙酮酸激酶这三个关键酶催化的三步反应是不可逆的,称为能障,因此糖异生途径必须通过另外的酶来催化其逆过程,绕过三个"能障",这些酶即为糖异生的关键酶。现以丙酮酸为例说明糖异生途径。

(1)丙酮酸羧化支路　由丙酮酸羧化酶和磷酸烯醇式丙酮酸羧激酶催化丙酮酸逆向转变为磷酸烯醇式丙酮酸的过程,称为丙酮酸羧化支路(图 5-6)。

(2)1,6-二磷酸果糖转变为 6-磷酸果糖　1,6-二磷酸果糖不能直接逆转为 6-磷酸果糖,但在果糖二磷酸酶催化下得以顺利进行。

$$
6\text{-磷酸果糖} \underset{\underset{Pi}{\xrightarrow{\text{果糖二磷酸酶}}}}{\overset{\overset{ATP\ \ ADP}{\xrightarrow{\text{磷酸果糖激酶-1}}}}{\rightleftharpoons}} 1,6\text{-二磷酸果糖}
$$

$$\text{H}_2\text{O}$$

(3)6-磷酸葡萄糖水解生成葡萄糖　在葡萄糖-6-磷酸酶催化下,6-磷酸葡萄糖水解为葡萄糖。

$$
\text{葡萄糖} \underset{\underset{Pi}{\xrightarrow{\text{葡萄糖-6-磷酸酶}}}}{\overset{\overset{ATP\ \ ADP}{\xrightarrow{\text{己糖激酶}}}}{\rightleftharpoons}} 6\text{-磷酸葡萄糖}
$$

$$\text{H}_2\text{O}$$

二、糖异生的调节

糖异生过程的速度主要是通过一些代谢物质及激素对糖异生过程中的丙酮酸羧化酶、磷酸烯醇式丙酮酸羧激酶、果糖二磷酸酶和葡萄糖-6-磷酸酶这四个关键酶的影响来调节。

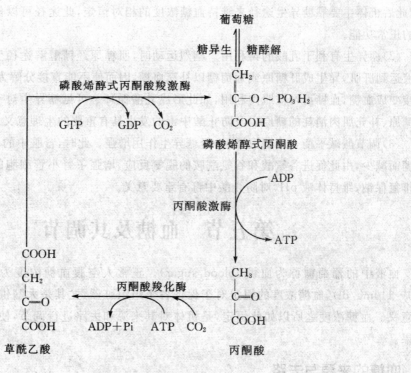

图 5-6　丙酮酸羧化支路

1. 影响糖异生的代谢物质

影响糖异生的代谢物质有甘油、氨基酸、乳酸及丙酮酸等糖异生原料以及乙酰 CoA、ATP、ADP 和 AMP。

（1）当肝细胞内甘油、氨基酸、乳酸及丙酮酸等糖异生原料增高时,糖异生速度加快。

（2）大量的乙酰 CoA 可激活丙酮酸羧化酶,加速丙酮酸、氨基酸等物质异生为糖。

（3）ATP 通过抑制磷酸果糖激酶-1 并激活果糖二磷酸酶,从而促进糖异生,而 ADP 和 AMP 的作用与 ATP 相反。

2. 影响糖异生的激素

影响糖异生的激素主要有肾上腺素、胰高血糖素、糖皮质激素和胰岛素。

（1）肾上腺素和胰高血糖素能诱导肝细胞中磷酸烯醇式丙酮酸羧激酶的生成,并促进脂肪动员。由此,既提供了糖异生的原料,肝细胞中脂肪酸氧化产生的乙酰 CoA 又可激活丙酮酸羧化酶,从而加速糖异生速度。

（2）糖皮质激素可诱导肝脏合成糖异生的四个关键酶,并促进肝外组织蛋白质分解成氨基酸及促进脂肪动员,加速糖异生速度。

（3）胰岛素则抑制四种关键酶的合成,并对抗肾上腺素和胰高血糖素的作用,抑制糖异生的速度。

三、糖异生的生理意义

（1）空腹或饥饿状态时维持血糖浓度的相对恒定　　在禁食时,肝糖原不到 12h 即被全部消耗,此后机体主要靠糖异生途径来维持血糖浓度的相对恒定,此途径可以保证脑组织、红细胞等的正常功能。

(2)糖异生有利于乳酸的再利用 剧烈运动时,肌糖原经糖酵解途径生成大量乳酸,通过血液运到肝脏,异生成肝糖原或葡萄糖以补充血糖,因而使不能直接分解为葡萄糖的肌糖原可间接变成血糖,血糖可再被肌肉利用,如此形成乳酸循环。可见糖异生对于乳酸再利用、更新肝糖原、补充肌肉消耗的糖原以及防止酸中毒的发生具有重要的生理意义。

(3)调节酸碱平衡 长期饥饿时,肾糖异生作用增强。此时,肾脏中的 α-酮戊二酸因异生成糖而减少,由此促进谷氨酸和谷氨酰胺的脱氨反应,增强了肾小管细胞的泌氨作用,有利于肾排氢保钠,维持体液 pH,对防止酸中毒有重要意义。

第五节　血糖及其调节

血液中的葡萄糖称为血糖(blood sugar)。正常人空腹血糖浓度为 $3.9\sim6.1$ mmol/L($70\sim110$ mg/dl)。血糖浓度的恒定对于保证各个组织脏器,尤其是大脑供能的持续性具有重要意义。血糖浓度之所以如此恒定,是机体对其来源和去路进行调节,使之维持动态平衡的结果。

一、血糖的来源与去路

血糖的来源包括:①食物中的糖类经消化吸收入血的葡萄糖,这是血糖的主要来源;②肝糖原分解释放入血的葡萄糖;③糖异生作用使非糖物质转化为葡萄糖释放入血。

血糖的去路包括:①在细胞内氧化分解供能,这是血糖的主要去路;②在肝、肌肉、肾等组织合成糖原贮存;③转变为脂肪及某些氨基酸;④转变为其他糖及其衍生物,如核糖、氨基糖、葡萄糖醛酸等。

血糖的来源和去路见图 5-7。

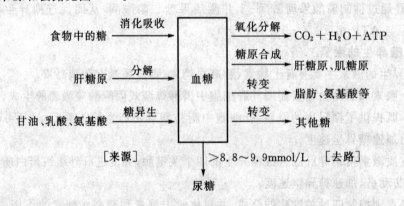

图 5-7　血糖的来源和去路

二、血糖浓度的调节

血糖水平的恒定是体内各种代谢调节的结果,也是肝、肌肉、脂肪组织等各器官组织代谢协调的结果。此外,还受到神经和激素的调节。

　　调节血糖浓度的激素可分为两类:一类是降低血糖浓度的激素,有胰岛素;另一类是升高血糖浓度的激素,有肾上腺素、胰高血糖素、糖皮质激素、生长激素等。这两类激素的作用既相互对立又相互统一,主要通过对糖代谢各途径的影响来实现,从而使血糖维持在正常水平。激素对血糖浓度的调节见表5-3。

表5-3　激素对血糖浓度的调节

激素	对糖代谢的影响
降低血糖浓度的激素	
胰岛素	◆ 促进肌肉、脂肪组织细胞转运葡萄糖进入细胞内
	◆ 促进肝、肌肉的糖原合成及糖的有氧氧化
	◆ 抑制糖异生
	◆ 促进糖转变为脂肪
升高血糖浓度的激素	
胰高血糖素	◆ 抑制肝糖原合成
	◆ 促进糖异生
肾上腺素	◆ 促进肝糖原分解
	◆ 促进肌糖原分解
	◆ 促进糖异生
糖皮质激素	◆ 促进糖异生
	◆ 促进肝外组织蛋白质分解,生成氨基酸
生长激素	◆ 促进糖异生
	◆ 抑制肌肉及脂肪组织利用葡萄糖

三、糖代谢异常

(一)高血糖

　　空腹血糖浓度高于 7.2～7.6mmol/L(130～140mg/dl)称为高血糖。当空腹血糖浓度超过 8.8～9.9mmol/L,由于超过肾糖阈,葡萄糖可随尿排出而出现糖尿。高血糖和糖尿可由多种原因引起,正常人偶尔也会出现糖尿。如进食或静脉输入大量葡萄糖后,可引起饮食性糖尿;情绪激动时,由于交感神经兴奋,肾上腺素分泌增加,肝糖原分解,血糖上升,可出现情感性糖尿。这些都属于生理性高血糖及糖尿,其特点是高血糖和糖尿是暂时的,而且空腹血糖浓度正常。

　　病理性高血糖及糖尿多见于糖尿病,病理基础是胰岛功能障碍以致胰岛素分泌不足,血中胰岛素的水平低于正常,糖原合成和糖的氧化不能正常进行,血糖不能正常地被细胞摄取与利用,因此导致血糖升高,出现糖尿。产生糖尿的原因除高血糖外,还可由于肾脏疾病引起的肾小管对糖的重吸收能力降低,即肾糖阈降低所出现的糖尿,称为肾性糖尿。其特点是这类患者的空腹血糖正常。

（二）低血糖

空腹血糖浓度低于 3.3～3.9mmol/L(60～70mg/dl) 称为低血糖。因为脑组织所需的能量主要来自葡萄糖的氧化,当血糖浓度过低时,就会影响脑细胞的功能,出现头晕、心悸、出冷汗、倦怠无力、饥饿感等症状;当血糖浓度低于 2.5mmol/L(45mg/dl) 时,可出现昏迷,称为低血糖昏迷。此时,及时给患者输入葡萄糖溶液,症状即可缓解。出现低血糖的常见原因有:①饥饿或不能进食;②胰岛功能障碍;③严重肝疾患,如肝癌等;④内分泌异常,如垂体功能低下、肾上腺皮质功能低下等。

 学习小结

糖是人体的主要供能物质,人体能量的 70% 来自于葡萄糖。糖在体内分解代谢的途径有三条:糖酵解、糖有氧氧化和磷酸戊糖途径,正常情况下,以糖有氧氧化为主。糖酵解的反应部位在胞液中,乳酸是其代谢终产物,糖酵解中的关键酶是己糖激酶(葡萄糖激酶)、磷酸果糖激酶-1和丙酮酸激酶。糖酵解最主要的生理意义是其为机体在缺氧条件下获得能量的主要方式。糖有氧氧化的反应过程可以分为三个阶段,即在胞液中由葡萄糖分解为丙酮酸、丙酮酸在线粒体中氧化成乙酰辅酶A、乙酰辅酶A的彻底氧化。磷酸戊糖途径是从6-磷酸葡萄糖开始,反应在胞液中进行,6-磷酸葡萄糖脱氢酶是其限速酶,主要生理意义是生成5-磷酸核糖和 $NADPH+H^+$ 。葡萄糖在肝和肌肉中可以合成糖原储存起来,当机体需要时又分解为葡萄糖以补充血糖。此外,葡萄糖也可由非糖物质转化而来,这一过程称为糖异生。糖异生基本是糖酵解的逆过程,其生理意义在于维持血糖浓度的恒定和乳酸的利用。血糖指血液中的葡萄糖,血糖浓度的恒定对于保证各个组织的正常生理活动,尤其是大脑供能的持续性具有重要的作用。调节血糖浓度的激素有两类:升高血糖的激素和降低血糖的激素。高血糖或低血糖都会影响正常的生理功能。

 目标检测

1.名词解释:糖酵解,糖的有氧氧化,三羧酸循环,糖异生,血糖。
2.糖在体内分解代谢的途径有几条?生理情况下以哪条途径为主?
3.简述糖酵解的反应部位、生理意义、关键酶及终产物。
4.糖有氧氧化的反应过程分为几个阶段?简述糖有氧氧化的关键酶及生理意义。
5.为什么B族维生素缺乏会引起糖代谢障碍?
6.三羧酸循环有何生理意义?
7.简述磷酸戊糖途径的生理意义。
8.说出糖异生的原料、部位、关键酶及生理意义。
9.说出血糖的来源与去路。

第六章 脂类代谢

学习目标

【掌握】 脂肪酸的氧化过程,酮体的概念和意义;血脂、脂蛋白的概念,四种脂蛋白的功能;
胆固醇的转化及影响其合成的因素。

【熟悉】 脂类的含量和生理功能;脂肪合成的原料及主要过程;甘油磷脂的合成原料及其
与脂肪肝的关系。

【了解】 甘油磷脂代谢;四种脂蛋白代谢的过程。

脂类(lipids)包括脂肪和类脂,是机体内一类重要的具有多种生理功能的有机化合物,不溶于水而易溶于有机溶剂。脂肪又称为三脂酰甘油或甘油三酯(triglyceride, TG),是由 1 分子甘油(glycerol)与 3 分子脂肪酸(fatty acid, FA)通过羧酸酯键形成的化合物。类脂是某些物理性质与脂肪类似的物质,包括磷脂(phospholipids, PL)、糖脂(glycolipid, GL)、胆固醇(cholesterol, Ch)和胆固醇酯(cholesterol ester, CE)等。脂肪的主要功能是储存能量及氧化供能,类脂主要是作为生物膜的重要组分。

第一节 概述

一、脂类的分布及生理功能

(一)脂类的分布

体内绝大部分脂类为甘油三酯,分布在皮下、肾周围、肠系膜、大网膜、腹后壁等处的脂肪组织,这些脂肪是体内储存能量的主要形式,称为储存脂,脂肪组织则称为脂库。脂肪含量因受膳食、运动、营养状况及疾病等多种因素的影响而发生变动,故又称可变脂。成年男性的脂肪含量约占体重 $10\% \sim 20\%$,女性稍高。脂肪含量超过体重 30% 即为肥胖。

类脂是生物膜的基本组成成分,约占体重的 5%,在各器官和组织中含量恒定,基本上不受营养状况或机体活动的影响,故称固定脂或基本脂。不同组织中类脂的含量、种类不同。

(二)脂类的生理功能

1. 储能和供能

储能和供能是甘油三酯的主要生理功能。1g 甘油三酯氧化分解可释放 38.9kJ(9.3kcal)的能量,比氧化等量的糖或蛋白质高出一倍多。甘油三酯为疏水性物质,1g 甘油三酯所占体积为1.2ml。而糖原具有亲水性,1g糖原占4.8ml的体积。相同体积的甘油三酯释放的能量是糖原的6倍。可见,甘油三酯是体内能量最有效的储存形式。在饥饿或禁食等特殊情况下,储存在脂库中的甘油三酯氧化分解提供能量,成为此时的主要能量来源。人体活动所需能量的20%～30%由甘油三酯氧化分解提供。

2. 保护内脏和维持体温

内脏器官周围的脂肪组织可缓冲外界机械撞击力,对内脏具有保护防震作用。脂肪不易导热,分布于皮下的脂肪组织可以防止热量的过多散失,对维持体温的恒定具有重要作用。

3. 维持生物膜的结构和功能

生物膜为镶嵌有蛋白质和糖类的磷脂双分子层,磷脂构成了生物膜骨架的主要结构——脂质双层,胆固醇影响膜的流动性,对膜的稳定性发挥重要作用。在膜的脂质双分子层结构中,磷脂成分约占60%以上,而胆固醇约占20%,其余为镶嵌在膜中的蛋白质。可见,类脂在维持生物膜的正常结构和功能中起重要作用。磷脂可作为第二信使参与代谢调节,细胞膜上的磷脂酰肌醇-4,5-二磷酸(PIP_2)被磷脂酶水解生成三磷酸肌醇(IP_3)和甘油二酯(DAG),两者均为激素作用的第二信使。

4. 转变成多种重要的生理活性物质

脂类分子特别是磷脂分子中含有多不饱和脂肪酸,如亚油酸、亚麻酸和花生四烯酸,人体自身不能合成,必须由食物提供,称为必需脂肪酸。其中花生四烯酸又是前列腺素、血栓素及白三烯等生理活性物质的前体,具有多种重要的生理功能。胆固醇在体内可转变成胆汁酸盐、维生素D_3、肾上腺皮质激素、性激素等生理活性物质,参与机体的代谢调节。

二、脂类的消化与吸收

(一)脂类的消化

食物中脂类主要为甘油三酯,约占90%,此外还含少量磷脂及胆固醇等。小肠上段是脂类消化吸收的主要部位,肠中具有来自胆囊的胆汁酸盐和来自胰液的多种脂酶。脂类不溶于水,进入肠腔的甘油三酯、胆固醇等脂类与胆汁酸盐混合,通过肠蠕动,将脂类分散成细小的水包油的乳化微团后,再在多种消化酶的协同作用下消化吸收。

胰腺分泌入小肠的脂酶有胰脂肪酶、辅脂酶、磷脂酶A_2及胆固醇酯酶。胰脂肪酶催化甘油三酯的1位与3位酯键水解,生成2-甘油一酯及2分子脂肪酸。胰脂肪酶必需在辅脂酶的协助下才能水解乳化微团中的甘油三酯。辅脂酶能同时与胰脂肪酶和甘油三酯结合,还可防止胰脂肪酶变性,从而促进甘油三酯的水解。磷脂酶A_2催化磷脂水解,生成脂肪酸及溶血磷脂。胆固醇酯酶催化胆固醇酯水解,生成游离胆固醇及脂肪酸。

(二)脂类的吸收

脂类消化产物的吸收部位主要在十二指肠下段和空肠上段。

甘油一酯、脂肪酸、胆固醇及溶血磷脂等消化产物进一步与胆汁酸盐乳化成更小的混合微团。在此微团中,极性小的胆固醇和脂肪酸等被包埋在核心,胆汁酸盐及磷脂等的疏水基团伸向微团中心,而亲水基团则伸向微团表面。这些微团体积更小,极性更大,易于穿过小肠黏膜上皮细胞表面的水化层屏障,被小肠黏膜上皮细胞所吸收。

甘油、短链(2～4C)及中链(6～10C)脂肪酸易被肠黏膜细胞吸收,直接进入门静脉。长链脂肪酸(12～26C)、甘油一酯及其他脂类消化产物在脂酰 CoA 合成酶和脂酰 CoA 转移酶的催化下,生成新的甘油三酯、磷脂及胆固醇酯,它们再与粗面内质网上合成的载脂蛋白(apolipoprotein, apo)构成乳糜微粒(chylomicrons, CM),经淋巴进入血液循环。

第二节　甘油三酯的代谢

甘油三酯在体内不断地进行着合成与分解代谢,以肝细胞和脂肪组织代谢最为活跃,其次是小肠和肌组织。

一、甘油三酯的分解代谢

(一)脂肪动员

脂库中储存的甘油三酯在脂肪酶的催化下逐步水解为甘油和游离脂肪酸(free fatty acid, FFA),并释放入血供其他组织氧化利用的过程,称为脂肪动员。

$$\text{甘油三酯} \xrightarrow[\substack{H_2O \quad 脂肪酸}]{甘油三酯脂肪酶} \text{甘油二酯} \xrightarrow[\substack{H_2O \quad 脂肪酸}]{甘油二酯脂肪酶} \text{甘油一酯} \xrightarrow[\substack{H_2O \quad 脂肪酸}]{甘油一酯脂肪酶} \text{甘油}$$

脂肪组织中含有的脂肪酶包括甘油三酯脂肪酶、甘油二酯脂肪酶、甘油一酯脂肪酶。甘油三酯脂肪酶的活性最低,是脂肪动员的限速酶,其活性受到多种激素的调控,故又称为激素敏感性脂肪酶(hormone sensitive lipase, HSL)。肾上腺素、去甲肾上腺素、胰高血糖素等能激活细胞膜上的腺苷酸环化酶,进而激活依赖 cAMP 的蛋白激酶 A(protein kinase A, PKA),使甘油三酯脂肪酶磷酸化而活化,促进脂肪动员,称为脂解激素;胰岛素、前列腺素 E_2 等能抑制腺苷酸环化酶的活性,增强磷酸二酯酶活性,减少 cAMP 生成,抑制 PKA,从而使 HSL 去磷酸化而失活,抑制脂肪动员,故称为抗脂解激素(图 6-1)。

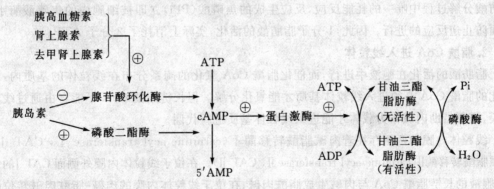

图 6-1　激素对脂肪动员的调节作用

脂肪动员产生的脂肪酸和甘油直接释放入血。游离的脂肪酸不溶于水,在血液中与清蛋白结合后运送至全身供各组织利用。甘油溶于水,可直接由血液运输至其他组织。

(二)甘油的氧化

脂肪动员生成的甘油,主要由血液运输到肝、肾、小肠等组织氧化利用。这些组织富含甘油激酶,催化甘油生成α-磷酸甘油,并经α-磷酸甘油脱氢酶催化脱氢生成磷酸二羟丙酮,进入糖代谢途径分解或经糖异生途径转变为葡萄糖或糖原(图6-2)。脂肪和肌肉组织因甘油激酶活性很低,故不能很好地利用甘油。

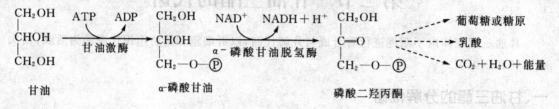

图6-2 甘油的代谢途径

(三)脂肪酸的氧化

脂肪酸是机体的主要能源物质,在氧供应充分的条件下,脂肪酸可在体内彻底氧化分解生成 CO_2 和 H_2O,并释放大量能量。除脑组织和成熟红细胞外,大多数组织均能氧化利用脂肪酸,但以肝和肌肉组织最为活跃。β-氧化是脂肪酸氧化的主要方式。脂肪酸的氧化过程可分为脂肪酸的活化、脂酰 CoA 进入线粒体、β-氧化及乙酰 CoA 的彻底氧化四个阶段。

1.脂肪酸的活化

脂肪酸的活化是指脂肪酸在脂酰 CoA 合成酶的催化下生成脂酰 CoA 的过程。此反应在胞液中进行,需 ATP、HSCoA 和 Mg^{2+} 参与。

$$RCOOH+ATP+HSCoA \xrightarrow[Mg^{2+}]{\text{脂酰辅酶 A 合成酶}} RCO\sim SCoA+AMP+PPi$$

脂肪酸　　　　辅酶 A　　　　　　　　　脂酰辅酶 A　　　　焦磷酸

脂酰 CoA 分子含有高能硫酯键,且极性增强,使脂肪酸的代谢活性明显提高。该反应是脂肪酸分解过程中唯一的耗能反应,反应生成的焦磷酸(PPi)立即被细胞内的焦磷酸酶水解,从而防止逆反应的进行。因此,1分子脂肪酸的活化,实际上消耗了2分子 ATP。

2.脂酰 CoA 进入线粒体

脂肪酸的活化在胞液中进行,而催化脂酰 CoA 氧化的酶系分布在线粒体的基质内,因此活化的脂酰 CoA 必须进入线粒体基质才能氧化分解。但长链脂酰 CoA 不能自由通过线粒体内膜,需要借助肉碱作为载体才能进入线粒体基质进行代谢。

线粒体内膜的两侧存在着肉碱脂酰转移酶Ⅰ(carnitine acyl transferase Ⅰ,CAT Ⅰ)和肉碱脂酰转移酶Ⅱ(carnitine acyl transferase Ⅱ,CAT Ⅱ)。在位于线粒体内膜外侧面 CAT Ⅰ的催化下,胞液的长链脂酰 CoA 与肉碱生成脂酰肉碱;在位于线粒体内膜的肉碱-脂酰肉碱转位酶的作用下,脂酰肉碱通过内膜进入线粒体基质。进入线粒体内的脂酰肉碱,在线粒体内膜内侧面 CAT Ⅱ的催化下与 HSCoA 反应,重新生成脂酰 CoA 并释放肉碱(图6-3)。

脂酰 CoA 进入线粒体是脂肪酸氧化的主要限速步骤,CAT Ⅰ是其限速酶。在饥饿、高脂

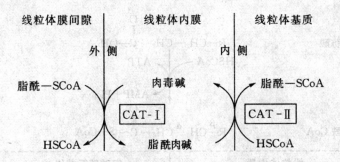

图 6-3　脂酰 CoA 进入线粒体的机制

低糖膳食或糖尿病等情况下，CAT Ⅰ活性增高，脂肪酸氧化增强。反之，饱食后丙二酰 CoA 及脂肪合成增多，抑制 CAT Ⅰ活性使脂肪酸的氧化减少。

3. 脂酰 CoA 的 β-氧化

脂酰 CoA 进入线粒体基质后，在脂肪酸 β-氧化酶系的催化下，从脂酰基的 β-碳原子开始进行氧化分解，故称为 β-氧化，包括脱氢、加水、再脱氢和硫解四步连续反应，产生 1 分子乙酰 CoA 和比原来少两个碳原子的脂酰 CoA。

（1）脱氢　脂酰 CoA 在脂酰 CoA 脱氢酶催化下，α、β 碳原子上各脱去 1 个氢原子，生成反 $\triangle^2$-烯脂酰 CoA，脱下的 2H 由 FAD 接受生成 FADH$_2$。

（2）加水　在 $\triangle^2$-烯脂酰 CoA 水化酶催化下，反 $\triangle^2$-烯脂酰 CoA 加一分子 H$_2$O，生成 L-β-羟脂酰 CoA。

（3）再脱氢　在 β-羟脂酰 CoA 脱氢酶催化下，L-β-羟脂酰 CoA 脱去 2H，生成 β-酮脂酰 CoA，脱下的 2H 由 NAD$^+$ 接受生成 NADH+H$^+$。

（4）硫解　在 β-酮脂酰 CoA 硫解酶的催化下，β-酮脂酰 CoA 在 α 和 β-碳原子之间断链，加上 1 分子 HSCoA 生成 1 分子乙酰 CoA 和比原先少两个碳原子的脂酰 CoA。后者再次进行 β-氧化，如此反复进行，直到脂酰 CoA 全部生成乙酰 CoA（图 6-4）。

4. 乙酰 CoA 的彻底氧化

脂肪酸 β-氧化过程中生成的乙酰 CoA，与其他代谢途径产生的乙酰 CoA 一样，主要通过三羧酸循环彻底氧化生成 CO$_2$ 和 H$_2$O，并释放能量，也可转变为其他代谢中间产物。

5. 脂肪酸氧化的能量生成

脂肪酸氧化是体内能量的重要来源，β-氧化是脂肪酸氧化的主要方式。现以 18 碳的硬脂酸为例，计算其能量的生成。1 分子硬脂酸需进行 8 次 β-氧化，生成 8 分子 FADH$_2$，8 分子 NADH+H$^+$ 及 9 分子乙酰 CoA，而每分子 FADH$_2$ 进入呼吸链氧化产生 1.5 ATP，每分子 NADH+H$^+$ 进入呼吸链氧化产生 2.5 ATP，每分子乙酰 CoA 通过三羧酸循环氧化产生 10 ATP。因此，1 分子硬脂酸彻底氧化共生成 $(8×1.5)+(8×2.5)+(9×10)=122$ ATP。减去脂肪酸活化时消耗的 2 ATP，净生成 120 ATP。与葡萄糖氧化相比，1 分子葡萄糖彻底氧化生成 32 ATP，3 分子葡萄糖所含碳原子数与 1 分子硬脂酸相等，产生 96 ATP。可见，脂肪酸氧化能为机体提供更多的能量。

（四）酮体的生成与利用

脂肪酸 β-氧化生成的乙酰 CoA，在肝脏中大部分转变为乙酰乙酸、β-羟丁酸和丙酮，这

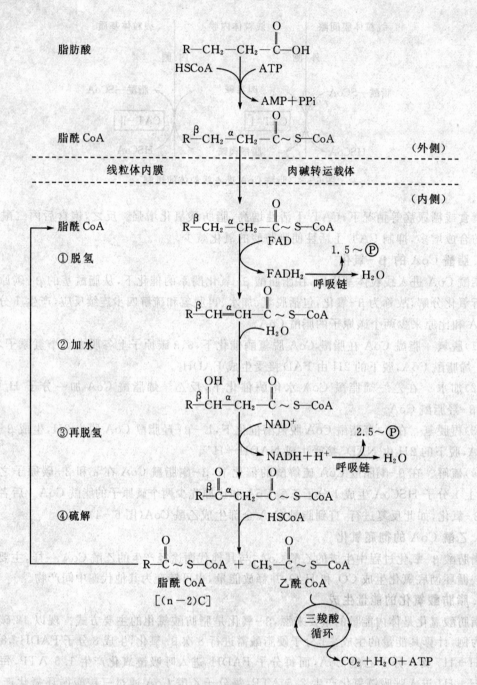

图 6-4 脂肪酸的 β-氧化

三种物质统称为酮体。乙酰乙酸约占 70%，β-羟丁酸约占 30%，丙酮仅少量。

1. 酮体的生成

酮体在肝细胞线粒体内合成，合成的原料为乙酰 CoA，以 NADH+H$^+$ 作为供氢体。其合成过程见图 6-5。

(1)乙酰乙酰 CoA 的生成 2分子乙酰 CoA 在乙酰乙酰 CoA 硫解酶作用下，缩合成乙酰乙酰 CoA,释放出 1 分子 HSCoA。

(2)HMG－CoA 的生成　乙酰乙酰 CoA 在羟甲基戊二酸单酰 CoA(β-hydroxy-β-methyl glutaryl CoA，HMG－CoA)合成酶的催化下,再与 1 分子乙酰 CoA 缩合生成 HMG－CoA。该酶为酮体合成过程的限速酶。

(3)酮体的生成　HMG－CoA 在 HMG－CoA 裂解酶的作用下,裂解生成乙酰乙酸和乙酰 CoA。乙酰乙酸再在 β-羟丁酸脱氢酶作用下,加氢还原生成 β-羟丁酸,由 NADH＋H$^+$ 供氢。少量乙酰乙酸自发脱羧而生成丙酮。

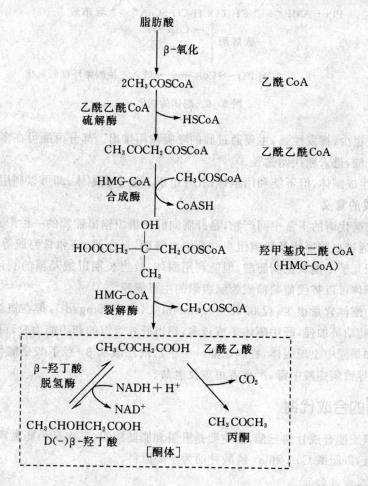

图 6－5　酮体的生成

2.酮体的氧化

在脑、心、肾和骨骼肌等肝外组织细胞线粒体中,有活性很强的氧化利用酮体的酶,如琥珀酰 CoA 转硫酶、乙酰乙酸硫解酶及乙酰乙酸硫激酶等,能够将酮体氧化分解并释放能量,而肝脏缺乏这些酶。因此,肝外组织是利用酮体的主要场所。

乙酰乙酸在乙酰乙酸硫激酶或琥珀酰 CoA 转硫酶的催化下,转变为乙酰乙酰 CoA,然后在硫解酶的催化下分解为 2 分子乙酰 CoA,进入三羧酸循环彻底氧化。β-羟丁酸可在 β-羟丁酸脱氢酶催化下氧化生成乙酰乙酸,再经上述途径氧化分解(图6-6)。

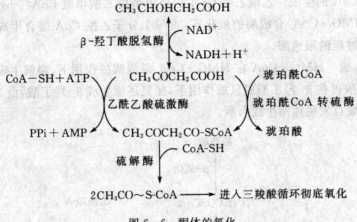

图6-6 酮体的氧化

丙酮生成量很少,挥发性强,主要通过肺的呼吸作用排出。部分丙酮可在多种酶催化下转变成丙酮酸或乳酸,进入糖代谢途径。

总之,肝脏生成酮体,但不能利用酮体;肝外组织不能生成酮体,却可以利用酮体。

3.酮体生成的意义

酮体是脂肪酸代谢的正常中间产物,是肝脏向肝外组织输出能源的一种形式。它分子小,易溶于水,能够通过血脑屏障及肌肉组织的毛细血管壁,是心肌、脑和骨骼肌等组织的重要能源。由于脑组织几乎不能氧化脂肪酸,但能利用酮体,故当长期饥饿及糖的利用不足时,由脂肪动员产生的酮体可以替代葡萄糖成为脑组织的主要能源。

正常人血中酮体含量很少,仅 $0.03 \sim 0.5$mmol/L($0.3 \sim 5$mg/dl),但在饥饿、低糖饮食及糖尿病时,因脂肪动员加强,肝中酮体生成过多,超出肝外组织的利用能力时,可使血中酮体升高,称酮血症,如果尿中出现酮体,称酮尿症。由于乙酰乙酸和 β-羟丁酸是酸性物质,在体内大量蓄积时,可导致酮症酸中毒,严重者可危及生命。

二、甘油三酯的合成代谢

人体多数组织能合成甘油三酯,但主要是肝脏和脂肪组织,其次是小肠黏膜。甘油三酯的合成主要在胞液,以脂酰 CoA 和 α-磷酸甘油为主要原料。

(一)α-磷酸甘油的生成

糖代谢的中间产物磷酸二羟丙酮在 α-磷酸甘油脱氢酶催化下,以 NADH+H^+ 为辅酶,还原生成 α-磷酸甘油,这是 α-磷酸甘油的主要来源,此反应普遍存在于人体各组织中。此外,甘油在甘油激酶的催化下,也可生成 α-磷酸甘油。

$$\begin{array}{ccc}
CH_2OH & & CH_2OH & & CH_2OH \\
| & \xrightarrow{\alpha\text{-磷酸甘油脱氢酶}} & | & \xrightarrow{\text{甘油激酶}} & | \\
C=O & & CHOH & & CHOH \\
| & NADH+H^+ \quad NAD^+ & | & ADP \quad ATP & | \\
CH_2-O-\text{P} & & CH_2-O-\text{P} & & CH_2OH \\
\text{磷酸二羟丙酮} & & \alpha\text{-磷酸甘油} & & \text{甘油}
\end{array}$$

(二)脂肪酸的生成

体内的脂肪酸主要由糖代谢的中间产物乙酰 CoA 转变生成。肝是合成脂肪酸的主要场所,此外,肾、脑、肺、小肠等多种组织也能合成脂肪酸。胞液中合成的脂肪酸以 16 碳的软脂酸为主,然后将其运送至内质网或线粒体进行加工,使脂肪酸碳链延长或缩短。

1.合成原料

乙酰 CoA 是合成脂肪酸的主要原料,还需 ATP、NADPH＋H$^+$、HCO$_3^-$ 及 Mg^{2+} 的参与。乙酰 CoA、NADPH＋H$^+$ 主要来自糖代谢,因此,糖是脂肪酸合成的主要原料。

脂肪酸合成的酶系存在于胞液中,而乙酰 CoA 是在线粒体中生成的且不能自由穿过线粒体膜,需通过柠檬酸-丙酮酸循环将线粒体内的乙酰 CoA 转运至胞液。具体过程为:线粒体内的乙酰 CoA 与草酰乙酸缩合生成柠檬酸,通过线粒体内膜上的特异载体将柠檬酸转运进入胞液,经柠檬酸裂解酶催化生成草酰乙酸和乙酰 CoA。乙酰 CoA 用于脂肪酸的合成,而草酰乙酸则在苹果酸脱氢酶的作用下还原成苹果酸,经线粒体内膜上的载体转运进入线粒体内。苹果酸也可经苹果酸酶的作用分解为丙酮酸,再经载体转运进入线粒体。进入线粒体的苹果酸和丙酮酸最终均可转变成草酰乙酸,再参与乙酰 CoA 的转运(图 6 - 7)。

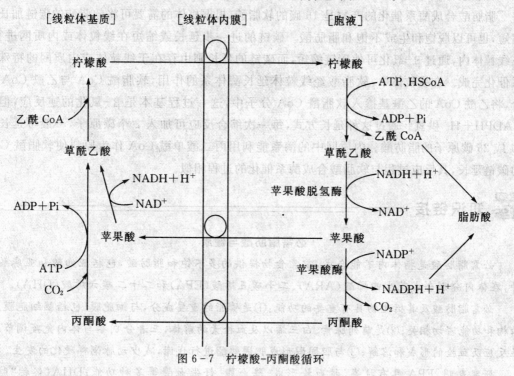

图 6 - 7 柠檬酸-丙酮酸循环

2.合成过程

(1)丙二酸单酰 CoA 的合成　乙酰 CoA 进入胞液后,在乙酰 CoA 羧化酶催化下生成丙二酸单酰 CoA,反应由碳酸氢盐提供 CO$_2$,ATP 供能。

$$CH_3CO{\sim}SCoA+HCO_3^-+ATP \xrightarrow[\text{生物素、Mg}^{2+}]{\text{乙酰 CoA 羧化酶}} HOOCCH_2CO{\sim}SCoA+ADP+Pi$$

乙酰 CoA 羧化酶是以生物素为辅酶的变构酶,是脂肪酸生物合成的限速酶。柠檬酸和异柠檬酸是此酶的变构激活剂,而软脂酰 CoA 和其他长链脂酰 CoA 为此酶的变构抑制剂。此外,乙酰 CoA 羧化酶还受到化学修饰调节。胰高血糖素能够使该酶磷酸化而抑制其活性,胰岛素则能使磷酸化的乙酰 CoA 羧化酶脱磷酸而恢复活性,促进脂肪酸的合成。

(2)软脂酸的合成　软脂酸是 16 碳原子的脂肪酸,即 1 分子乙酰 CoA 和 7 分子丙二酸单酰 CoA 在脂肪酸合成酶系的催化下,由 NADPH＋H$^+$ 提供氢合成。其总反应式为:

$$CH_3CO\sim SCoA+7HOOCCH_2CO\sim SCoA+14NADPH+14H^+$$

↓脂肪酸合成酶系

$$CH_3(CH_2)_{14}COOH+6H_2O+7CO_2+8HSCoA+14NADP^+$$

在哺乳动物中,脂肪酸合成酶系属于多功能酶,催化脂肪酸合成的七种酶和酰基载体蛋白(acyl carrier protein, ACP)按一定顺序排列在多肽链上。ACP 是脂肪酸合成过程中脂酰基的载体,脂肪酸合成的各步反应均在 ACP 辅基上进行,由丙二酸单酰 CoA 提供碳源,每次增加 2 个碳原子,重复进行缩合、加氢、脱水和再加氢的过程。经过 7 次循环后,生成 16 碳的软脂酸 ACP,经硫酯酶水解释放软脂酸。

3.脂肪酸的改造

脂肪酸合成酶系催化的产物是 16 碳的软脂酸,根据机体的需要可将软脂酸的碳链加长或缩短,也可以脱饱和生成不饱和脂肪酸。碳链的进一步延长或缩短在线粒体或内质网进行。在线粒体内,通过 β-氧化可使碳链缩短,而碳链的延长则由存在于线粒体或内质网的特殊酶系催化完成。在线粒体中,软脂酸经线粒体延长酶体系的作用,软脂酰 CoA 与乙酰 CoA 缩合,将乙酰 CoA 的乙酰基掺入软脂酰 CoA 分子中,这一过程基本是 β-氧化的逆反应,但需 NADPH＋H$^+$ 供氢。通过这种延长方式,每一次缩合反应可加入 2 个碳原子,一般可延长到 24 或 26 碳原子的脂肪酸。内质网中的酶系能利用丙二酸单酰 CoA 作为原料使软脂酰 CoA 的碳链延长,其反应过程与软脂酸合成酶系催化的过程相似。

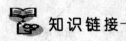 **知识链接**

必需脂肪酸与健康

必需脂肪酸是指体内不能合成,需靠食物提供的多不饱和脂肪酸,包括亚油酸和亚麻酸两种,在体内分别合成花生四烯酸(ARA)、二十碳五烯酸(EPA)和二十二碳六烯酸(DHA)。

必需脂肪酸及其衍生物具有重要的功能:①是磷脂的重要成分,与细胞膜(包括脑细胞膜)的结构和功能密切相关;②是前列腺素、白三烯以及血栓素的前体,三者分别参与体内免疫调节、炎性反应及血栓的形成和溶解;③与胆固醇形成胆固醇酯进行代谢,减少动脉粥样硬化的发生。

研究表明,EPA 具有抗炎、抗血栓形成、降血脂、舒张血管等多种功能;DHA(俗称"脑黄金")是人体脑细胞和视网膜细胞的结构和功能成分,对脑和视网膜发育及功能有重要作用。

(三)甘油三酯的合成

1.甘油一酯途径

小肠黏膜上皮细胞主要以此途径合成甘油三酯。该途径主要利用消化吸收的甘油一酯为起始物,再加上 2 分子脂酰 CoA,合成甘油三酯。

2.甘油二酯途径

肝细胞和脂肪细胞主要由此途径合成甘油三酯。α-磷酸甘油与 2 分子脂酰 CoA 在脂酰 CoA 转移酶的催化下,生成磷脂酸(phosphatidic acid,PA),经磷酸酶水解生成甘油二酯,再与 1 分子脂酰 CoA 在脂酰 CoA 转移酶的作用下,生成甘油三酯(图 6-8)。脂酰 CoA 转移酶是甘油三酯合成的限速酶。细胞内磷脂酸的含量极微,但它是机体合成甘油三酯和磷脂的重要中间产物。

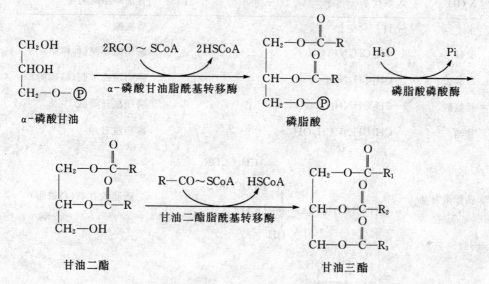

图 6-8 甘油二酯途径合成甘油三酯

第三节 磷脂的代谢

磷脂是一类含有磷酸的脂类。机体中的磷脂主要有甘油磷脂(phosphoglyceride)和鞘磷脂(sphingomyelin)两大类,前者以甘油为基本骨架,后者以鞘氨醇为基本骨架。体内含量最多的磷脂为甘油磷脂,鞘磷脂主要分布于大脑和神经鞘中。

甘油磷脂由甘油、脂肪酸、磷酸和含氮化合物等组成。在甘油的 1 位和 2 位羟基上各结合 1 分子脂肪酸,通常 2 位的脂肪酸为花生四烯酸,3 位羟基上结合 1 分子磷酸及 1 分子 X 取代基团。

甘油磷脂

根据与磷酸相连的取代基 X 的不同,可将其分为许多种类(表 6-1)。每一类磷脂又因脂肪酸的不同分为若干种。磷脂酰胆碱是体内含量最多的甘油磷脂。

甘油磷脂 C_1 和 C_2 位上的脂酰基为疏水基团(疏水尾),C_3 位上的磷酸含氮碱或羟基为亲水基团(亲水头),同时能与极性或非极性物质结合。因而甘油磷脂是构成生物膜和合成血浆脂蛋白的重要物质,并促进脂类物质的消化和吸收。

表 6-1　体内几种重要的甘油磷脂

X-OH	X 取代基	甘油磷脂的名称
水	—H	磷脂酸
胆碱	$-CH_2CH_2N^+(CH_3)_3$	磷脂酰胆碱(卵磷脂)
乙醇胺	$-CH_2CH_2NH_3^+$	磷脂酰乙醇胺(脑磷脂)
丝氨酸	$-CH_2CHNH_2COOH$	磷脂酰丝氨酸
甘油	$-CH_2CHOHCH_2OH$	磷脂酰甘油
磷脂酰甘油	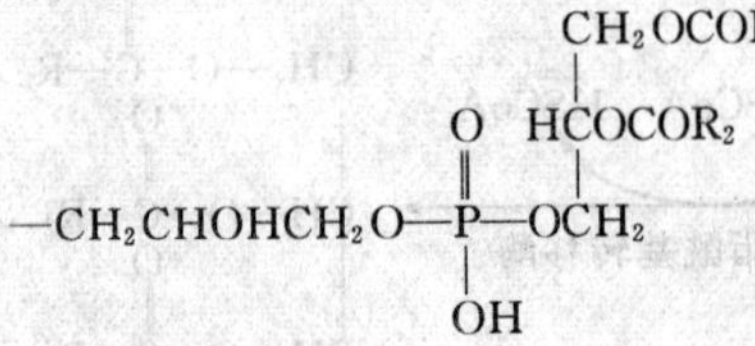	二磷脂酰甘油(心磷脂)
肌醇	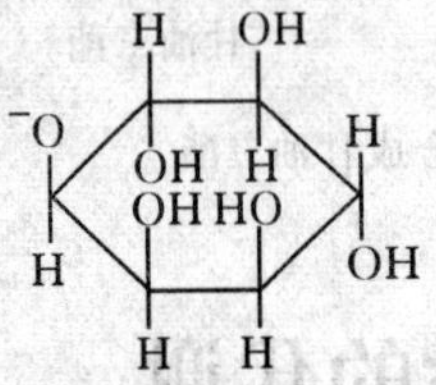	磷脂酰肌醇

人体含量最多的鞘磷脂是神经鞘磷脂,它由鞘氨醇、脂肪酸及磷酸胆碱组成。神经鞘磷脂是以鞘氨醇为骨架,其氨基通过酰胺键与脂肪酸相连接,其末端羟基与磷脂酰胆碱通过磷酸酯键相连形成。神经鞘磷脂是神经髓鞘的主要成分,也是构成生物膜的重要磷脂。

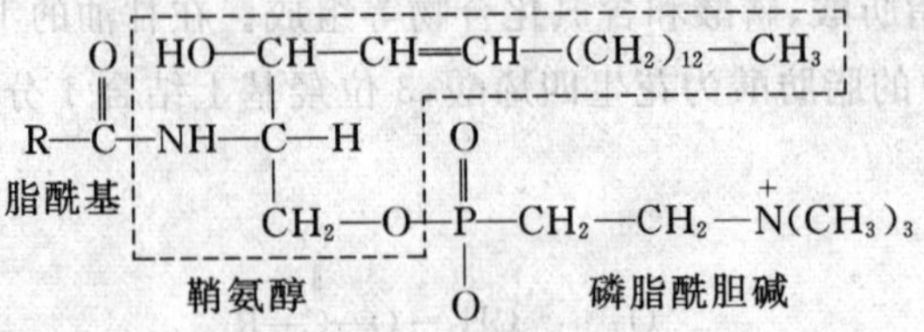

神经鞘磷脂

一、甘油磷脂的合成代谢

1.合成部位

全身各组织细胞的内质网中均有合成甘油磷脂的酶,因此都能合成甘油磷脂,但以肝、肾及小肠等组织最为活跃。

2. 合成原料

合成甘油磷脂的主要原料有甘油二酯、胆碱、乙醇胺(胆胺)、丝氨酸、肌醇等。丝氨酸和肌醇主要由食物提供,胆碱由食物提供或以丝氨酸及蛋氨酸为原料在体内合成;乙醇胺可由丝氨酸脱羧生成,再经酶催化由 S-腺苷蛋氨酸提供甲基生成胆碱。

3. 合成过程

现以磷脂酰胆碱和磷脂酰乙醇胺为例说明甘油磷脂的合成过程。

胆碱和乙醇胺在 ATP 参与下分别生成磷酸胆碱和磷酸乙醇胺,然后与 CTP 作用,分别形成化学性质活泼的 CDP-胆碱和 CDP-乙醇胺。在磷酸胆碱脂酰甘油转移酶或磷酸乙醇胺脂酰甘油转移酶的催化下,CDP-胆碱和 CDP-乙醇胺与甘油二酯反应,分别生成磷脂酰胆碱(卵磷脂)和磷脂酰乙醇胺(脑磷脂),见图 6-9。

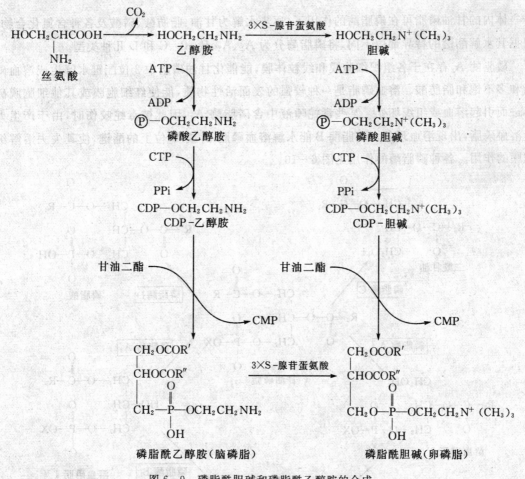

图 6-9 磷脂酰胆碱和磷脂酰乙醇胺的合成

这两种磷脂在体内含量最多,占全身各组织及血液中磷脂的 75% 以上。此外,磷脂酰乙醇胺也可直接从 S-腺苷蛋氨酸中接受甲基转变为磷脂酰胆碱,约占肝脏合成磷脂酰胆碱总量的 10%～15%。

📖 **知识链接**

卵磷脂与脂肪肝

正常肝脏湿重的 3%～5% 为脂类物质,其中卵磷脂占 2/3,胆固醇、甘油三酯占 1/3。如果肝内脂肪占肝湿重 10% 时,即为脂肪肝。

肝脏中的卵磷脂具有转运脂肪的功能。在肝脏中,卵磷脂与脂肪、蛋白质、胆固醇结合形成极低密度脂蛋白(VLDL),进入血液代谢。脂肪肝就是因为肝脏中卵磷脂过少,导致其中的一些脂肪不能被卵磷脂以极低密度脂蛋白的形式运出肝脏,使脂肪在肝细胞里堆积,甚至把肝细胞膜撑破,引发炎症,称为"脂肪性肝炎"。长期发展下去,会导致肝纤维化、肝硬化,诱发肝癌。

二、甘油磷脂的分解代谢

体内的甘油磷脂可在磷脂酶的作用下,逐步水解为甘油、脂肪酸、磷酸及各种含氮化合物。根据其水解酯键的特异部位不同,将磷脂酶分为 A_1、A_2、B_1、B_2、C 和 D 几种类型。

磷脂酶 A_2 存在于各组织细胞膜和线粒体膜,能催化甘油磷脂中 2 位酯键水解生成溶血磷脂和多不饱和脂肪酸。溶血磷脂是一种较强的表面活性物质,能使红细胞膜或其他细胞膜破坏进而引起溶血或组织坏死。某些毒蛇唾液中含磷脂酶 A_2,因此被毒蛇咬伤时,由于产生大量溶血磷脂,出现溶血现象。磷脂酶 B 能水解溶血磷脂 C_1 或 C_2 位上的酯键,使其失去溶解细胞膜的作用。各种磷脂酶的作用见图 6-10。

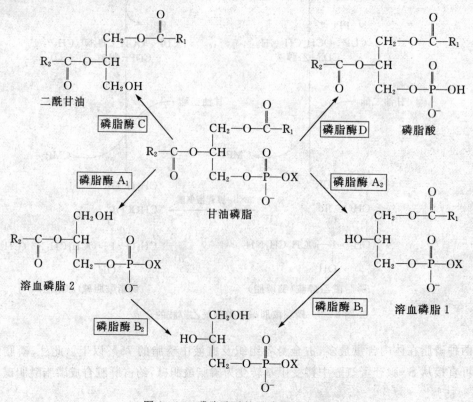

图 6-10 磷脂酶对甘油磷脂的水解

第四节　胆固醇代谢

胆固醇(cholesterol)是具有羟基的固醇类化合物,广泛分布于全身各组织中。胆固醇约25％分布于脑及神经组织中,约占脑组织重量的2％。肝、肾、肠等内脏及皮肤、脂肪组织亦含有较多的胆固醇,约占组织重量的0.2％~0.5％,以肝含量最多,肌肉较少。肾上腺、卵巢等合成类固醇激素的内分泌腺中,胆固醇的含量可高达1％~5％,但总量很少。

胆固醇在组织中一般以游离状态存在于细胞膜中,在血浆及肝中可与不饱和脂肪酸结合成胆固醇酯(cholesteryl ester,CE)。体内胆固醇主要由机体各组织合成,少量来自动物性食物。

一、胆固醇的合成

1. 合成部位

成人除脑组织及成熟红细胞外,几乎全身各组织均可合成胆固醇,每天约合成1~1.5g。肝脏合成胆固醇的能力最强,合成量占体内胆固醇总量的70％~80％,其次是小肠,合成量占总量的10％。肝脏合成的胆固醇一部分在肝内代谢和利用,一部分参与脂蛋白合成,随血液循环运送到肝外组织。胆固醇合成酶系存在于胞液及滑面内质网膜。

2. 合成原料

乙酰CoA是合成胆固醇的原料,此外还需要ATP供能,NADPH＋H^+供氢。糖是胆固醇合成原料的主要来源。因此,高糖饮食可使血浆胆固醇升高。

3. 合成基本过程

胆固醇合成过程比较复杂,有近30步酶促反应,大致分为三个阶段(图6-11)。

(1)甲基二羟戊酸的生成　在胞液中,首先由2分子乙酰CoA缩合成乙酰乙酰CoA,然后再与1分子乙酰CoA缩合生成β-羟-β-甲基戊二酸单酰CoA(HMG-CoA),后者在HMG-CoA还原酶催化下,由NADPH＋H^+供氢,还原生成甲基二羟戊酸(MVA)。

(2)鲨烯的生成　MVA在ATP供能条件下,脱羧、脱羟基后生成反应活性极强的5碳焦磷酸化合物,然后3分子的5碳焦磷酸化合物缩合成15碳的焦磷酸法尼酯。2分子15碳的焦磷酸法尼酯再经缩合、还原等反应,生成含30碳的多烯烃化合物鲨烯。

(3)胆固醇的合成　鲨烯与胞液中的胆固醇载体蛋白结合进入内质网,经鲨烯单加氧酶与环化酶催化,先环化生成羊毛固醇,然后再经氧化、脱羧及还原等约20步反应,脱去3个羧基生成27碳的胆固醇。

4. 胆固醇合成的调节

HMG-CoA还原酶是胆固醇合成过程的限速酶,各种因素通过对该酶活性的影响而对胆固醇的合成进行调节。

(1)饥饿与饱食　饥饿与禁食可使HMG-CoA还原酶合成减少,活性降低,同时也会造成乙酰CoA、ATP、NADPH＋H^+等原料的不足,从而抑制胆固醇的合成。相反,摄入高糖、高脂膳食,HMG-CoA还原酶活性增加,胆固醇合成也增多。此外,食物中的胆固醇及一些衍

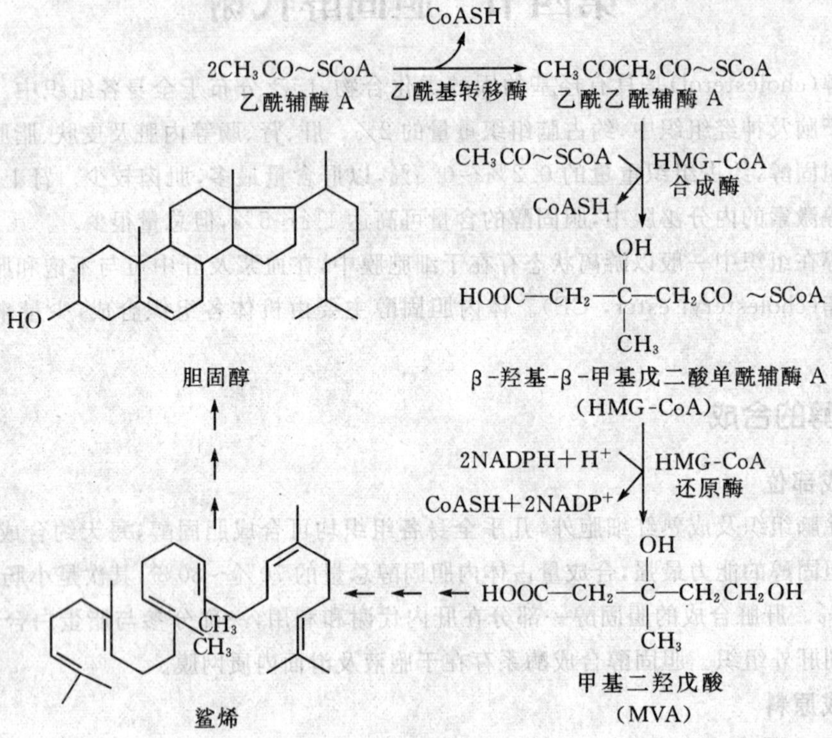

$$2CH_3CO\sim SCoA \xrightarrow[\text{乙酰基转移酶}]{CoASH} CH_3COCH_2CO\sim SCoA$$
乙酰辅酶 A（左）　乙酰乙酰辅酶 A（右）

$$\xrightarrow[CoASH]{CH_3CO\sim SCoA \quad\Big\rangle\; \text{HMG-CoA 合成酶}}$$

$$HOOC-CH_2-\underset{\underset{CH_3}{|}}{\overset{\overset{OH}{|}}{C}}-CH_2CO\sim SCoA$$

β-羟基-β-甲基戊二酸单酰辅酶 A
（HMG-CoA）

$$\xrightarrow[CoASH+2NADP^+]{2NADPH+H^+ \quad\Big\rangle\; \text{HMG-CoA 还原酶}}$$

$$HOOC-CH_2-\underset{\underset{CH_3}{|}}{\overset{\overset{OH}{|}}{C}}-CH_2CH_2OH$$

甲基二羟戊酸
（MVA）

胆固醇

鲨烯

图 6-11　胆固醇的生成

生物能够反馈抑制 HMG-CoA 还原酶的活性,使胆固醇合成下降,但小肠黏膜细胞中的胆固醇合成不受影响。

（2）激素　胰岛素促进 HMG-CoA 还原酶的合成,提高酶活性,因而促进胆固醇的合成;胰高血糖素和糖皮质激素抑制 HMG-CoA 还原酶的活性,使胆固醇的合成减少;甲状腺素通过促进 HMG-CoA 还原酶的合成与促进胆固醇转变成胆汁酸的双向作用,增加胆固醇的合成,由于后一作用较强,所以甲状腺功能亢进患者血浆胆固醇含量反而下降。

（3）药物　某些药物如洛伐他汀和辛伐他汀,因其结构和 HMG-CoA 相似,故能够竞争性地抑制 HMG-CoA 还原酶活性,使胆固醇的合成减少。消胆胺通过干扰肠道胆汁酸盐的重吸收,促使体内的胆固醇转变成胆汁酸盐,使血浆中胆固醇的浓度下降。

二、胆固醇的酯化

血浆中与细胞内的胆固醇都可以被酯化成胆固醇酯,但不同的部位催化胆固醇酯化的酶及其反应过程不同。

1.血浆内胆固醇的酯化

卵磷脂胆固醇脂酰转移酶（lecithin cholesterol acyl transferase, LCAT）由肝细胞合成,在血液中发挥催化作用。该酶催化卵磷脂 C_2 的脂酰基转移至胆固醇的 C_3 羟基上,生成胆固醇酯和溶血卵磷脂。

$$胆固醇＋卵磷脂 \xrightarrow{\text{LCAT}} 胆固醇酯＋溶血卵磷脂$$

2.细胞内胆固醇的酯化

细胞内的游离胆固醇可在脂酰 CoA 胆固醇脂酰转移酶(acyl – CoA cholesterol acyl transferase，ACAT)的催化下，接受脂酰 CoA 的脂酰基形成胆固醇酯和 HSCoA。

$$胆固醇＋脂酰 CoA \xrightarrow{\text{ACAT}} 胆固醇酯＋HSCoA$$

三、胆固醇的转化与排泄

胆固醇在体内既不能彻底氧化生成 CO_2 和 H_2O，也不能作为能源物质提供能量，但胆固醇在体内能生成重要的生理活性物质。

1.转变为胆汁酸

胆固醇在肝中转变为胆汁酸是胆固醇的主要代谢去路，正常成人每天合成的胆固醇约有40％在肝脏转变为胆汁酸，随胆汁排入肠道，促进脂类及脂溶性维生素的吸收。

2.转变成类固醇激素

胆固醇是合成类固醇激素的前体物质，其在肾上腺皮质可转变成肾上腺皮质激素，在卵巢可转变成雌激素和孕激素，在睾丸可转变成雄激素。

3.转变成维生素 D_3

在肝脏、小肠黏膜和皮肤等处，胆固醇可脱氢生成 7 -脱氢胆固醇，随血液运至皮下，经日光中紫外线照射后转变成维生素 D_3，具有调节机体钙、磷代谢的作用。

4.胆固醇的排泄

体内大部分胆固醇在肝中转变为胆汁酸，随胆汁排出，这是胆固醇排泄的主要途径，还有一部分胆固醇直接随胆汁或通过肠黏膜排入肠道。在肠道内，部分胆固醇可被肠黏膜重吸收入血，部分则被肠道细菌还原成粪固醇，随粪便排出。

第五节 血脂与血浆脂蛋白代谢

一、血脂

血脂是指血浆中所含脂类的总称，包括甘油三酯、胆固醇、胆固醇酯、磷脂以及游离脂肪酸。血脂的来源可分为外源性和内源性两种，外源性指从食物摄取的脂类经消化吸收进入血液，内源性指脂类由体内合成或脂库中甘油三酯动员后释放入血。

血脂含量仅占全身脂类总量的极少部分，其含量可反映体内脂类代谢情况，对血脂的检测有利于对某些疾病的诊断。血脂水平受年龄、性别、膳食以及代谢的影响，波动范围较大。空腹时血脂水平相对稳定，临床血脂测定常采用进食后 10～12h 抽取的空腹血。正常人空腹血脂含量见表 6 - 2。

表6-2 正常成人空腹血脂的组成及含量

脂类物质	血浆含量	
	mmol/L	mg/dl
甘油三酯	10～150(100)	0.11～1.69(1.13)
总胆固醇	100～250(200)	2.59～6.47(5.17)
胆固醇酯	70～200(145)	1.81～5.17(3.75)
游离胆固醇	40～70(55)	1.03～1.81(1.42)
总磷脂	150～250(200)	48.44～80.73(64.58)
游离脂肪酸	5～20(15)	

注:括号内为平均值

二、血浆脂蛋白的分类、组成及结构

脂类不溶或微溶于水,但血浆中的脂类并非游离存在,而是与蛋白质结合形成亲水性的脂蛋白(lipoprotein,LP),这是脂类在血液中的存在及运输形式。

(一) 血浆脂蛋白的分类

各种脂蛋白所含脂类及蛋白含量不同,其理化性质存在差异,据此常采用电泳法或超速离心法将血浆脂蛋白分为四类。

1.电泳法

电泳法利用不同脂蛋白的表面电荷不同,在同一电场中具有不同的电泳迁移率而予以分离。常用琼脂糖凝胶电泳法,将脂蛋白分为α-脂蛋白、前β-脂蛋白、β-脂蛋白和乳糜微粒(CM)四类。α-脂蛋白含蛋白质最多,分子小,所带电荷多,故泳动最快。乳糜颗粒(CM)含甘油三酯最多,蛋白质最少,所以在电场中基本不移动(图6-12)。

2.超速离心法

由于各种脂蛋白所含的脂类和蛋白含量不同,因而其密度亦不相同。由于蛋白质的密度比脂类密度大,故脂蛋白中蛋白质含量越高,脂类含量越低,其密度越大;反之,其密度越小。将血浆置于一定密度的盐溶液中进行超速离心,各种脂蛋白因密度不同而漂浮或沉降,可将血浆脂蛋白分为四类,密度从低到高依次为:乳糜微粒(chylomicron,

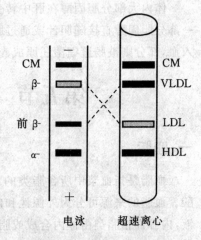

图6-12 血浆脂蛋白分类

CM)、极低密度脂蛋白(very low density lipoprotein, VLDL)、低密度脂蛋白(low density lipoprotein, LDL)及高密度脂蛋白(high density lipoprotein, HDL),见图6-12。

(二)血浆脂蛋白的组成

各类血浆脂蛋白都含有蛋白质、甘油三酯、磷脂、胆固醇及胆固醇酯,但其组成比例及含量却不相同。CM 含甘油三酯最多,达 $80\%\sim95\%$,蛋白质含量少,约占 1%,颗粒最大,密度最小;VLDL 中甘油三酯为主要成分,而磷脂、胆固醇及蛋白质含量均比 CM 多;LDL 含胆固醇最多,可达 50%;HDL 含蛋白质最多,高达 50%,甘油三酯含量最少,颗粒最小,密度最大。血浆脂蛋白组成及理化性质和功能见表 6-3。

表 6-3 血浆脂蛋白的分类、性质、组成及功能

分类	密度法	CM	VLDL	LDL	HDL
	电泳法	CM	前 β-脂蛋白	β-脂蛋白	α-脂蛋白
性质	密度	<0.95	0.95~1.006	1.006~1.063	1.063~1.210
	颗粒直径(nm)	80~500	20~80	20~25	7.5~10
电泳位置		原点	α_2-球蛋白	β-球蛋白	α_1-球蛋白
化学组成(%)	蛋白质	0.5~2	5~10	20~25	50
	三酰甘油	80~95	50~70	10	5
	磷脂	5~7	15	20	25
	总胆固醇	1~4	15~19	45~50	20
载脂蛋白		AⅠ、B_{48}、CⅠ、CⅡ、CⅢ	B_{100}、CⅠ、CⅡ、CⅢ、E	B_{100}	AⅠ、AⅡ、D
合成部位		小肠黏膜细胞	肝细胞	血浆	肝脏、小肠
功能		转运外源性甘油三酯	转运内源性甘油三酯	转运内源性胆固醇到肝外组织	逆向转运胆固醇到肝内代谢

血浆脂蛋白中的蛋白质部分称载脂蛋白(apolipoprotein,apo)。目前已从人血浆中分离出 20 种载脂蛋白,分为 A、B、C、D、E 五类。某些载脂蛋白又分为若干亚类,如 apoA 分为 apoAⅠ、apoA Ⅱ和 apoAⅣ;apoB 分为 $apoB_{100}$ 及 $apoB_{48}$;apoC 分为 apoCⅠ、apoCⅡ、apoCⅢ 及 apoCⅣ。不同脂蛋白含不同的载脂蛋白,如 HDL 主要含 apoAⅠ及 apoA Ⅱ;LDL 几乎只含 $apoB_{100}$;VLDL 主要含 $apoB_{100}$、apoCⅡ,还含有 apoCⅠ、apoCⅢ、apo E;CM 主要含 $apoB_{48}$。

载脂蛋白不仅在结合和转运脂类及稳定脂蛋白的结构上发挥重要作用,而且还调节脂蛋白代谢关键酶活性,参与脂蛋白受体的识别,在脂蛋白代谢上发挥极为重要的作用。如 apoAⅠ可激活 LCAT,apoCⅡ可激活 LPL,$apoB_{100}$ 可被各种组织细胞表面 LDL 受体所识别等。

(三)血浆脂蛋白的结构

各种血浆脂蛋白基本结构相似,除新生的 HDL 为圆盘状外,脂蛋白一般为球状颗粒。疏水性的甘油三酯及胆固醇酯位于脂蛋白的内核,而具极性及非极性基团的载脂蛋白、磷脂及游离胆固醇则以单分子层借其非极性的疏水基团与内核的疏水链相连,极性分子或亲水基团则覆盖于脂蛋白的表面,从而使脂蛋白分子比较稳定,又具有亲水性,得以在血液中运输(图 6-13)。

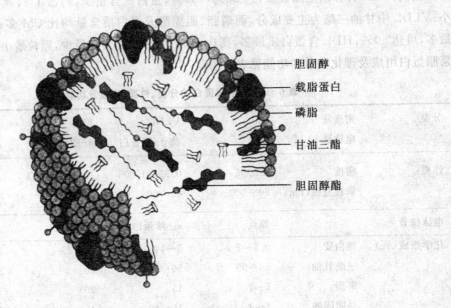

胆固醇
载脂蛋白
磷脂
甘油三酯
胆固醇酯

图 6-13　血浆脂蛋白的一般结构

三、血浆脂蛋白代谢

1. 乳糜微粒

CM 由小肠黏膜上皮细胞合成。食物中的脂肪在小肠消化为甘油一酯和脂肪酸,被小肠黏膜上皮细胞吸收后重新合成甘油三酯,连同吸收或合成的磷脂、胆固醇再加上载脂蛋白形成新生的 CM,经淋巴管进入血液。新生的 CM 接受 HDL 所提供的载脂蛋白 apoC 和载脂蛋白 apoE,形成成熟的 CM。其中载脂蛋白 apoC II 可激活心肌、骨骼肌、脂肪组织等肝外组织和毛细血管内皮细胞的脂蛋白脂肪酶(LPL)。在 LPL 催化下,CM 中的甘油三酯被水解生成甘油和脂肪酸,供各组织摄取利用或储存。CM 逐步脱去甘油三酯,颗粒逐渐变小成为残余颗粒,最后被肝细胞摄取利用。因此,CM 的主要功能是转运外源性甘油三酯到肝及全身各组织细胞。正常人 CM 在血浆中代谢迅速,半衰期仅为 5～15min。一般情况下,空腹 12～14h 后血浆中不含乳糜微粒。进食大量脂肪后,血浆中 CM 含量增高,血浆呈混浊状,只是暂时的,数小时后便会澄清,这种现象称为脂肪的廓清。

2. 极低密度脂蛋白

VLDL 主要由肝细胞合成,小肠黏膜细胞也有少量合成。肝细胞主要利用葡萄糖为原料合成甘油三酯,也可利用食物及脂肪组织动员的脂肪酸及 CM 残粒合成甘油三酯,然后再与 apoB 及磷脂、胆固醇等形成 VLDL,直接释放入血。与乳糜微粒一样,经脂蛋白脂肪酶的反复催化,VLDL 中的甘油三酯被逐渐水解,VLDL 颗粒也逐渐变小,最后转变成富含胆固醇的低密度脂蛋白(LDL)。所以,VLDL 的生理功能是把内源性的甘油三酯转运到肝外组织。

3. 低密度脂蛋白

LDL 由 VLDL 在血浆中转变而来,正常人空腹血浆中胆固醇主要存在于低密度脂蛋白内,其中 2/3 为胆固醇酯。LDL 的降解主要通过 LDL 受体途径。LDL 受体广泛分布于肝、动脉壁细胞等全身各组织的细胞膜表面。当血液流经各组织细胞时,LDL 受体能识别 LDL,通过内吞作用使其进入细胞中,在溶酶体中蛋白水解酶的作用下,LDL 中的载脂蛋白水解为氨基酸,而胆固醇酯则被胆固醇酯酶水解为游离胆固醇和脂肪酸供细胞利用,故 LDL 的主要功能是将肝合成的胆固醇运到肝外组织。

4. 高密度脂蛋白

HDL 主要由肝细胞合成,小肠黏膜细胞亦有少量合成。新生的 HDL 颗粒呈圆盘状,富含磷脂,仅含少量胆固醇。新生的 HDL 进入血液后在血浆卵磷脂胆固醇脂酰转移酶(LCAT)的催化下,HDL 表面卵磷脂的 2 位脂酰基转移至胆固醇的第 3 位羟基上,生成溶血卵磷脂和胆固醇酯,生成的胆固醇酯被转移到 HDL 的内核。由于胆固醇酯进入 HDL 逐渐增多,核心逐步膨胀,使盘状 HDL 变成球形 HDL,使新生的 HDL 转变为富含胆固醇的成熟 HDL。HDL 主要在肝脏降解,成熟的 HDL 可被肝细胞 HDL 受体结合,然后被肝细胞摄取,其中的胆固醇可用以合成胆汁酸或直接随胆汁排出体外。HDL 的主要功能是从肝外组织将胆固醇转运到肝中进行代谢,因而具有清除外围组织胆固醇和抗动脉粥样硬化的作用。

 知识链接

脂蛋白受体

脂蛋白受体是一类位于细胞膜上的糖蛋白,它们能高亲和性地结合脂蛋白,并且介导细胞对脂蛋白的摄取和代谢,从而进一步调节细胞外脂蛋白的水平。

目前了解较为清楚的脂蛋白受体是 LDL 受体。LDL 受体存在于哺乳动物和人体几乎所有细胞的表面,但以肝细胞上最为丰富,对脂蛋白中 apoB 和 apoE 有高度亲和力,故亦称 apoB、apoE 受体。LDL 受体主要参与 VLDL、IDL 和 LDL 的分解代谢。人体内除了 LDL 受体外,还有其他脂蛋白受体。apoE 受体仅存在于肝细胞表面,这种受体主要识别含 apoE 丰富的脂蛋白,包括 CM 残粒和 VLDL 残粒,所以又称之为残粒受体。其他还有清道夫受体、VLDL 受体和 HDL 受体等,也可参与 CM、VLDL、HDL 的分解代谢。

四、血浆脂蛋白代谢异常

血脂高于正常参考值的上限称为高脂血症(hyperlipidemia),临床常见的有高甘油三酯血症和高胆固醇血症。由于血脂以血浆脂蛋白的形式运输,实际上高脂血症也可以认为就是高脂蛋白血症(hyperlipoproteinemia),一般以成人空腹 12~14h 血浆甘油三酯超过 1.8mmol/L (160mg/dl),胆固醇超过 6.7mmol/L(260mg/dl)为标准。1970 年世界卫生组织(WHO)建议,将高脂蛋白血症分为六型(表 6 - 4)。

表 6-4 高脂蛋白血症分型

分型	脂蛋白变化	血脂变化	发病率
I	CM 增高	甘油三酯↑↑↑,胆固醇↑	罕见
IIa	LDL 增高	胆固醇↑↑	常见
IIb	LDL 及 VLDL 都增高	胆固醇↑,甘油三酯↑↑	常见
III	IDL 增高	胆固醇↑,甘油三酯↑↑	罕见
IV	VLDL 增高	甘油三酯↑↑	常见
V	VLDL 及 CM 都增高	甘油三酯↑↑↑,胆固醇↑	较少

高脂血症可分为原发性和继发性两大类。原发性高脂血症可能与脂蛋白代谢中的关键酶(如 LPL 及 LCAT、Apo)和脂蛋白受体(如 LDL 受体)的遗传性缺陷有关。继发性高脂血症常继发于其他疾病,如糖尿病、肾病、肥胖、甲状腺功能减退或其他原因。随着原发病的治疗、饮食习惯的改变,高脂血症也可缓解。另外,过量摄入糖、酗酒或长期服用某些药物,也可诱发高脂蛋白血症。

 学习小结

脂类是脂肪和类脂的总称。脂肪又称甘油三酯,其主要功能是储能和供能。类脂包括磷脂、糖脂、胆固醇及胆固醇酯等,类脂主要是作为生物膜的重要组分。

食物脂类的消化吸收主要在小肠上段,在胆汁酸盐和多种脂酶的共同作用下,脂类被水解为甘油、脂肪酸及一些其他产物,主要在空肠被吸收。甘油和中、短链脂肪酸被小肠黏膜细胞吸收后直接进入门静脉。长链脂肪酸、甘油一酯及其他脂类消化产物在小肠黏膜细胞内与载脂蛋白形成乳糜微粒,经淋巴进入血液循环。

脂肪动员产生甘油和脂肪酸。甘油经磷酸化、脱氢转变为磷酸二羟丙酮后,进入糖代谢途径。脂肪酸主要在肝、肌肉、心肌等组织进行 β-氧化分解,产生大量 ATP 供机体利用。酮体是脂肪酸在肝中进行 β-氧化过程中产生的中间产物,可供肝外组织氧化供能。血糖供应不足时,脑组织主要靠酮体氧化供能。酮体生成过多会使血中酮体增高,严重时可引起酮症酸中毒。

甘油三酯主要在肝、脂肪组织和小肠中合成,以肝合成能力最强。甘油三酯合成的原料是甘油(α-磷酸甘油)和脂肪酸(脂酰 CoA)。α-磷酸甘油由糖代谢的中间产物磷酸二羟丙酮还原生成,由 NADH+H$^+$ 供氢。机体利用糖代谢产生的乙酰 CoA 和 NADPH+H$^+$ 先合成软脂酸,再转变为其他脂肪酸。故甘油三酯合成的原料主要来自糖代谢。

磷脂分为甘油磷脂和鞘磷脂两大类,以前者为主。甘油磷脂的合成是以磷脂酸为前体,甘油二酯是合成磷脂的重要中间物质,需 CTP 参与。甘油磷脂的分解是在多种磷脂酶的作用下发生水解,再进一步进行代谢。

胆固醇主要由肝脏合成,少量来自食物。合成胆固醇的主要原料是来自糖代谢的乙酰 CoA 和 NADPH。胆固醇在体内可转化为胆汁酸、类固醇激素、维生素 D$_3$ 和胆固醇酯。

血脂是血浆中各种脂类物质的总称。血脂不溶于水,脂蛋白是血脂的存在和运输形式。

血浆脂蛋白用电泳法可分为 α-脂蛋白、前 β-脂蛋白、β-脂蛋白和乳糜微粒(CM)四类,用超速离心法分为 HDL、LDL、VLDL 和 CM 四类。CM 主要功能是转运外源性甘油三酯及胆固醇,VLDL 主要转运内源性甘油三酯,LDL 主要将肝脏合成的内源性胆固醇转运至肝外组织,HDL 则参与胆固醇的逆向转运。脂代谢异常可产生高脂蛋白血症,分为原发性和继发性两大类。

 ## 目标检测

1. 脂类有哪些生理功能?
2. 说出脂肪酸 β-氧化的过程及限速酶的作用。
3. 何谓酮体? 简述酮体生成的原料、限速酶及生理意义。
4. 胆固醇的生理功能有哪些? 胆固醇合成受哪些因素调节?
5. 血浆脂蛋白如何分类? 简述各自组成特点、合成部位和生理功能。
6. 磷脂的合成原料及主要生理功能有哪些?

氨基酸合成中,卵磷脂的α-脑磷脂,其β-磷脂,其β-羟脂,磷脂酰肌醇(CAI)两类
磷脂酰为1,HDL、LDL、VLDL和CM四类。LM主要携带胆固醇到组织。胆固醇从
VLDL中分离并转化为LDL,主要携带胆固醇为机体组织利用胆固醇运输工具。当
HDL增加与胆固醇排泄清除关系密切。

第七章　生物氧化

🔵 **学习目标**

　　【掌握】线粒体内两条重要呼吸链的组成及排列顺序;氧化磷酸化的概念及偶联部位。

　　【熟悉】影响氧化磷酸化的因素;苹果酸-天冬氨酸穿梭和α-磷酸甘油穿梭作用的部位及
　　　　　产生的ATP数目;生物氧化过程中CO_2的生成。

　　【了解】生物氧化的方式与特点,参与生物氧化的酶类;非线粒体的氧化体系。

第一节　概述

一、生物氧化的概念和特点

　　物质在生物体内进行的氧化反应称为生物氧化(biological oxidation)。生物体所需能量
大多来自糖、脂肪和蛋白质等有机物的氧化分解,在线粒体内通过氧化分解生成H_2O和CO_2,
同时伴有ATP的生成,细胞进行的这类反应需消耗O_2,释放出CO_2,故又称之为细胞呼吸
(cellular respiration)。在线粒体内进行的生物氧化是机体产生ATP的主要途径,而在微粒
体和过氧化物酶体中进行的生物氧化,则与机体内代谢物、药物以及毒物的清除、排泄有关。

　　在生物体内进行的氧化反应与在体外进行的氧化反应有许多共同之处:首先,它们都遵循
氧化反应的一般规律,常见的氧化方式有脱电子、脱氢和加氧等类型;其次,反应的最终氧化分
解产物是CO_2和H_2O,同时释放出能量。而生物氧化反应又有其自身的特点:一是体外氧化
反应主要是以热能形式释放能量,而生物氧化时能量逐步释放,主要以生成ATP的方式释放
出能量,为生物体所利用,能量利用率高;二是体外氧化往往是在高温、强酸、强碱或强氧化剂
的催化下进行,而生物氧化是在恒温(37℃)和中性pH等相对温和的环境下进行,氧化反应过
程中的催化剂是酶;三是CO_2是由物质代谢生成的中间产物有机酸经过脱羧反应生成的,水是
由代谢物脱氢、递电子,最后与氧结合生成的;四是生物氧化的速率受到体内诸多因素的调节。

二、生物氧化的方式

　　生物氧化包括氧化和还原两个过程。体内氧化反应与一般化学上的氧化反应相同,常见
的氧化反应有加氧、脱氢和脱电子等类型。

1.加氧反应
加氧反应指向底物分子中直接加入氧原子或氧分子,例如:

$$CH_2CH(NH_2)COOH \quad +1/2\ O_2 \xrightarrow{\text{苯丙氨酸羟化酶}} CH_2CH(NH_2)COOH$$

苯丙氨酸 　　　　　　　　　　　　　　　　　　酪氨酸

2. 脱氢反应

体内底物脱氢反应主要有直接脱氢和加水脱氢两种方式。

直接脱氢反应是从底物中脱去一对氢，由受氢体接受氢，例如：

$$
\begin{array}{c}
\text{COOH} \\
\text{HC—OH} \\
\text{CH}_3
\end{array}
+ \text{NAD}^+
\xrightarrow{\text{乳酸脱氢酶}}
\begin{array}{c}
\text{COOH} \\
\text{C=O} \\
\text{CH}_3
\end{array}
+ \text{NADH} + \text{H}^+
$$

乳酸　　　　　　　　　　　　　　　　丙酮酸

加水脱氢反应是底物先与水结合然后脱氢，例如：

$$\text{(CHO)} + \text{FAD} + \text{H}_2\text{O} \xrightarrow{\text{醛氧化酶}} \text{(COOH)} + \text{FADH}_2$$

苯甲醛　　　　　　　　　　　　　　　　　　苯甲酸

3. 脱电子反应

脱电子反应指从底物上脱去一个电子，例如：

$$\text{Cyt-Fe}^{2+} \underset{+e(\text{还原})}{\overset{-e(\text{氧化})}{\rightleftharpoons}} \text{Cyt-Fe}^{3+}$$

三、参与生物氧化的酶类

1. 氧化酶类

氧化酶直接作用于底物，以氧作为受氢体或受电子体，生成产物是水。氧化酶均为结合蛋白质，辅基中常含有铁、铜等金属离子，如细胞色素氧化酶、酚氧化酶、抗坏血酸氧化酶等。抗坏血酸氧化酶可催化下述反应：

$$\text{抗坏血酸} + 1/2\ O_2 \xrightarrow{\text{抗坏血酸氧化酶}} \text{脱氢抗坏血酸} + \text{H}_2\text{O}$$

2. 需氧脱氢酶类

需氧脱氢酶以黄素单核苷酸（flavin mononucleotide，FMN）或黄素腺嘌呤二核苷酸（flavin adenine dinucleotide，FAD）为辅基，催化代谢底物脱氢，直接将氢传递给氧生成 H_2O_2。如 L-氨基酸氧化酶（辅基 FMN）、黄嘌呤氧化酶（辅基 FAD）、醛脱氢酶（辅基 FAD）、单胺氧化酶(辅基 FAD)等。例如：

$$黄嘌呤 + O_2 + H_2O \xrightarrow{\text{黄嘌呤氧化酶}} 尿酸 + H_2O_2$$

3. 不需氧脱氢酶类

不需氧脱氢酶类是人体内主要的脱氢酶类，其直接受氢体不是 O_2，而只能是某些辅酶 (NAD^+、$NADP^+$)或辅基(FAD、FMN)，辅酶或辅基还原后又将氢原子传递至线粒体氧化呼吸链，最后将电子传给氧生成水并产生 ATP。依据辅助因子不同可分为两类：一是以 NAD^+、$NADP^+$ 为辅酶的不需氧脱氢酶，如乳酸脱氢酶、苹果酸脱氢酶等；二是以 FAD、FMN 为辅基的不需氧脱氢酶，如琥珀酸脱氢酶、脂酰辅酶 A 脱氢酶等。

$$
\begin{array}{ccc}
\begin{array}{c} COO^- \\ | \\ HO-CH \\ | \\ CH_2COO^- \end{array}
& \xrightarrow[\text{苹果酸脱氢酶}]{NAD^+ \quad\quad NADH+H^+}
& \begin{array}{c} O=C-COO^- \\ | \\ CH_2 \\ | \\ COO^- \end{array} \\
苹果酸 & & 草酰乙酸
\end{array}
$$

$$
\begin{array}{ccc}
\begin{array}{c} COO^- \\ | \\ CH_2 \\ | \\ CH_2COO^- \end{array}
& \xrightarrow[\text{琥珀酸脱氢酶}]{FAD \quad\quad FADH_2}
& \begin{array}{c} COO^- \\ | \\ CH \\ \| \\ CHCOO^- \end{array} \\
琥珀酸 & & 延胡索酸
\end{array}
$$

4. 其他酶类

除上述酶类外，体内还有加单氧酶、加双氧酶、过氧化氢酶、过氧化物酶、超氧化物歧化酶等参与氧化还原反应。

四、生物氧化中二氧化碳的生成

生物氧化过程中的 CO_2 来源于体内代谢产生的有机酸脱羧基反应。糖类、脂类及蛋白质在体内代谢过程中可产生不同的有机酸，在脱羧酶的催化下脱羧基产生 CO_2。根据所脱羧基在有机酸中的位置不同，可分为 α-脱羧和 β-脱羧两种。又根据脱羧反应是否伴有氧化，分为单纯脱羧和氧化脱羧两种。

(1) α-单纯脱羧　例如氨基酸脱羧生成胺。

$$
\begin{array}{ccc}
\begin{array}{c} NH_2 \\ | \\ R-CH-COOH \end{array}
& \xrightarrow[\text{VitB}_6]{\text{氨基酸脱羧酶}}
& R-CH_2NH_2 + CO_2 \\
α-氨基酸 & & 胺
\end{array}
$$

(2) α-氧化脱羧　例如丙酮酸氧化脱羧生成乙酰辅酶 A。

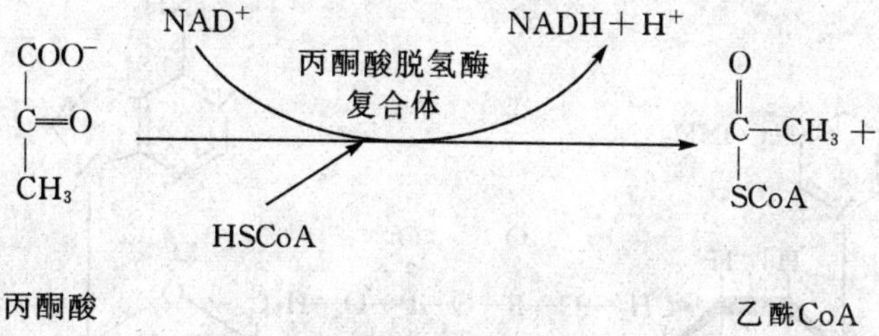

丙酮酸　　　　　　　　　　　　　　　　　　　　乙酰CoA

（3）β-单纯脱羧　例如草酰乙酸脱羧生成丙酮酸。

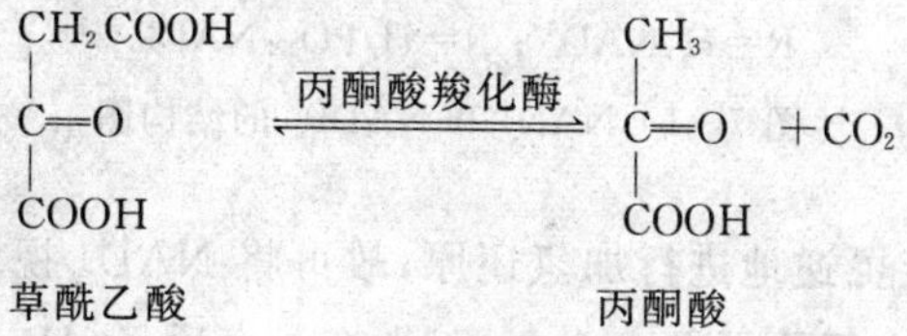

草酰乙酸　　　　　　　　　　　丙酮酸

（4）β-氧化脱羧　例如苹果酸脱羧生成丙酮酸。

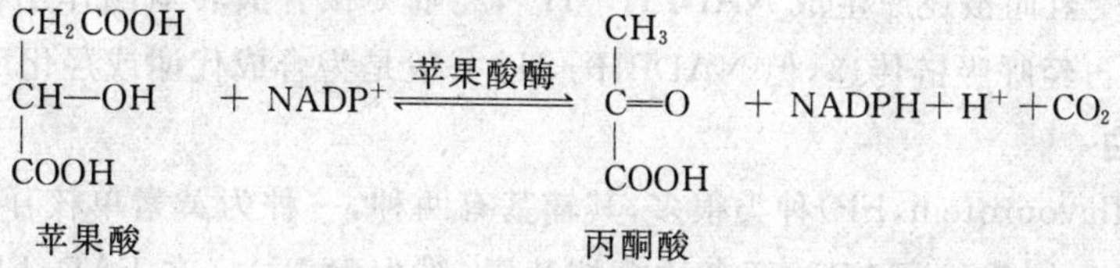

苹果酸　　　　　　　　　　　　　丙酮酸

第二节　线粒体氧化体系

线粒体内的生物氧化依赖于线粒体内膜上一系列酶和辅酶的作用,将代谢物脱下的成对氢原子逐步传递,最终交给氧生成水,同时伴有 ATP 的生成。此过程中传递氢的酶或辅酶称为递氢体,传递电子的酶或辅酶称为递电子体,它们按一定的顺序排列在线粒体内膜上,组成的递氢递电子体系称为电子传递链(electron transfer chain)。由于此过程与细胞呼吸有关,故又称为呼吸链(respiratory chain)。

一、呼吸链的主要成分

(一)呼吸链的主要成分

构成呼吸链的递氢体和递电子体主要分为以下五类。

1. 以 NAD$^+$ 或 NADP$^+$ 为辅酶的脱氢酶类

尼克酰胺腺嘌呤二核苷酸(NAD$^+$)又称辅酶Ⅰ(CoⅠ),尼克酰胺腺嘌呤二核苷酸磷酸(NADP$^+$)又称辅酶Ⅱ(CoⅡ),二者是许多不需氧脱氢酶的辅酶,在呼吸链中起传递氢作用,结构见图 7-1。

NAD$^+$ 的主要功能是接受从代谢物上脱下的 2H(2H$^+$ +2e),然后传给另一传递体黄素蛋白。在生理 pH 条件下,尼克酰胺中的氮(吡啶氮)为五价,它能可逆地接受电子而成为三价,

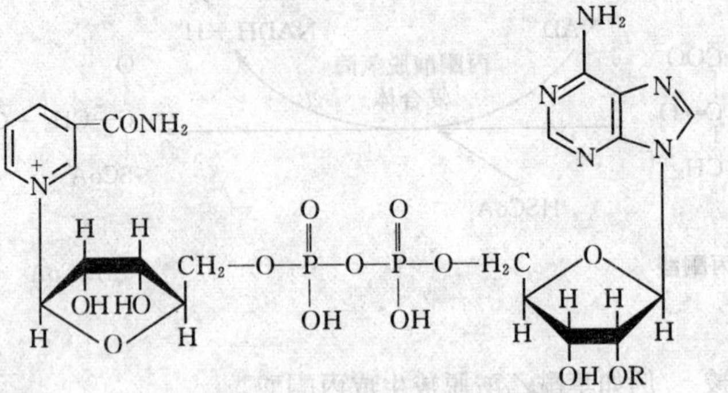

$$R=H:NAD^+\ ;\ R=H_2PO_3:NADP^+$$

图 7-1 NAD$^+$ 和 NADP$^+$ 的结构图

与氮对位的碳也较活泼,能可逆地进行加氢还原,故可将 NAD$^+$ 视为递氢体。反应时,NAD$^+$ 的尼克酰胺部分可接受一个氢原子及一个电子,尚有一个质子(H$^+$)留在介质中。

NADP$^+$ 接受氢而被还原生成 NADPH+H$^+$,经吡啶核苷酸转氢酶作用将还原当量转移给 NAD$^+$,然后再经呼吸链传递,但 NADPH+H$^+$ 一般是为合成代谢或羟化反应提供氢。

2. 黄素蛋白

黄素蛋白(flavoprotein,FP)种类很多,其辅基有两种,一种为黄素单核苷酸(FMN),另一种为黄素腺嘌呤二核苷酸(FAD),两者均含核黄素(维生素 B$_2$)。在 FAD、FMN 分子中的异咯嗪环上的第 1 和第 10 位氮原子与活泼的双键相连,这两个氮原子可反复接受或释放氢,从而进行可逆的氧化还原反应,在呼吸链中属于递氢体。

黄素蛋白可催化底物脱氢,脱下的氢可被该酶的辅基 FMN 或 FAD 接受,还原为 FMNH$_2$ 或 FADH$_2$,见图 7-2。

3. 铁硫蛋白

铁硫蛋白(iron sulfur proteins,Fe-S)又称铁硫中心,其特点是含有铁原子。铁硫蛋白分子中含有非血红素铁和对酸不稳定的硫。铁可以与无机硫原子或是蛋白质肽链上半胱氨酸残基的硫相结合,铁硫中心含有等量的铁和硫。常见的铁硫蛋白由两个铁原子、两个无机硫原子组成(Fe$_2$S$_2$),其中每个铁原子还各与两个半胱氨酸残基的巯基硫相结合。由 4 个铁原子与 4 个无机硫原子相连组成 Fe$_4$S$_4$,铁与硫相间排列在一个正六面体的 8 个顶角端,此外 4 个铁原子还各与一个半胱氨酸残基上的巯基硫相连,见图 7-3。

铁硫蛋白分子中的铁能可逆地进行氧化还原反应,其功能是传递电子,为单电子传递体。在呼吸链中,铁硫蛋白多与黄素蛋白或细胞色素 b 结合存在。

4. 泛醌

泛醌(ubiquinone,UQ 或 Q)亦称辅酶 Q(coenzyme Q,CoQ),是一个脂溶性醌类化合物,因其广泛存在于生物界而被称之为泛醌。泛醌中带有一很长的由多个异戊二烯单位构成的多异戊二烯尾,不同来源的泛醌其异戊二烯单位的数目不同,在哺乳类动物组织中最多见的泛醌含有 10 个异戊二烯单位,称为 CoQ$_{10}$。

泛醌是呼吸链中不与蛋白质结合的递氢体,其分子中的苯醌结构能可逆地加氢而还原成

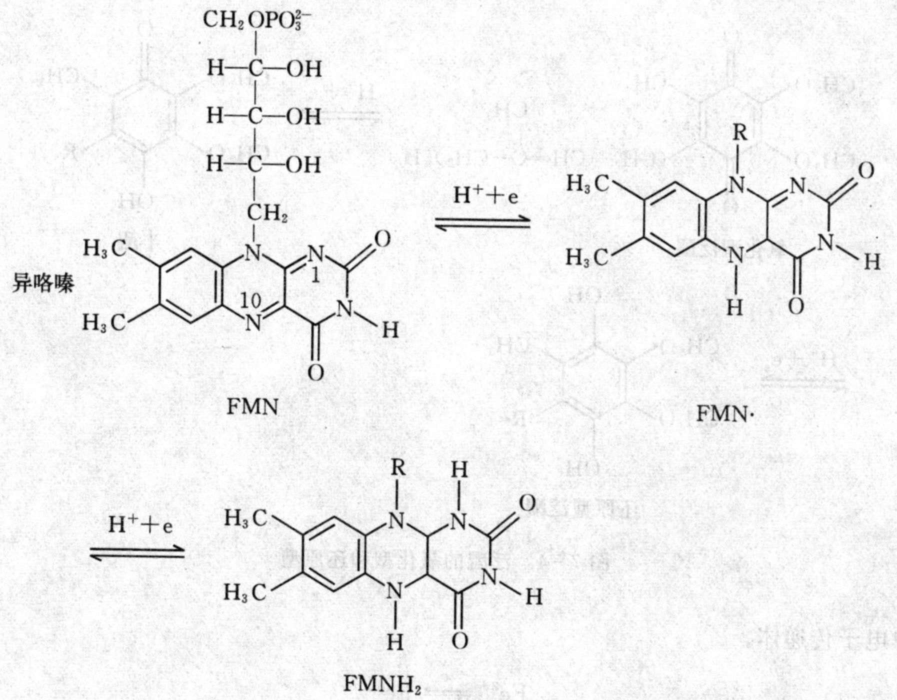

异咯嗪

FMN

$$\xrightarrow{H^+ + e}$$

FMN·

$$\xleftarrow[]{\quad H^+ + e \quad}$$

FMNH$_2$

图 7-2 FMN 氧化还原为 FMNH$_2$

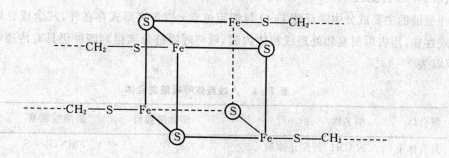

图 7-3 铁硫中心 Fe$_4$S$_4$ 结构图

对苯二酚的衍生物。泛醌(氧化型)接受一个电子和一个质子还原成半醌,再接受一个电子和质子则还原成二氢泛醌(还原型),后者又可脱去电子和质子而被氧化为泛醌,见图 7-4。

5. 细胞色素

细胞色素(Cytochromes,Cyt)是一类以铁卟啉为辅基的色蛋白,属于递电子体,均有特殊的吸收光谱而具有颜色。细胞色素广泛存在于各种生物中,种类很多,每一类又有各种亚类。线粒体内膜中有细胞色素 b、c$_1$、c、a、a$_3$,肝、肾等组织的微粒体中有细胞色素 P$_{450}$。不同的细胞色素具有不同的吸收光谱,不仅其酶蛋白的结构不同,辅基的结构也存在有一些差异。细胞素 a 和 a$_3$ 结合紧密,不易分开,统称为 Cytaa$_3$,可将电子直接传递给氧,又称为细胞色素氧化酶。Cytc 分子量较小,与线粒体内膜结合疏松,是除 CoQ 外另外一个可在线粒体内膜外侧移动的递电子体。

细胞色素各辅基中的铁可以得失电子,进行可逆的氧化还原反应,因而起到传递电子的作

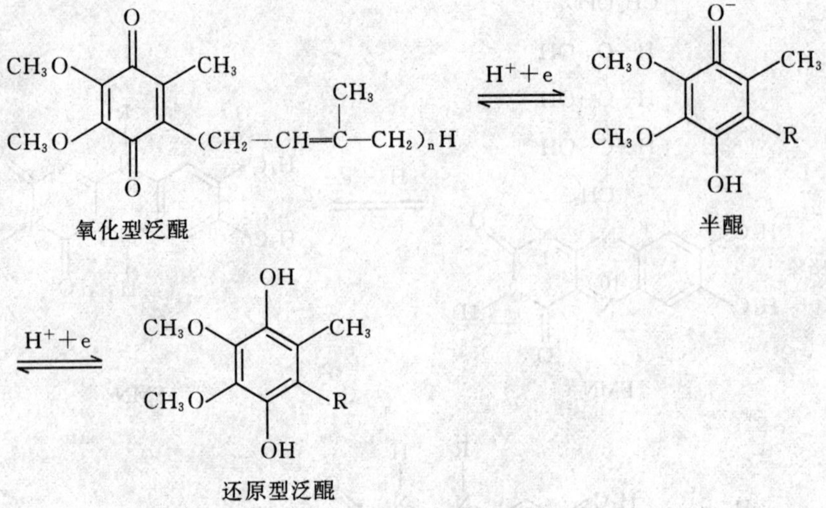

图 7-4 泛醌的氧化型和还原型

用,为单电子传递体。

$$Fe^{2+} \underset{+e^-}{\overset{-e^-}{\rightleftharpoons}} Fe^{3+}$$

(二)呼吸链复合体

呼吸链的主要成分中除泛醌 CoQ 与细胞色素 c 以游离形式存在外,其余成分均以复合体的形式存在,用去垢剂温和处理线粒体内膜,可将呼吸链分离得到四种仍具有传递电子功能的复合体(表 7-1)。

表 7-1 人线粒体呼吸链复合体

复合体	酶名称	多肽链数目	辅酶或辅基
复合体 I	NADH-泛醌还原酶	39	FMN,Fe-S
复合体 II	琥珀酸-泛醌还原酶	4	FAD,Fe-S
复合体 III	泛醌-细胞色素 c 还原酶	11	$Cytb、c_1$,Fe-S
复合体 IV	细胞色素 c 氧化酶	13	$Cytaa_3$,Cu

呼吸链中各递氢体或递电子体按一定顺序排列,各组分的排列顺序由各组分的氧化还原电位、各组分特有的吸收光谱、应用特异的呼吸链阻断剂及在体外将呼吸链拆开和重组等方法确定,呼吸链的排列顺序如图 7-5。

(1)复合体 I 称为 NADH-泛醌还原酶,为一巨大复合物,含有以 FMN 为辅基的黄素蛋白和以 Fe-S 为辅基的铁硫蛋白。NADH 脱下的氢经复合体 I 中的 FMN、铁硫蛋白传递给 CoQ,同时伴有质子从线粒体内膜基质侧泵到内膜胞质侧。复合体I的传递过程见图 7-6。

(2)CoQ 不与任何蛋白质结合,在呼吸链的不同组分间可以穿梭游动传递电子。CoQ接受氢后将质子释放到线粒体内膜外侧,将电子传递给细胞色素。

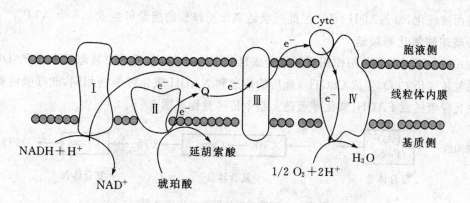

图 7-5 线粒体氧化呼吸链各复合体位置示意图

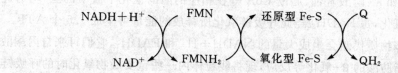

图 7-6 复合体 I 的电子传递过程

（3）复合体 II 称为琥珀酸-泛醌还原酶,含有以 FAD 为辅基的黄素蛋白、铁硫蛋白和细胞色素 b。琥珀酸脱下的氢经复合体 II 传递给 CoQ。

（4）复合体 III 称为泛醌-细胞色素 c 还原酶,含有 Cytb、c_1 与铁硫蛋白等。复合体 III 将还原型 CoQ 中的电子传递给细胞色素 c,同时将质子从线粒体基质转移至线粒体内膜外。

（5）细胞色素 c 与线粒体内膜结合疏松,是可在线粒体内膜中移动的递电子体。

（6）复合体 IV 称为细胞色素 c 氧化酶,含有 Cytaa₃。复合体 IV 将电子从 Cytc 传递给氧,同时将质子从线粒体内膜基质侧泵到胞质侧。

二、呼吸链的种类

1. NADH 氧化呼吸链

人体内大多数脱氢酶都以 NAD^+ 作辅酶。在脱氢酶催化下,底物 SH_2 脱下的氢交给 NAD^+ 生成 $NADH + H^+$；在 NADH 脱氢酶作用下,$NADH + H^+$ 将两个氢原子传递给 FMN 生成 $FMNH_2$,再将氢传递至 CoQ 生成 $CoQH_2$。此时两个氢原子解离成 $2H^+ + 2e$,$2H^+$ 游离于介质中；2e 经 Cyt b、c_1、c、aa₃ 传递,最后传递给 $1/2\ O_2$,生成 O^{2-},并与介质中游离的 $2H^+$ 结合生成水,称为 NADH 氧化呼吸链,是体内最常见的一条呼吸链。传递过程见图 7-7。

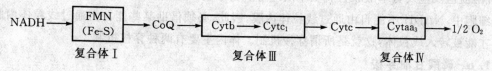

图 7-7 NADH 氧化呼吸链传递过程

体内多种代谢物如苹果酸、异柠檬酸等在相应的酶的催化下脱下的氢,经过 NADH 氧化呼吸链而被氧化,每 NADH＋H⁺ 经此呼吸链氧化所释放的能量可生成 2.5 个 ATP。

2.琥珀酸氧化呼吸链

琥珀酸在琥珀酸脱氢酶作用下脱氢生成延胡索酸,FAD 接受两个氢原子生成 FADH₂,然后再将氢传递给 CoQ,生成 CoQH₂,此后的传递和 NADH 氧化呼吸链相同,此呼吸链称为琥珀酸氧化呼吸链或 FADH₂ 氧化呼吸链。整个传递过程见图 7-8。

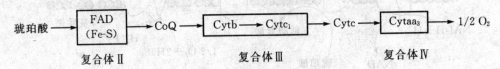

图 7-8 琥珀酸氧化呼吸链传递过程

有些代谢物,如 α-磷酸甘油、脂酰 CoA 等在相应的酶的催化下脱下的氢,均通过琥珀酸氧化呼吸链而被氧化,每 FADH₂ 经此呼吸链氧化所释放的能量可生成 1.5 个 ATP。

线粒体中许多物质代谢会生成大量的 NADH＋H⁺ 和 FADH₂,它们可来自丙酮酸氧化脱羧、三羧酸循环、脂肪酸的 β-氧化等反应,现将线粒体内一些重要底物氧化时的呼吸链总结于图 7-9。

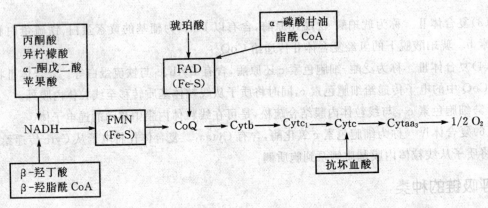

图 7-9 线粒体内重要底物氧化时的呼吸链总结图

三、线粒体外 NADH 的氧化

体内很多物质氧化分解产生 NADH。反应若发生在线粒体内,则产生的 NADH 可直接通过呼吸链进行氧化磷酸化,但亦有不少反应是在线粒体外进行的,如 3-磷酸甘油醛脱氢反应、乳酸脱氢反应及氨基酸联合脱氨基反应等。由于所产生的 NADH 存在于线粒体外,而在真核细胞中,NADH 不能自由通过线粒体内膜,因此,必须借助某些能自由通过线粒体内膜的物质才能被转入线粒体,这就是所谓穿梭机制。体内主要有两种穿梭机制。

1. α-磷酸甘油穿梭

α-磷酸甘油穿梭(α-glycerophosphate shuttle)主要存在于脑和骨骼肌等部位中,借助于 α-磷酸甘油与磷酸二羟丙酮之间的氧化还原,使来自线粒体外的 NADH 进入线粒体呼吸链氧化,具体过程如图 7-10。

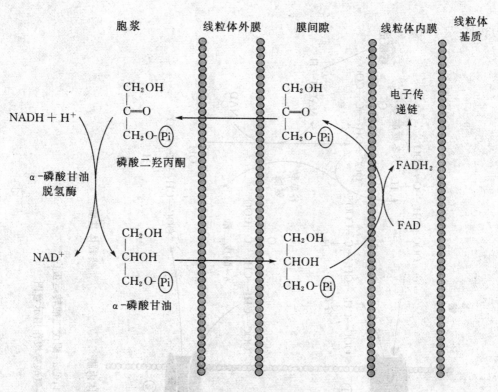

图 7-10 α-磷酸甘油穿梭作用示意图

当胞液中 NADH 浓度升高时,胞液中的磷酸二羟丙酮首先被 NADH 还原成 α-磷酸甘油,反应由 α-磷酸甘油脱氢酶(辅酶为 NAD$^+$)催化,生成的 α-磷酸甘油可经位于线粒体内膜近外侧部的磷酸甘油脱氢酶(辅基为 FAD)催化生成磷酸二羟丙酮。线粒体与胞液中的磷酸甘油脱氢酶为同工酶,两者不同之处在于线粒体内的酶是以 FAD 为辅基的脱氢酶,而不是以 NAD$^+$ 作为辅基。FAD 所接受的质子、电子可直接经泛醌、复合体Ⅲ、Ⅳ传递到氧,这样线粒体外的 NADH 就可被转运到线粒体氧化。通过这种穿梭机制,经琥珀酸氧化呼吸链最终生成 1.5 分子 ATP。

2. 苹果酸-天冬氨酸穿梭

苹果酸-天冬氨酸穿梭(malate-aspartate shuttle)机制主要在肝、肾、心等部位中发挥作用,其穿梭机制比较复杂,不仅需要借助苹果酸、草酰乙酸的氧化还原,而且还要借助 α-酮酸与氨基酸之间的转换,才能使胞液中的 NADH 转移进入线粒体氧化,具体过程如图 7-11。

当胞液中 NADH 浓度升高时,首先还原草酰乙酸成为苹果酸,此反应是由苹果酸脱氢酶催化,胞液中增多的苹果酸可通过内膜上的二羧酸载体系统与线粒体内的 α-酮戊二酸交换;进入线粒体的苹果酸,经苹果酸脱氢酶催化又生成草酰乙酸并释出 NADH,从复合体Ⅰ进入呼吸链,经 CoQ、复合体Ⅲ、Ⅳ的传递,最后给氧,所以仍可产生 2.5 分子 ATP,与在线粒体内产生的 NADH 氧化相同。与此同时,线粒体内的 α-酮戊二酸由于与苹果酸交换而减少,需要

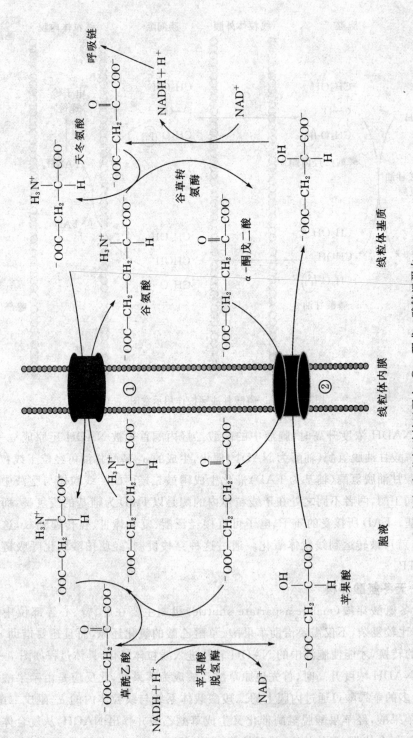

① 天冬氨酸-谷氨酸转运蛋白；② α-酮戊二酸转运蛋白
图 7-11　苹果酸-天冬氨酸穿梭作用示意图

补充,于是在转氨酶作用下由谷氨酸与草酰乙酸进行转氨基反应,生成 α-酮戊二酸和天冬氨酸;天冬氨酸借线粒体膜上的谷氨酸-天冬氨酸载体转移系统与胞液的谷氨酸交换,从而补充了线粒体内谷氨酸由于转氨基作用而造成的损失;进入胞液的天冬氨酸再与胞液中 α-酮戊二酸进行转氨基作用,重新又生成草酰乙酸以补充最初的消耗,进而完成整个穿梭过程。

四、ATP 的代谢

ATP 几乎是生物组织细胞能够直接利用的唯一能源,在糖、脂类及蛋白质等物质氧化分解中释放出的能量,相当大的一部分能使 ADP 磷酸化成为 ATP,从而把能量保存在 ATP 分子内。ATP 为一游离核苷酸,由腺嘌呤、核糖与三分子磷酸构成,磷酸与磷酸间借磷酸酐键相连。当这种高能磷酸化合物水解时(磷酸酐键断裂),自由能变化(G)为 30.5kJ/mol,而一般的磷酸酯水解时(磷酸酯键断裂),自由能的变化只有 8～12kJ/mol,因此曾称此磷酸酐键为高能磷酸键。

(一)高能化合物

人体存在多种高能化合物,但这些高能化合物的能量并不相同,见表 7-2。

表 7-2 几种常见高能化合物水解时释放的能量

化合物	释放的能量	
	kJ/mol	Kcal/mol
磷酸烯醇式丙酮酸	−61.9	−14.8
1,3-二磷酸甘油酸	−49.3	−11.8
磷酸肌酸	−43.1	−10.3
乙酰 CoA	−31.5	−7.5
ATP	−30.5	−7.3

ATP 是一高能磷酸化合物,当 ATP 水解时首先将其分子的一部分,如磷酸(Pi)或腺苷酸(AMP)转移给作用物,或与催化反应的酶形成共价结合的中间产物,以提高作用物或酶的自由能,最终被转移的 AMP 或 Pi 将被取代而放出。ATP 多以这种通过磷酸基团等转移的方式,而非单独水解的方式,参加酶促反应提供能量,用以驱动需要加入自由能的吸能反应。ATP 水解反应的总结如下:

$$ATP \rightarrow ADP + Pi$$
$$或 ATP \rightarrow AMP + PPi(焦磷酸)$$

(二)ATP 的生成与调节

体内 ATP 的生成方式包括底物水平磷酸化和氧化磷酸化两种。

1.底物水平磷酸化

代谢物在氧化分解过程中,有少数反应由于脱氢或脱水而分子内的能量重新分配产生高能键,直接将代谢物分子中的高能键转移给 ADP(或 GDP)生成 ATP(或 GTP)的反应,称为底物水平磷酸化(substrate level phosphorylation)。底物水平磷酸化是体内生成 ATP 的次要方式,主要存在于糖酵解和三羧酸循环中的三个反应,反应在胞浆和线粒体中进行,包括有:

$$
2 \times \begin{array}{c} O{=}C{-}O \sim P \\ | \\ CH{-}OH \\ | \\ CH_2{-}O{-}\textcircled{P} \end{array} \xrightleftharpoons[Mg^{2+}]{\overset{2ADP \qquad 2ATP}{磷酸甘油酸激酶}} 2 \times \begin{array}{c} COO^- \\ | \\ CH{-}OH \\ | \\ CH_2{-}O{-}\textcircled{P} \end{array}
$$

1,3-二磷酸甘油酸   3-磷酸甘油酸

$$
2 \times \begin{array}{c} COO^- \\ | \\ C{-}O \sim \textcircled{P} \\ \| \\ CH_2 \end{array} \xrightleftharpoons[K^+ 、Mg^{2+}]{\overset{2ADP \qquad 2ATP}{丙酮酸激酶}} 2 \times \begin{array}{c} COO^- \\ | \\ C{=}O \\ | \\ CH_3 \end{array}
$$

磷酸烯醇式丙酮酸   丙酮酸

$$
\begin{array}{c} O{=}C \sim SCoA \\ | \\ CH_2 \\ | \\ CH_2COO^- \end{array} \xrightleftharpoons[HSCoA]{\overset{GDP+Pi \quad 琥珀酰 CoA 合成酶 \quad GTP}{\text{(或琥珀酸硫激酶)}}} \begin{array}{c} COO^- \\ | \\ CH_2 \\ | \\ CH_2COO^- \end{array}
$$

琥珀酰 CoA   琥珀酸

$$
GTP + ADP \xrightleftharpoons{GDP 激酶} ATP + GDP
$$

2.氧化磷酸化

氧化和磷酸化是两个不同的概念。氧化是底物脱氢或失电子的过程,而磷酸化是指 ADP 与 Pi 合成 ATP 的过程。在结构完整的线粒体中氧化与磷酸化偶联,是体内 ATP 最重要的生成方式。在生物氧化过程中,底物脱下的氢经呼吸链氧化生成水,同时释放出能量用于 ADP 磷酸化生成 ATP 的过程,称为氧化磷酸化(oxidative phosphorylation)。

(1)氧化磷酸化偶联部位 根据 P/O 比值和电子传递时自由能的变化,可以大致确定氧化磷酸化的偶联部位。

①根据 P/O 比值推测氧化磷酸化偶联部位:P/O 比值指在氧化磷酸化过程中消耗1/2mol O_2(1mol 氧原子)所消耗的无机磷的摩尔数,即生成 ATP 的摩尔数。测定 P/O 比值的方法通常是在一密闭的容器中加入氧化的底物、ADP、Pi、氧饱和的缓冲液,再加入离体线粒体时,就会有氧化磷酸化进行。反应终了时测定 O_2 消耗量(可用氧电极法)和 Pi 消耗量(或 ATP 生成量),就可以计算出 P/O 比值。在反应系统中加入不同的底物,可测得各自的 P/O 比值,结合呼吸链的传递顺序,就可以分析出大致的偶联部位。实验表明,在 NAD$^+$ 与 CoQ 之间、CoQ 与 Cytc 之间以及 Cytaa$_3$ 与氧之间存在偶联部位(表 7-3)。

表 7-3 线粒体离体实验测得的 P/O 比值

底物	呼吸链的组成	P/O 比值	生成 ATP 数
β-羟丁酸	$NAD^+ \rightarrow FMN \rightarrow CoQ \rightarrow Cytc \rightarrow O_2$	2.4～2.8	2.5
琥珀酸	$FAD \rightarrow CoQ \rightarrow Cytc \rightarrow O_2$	1.7	1.5
维生素 C	$Cytc \rightarrow Cytaa_3 \rightarrow O_2$	0.88	0.5

②根据各阶段释放自由能的变化推测氧化磷酸化偶联部位:在氧化还原反应或电子传递反应中,自由能变化($\triangle G^\ominus$)和电位变化($\triangle E^\ominus$)之间的关系如下:

$$\triangle G^\ominus = - nF \triangle E^\ominus$$

其中,n 为传递电子数,F 为法拉第常数,$F = 96.5kJ \cdot (mol \cdot V)^{-1}$

根据氧化还原电位差与能量之间的换算关系,可知电位差超过 0.2V 时可释放 37.7kJ 以上的能量,而生成 1mol ATP 需要能量 30.5kJ。经测定,$NAD^+ \rightarrow CoQ$、$CoQ \rightarrow Cytc$、$Cytaa_3 \rightarrow 1/2\ O_2$ 的电位差均在 0.2V 以上,相应的自由能的变化分别为 $-69.5kJ \cdot mol^{-1}$、$-36.7kJ \cdot mol^{-1}$、$-102.29kJ \cdot mol^{-1}$,所以这三个部位就是氧化磷酸化的偶联部位(图 7-12)。

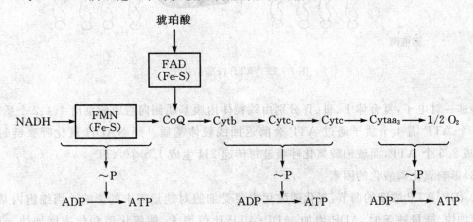

图 7-12 氧化磷酸化偶联部位示意图

(2)氧化磷酸化的偶联机制 关于氧化磷酸化的作用机制有多种假说,目前被普遍接受的是化学渗透学说(chemiosmotic hypothesis),这是英国生化学家 Peter Mitchell 于 1961 年提出的,当时没有引起人们的重视。1966 年他根据逐步积累的实验证据和生物膜研究的进展完善了这一学说,1978 年获得诺贝尔化学奖。氧化磷酸化的化学渗透学说的基本观点是:线粒体内膜中电子传递与线粒体释放 H^+ 是偶联的,即呼吸链在传递电子过程中释放出来的能量不断地将线粒体基质内的 H^+ 逆浓度梯度泵出线粒体内膜,而 H^+ 不能自由透过线粒体内膜,结果使得线粒体内膜外侧 H^+ 浓度增高,基质内 H^+ 浓度降低,在线粒体内膜两侧形成一个质子跨膜梯度。线粒体内膜外侧带正电荷,内膜内侧带负电荷,这就是跨膜电位。线粒体外的 H^+ 可以通过线粒体内膜上的三分子体顺着 H^+ 浓度梯度进入线粒体基质中,这相当于一个特异的质子通道。H^+ 顺浓度梯度方向运动所释放的自由能用于 ADP 和磷酸生成 ATP。

ATP 合酶(ATP synthase)是线粒体内膜上利用呼吸链氧化释放的能量催化 ADP 和磷酸

生成 ATP 的酶。该酶是一个大的膜蛋白复合体(图 7-13),由疏水的 F_0 和亲水的 F_1 组成,F_1 主要由 $\alpha_3\beta_3\gamma\delta\varepsilon$、寡霉素敏感相关蛋白(oligomycin sensitivity conferring protein,OSCP)等亚基组成。F_0 镶嵌在线粒体内膜中,由 $a_1b_2c_{9\sim12}$ 等亚基组成,形成跨内膜质子通道。当质子顺浓度梯度经 F_0 回流时,F_1 催化 ADP 和磷酸生成 ATP。寡霉素能与 OSCP 结合,特异性阻断这个 H^+ 通道,从而抑制 ATP 合成。

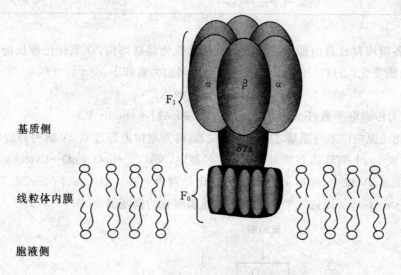

图 7-13 ATP 合酶结构图

传递一对电子,复合体Ⅰ、Ⅲ、Ⅳ分别由线粒体内膜基质侧向胞质侧泵出 4、4、2 个质子,而生成 1 个 ATP 需 4 个质子通过 ATP 合酶返回线粒体基质。经 NADH 氧化呼吸链每传递 2H 生成 2.5 个 ATP,而琥珀酸氧化呼吸链每传递 2H 生成 1.5 个 ATP。

(3)影响氧化磷酸化的因素

①ADP、ATP 浓度的调节:氧化磷酸化主要受细胞对能量需求的影响。当细胞内某些需能过程加快、能量缺乏时,ADP 增加,ADP/ATP 比值增大,使氧化磷酸化速度加快。反之,ATP 增高,线粒体内 ADP 浓度减低,就会使氧化磷酸化速度减慢。这种调节作用可使机体适应生理需要,合理利用并节约能源。

②激素的调节:甲状腺素可诱导细胞膜上 Na^+,K^+-ATP 酶合成和解偶联蛋白基因表达均增加。Na^+,K^+-ATP 酶催化 ATP 加速分解,释放的能量将细胞内的 Na^+ 泵到细胞外,而 K^+ 进入细胞。Na^+,K^+-ATP 酶的转换率为每秒 100 个 ATP,酶分子数增多,单位时间内分解的 ATP 增多,生成的 ADP 又可促进磷酸化过程。由于 ATP 的合成和分解均增加,使机体耗氧和产热均增加,所以甲状腺功能亢进患者临床表现为多食、无力、喜冷怕热、基础代谢率增高。

③抑制剂:氧化磷酸化抑制剂可分为三类,即呼吸链抑制剂、磷酸化抑制剂和解偶联剂。

呼吸链抑制剂可阻断电子传递链上某一环节的电子传递,抑制了氧化也就抑制了磷酸化。如鱼藤酮是一种从植物中分离得到的呼吸抑制剂,专一性地抑制 NADH→CoQ 的电子传递;抗霉素 A 由霉菌中分离得到,专一性地抑制 CoQ→Cytc 的电子传递;CN^-、CO、NaN_3 和 H_2S 等均抑制细胞色素氧化酶。

磷酸化抑制剂抑制 ATP 的合成,抑制了磷酸化也一定会抑制氧化。寡霉素可与 OSCP 结合,阻塞氢离子通道,从而抑制 ATP 合成。

解偶联剂使氧化和磷酸化脱偶联,氧化仍可以进行,而磷酸化不能进行,无 ATP 生成。解偶联剂的作用使氧化释放出来的能量全部以热的形式散发。动物棕色脂肪组织线粒体中有独特的解偶联蛋白,使氧化磷酸化处于解偶联状态,这对于维持动物的体温十分重要。常见的解偶联剂有 2,4-二硝基苯酚、双香豆素等。

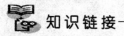 **知识链接**

线粒体病

线粒体 DNA(mitochondria DNA,mtDNA)为裸露的双链环状 DNA。线粒体 DNA 的复制仍受细胞核的控制,因为不仅构成线粒体的蛋白质几乎都受核基因编码,在细胞质中合成,而且与 mtDNA 有关的特定蛋白质（如 DNA 聚合酶、重组与修复所需的酶、RNA 聚合酶、RNA 加工酶等）也都是由核基因编码的。mtDNA 的复制、转录、翻译及蛋白质的输入有其特殊规律,阐明线粒体的分子遗传规律既有助于理解线粒体在凋亡或程序性细胞死亡中发挥的作用,因而可更深入地对发育生物学、癌症、老化及机体死亡等进行研究,又能揭示许多始于八十年代后期线粒体疾病的遗传基础,为该类疾病的治疗开辟新的道路,因为帕金森病、糖尿病、阿尔茨海默病的发作,以及普通意义上衰老的发生,都受线粒体缺陷或机能障碍的影响。

(三)ATP 的转移、储存和利用

无论是底物水平磷酸化还是氧化磷酸化,释放的能量除一部分以热的形式散失于周围环境中之外,其余部分多直接生成 ATP,以高能磷酸键的形式存在。同时,ATP 也是生命活动利用能量的主要直接供给形式。

1. ATP 能量的转移

ATP 是细胞内的主要磷酸载体,ATP 作为细胞的主要供能物质参与体内的许多代谢反应,还有一些反应需要 UTP 或 CTP 作供能物质,如 UTP 参与糖原合成和糖醛酸代谢,GTP 参与糖异生和蛋白质合成,CTP 参与磷脂合成过程。核酸合成中需要 ATP、CTP、UTP 和 GTP 做原料合成 RNA,或以 dATP、dCTP、dGTP 和 dTTP 做原料合成 DNA。

作为供能物质所需要的 UTP、CTP 和 GTP 可经下述反应再生:

$$UDP + ATP \rightarrow UTP + ADP$$
$$GDP + ATP \rightarrow GTP + ADP$$
$$CDP + ATP \rightarrow CTP + ADP$$

dNTP 由 dNDP 的生成过程也需要 ATP 供能:

$$dNDP + ATP \rightarrow dNTP + ADP$$

2. 磷酸肌酸

肌酸主要存在于肌肉组织中,骨骼肌中肌酸的含量多于平滑肌,脑组织中肌酸的含量也较多,肝、肾等其他组织中的含量很少。

磷酸肌酸的生成反应如下：

$$肌酸 + ATP \xrightarrow{\text{肌酸激酶}} 磷酸肌酸 + ADP$$

肌细胞线粒体内膜和胞液中均有催化该反应的肌酸激酶，它们是同工酶。线粒体内膜的肌酸激酶主要催化正向反应，生成的 ADP 可促进氧化磷酸化，生成的磷酸肌酸逸出线粒体进入胞液，磷酸肌酸所含的能量不能直接被利用；胞液中的肌酸激酶主要催化逆向反应，生成的 ATP 可补充肌肉收缩时的能量消耗，而肌酸又回到线粒体用于磷酸肌酸的合成。

ATP 的生成、储存和利用可用图 7-14 表示。

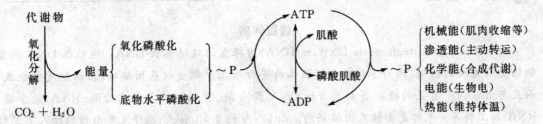

图 7-14　ATP 的生成、储存和利用总结示意图

第三节　非线粒体氧化体系

除线粒体氧化体系外，还存在细胞的微粒体和过氧化物酶氧化体系，其特点是不伴有氧化磷酸化，不能生成 ATP，主要参与体内非营养物质如代谢物、药物和毒物的生物转化过程。

一、微粒体氧化体系

根据向底物分子中加入氧原子数目的不同，可分为加单氧酶（monooxygenase）和加双氧酶（dioxygenase）。

1. 加单氧酶

加单氧酶又称为多功能氧化酶、混合功能氧化酶、羟化酶。加单氧酶催化 O_2 分子中的一个原子加到底物分子上使之羟化，另一个氧原子被 $NADPH + H^+$ 提供的氢还原生成水，在此氧化过程中无高能磷酸化合物的生成，反应如下：

$$RH + O_2 + NADPH + H^+ \xrightarrow{\text{加单氧酶}} ROH + NADP^+ + H_2O$$

加单氧酶实际上是含有黄素酶及细胞色素的酶体系，常常是由细胞色素 P_{450}、NADPH 细胞色素 P_{450} 还原酶、NADPH 和磷脂组成的复合物。细胞色素 P_{450} 是一种以血红素为辅基的 b 族细胞色素，其中的 Fe^{3+} 可被 $Na_2S_2O_3$ 等还原为 Fe^{2+}。还原型的细胞色素 P_{450} 与 CO 结合后在 450nm 有最大吸收峰，故又称为细胞色素 P_{450}，它的作用类似于细胞色素 aa_3，能与氧直接反应，将电子传递给氧，因此也是一种终末氧化酶。

加单氧酶主要分布在肝、肾组织微粒体中，少数加单氧酶也存在于线粒体中。加单氧酶主要参与类固醇激素（性激素、肾上腺皮质激素）、胆汁酸盐、胆色素、活性维生素 D 的生成和某些药物、毒物的生物转化过程。加单氧酶可受底物诱导，而且细胞色素 P_{450} 基质特异性低，一种基质提高了加单氧酶的活性便可同时加快几种物质的代谢速度,这与体内的药物代谢关系十分密切。例如以苯巴比妥作诱导物,可以提高机体代谢胆红素、睾酮、氢化可的松、香豆素、洋地黄毒苷的速度,临床用药时应予以考虑。

2.加双氧酶

加双氧酶催化 O_2 分子中的两个原子分别加到底物分子中构成双键的两个碳原子上,如色氨酸吡咯酶(色氨酸加双氧酶)可催化下述反应:

色氨酸 → 甲酰犬尿酸原

二、过氧化物酶氧化体系

人体某些组织如肝、肾、中性粒细胞及小肠黏膜上皮细胞中的过氧化物酶内含有过氧化氢酶(触酶)和过氧化物酶,可利用或消除细胞内的 H_2O_2 和过氧化物,防止其含量过高而起保护作用。

1.过氧化氢酶

过氧化氢酶(catalase)又称触酶,催化两个 H_2O_2 分子的氧化还原反应,生成 H_2O 并释放出 O_2。

$$2H_2O_2 \xrightarrow{\text{过氧化氢酶}} 2H_2O+O_2$$

过氧化氢酶的催化效率极高,在 0℃ 每个酶分子每分钟可催化 264 万个过氧化氢分子分解,因此人体一般不会发生 H_2O_2 的蓄积中毒。

2.过氧化物酶

过氧化物酶(peroxidase)催化 H_2O_2 或过氧化物直接氧化成酚类或胺类物质。

$$R+H_2O_2 \xrightarrow{\text{过氧化物酶}} RO+H_2O$$

$$RH_2+H_2O_2 \xrightarrow{\text{过氧化物酶}} R+2H_2O$$

某些组织细胞中还有一种含硒(Se)的谷胱甘肽过氧化物酶(glutathione peroxidase),可催化下述反应:

$$H_2O_2+2GSH \xrightarrow{\text{谷胱甘肽过氧化物酶}} GSSG+2H_2O$$

$$ROOH+2GSH \xrightarrow{\text{谷胱甘肽过氧化物酶}} ROH+GSSG+H_2O$$

生成的 GSSG 又可在谷胱甘肽还原酶催化下由 $NADPH+H^+$ 供氢还原成 GSH:

$$GSSG+NADPH+H^+ \xrightarrow{\text{谷胱甘肽还原酶}} NADP^+ +2GSH$$

临床工作中判定粪便、消化液中是否有隐血时,就是利用血细胞中的过氧化物酶活性将联苯胺氧化成蓝色化合物。

三、超氧化物歧化酶

超氧化物歧化酶（superoxide dismutase，SOD）可催化 1 分子超氧离子氧化生成 O_2，另 1 分子超氧离子还原成 H_2O_2。

$$2O_2^{-}\bullet + 2H \xrightarrow{SOD} H_2O_2 + O_2$$

在真核细胞中，该酶以 Cu^{2+}、Zn^{2+} 为辅基，称为 CuZn-SOD；在线粒体内以 Mn^{2+} 为辅基，称为 Mn-SOD。生成的 H_2O_2 可被活性很强的过氧化氢酶分解。SOD 是人体防御内外环境中超氧离子损伤的重要酶。

 ## 学习小结

物质在生物体内的氧化分解过程称为生物氧化，在线粒体内、外均可进行，但氧化过程及意义不同。线粒体内的生物氧化产生 CO_2 和水，同时释放出能量生成 ATP 供机体利用。CO_2 通过有机酸脱羧基作用产生。生物氧化的方式有加氧、脱氢及脱电子等。

生物氧化过程中代谢物脱下的氢经呼吸链传递给氧生成水。呼吸链指线粒体内膜上一系列的递氢递电子体按一定顺序排列组成的电子传递链。成分主要有五类：NAD^+ 脱氢酶、黄素蛋白、铁硫蛋白、泛醌及细胞色素。这些组分在线粒体内膜上组成四个复合体，而泛醌及 Cytc 不包含在这些复合体中，以游离形式存在。

体内重要的呼吸链有两条，即 NADH 氧化呼吸链和琥珀酸氧化呼吸链。ATP 几乎是生物体组织细胞内能够直接利用的唯一能源，体内生成 ATP 的方式有底物水平磷酸化和氧化磷酸化两种。将底物分子中由内部能量重新分配产生的高能键直接转移给 ADP（或 GDP）生成 ATP（或 GTP）的反应，称为底物水平磷酸化。底物脱下的氢经呼吸链传递给氧生成水并偶联 ADP 磷酸化生成 ATP 的过程，称为氧化磷酸化。氧化磷酸化在 NADH 与 CoQ 之间、CoQ 与 Cytc 之间、Cytaa$_3$ 与 O_2 之间存在偶联部位，NADH 氧化呼吸链生成 2.5 个 ATP，琥珀酸氧化呼吸链生成 1.5 个 ATP。化学渗透学说是目前被普遍接受的氧化磷酸化作用机制。氧化磷酸化受许多因素的影响。如 ADP/ATP 比值、甲状腺素、解偶联剂、呼吸链抑制剂等。

线粒体外 NADH 所携带的氢通过 α-磷酸甘油穿梭和苹果酸-天冬氨酸穿梭进入线粒体进行氧化磷酸化，分别生成 1.5 分子 ATP 和 2.5 分子 ATP。生物体内能量的转化、储存和利用都以 ATP 为中心，在肌肉和脑组织中磷酸肌酸可作为能源储存。除线粒体外，体内还有非线粒体的氧化体系，如微粒体、过氧化物酶体等，其特点是不生成 ATP，主要参与体内代谢物、药物和毒物的生物转化。

 ## 目标检测

1. 解释下列名词：P/O 比值，底物水平磷酸化，氧化磷酸化。

2. 试述两条呼吸链的组成、顺序，各有几个偶联部位，产生几个 ATP。

3. 线粒体外 NADH 如何进行氧化磷酸化？通过何种穿梭机制？

第八章　氨基酸代谢

学习目标

【掌握】蛋白质的营养作用;氨基酸的一般代谢;尿素的生成。

【熟悉】蛋白质腐败作用的概念;氨的来源和去路;糖、脂类和蛋白质三大营养物质在代谢上的相互联系。

【了解】蛋白质的消化与吸收;氨的转运;含硫氨基酸和芳香族氨基酸的代谢。

　　蛋白质是生命的物质基础,没有蛋白质就没有生命。体内的大多数蛋白质均不断地进行分解与合成代谢。氨基酸是蛋白质的基本组成单位,正常成年人平均每天约有 $1\%\sim2\%$ 的蛋白质降解为氨基酸,此降解过程中 $75\%\sim80\%$ 的氨基酸又被再利用合成蛋白质,因此氨基酸代谢是蛋白质代谢的中心内容。为适应体内蛋白质合成的需要,需通过体外摄入或体内合成方式,在质与量上保证各种氨基酸的供应。此外氨基酸也可进入分解途径,转变成一些生理活性物质、某些含氮化合物和作为体内能量的来源。因此,氨基酸代谢包括合成代谢和分解代谢两方面。本章重点论述氨基酸的分解代谢。

第一节　蛋白质的营养作用

一、蛋白质的生理功能

1. 构成和修复组织

　　蛋白质是机体细胞和细胞外间质的基本构成成分,人体各组织、器官无一不含蛋白质,它是生命现象的物质基础。食物蛋白分解的氨基酸参与体内蛋白质合成,这一作用是糖、脂类营养物不能代替的,因此构成机体组织、器官的成分是蛋白质的主要生理功能,而氨基酸的主要功能是合成蛋白质。因此正常人体,尤其对于生长发育的儿童和康复期患者,应获得足量、优质的蛋白质供应,以维持机体的生长、更新和修复。

2. 参与物质代谢及生理功能的调控

　　机体生命活动之所以能够有条不紊地持续进行,依赖于体内多种生理活性物质的参与调节。蛋白质参与体内多种重要生理活性物质的构成,参与调节机体的多项生理功能,如核蛋白影响细胞的增殖、分裂等功能,免疫球蛋白具有维持机体免疫功能的作用,酶蛋白参与体内的物质代谢过程,白蛋白具有调节渗透压、维持体液平衡的功能,由蛋白质或蛋白质衍生物构成的某些激素,如甲状腺素、胰岛素等,是机体的重要调节物质。可以说,机体的一切生理活动都离不开蛋白质。

3.氧化供能

蛋白质也是能源物质,每克蛋白质在体内氧化分解可释放约 17kJ(4kcal)能量。一般来说,成人每日平均约 18% 的能量来自蛋白质的分解代谢,但这一作用可以由糖和脂肪代替。因此,供能是蛋白质的次要生理功能。

二、蛋白质的需要量和营养价值

(一)氮平衡

为了研究组织生长活动动态,测定蛋白质在体内的动态变化是非常必须的。因为蛋白质元素组成中氮含量比较恒定(约 16%),且食物和排泄物中含氮物质大部分来源于蛋白质,因此,通过测定摄入食物的含氮量(摄入氮)和尿与粪便中的氮含量(排出氮)的方法,来了解蛋白质的摄入量与分解量的对比关系,可间接了解蛋白质代谢的平衡关系,称为氮平衡(nitrogen balance)。氮平衡是反映体内蛋白质代谢概况的一种指标。氮平衡实验是研究蛋白质的营养价值和需要量以及判断组织蛋白质消长情况的重要方法之一。氮平衡有以下三种情况:

(1)氮总平衡   每日摄入氮量与排出氮量大致相等,表示体内蛋白质的合成量与分解量大致相等,称为氮总平衡。此种情况见于正常成人。

(2)氮的正平衡   每日摄入氮量大于排出氮量,表明体内蛋白质的合成量大于分解量,称为氮正平衡。儿童、孕妇、病后恢复期患者等在食物蛋白质的需要量适宜时,应为氮的正平衡。

(3)氮的负平衡   每日摄入氮量小于排出氮量,表示组织蛋白质的分解量多于合成量,组织蛋白的消耗相对较多,称为氮负平衡。见于蛋白质需要量不足,例如饥饿、食物蛋白质含量少或营养价值低以及患消耗性疾病患者等。

(二)蛋白质的生理需要量

通过氮平衡实验计算可知,在不摄入蛋白质 8～10d 后,体重 60kg 的成人每日最少分解蛋白质约 20g。由于食物蛋白质与人体蛋白质组成的差异,不可能全部被吸收利用,故成人每日最低需要 30～50g 蛋白质。为了长期保持氮总平衡,仍须增加需要量才能满足要求,故我国营养学会推荐成人每日蛋白质需要量为 80g。但要注意的是,如果摄入蛋白质的量远远超过维持氮平衡需要时,不仅机体利用不了,过多的蛋白质反而会增加消化器官、肝脏与肾脏的负担,不利于机体健康。因此,蛋白质的摄入量并不是越多越好,应根据机体的实际状况合理摄取。

(三)蛋白质的营养价值

蛋白质的营养价值(nutrition value)是指外源性蛋白质被人体吸收利用的程度。决定食物蛋白质营养价值高低的因素有:①必需氨基酸的含量;②必需氨基酸的种类;③必需氨基酸的比例,即具有与人体需求相符的氨基酸组成。

人体的 20 种氨基酸都是合成组织蛋白所需要的,有些氨基酸机体可以合成,而有些机体无法合成。体内不能合成、必需由食物蛋白提供的氨基酸,称为必需氨基酸(essential amino acid)。必需氨基酸有 8 种,分别为异亮氨酸、亮氨酸、赖氨酸、蛋氨酸(甲硫氨酸)、苯丙氨酸、苏氨酸、色氨酸和缬氨酸。此外,组氨酸和精氨酸在体内合成量较少,通常不能满足机体的正常需要,特别在婴儿期易造成氮的负平衡,因此有人也将这两种氨基酸归为营养必需氨基酸。

一般来说,含有必需氨基酸种类多和数量足的蛋白质,其营养价值高,反之营养价值低。故在营养方面,不仅要注意膳食蛋白质的量,还必须注意蛋白质的质。由于动物性蛋白质与植物性蛋白质相比较,所含必需氨基酸的种类和比例与人体需要更相近,故营养价值高。

人们发现将营养价值较低的蛋白质混合食用,则必需氨基酸可以互相补充从而提高食物营养价值,称为食物蛋白质的互补作用。例如,谷类蛋白质含赖氨酸较少而含色氨酸较多,豆类蛋白质含赖氨酸较多而含色氨酸较少,两者混合食用即可提高营养价值。动植物蛋白混用,蛋白质的互补作用更显著,在谷类和豆类中加入 10％的奶粉或是牛肉,可使蛋白质的价值超过单用牛奶或牛肉本身。临床上在某些疾病情况下,为维持患者体内氮平衡,保证体内氨基酸的需要,可用比例适当、营养价值高的混合氨基酸或必需氨基酸进行输液。

 知识链接

调配膳食遵循的三原则

- 食物的生物学种属愈远愈好。

- 搭配的种类愈多愈好。

- 食用时间愈近愈好,同时食用最好。因为单个氨基酸在血液中的停留时间约 4h,然后到达组织器官,而合成组织蛋白质的氨基酸必须同时到达才能发挥互补作用,进而合成组织蛋白质。

第二节 蛋白质的消化、吸收与腐败作用

一、蛋白质的消化

食物蛋白质的消化、吸收是人体氨基酸的主要来源。蛋白质未经消化不易吸收,同时,消化过程还可以消除食物蛋白质的特异性和抗原性。有时某些抗原、毒素蛋白可少量通过黏膜细胞进入体内成为致病因子。一般情况下,食物蛋白质水解成氨基酸及小分子肽后方能被机体吸收,如果消化不彻底或直接输入异种蛋白质,可产生过敏、毒性反应。由于唾液中不含水解蛋白质的酶,所以食物蛋白质的消化从胃开始,但主要在小肠。

(一)胃中的消化

胃液中的胃蛋白酶(最适 pH1.5～2.5)在胃液的酸性条件下特异性较低地水解食物中的各种水溶性蛋白质,产物为多肽、寡肽和少量氨基酸。胃蛋白酶对乳中的酪蛋白有凝乳作用,这对婴儿较为重要,因为乳液凝成乳块后在胃中停留时间延长,有利于充分消化。

(二)小肠中的消化

食物在胃中停留时间较短,因此蛋白质在胃中的消化很不完全。在小肠中,蛋白质的消化产

物以及未被消化的蛋白质经小肠内胰液所含蛋白酶的作用,得到的产物中有 1/3 为氨基酸,其余 2/3 为寡肽。后者在小肠黏膜细胞分泌的多种蛋白酶及肽酶的共同作用下,进一步水解为氨基酸。可见,寡肽的水解主要在小肠黏膜细胞内进行。因此,小肠是蛋白质消化的主要部位。

由于各种蛋白水解酶对肽键作用的专一性不同,通过它们的协同作用,蛋白质消化的效率很高。一般正常成人,食物蛋白质的 95% 可被完全水解。但是,一些纤维蛋白质只能部分被水解。

二、氨基酸的吸收

蛋白质经胃肠作用后,大部分分解为氨基酸,氨基酸的吸收主要在小肠中进行。由小肠吸收而来的氨基酸是人体氨基酸的主要来源。关于吸收机制,目前尚未完全阐明,一般认为主要是一个耗能的主动吸收过程。肠黏膜细胞膜上存在转运氨基酸的载体蛋白,能与氨基酸和 Na^+ 形成三联体,将氨基酸和 Na^+ 转运入细胞,Na^+ 则借钠泵排出细胞外,并消耗 ATP。

在肠黏膜细胞上还存在着二肽或三肽的主动转运载体。正常情况下,只有少量的二肽、三肽被吸收。肽被吸收后大部分在肠黏膜细胞中进一步被水解为氨基酸,小部分也可直接吸收入血。研究发现,人的血液中存在食物蛋白质的抗体,这说明食物蛋白质可进入血液而起抗原的作用。但一般认为,大分子蛋白质的吸收是微量的,由于小分子肽的吸收作用在小肠近端较强,故肽吸收入细胞甚至先于游离氨基酸。但无论是氨基酸还是小分子肽,如果其结构相似,则在小肠的主动吸收具有相互竞争作用。

三、蛋白质的腐败作用

在蛋白质的整个消化吸收过程中,有一小部分蛋白质不被消化,也有一小部分消化产物不被吸收,这些物质在大肠下部肠道细菌的作用下进行分解代谢,此过程被称为蛋白质的腐败作用(putrefaction)。实际上,腐败作用是肠道细菌自身利用有关物质(包括蛋白质)维持代谢的过程,以无氧分解为主。腐败作用的大多数产物对人体有害,但也可以产生少量脂肪酸及维生素(如维生素 K)等可被机体利用的物质。这里只介绍几种有害物质的生成。

(一)胺类的生成

肠道细菌的蛋白酶使蛋白质水解成氨基酸,再经氨基酸脱羧基作用,产生胺类(amines)。例如,组氨酸脱羧基生成组胺,赖氨酸脱羧基生成尸胺,色氨酸脱羧基生成色胺,酪氨酸脱羧基生成酪胺等。

酪胺与苯丙氨酸脱羧基生成的苯乙胺,若不能在肝内分解而进入脑组织,则可分别经羟化而形成羟酪胺和苯乙醇胺,它们的化学结构与儿茶酚胺类似,称为假神经递质(false neurotransmitter)。假神经递质增多,可取代正常神经递质儿茶酚胺,但它们不能传递神经冲动,可使大脑发生异常抑制,这可能与肝性脑病的症状有关。

(二)氨的生成

肠道中的氨(ammonia)主要有两个来源:一是未被吸收的氨基酸在肠道细菌作用下脱氨基而生成;二是血液中尿素渗入肠道,受肠菌尿素酶的水解而生成氨。这些氨均可通过肠黏膜细胞经门静脉进入肝脏合成尿素。故降低肠道的 pH,可减少氨的吸收。

(三)其他有害物质的生成

除了胺类和氨以外,许多氨基酸在肠道细菌的连续作用下会产生一些其他的有害物质,例如酪氨酸代谢可生成苯酚,色氨酸可生成吲哚和甲基吲哚,半胱氨酸可有硫化氢的生成等。

正常情况下,上述有害物质大部分随粪便排出,只有小部分被吸收入血,经肝脏转化而排出,故不会发生中毒现象。但是如果肠道发生梗阻,肠内容物长时间滞留肠道,产生大量腐败产物,吸收后超过肝脏解毒能力时,则可引起机体中毒。

第三节　氨基酸的一般代谢

一、氨基酸代谢库

食物蛋白经过消化吸收后,以氨基酸的形式通过血液循环运到全身的各组织,这种来源的氨基酸称为外源性氨基酸。机体各组织的蛋白质在组织蛋白酶的作用下,也不断地分解成为氨基酸,机体还能合成部分氨基酸(非必需氨基酸),这两种来源的氨基酸称为内源性氨基酸。外源性氨基酸和内源性氨基酸彼此之间没有区别,共同构成了机体的氨基酸代谢库(metabolic pool)。氨基酸代谢库通常以游离氨基酸总量计算,机体没有专一的组织器官储存氨基酸。氨基酸代谢库实际上包括细胞内液、细胞间液和血液中的氨基酸。

由于不同的氨基酸结构不同,因此它们的代谢也有各自的特点。各组织器官在氨基酸代谢上的作用有所不同,其中以肝脏最为重要。肝脏蛋白质的更新速度比较快,氨基酸代谢活跃,大部分氨基酸在肝脏进行分解代谢,同时氨的解毒过程主要也在肝脏进行。支链氨基酸的分解代谢则主要在肌肉组织中进行。体内氨基酸代谢的概况见图 8-1 所示。

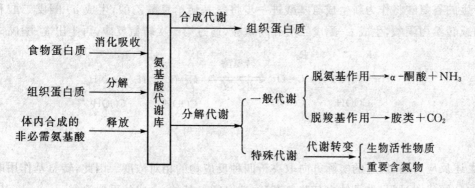

图 8-1　氨基酸代谢概况

二、氨基酸的脱氨基作用

从量上看,氨基酸分解代谢最主要的是脱氨基作用。脱氨基作用是指氨基酸在酶的催化下脱去氨基生成 α-酮酸的过程。脱氨基作用在体内大多数组织中均可进行,是氨基酸在体内分解的主要方式。参与人体蛋白质合成的氨基酸共有 20 种,它们的结构不同,脱氨基的方式也不同,主要有氧化脱氨基、转氨基、联合脱氨基和非氧化脱氨基等,以联合脱氨基最为重要。

(一)氧化脱氨基作用

氧化脱氨基作用是指氨基酸在酶催化下氧化脱氢的同时脱去氨基的过程。反应过程包括脱氢和水解两步,反应主要由 L-氨基酸氧化酶和谷氨酸脱氢酶(主要在线粒体)催化。L-氨基酸氧化酶是一种需氧脱氢酶,该酶在人体内作用不大。谷氨酸脱氢酶是一种不需氧脱氢酶,以 NAD^+ 或 $NADP^+$ 为辅酶,广泛存在于肝、肾、脑等组织,该酶作用较大。以 L-谷氨酸为例:

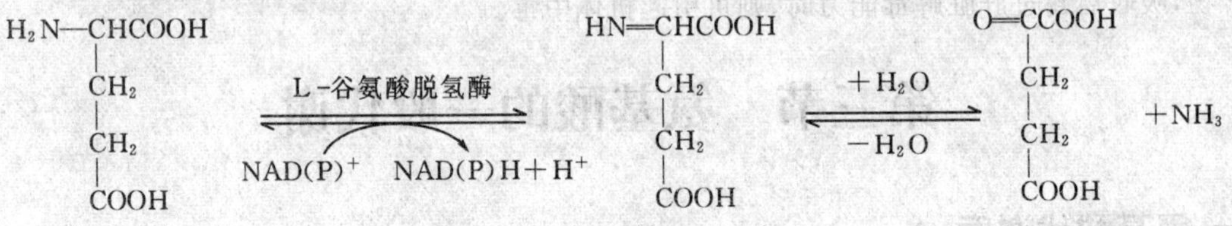

$$
\begin{array}{ccc}
\text{H}_2\text{N—CHCOOH} & \text{HN=CHCOOH} & \text{O=CCOOH} \\
| & | & | \\
\text{CH}_2 & \text{CH}_2 & \text{CH}_2 \\
| & | & | \\
\text{CH}_2 & \text{CH}_2 & \text{CH}_2 \\
| & | & | \\
\text{COOH} & \text{COOH} & \text{COOH}
\end{array}
$$

L-谷氨酸脱氢酶 $NAD(P)^+ \rightleftharpoons NAD(P)H+H^+$ ；$+H_2O / -H_2O$ ；$+NH_3$

L-谷氨酸　　　　　　　　　α-亚氨基戊二酸　　　　　　　α-酮戊二酸

以上反应可逆。一般情况下,反应偏向于谷氨酸的生成,但是当谷氨酸浓度高而 NH_3 浓度低时,则有利于 α-酮戊二酸的生成。谷氨酸脱氢酶是一种变构酶,GTP 和 ATP 是此酶的变构抑制剂,而 GDP 和 ADP 是变构激活剂。因此当体内 GTP 和 ATP 不足时,谷氨酸加速氧化脱氨,这对于氨基酸氧化供能起着重要的调节作用。

(二)转氨基作用

转氨基作用是指在转氨酶催化下将 α-氨基酸的氨基转给另一个 α-酮酸,生成相应的 α-酮酸和一种新的 α-氨基酸的过程(图 8-2)。体内绝大多数氨基酸通过转氨基作用脱氨。参与蛋白质合成的 20 种 α-氨基酸中,除甘氨酸、赖氨酸、苏氨酸和脯氨酸不参加转氨基作用,其余均可由特异的转氨酶催化参加转氨基作用。转氨基作用最重要的氨基受体是 α-酮戊二酸,产生的谷氨酸将作为新生成氨基酸进一步将氨基转给草酰乙酸,生成 α-酮戊二酸和天冬氨酸;或转给丙酮酸,生成 α-酮戊二酸和丙氨酸,通过第二次转氨反应,再生出 α-酮戊二酸。

$$
\begin{array}{cccc}
\text{R}_1 & \text{R}_2 & \text{R}_1 & \text{R}_2 \\
| & | & | & | \\
\text{H—C—NH}_2 + \text{C=O} & \rightleftharpoons & \text{C=O} + \text{H—C—NH}_2 \\
| & | & | & | \\
\text{COOH} & \text{COOH} & \text{COOH} & \text{COOH}
\end{array}
$$

转氨酶

图 8-2　转氨基作用

上述反应可逆,反应的实际方向取决于四种反应物的相对浓度。因此,转氨基作用既是氨基酸的分解代谢过程,也是体内某些氨基酸(非必需氨基酸)合成的重要途径。

📖 知识链接

转氨酶的辅酶是维生素 B_6 的磷酸酯,即磷酸吡哆醛。在转氨基过程中,磷酸吡哆醛先从氨基酸接受氨基生成磷酸吡哆胺,再进一步将氨基转移给 α-酮酸,磷酸吡哆胺又恢复成磷酸吡哆醛。此两种磷酸酯的互变起着传递氨基的作用。

体内存在着多种转氨酶,不同氨基酸与 α-酮酸之间的转氨基作用只能由专一的转氨酶催化。在各种转氨酶中,以谷氨酸与 α-酮酸的转氨酶最为重要。例如谷丙转氨酶(glutamic pyruvic transaminase,GPT,又称丙氨酸转氨酶,即 ALT)和谷草转氨酶(glutamic oxaloacetic transaminase,GOT,又称天冬氨酸转氨酶,AST),它们在体内广泛存在,但各组织中含量不等(表 8-1)。

表 8-1　正常成人各组织中 AST 及 ALT 活性

组织	AST (单位/克湿组织)	ALT (单位/克湿组织)	组织	AST (单位/克湿组织)	ALT (单位/克湿组织)
心	156000	7100	胰腺	28000	2000
肝	142000	44000	脾	14000	1200
骨骼肌	99000	4800	肺	10000	700
肾	91000	19000	血清	20	16

由上表可见,正常时上述转氨酶主要存在于细胞内,而血清中的活性很低;各组织器官中以心和肝的活性为最高,其催化的反应如下:

$$谷氨酸 + 丙酮酸 \underset{}{\overset{ALT(GPT)}{\rightleftharpoons}} α\text{-}酮戊二酸 + 丙氨酸$$

$$谷氨酸 + 草酰乙酸 \underset{}{\overset{AST(GOT)}{\rightleftharpoons}} α\text{-}酮戊二酸 + 天冬氨酸$$

当某种原因使细胞膜通透性增高或细胞破坏时,则转氨酶可以大量释放入血,造成血清中转氨酶活性明显升高。例如,急性肝炎患者血清 ALT 活性显著升高,心肌梗死患者血清中 AST 明显上升,临床上可以此作为疾病诊断和预后的参考指标之一。由此可见,转氨基起着十分重要的作用。通过转氨基作用不仅可以调节体内非必需氨基酸的种类和数量,来满足体内蛋白质合成时对非必需氨基酸的需求,还可通过参与联合脱氨基作用而加速体内氨的转变和运输,沟通了机体的糖代谢、脂代谢和氨基酸代谢的互相联系。

 知识链接

肝功能中的转氨酶

正常时血清内 ALT 和 AST 的含量很低,而肝细胞中转氨酶的活力约是血液中的 100倍。当肝细胞受损时,血中转氨酶浓度升高,其中 ALT 比 AST 更灵敏。但要注意的是,肝功能受损的程度与转氨酶的活性不一定成正比,在实际的临床应用中要结合其他的检查手段充分考虑。

(三)联合脱氨基作用

由两种或两种以上的酶联合催化作用后,使得氨基酸 α-氨基脱下并产生游离氨的过程,称为联合脱氨基作用。常见的联合脱氨基方式有两种。

1.转氨酶与 L-谷氨酸脱氢酶的联合脱氨基作用

在肝、肾等组织中,转氨酶催化多种氨基酸与 α-酮戊二酸进行转氨基作用,结果生成相应的 α-酮酸和谷氨酸;然后谷氨酸在 L-谷氨酸脱氢酶作用下氧化脱氨基,脱去氨基生成游离氨和 α-酮戊二酸,后者再继续参加转氨基作用(图 8-3)。由于联合脱氨基作用的全过程是可逆的,因此这一过程也是体内合成非必需氨基酸的主要途径。

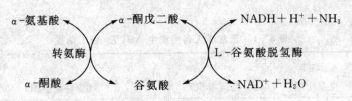

图 8-3　联合脱氨基作用

2.嘌呤核苷酸循环

在肌肉组织中,氨基酸的脱氨基过程虽不如肝、肾组织活跃,但全身肌肉很多,故代谢总量很高,尤其是支链氨基酸,如亮氨酸、缬氨酸等。但是骨骼肌和心肌组织中 L-谷氨酸脱氢酶的活性很低,因而不能通过上述形式的联合脱氨反应脱氨。但骨骼肌和心肌中含丰富的腺苷酸脱氨酶,能催化腺苷酸加水、脱氨生成次黄嘌呤核苷酸(IMP)。一种氨基酸经过两次转氨作用可将 α-氨基转移至草酰乙酸生成天冬氨酸。天冬氨酸又可将此氨基转移到次黄嘌呤核苷酸上生成腺嘌呤核苷酸(通过中间化合物腺苷酸代琥珀酸)。其脱氨过程可用图 8-4 表示。

我们把氨基酸的这种脱氨基反应称为嘌呤核苷酸循环,这是存在于骨骼肌和心肌中的一种特殊的联合脱氨基作用方式,这种形式的联合脱氨是不可逆的,因而不能通过其逆过程合成非必需氨基酸。但这一代谢途径不仅把氨基酸代谢与糖代谢、脂代谢联系起来,而且也把氨基酸代谢与核苷酸代谢联系起来。

(四)非氧化脱氨基作用

某些氨基酸还可以通过非氧化脱氨基作用将氨基脱掉,如丝氨酸可在丝氨酸脱水酶的催化下脱水生成氨和丙酮酸,天冬氨酸酶催化天冬氨酸直接脱氨等。

三、α-酮酸的代谢

氨基酸脱氨基后生成的 α-酮酸可以进一步代谢,主要有三方面的代谢途径。

1.合成非必需氨基酸

体内的一些非必需氨基酸一般由相应 α-酮酸通过转氨基作用或者联合脱氨基作用而生成。这些 α-酮酸也来自糖代谢和三羧酸循环的中间产物,例如丙酮酸、草酰乙酸、α-酮戊二酸可分别转变成丙氨酸、天冬氨酸和谷氨酸。

2.转变成糖和脂类

在体内 α-酮酸可以转变成糖和脂类。有关营养学实验发现,用不同的氨基酸饲养人工糖尿病犬时,大多数氨基酸可使尿中排出的葡萄糖增加,少数几种则可使葡萄糖及酮体排出同时增加,而亮氨酸和赖氨酸只能使酮体排出量增加。由此,我们将这些氨基酸依次称为生糖氨基酸、生糖兼生酮氨基酸、生酮氨基酸(表 8-2)。

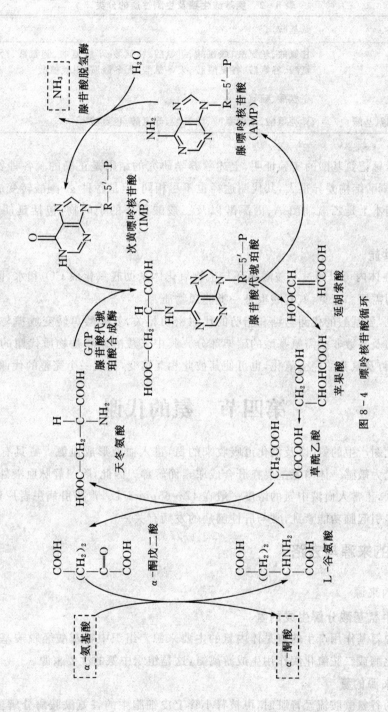

图 8 – 4 嘌呤核苷酸循环

表 8 - 2 氨基酸生糖及生酮性质的分类

类别	氨基酸
生糖氨基酸	甘氨酸、丝氨酸、缬氨酸、组氨酸、精氨酸、半胱氨酸、脯氨酸、羟脯氨酸、丙氨酸、谷氨酸、谷氨酰胺、天冬氨酸、天冬酰胺、甲硫氨酸
生酮氨基酸	亮氨酸、赖氨酸
生糖兼生酮氨基酸	异亮氨酸、苯丙氨酸、酪氨酸、苏氨酸、色氨酸

用同位素标记氨基酸的实验证明,上述营养学研究的结果是正确的。各种氨基酸脱氨基后产生的 α-酮酸结构差异很大,其代谢途径也不尽相同,但是各种 α-酮酸转变成糖类或脂类的中间产物基本上是乙酰辅酶 A、丙酮酸以及三羧酸循环的中间物,包括延胡索酸、草酰乙酸等。

3. 氧化供能

α-酮酸在体内可以通过三羧酸循环与生物氧化体系彻底氧化成 CO_2 和水,同时释放能量供生理活动的需要。可见,氨基酸也是一类能源物质。

综上可见,氨基酸的代谢与糖和脂肪的代谢密切相关,氨基酸可转变成糖与脂肪,糖也可以转变成脂肪及多数非必需氨基酸的碳架部分。其中三羧酸循环是物质代谢的总枢纽,通过它可使糖、脂肪及氨基酸完全氧化,也可使其彼此相互转变,构成一个完整的代谢体系。

第四节　氨的代谢

机体内代谢产生的氨,以及消化道吸收来的氨,进入血液形成血氨。氨具有毒性,脑组织对氨的作用尤为敏感。体内氨主要在肝合成尿素而解毒。因此,除门静脉血液外,体内血液中氨的浓度很低,正常人血液中氨的浓度一般在 $47\sim65\mu mol/L$。严重肝病患者尿素合成功能降低,血氨增高,引起脑功能紊乱,常与肝性脑病的发病有关。

一、体内氨的来源与去路

(一)氨的来源

1. 组织中氨基酸分解生成的氨

氨基酸脱氨基作用产生的氨是体内氨的主要来源。组织中氨基酸经脱羧反应生成胺,再经单胺氧化酶或二胺氧化酶作用生成游离氨,这是组织中氨的次要来源。

2. 肾脏来源的氨

血液中的谷氨酰胺流经肾脏时,可被肾小管上皮细胞中的谷氨酰胺酶分解生成谷氨酸和 NH_3,这一部分 NH_3 约占肾脏产氨量的 60%。其他各种氨基酸在肾小管上皮细胞中分解也产生氨,约占肾脏产氨量的 40%。

肾小管上皮细胞中的氨有两条去路:排入原尿中以 NH_4^+ 形式随尿液排出体外,或者被重吸收入血成为血氨。氨容易透过生物膜,而 NH_4^+ 不易透过生物膜,所以肾脏产氨的去路决定于血液与原尿的相对 pH 值。血液的 pH 值是恒定的,因此实际上决定于原尿的 pH 值。原尿 pH 值偏酸时,排入原尿中的 NH_3 与 H^+ 结合成为 NH_4^+,随尿排出体外。若原尿的 pH 值较高,则 NH_3 易被重吸收入血。由此,临床上对因肝硬化腹水的患者,不宜使用碱性利尿药,以免血氨升高。

3.肠道来源的氨

正常情况下,肝脏合成的尿素有 15％～40％ 经肠黏膜分泌入肠腔,肠道细菌尿素酶可将尿素水解成为 CO_2 和 NH_3,这一部分氨约占肠道产氨总量的 90％(成人每日约为 4g)。肠道中的氨可被吸收入血,经门静脉入肝,重新合成尿素。肠道中的一小部分氨来自蛋白质的腐败作用。

肠道中 NH_3 重吸收入血的程度决定于肠道内容物的 pH 值。肠道内 pH 值低于 6 时,肠道内氨生成 NH_4^+,随粪便排出体外;肠道内 pH 值高于 6 时,肠道内氨吸收入血。因此,临床上对高血氨患者采用弱酸性透析液作结肠透析,而禁止用碱性肥皂水灌肠,就是为了减少氨的吸收。

（二）氨的去路

氨在体内的代谢去路主要有 4 条:①在肝脏合成尿素,是氨的主要去路;②合成谷氨酰胺和天冬酰胺;③合成氨基酸和其他含氮化合物;④少量的氨直接经尿以 NH_4^+ 形式排出体外,尿中排氨有利于排酸。

氨的来源和去路见图 8-5。

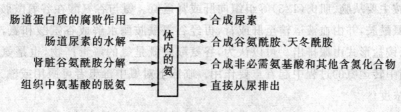

图 8-5　氨的来源和去路

二、氨的转运

氨是有毒物质,各组织中产生的氨必须经血液以无毒的形式运输,然后在肝合成尿素或运至肾以铵盐形式随尿排出。现已阐明,氨在血液中主要是以丙氨酸及谷氨酰胺两种形式运输的。

1.丙氨酸的运氨作用

肌肉中的氨基酸经转氨基作用将氨基转给丙酮酸生成丙氨酸,丙氨酸经血液运到肝;在肝中,丙氨酸通过联合脱氨基作用,释放出氨,用于合成尿素。转氨基后生成的丙酮酸可经糖异生途径生成葡萄糖,葡萄糖由血液输送到肌组织,沿糖分解途径变成丙酮酸,后者再接受氨基而生成丙氨酸。丙氨酸和葡萄糖反复地在肌和肝之间进行氨的转运,故将这一途径称为丙氨酸-葡萄糖循环(图 8-6)。

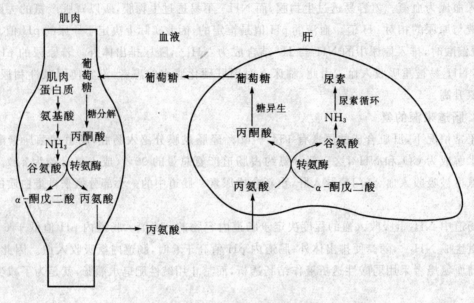

图 8-6 丙氨酸-葡萄糖循环

饥饿时,通过此循环可将肌肉组织中氨基酸分解生成的氨及糖代谢的产物丙酮酸,以无毒的丙氨酸形式转运到肝脏作为糖异生的原料。肝脏糖异生生成的葡萄糖可被肌肉或其他外周组织利用,故此循环具有重要的生理意义。

2. 谷氨酰胺的运氨作用

谷氨酰胺主要从脑、肌肉(1/3)等组织向肝或肾运氨。氨与谷氨酸在谷氨酰胺合成酶的催化下生成谷氨酰胺,并由血液运输至肝或肾,再经谷氨酰胺酶水解成谷氨酸和氨,在肝合成尿素,在肾则以铵盐形式由尿排出。可以认为,谷氨酰胺既是氨的解毒产物,也是氨的储存及运输形式,在脑中转运氨的过程中起着重要作用。临床上对氨中毒患者可服用或输入谷氨酸盐,以降低氨的浓度。

值得提出的是,谷氨酰胺还可以提供其酰胺基使天冬氨酸转变成天冬酰胺。机体细胞能够合成足量的天冬酰胺以供蛋白质合成的需要,但白血病细胞却不能或很少能合成天冬酰胺,必须依靠血液从其他器官运输而来。由此,临床上应用天冬酰胺酶使天冬酰胺水解成天冬氨酸,从而减少血中天冬酰胺,达到治疗白血病的目的。

三、尿素的合成

尿素是体内氨代谢的主要终产物,正常成人每日排出尿素约 30g,占排氮总量的 80%～90%。肝脏是合成尿素的器官,对氨解毒起着重要作用。血液中尿素的浓度为 1.8～7.1mmol/L。体内氨的来源与去路保持动态平衡,使血氨浓度很低并相对稳定。

(一)尿素合成的部位

实验证明,将动物(犬)的肝切除,则血液及尿中尿素含量明显降低。若给此动物输入或饲喂氨基酸,则大部分氨基酸积存于血液中,也有一部分随尿排出,另有一小部分氨基酸脱去氨基而变成 α-酮酸及氨,因而血氨增高。若只切除犬的肾而保留肝,则尿素仍然可以合成,但不能排出,因此血中尿素浓度明显升高。若将犬的肝、肾同时切除,则血中尿素的含量可以维持在较低水平,而血氨浓度显著升高。此外,临床上可见急性重型肝炎患者血及尿中几乎不含尿素而氨基酸含量增多。这些实验与临床观察充分证明,肝是合成尿素的最主要器官。肾及脑等其他组织虽然也能合成尿素,但合成量甚微。

(二)尿素合成过程

早在 1932 年,德国学者 Hans krebs 和 Kurt Henseleit 根据一系列实验,首次提出了鸟氨酸循环(Ornithine cycle)学说,又称尿素循环(urea cycle)或 Krebs-Henseleit 循环,这是最早发现的代谢循环。尿素是中性、无毒、水溶性很强的物质,由血液运输至肾,从尿中排出。尿素的合成可分为五步。

1. 氨基甲酰磷酸的合成

在 Mg^{2+}、ATP 及 N-乙酰谷氨酸(AGA)存在时,氨与 CO_2 可在氨基甲酰磷酸合成酶 I(CPS-I)的催化下,合成氨基甲酰磷酸。

$$CO_2 + NH_3 + H_2O + 2ATP \xrightarrow[\text{N-乙酰谷氨酸,} Mg^{2+}]{\text{氨基甲酰磷酸合成酶 I}} H_2N-\overset{\overset{\text{O}}{\|}}{C}-O\sim PO_3H_2 + 2ADP + Pi$$

此反应不可逆,消耗 2 分子 ATP。CPS-I 是一种变构酶,AGA 是此酶的变构激活剂。AGA 的作用可能是使酶的构象改变,暴露了酶分子中的某些巯基,从而增加了酶与 ATP 的亲和力。CPS-I 和 AGA 都存在于肝细胞线粒体中。氨基甲酰磷酸是高能化合物,性质活泼,在酶的催化下易与鸟氨酸反应生成瓜氨酸。

2. 瓜氨酸的合成

在鸟氨酸氨甲酰转移酶(OCT)催化下,氨基甲酰磷酸与鸟氨酸缩合生成瓜氨酸。

$$
\begin{array}{c}
NH_2 \\
| \\
(CH_2)_3 \\
| \\
CHNH_2 \\
| \\
COOH \\
\text{鸟氨酸}
\end{array}
+ H_2N-COO\sim PO_3H_2
\xrightarrow{\text{鸟氨酸氨甲酰转移酶}}
\begin{array}{c}
NH_2 \\
| \\
C=O \\
| \\
NH \\
| \\
(CH_2)_3 \\
| \\
CHNH_2 \\
| \\
COOH \\
\text{瓜氨酸}
\end{array}
+ H_3PO_4
$$

此反应不可逆。其中所需的鸟氨酸是从胞液经线粒体内膜上的载体转运进入线粒体,瓜氨酸合成后又由线粒体内膜上的载体转运至胞液。

3. 精氨酸代琥珀酸的合成

瓜氨酸穿过线粒体膜进入胞液中,在胞液中由精氨酸代琥珀酸合成酶催化瓜氨酸的脲基与天冬氨酸的氨基缩合生成精氨酸代琥珀酸,获得尿素分子中的第二个氮原子。此酶的活性最低,是尿素合成的限速酶。此反应由 ATP 供能,反应如下:

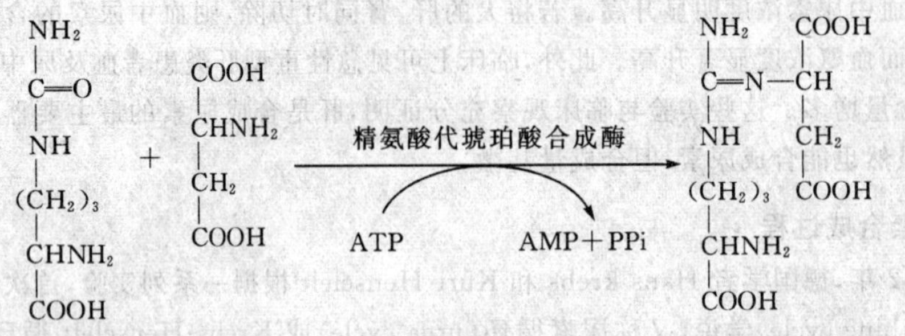

$$
\begin{array}{c}
\text{瓜氨酸} \quad + \quad \text{天冬氨酸} \xrightarrow[\text{ATP} \quad \text{AMP+PPi}]{\text{精氨酸代琥珀酸合成酶}} \text{精氨酸代琥珀酸}
\end{array}
$$

在上述反应过程中,天冬氨酸起着供给氨基的作用。天冬氨酸又可由草酰乙酸与谷氨酸经转氨基作用而生成,而谷氨酸的氨基又可来自体内多种氨基酸。由此可见,多种氨基酸的氨基也可通过天冬氨酸的形式参与尿素合成。

4. 精氨酸的生成

精氨酸代琥珀酸裂解酶催化精氨酸代琥珀酸裂解成精氨酸和延胡索酸。该反应中生成的延胡索酸可经三羧酸循环的中间步骤生成草酰乙酸,再经谷草转氨酶催化转氨作用重新生成天冬氨酸。由此,通过延胡索酸和天冬氨酸,使三羧酸循环与尿素循环联系起来。

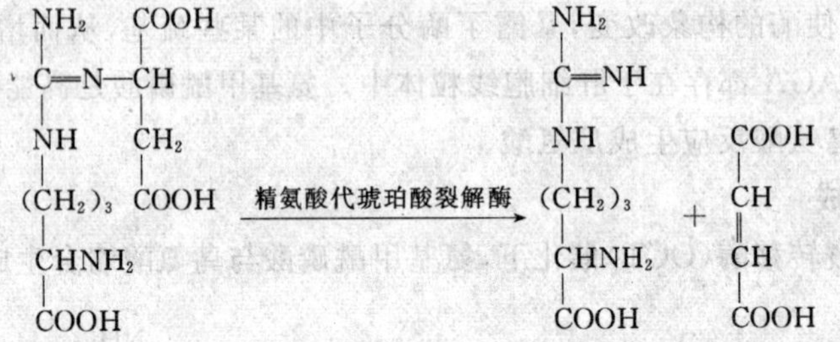

$$
\text{精氨酸代琥珀酸} \xrightarrow{\text{精氨酸代琥珀酸裂解酶}} \text{精氨酸} \quad + \quad \text{延胡索酸}
$$

5. 尿素的生成

在胞液中,精氨酸受精氨酸酶的作用,水解生成尿素和鸟氨酸。鸟氨酸通过线粒体内膜上载体的转运再进入线粒体,并参与瓜氨酸合成。如此反复,完成尿素循环。

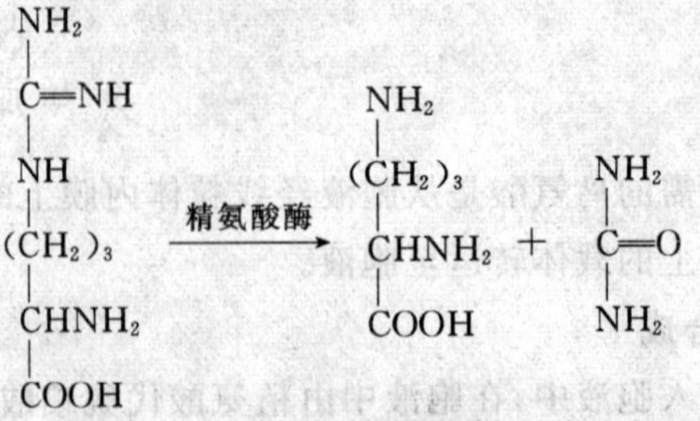

$$
\text{精氨酸} \xrightarrow{\text{精氨酸酶}} \text{鸟氨酸} \quad + \quad \text{尿素}
$$

尿素作为代谢终产物随尿排出体外,目前尚未发现它在体内有什么其他的生理功能。

综上所述,可将尿素合成的总反应归结为:

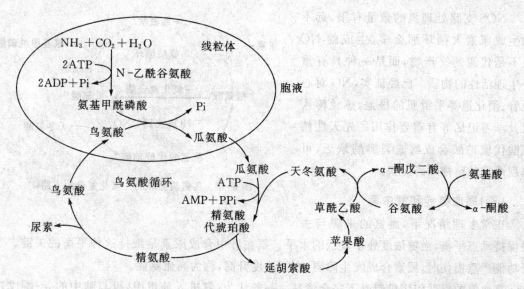

图8-7 尿素合成示意图

从图8-7可见,尿素分子中的2个氮原子,1个来自氨,另1个则来自天冬氨酸,而天冬氨酸又可由其他氨基酸通过转氨基作用而生成。尿素分子中2个氮原子的来源虽然不同,但都直接或间接来自各种氨基酸。另外,还可看到,尿素合成是一个耗能的过程,合成1分子尿素需要消耗4个高能磷酸键,且合成过程不可逆。

值得提出的是,除了线粒体中以氨为氮源,通过CPS-Ⅰ合成氨基甲酰磷酸,并进一步参与尿素合成外,在胞液中还存在CPS-Ⅱ,它以谷氨酰胺为氮源,催化合成氨基甲酰磷酸,并进一步参与嘧啶的合成。两种CPS催化合成的产物虽然相同,但它们是两种不同性质的酶,其生理意义也不相同:CPS-Ⅰ参与尿素的合成,这是肝细胞独特的重要功能,是细胞高度分化的结果,因而,CPS-Ⅰ的活性可作为肝细胞分化程度的指标之一;CPS-Ⅱ参与嘧啶核苷酸的从头合成,与细胞增殖过程中核酸的合成有关,因而它的活性可作为细胞增殖程度的指标之一。

(三)尿素合成的特点

尿素合成的特点:①合成主要在肝脏的线粒体和胞液中进行;②合成1分子尿素需消耗4分子ATP;③精氨酸代琥珀酸合成酶是尿素合成的限速酶;④尿素分子中的2个氮原子,1个来源于NH_3,1个来源于天冬氨酸。

过去曾将血液中的尿素、氨、尿酸、肌酐、氨基酸和胆红素等非蛋白质含氮化合物中所含的氮统称为非蛋白氮(NPN)。非蛋白质含氮化合物中尿素、尿酸、肌酐和氨都是体内物质代谢的终产物,主要通过肾脏排出,如果血液中这些物质的含量有所升高可反映肾脏功能。因其中尿素氮约占NPN总量的一半,故临床上常测定尿素或尿素氮的含量来监测肾功能。

(四)鸟氨酸循环的一氧化氮合酶支路

精氨酸除在精氨酸酶的作用下水解为尿素和鸟氨酸外,还可通过一氧化氮合酶(NOS)作用,使精氨酸越过上述通路直接氧化为瓜氨酸,并产生NO,从而使天冬氨酸携带的氨最终不形成尿素,而是被氧化为NO(图8-8)。

NOS 支路处理氮的数量有限,远不如生成尿素大循环那么多,生成的 NO 也不是代谢的终产物,而是一种具有重要生理活性的物质。已经证实,NO 对心血管、消化道等平滑肌的松弛,感觉传入以及学习记忆等有重要作用。先天性精氨酸代琥珀酸合成酶或裂解酶缺乏,可出现严重的精神障碍症状。

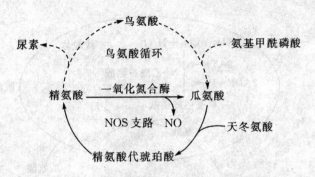

图 8-8 鸟氨酸循环的一氧化氮合酶支路

(五)高血氨症和氨中毒

正常生理情况下,血氨的来源与去路保持动态平衡,血氨浓度处于较低的水平。氨在肝中合成尿素是维持这种平衡的关键。当肝功能严重损伤时,尿素合成发生障碍,血氨浓度升高,称为高血氨症。

高血氨的毒性作用机制尚不完全清楚。一般认为,氨进入脑组织,可与脑中的 α-酮戊二酸结合生成谷氨酸,氨也可与脑中的谷氨酸进一步结合生成谷氨酰胺。因此,脑中氨的增加可使脑细胞中的 α-酮戊二酸减少,导致三羧酸循环减弱,从而使脑组织中 ATP 生成减少,引起大脑功能障碍,严重时可发生昏迷。此外谷氨酸本身为神经递质,且是另一种神经递质 γ-氨基丁酸(GABA)的前体,其减少亦会影响大脑的正常生理功能,严重时也可出现昏迷。另一种可能性是谷氨酸、谷氨酰胺增多,产生渗透压效应,引起脑水肿。肝中尿素合成途径的 5 个酶中任何一种有遗传性缺陷,也会导致先天性尿素合成障碍及高血氨。

降低血氨有助于肝性脑病的治疗。常用的降低血氨的方法包括减少氨的来源,如限制蛋白质摄入量、口服抗生素药物抑制肠道菌,增加氨的去路,如给予谷氨酸以结合氨生成谷氨酰胺等。

第五节 个别氨基酸的代谢

上节论述了氨基酸代谢的一般过程。但是,有些氨基酸还有其特殊的代谢途径,并具有重要的生理意义。本节首先介绍某些氨基酸的另一些代谢方式,如氨基酸的脱羧基作用和一碳单位代谢,然后介绍含硫氨基酸、芳香族氨基酸及支链氨基酸的代谢。

一、氨基酸的脱羧基作用

体内部分氨基酸也可进行脱羧基作用生成相应的胺。催化这些反应的酶是氨基酸脱羧酶。与转氨酶相同,氨基酸脱羧酶的辅酶也是磷酸吡哆醛。胺类含量虽然不高,但具有重要的生理功能。体内广泛存在着胺氧化酶,能将其氧化为相应的醛类,再进一步氧化成羧酸,从而避免胺类在体内蓄积。下面列举几种氨基酸脱羧基产生的重要胺类物质。

(一)γ-氨基丁酸

谷氨酸脱羧基生成 γ-氨基丁酸(GABA),催化此反应的酶是谷氨酸脱羧酶。此酶在脑、肾组织中活性很高,所以脑中 GABA 含量较高。

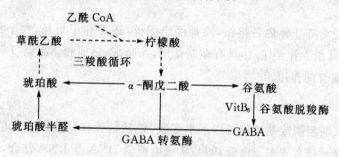

$$\begin{array}{c} NH_2 \\ | \\ HC-COOH \\ | \\ (CH_2)_2 \\ | \\ COOH \end{array} \quad \xrightarrow{\text{L-谷氨酸脱羧酶}} \quad \begin{array}{c} NH_2 \\ | \\ CH_2 \\ | \\ (CH_2)_2 \\ | \\ COOH \end{array} + CO_2$$

L-谷氨酸　　　　　　　　　　　　　　　γ-氨基丁酸

GABA 是一种仅见于中枢神经系统的抑制性神经递质,对中枢神经元有普遍性抑制作用。在脊髓,作用于突触前神经末梢,减少兴奋性递质的释放,从而引起突触前抑制;在脑则引起突触后抑制。

此外,GABA 可在 GABA 转氨酶作用下与 α-酮戊二酸反应生成琥珀酸半醛,进而氧化生成琥珀酸。神经元胞体和突触的线粒体内含有大量的 GABA 转氨酶,由此就构成了 GABA 旁路(图 8-9)。它能使 α-酮戊二酸经此旁路生成琥珀酸,活跃三羧酸循环,可为脑组织提供约 20% 的能量。谷氨酸具有兴奋作用,GABA 有抑制作用,两者可共同调节神经系统的功能。临床上对于惊厥和妊娠呕吐的患者常常使用维生素 B_6 治疗,其机理就在于提高脑组织内谷氨酸脱羧酶的活性,使 GABA 生成增多,增强中枢抑制作用。

```
                      乙酰 CoA
                   ↗  ┆  ↘
         草酰乙酸       柠檬酸
            ↑              ┆
              三羧酸循环      ┆
            │              ┆
   琥珀酸 ←──────── α-酮戊二酸 ──────→ 谷氨酸
      ↑              │         VitB₆ ┊谷氨酸脱羧酶
      │              │               ↓
   琥珀酸半醛 ←───────────────────── GABA
              GABA 转氨酶
```

图 8-9　GABA 旁路

(二)牛磺酸

体内牛磺酸由半胱氨酸代谢转变而来。半胱氨酸首先氧化成磺酸丙氨酸,再脱去羧基生成牛磺酸。在肝细胞中,牛磺酸与游离胆汁酸结合生成结合胆汁酸。

$$\begin{array}{c} CH_2SH \\ | \\ CHNH_2 \\ | \\ COOH \end{array} \xrightarrow{3[O]} \begin{array}{c} CH_2SO_3H \\ | \\ CHNH_2 \\ | \\ COOH \end{array} \xrightarrow[\searrow CO_2]{\text{磺酸丙氨酸脱羧酶}} \begin{array}{c} CH_2SO_3H \\ | \\ CH_2NH_2 \end{array}$$

L-半胱氨酸　　　　磺酸丙氨酸　　　　　　　　　　　牛磺酸

此外,活性硫酸代谢也可以产生牛磺酸。

(三)组胺

组氨酸通过组氨酸脱羧酶催化,生成组胺。组胺在体内分布广泛,乳腺、肺、肝、肌及胃黏膜中组胺含量较高,主要存在于肥大细胞中。

组胺是一种强烈的血管舒张剂,并能增加毛细血管的通透性,引起局部水肿,血压下降。

组氨酸脱羧酶主要存在于肥大细胞,故创伤性休克或炎症病变部位可有组胺的释放。组胺还可以刺激胃黏膜分泌胃蛋白酶和胃酸,常被用作研究胃活动的物质。

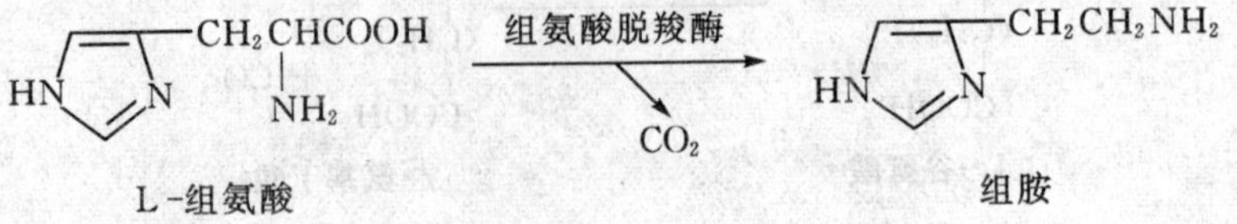

L-组氨酸 → (组氨酸脱羧酶, CO_2) → 组胺

(四)5-羟色胺

色氨酸首先通过色氨酸羟化酶的作用生成5-羟色氨酸,再经脱羧酶作用生成5-羟色胺(5-HT)。

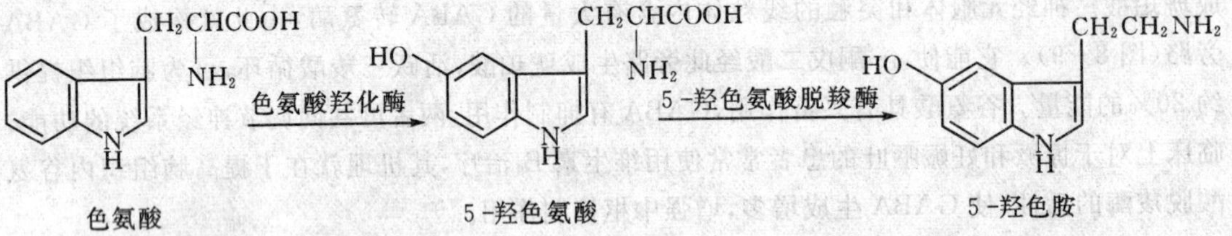

色氨酸 → (色氨酸羟化酶) → 5-羟色氨酸 → (5-羟色氨酸脱羧酶) → 5-羟色胺

5-羟色胺广泛分布于体内各组织,除神经组织外,还存在于胃肠、血小板及乳腺细胞中。脑内的5-羟色胺可作为神经递质,具有抑制作用,与睡眠、疼痛和体温调节有关;在外周组织,5-羟色胺有收缩血管的作用。

(五)多胺

鸟氨酸及蛋氨酸经脱羧基作用可以产生多胺,包括精脒和精胺。多胺是调节细胞生长的重要物质。多胺分子带有较多正电荷,能与带负电荷的 DNA 及 RNA 结合,稳定其结构,促进核酸及蛋白质合成的某些环节。在生长旺盛的组织如胚胎、再生肝及癌组织中,多胺含量升高。多胺促进细胞增殖的机制可能与其稳定细胞结构,与核酸分子结合,并增强核酸与蛋白质合成有关。目前临床上利用测定肿瘤患者血或尿中多胺含量作为辅助诊断和观察病情的指标之一。

二、一碳单位的代谢

某些氨基酸在分解代谢中产生的含有一个碳原子的有机基团,称为一碳单位。有关一碳单位生成和转移的代谢称为一碳单位代谢。

体内的一碳单位有甲基($-CH_3$)、甲烯基($-CH_2-$)、甲炔基($-CH=$)、甲酰基($-CHO$)及亚氨甲基($-CH=NH$)等。它们可分别来自甘氨酸、组氨酸、丝氨酸、色氨酸。

1.一碳单位的载体

一碳单位不能游离存在,通常与四氢叶酸(FH_4)结合而转运或参加物质代谢。FH_4 是一碳单位的载体,由叶酸衍生而来。叶酸经二次还原转变为活性辅酶形式——FH_4(图8-10)。

一碳单位一般共价连接于 FH_4 分子的 N^5、N^{10} 位或 N^5 和 N^{10} 位上。各种不同形式一碳单位中碳原子的氧化状态不同,在适当条件下,它们可以通过氧化还原反应彼此转变,但 N^5-甲

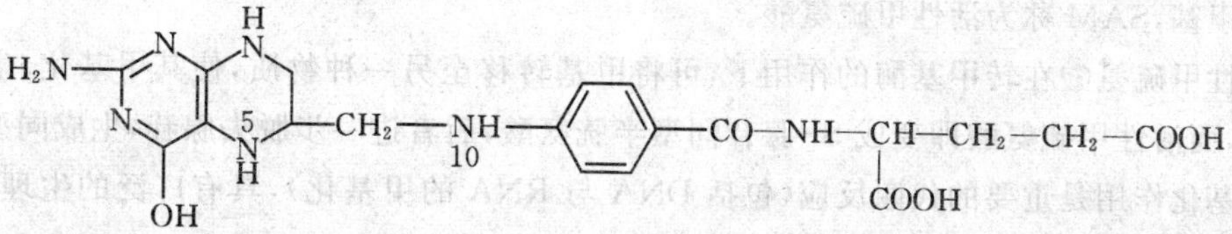

图中结构式：

四氢叶酸（FH_4）

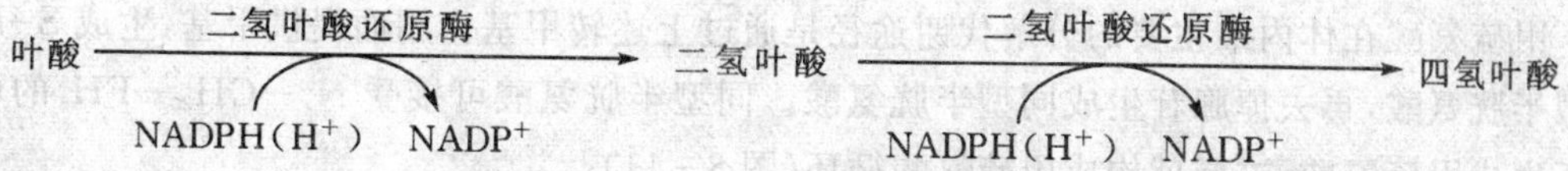

$$叶酸 \xrightarrow[NADPH(H^+) \quad NADP^+]{二氢叶酸还原酶} 二氢叶酸 \xrightarrow[NADPH(H^+) \quad NADP^+]{二氢叶酸还原酶} 四氢叶酸$$

图 8-10　四氢叶酸结构及来源

基四氢叶酸的生成是不可逆的。

2. 一碳单位的生理功能

一碳单位的主要生理功能是作为合成嘌呤及嘧啶的原料，故在核酸生物合成中占有重要地位。例如，N^{10}—CHO—FH_4 与 N^5，H^{10}=CH—FH_4 分别提供嘌呤合成时 C_2 与 C_8 的来源；N^5，N^{10}—CH_2—FH_4 提供胸苷酸（dTMP）合成时甲基的来源。

体内许多具有重要生理功能的化合物合成需要甲基化反应，例如肾上腺素、胆碱、胆酸等的合成。只有 S-腺苷甲硫氨酸（S-adenosyl methionine，SAM）直接提供甲基，而 N^5-甲基四氢叶酸充当甲基的间接供体，以供重新生成甲硫氨酸。

一碳单位将氨基酸与核酸代谢密切联系起来。一碳单位代谢的障碍可造成某些病理情况，例如幼红细胞贫血等。磺胺药及某些抗恶性肿瘤药（甲氨蝶呤等）也正是分别通过干扰细菌及恶性肿瘤细胞的叶酸、四氢叶酸合成，进一步影响一碳单位代谢与核酸合成而发挥其药理作用。例如，常用的磺胺药拮抗剂对氨基苯甲酸，抑制细菌合成叶酸，进而抑制细菌生长，但对人体影响不大；甲氧苄氨嘧啶（TMP）是二氢叶酸类似物，抑制二氢叶酸还原酶活性，影响 FH_4 生成。TMP 与磺胺药合用可以增强药效，称为"增效剂"。

三、含硫氨基酸的代谢

体内的含硫氨基酸有三种，即甲硫氨酸、半胱氨酸和胱氨酸。这三种氨基酸的代谢是相互联系的，甲硫氨酸可以转变为半胱氨酸和胱氨酸，半胱氨酸和胱氨酸也可以互变，但后二者不能变为甲硫氨酸，所以甲硫氨酸是必需氨基酸。

（一）甲硫氨酸的代谢

甲硫氨酸（蛋氨酸）除参与转甲基作用外，还能产生半胱氨酸。因此，保证食物中半胱氨酸的供应可以减少甲硫氨酸的消耗。

1. 甲硫氨酸与转甲基作用

甲硫氨酸的分子中含有 S-甲基，通过各种转甲基作用可以生成多种含甲基的重要生理活性物质，如肾上腺素、肌酸、肉毒碱、胆碱等。但是，甲硫氨酸在转甲基之前，首先必须与 ATP 作用，生成 S-腺苷甲硫氨酸（SAM），此反应由甲硫氨酸腺苷转移酶催化。SAM 中的甲基称为活性甲基,SAM 称为活性甲硫氨酸。

活性甲硫氨酸在转甲基酶的作用下,可将甲基转移至另一种物质,使其甲基化,生成甲基化合物,而活性甲硫氨酸即变成 S-腺苷同型半胱氨酸,后者进一步脱去腺苷,生成同型半胱氨酸。甲基化作用是重要的代谢反应(包括 DNA 与 RNA 的甲基化),具有广泛的生理意义,而SAM 则是体内最重要的甲基直接供体。

2.甲硫氨酸循环

甲硫氨酸在体内最主要的分解代谢途径是通过上述转甲基作用而提供甲基,生成 S-腺苷同型半胱氨酸,再去掉腺苷生成同型半胱氨酸。同型半胱氨酸可接受 $N^5—CH_3—FH_4$ 的甲基重新生成甲硫氨酸,这样就构成甲硫氨酸循环(图 8-11)。

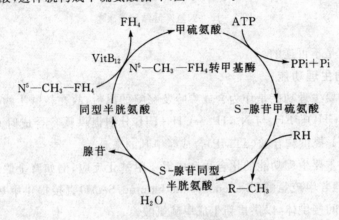

图 8-11 甲硫氨酸循环

催化 $N^5—CH_3—FH_4$ 生成 FH_4 的转甲基酶的辅酶是维生素 B_{12}。维生素 B_{12} 缺乏将导致 $N^5—CH_3—FH_4$ 的堆积,使组织中可使用的游离四氢叶酸减少,阻碍其对一碳单位转运,干扰核酸合成及细胞分裂。因此,维生素 B_{12} 缺乏症往往有叶酸缺乏症的临床表现,导致巨幼红细胞性贫血。

甲硫氨酸循环中产生的同型半胱氨酸,除可再生成甲硫氨酸外,其主要分解途径是与丝氨酸缩合生成胱硫醚,后者进一步生成半胱氨酸和 α-酮丁酸,后者进一步转变成琥珀酸单酰辅酶 A,通过三羧酸循环,可以生成葡萄糖,所以甲硫氨酸是生糖氨基酸。目前认为,高同型半胱氨酸血症具有重要的病理意义,它可能是动脉粥样硬化发病的独立危险分子。

(二)半胱氨酸与胱氨酸的代谢

1.半胱氨酸与胱氨酸的互变

半胱氨酸含有巯基(—SH),胱氨酸含有二硫键(—S—S—),二者可以相互转变。

蛋白质中两个半胱氨酸残基之间形成的二硫键对维持蛋白质的结构具有重要的作用。体内许多重要酶的活性均与其分子中半胱氨酸残基上巯基的存在有直接关系,故有巯基酶之称。有些毒物,如芥子气、重金属盐等,能与酶分子的巯基结合而抑制酶活性,从而发挥其毒性作用。体内存在的还原型谷胱甘肽能保护酶分子上的巯基,因而有重要的生理功能。

2.硫酸根的代谢

含硫氨基酸氧化分解均可产生硫酸根,半胱氨酸是体内硫酸根的主要来源。硫酸根经

ATP 活化生成 $3'$-磷酸腺苷-$5'$-磷酸硫酸,即活性硫酸根(PAPS)。PAPS 的性质活泼,在肝脏的生物转化中有重要作用。例如类固醇激素等可与 PAPS 结合成硫酸酯而被灭活,一些外源性酚类亦可形成硫酸酯而增加其溶解性以利于从尿中排出。此外,PAPS 还可以参与硫酸角质素及硫酸软骨素等分子中硫酸化氨基糖的合成。这类反应总称为转硫酸基作用,由硫酸转移酶催化。

四、芳香族氨基酸的代谢

芳香族氨基酸包括苯丙氨酸、酪氨酸和色氨酸。苯丙氨酸在结构上与酪氨酸相似,在体内苯丙氨酸可变成酪氨酸。

(一)苯丙氨酸和酪氨酸的代谢

正常情况下,苯丙氨酸的主要代谢是经羟化作用生成酪氨酸。催化此反应的酶是苯丙氨酸羟化酶,但是酪氨酸不能变为苯丙氨酸。苯丙氨酸和酪氨酸在体内的主要代谢过程如下:

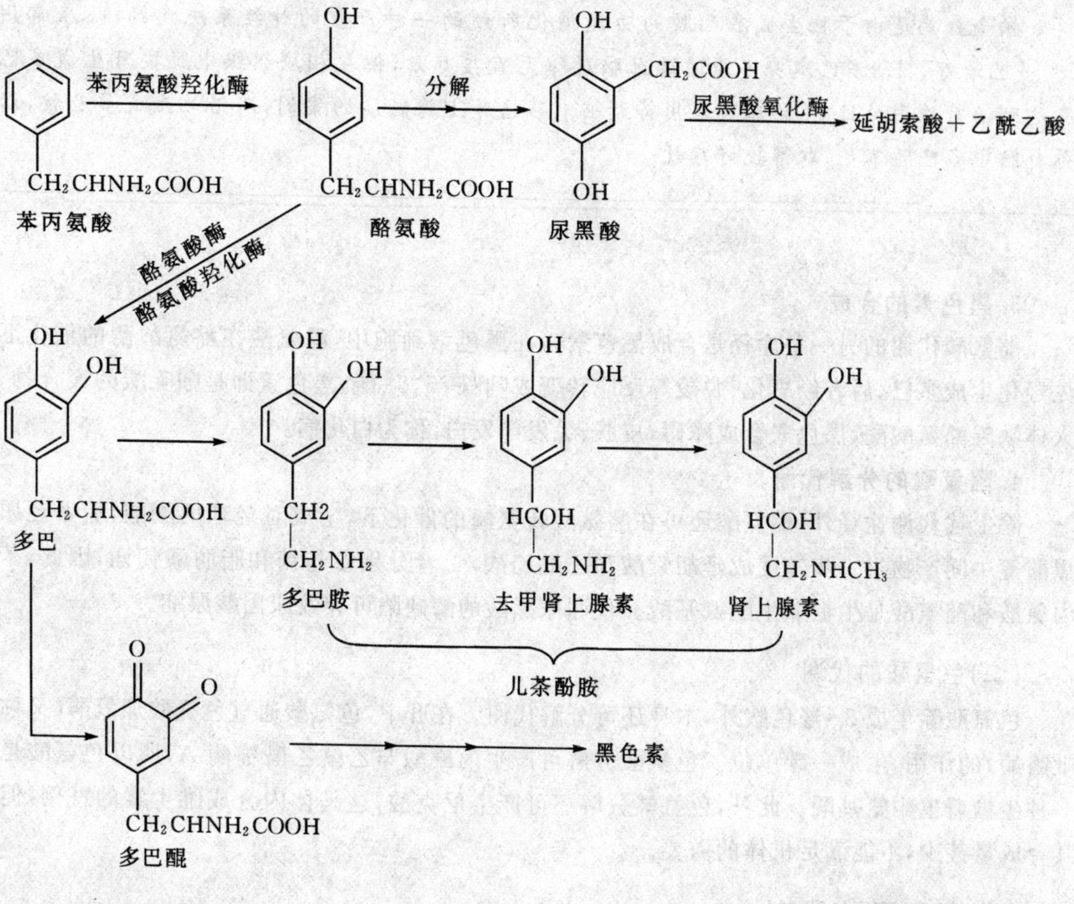

1. 苯丙酮酸尿症

正常情况下,苯丙氨酸代谢的主要途径是转变成酪氨酸。当苯丙氨酸羟化酶先天性缺乏时,苯丙氨酸不能正常地转变成酪氨酸,体内的苯丙氨酸蓄积,并可经转氨基作用生成苯丙酮酸,后者进一步转变成苯乙酸等衍生物。此时,尿中出现大量苯丙酮酸等代谢产物,称为苯丙酸尿症(phenyl ketonuria,PKU)。苯丙酮酸的堆积对中枢神经系统有毒性,故患儿的智力发育障碍。对此种患儿的治疗原则是早期发现,并适当控制膳食中的苯丙氨酸含量。

2.转变成儿茶酚胺

酪氨酸经酪氨酸羟化酶作用,生成多巴(3,4-二羟苯丙氨酸)。进一步经多巴脱羧酶的作用,多巴转变成多巴胺(dopamine,DA)。多巴胺是脑中的一种神经递质,它的含量不足是震颤性麻痹的原因(如帕金森病)。在肾上腺髓质中,多巴胺侧链的β碳原子可再被羟化,生成去甲肾上腺素,后者转变成肾上腺素。多巴胺、去甲肾上腺素、肾上腺素都是有儿茶酚(邻苯二酚)结构的胺类物质,故统称为儿茶酚胺。酪氨酸羟化酶是儿茶酚胺合成的限速酶,受终产物的反馈调节。

 知识链接

帕金森病

帕金森病是由于脑生成多巴胺的功能退化所致的一种严重的神经系统疾病,临床常用L-多巴治疗。L-多巴本身不能通过血脑屏障无直接疗效,但在相应组织中脱羧可生成多巴胺达到治疗作用。目前,临床有采用将大脑中移植肾上腺髓质的案例,以借此生成多巴胺,以弥补脑中多巴胺不足,取得较好疗效。

3.黑色素的合成

酪氨酸代谢的另一条途径是合成黑色素。在黑色素细胞中,酪氨酸在酪氨酸酶的催化下先羟化生成多巴,后者经氧化、脱羧等反应转变成吲哚-5,6-醌,黑色素即是吲哚醌的聚合物。人体缺乏酪氨酸酶,黑色素合成障碍,皮肤、毛发等发白,称为白化病。

4.酪氨酸的分解代谢

除上述代谢途径外,酪氨酸还可在酪氨酸转氨酶的催化下,生成对羟苯丙酮酸,后者经尿黑酸等中间产物进一步转变成延胡索酸和乙酰乙酸,二者分别参与糖和脂肪酸代谢,因此,苯丙氨酸和酪氨酸是生糖兼生酮氨基酸。代谢尿黑酸的酶缺陷可导致尿黑酸尿症。

(二)色氨酸的代谢

色氨酸除生成5-羟色胺外,本身还可分解代谢。在肝中,色氨酸通过色氨酸加氧酶(又称吡咯酶)的作用,生成一碳单位。色氨酸分解可产生丙酮酸与乙酰乙酰辅酶A,所以色氨酸是一种生糖兼生酮氨基酸。此外,色氨酸分解还可产生尼克酸,这是体内合成维生素的特例,但其合成量甚少,不能满足机体的需要。

五、支链氨基酸的代谢

支链氨基酸包括亮氨酸、异亮氨酸和缬氨酸,它们都是必需氨基酸。这三种氨基酸分解代谢的开始阶段基本相同,即首先经转氨基作用,生成各自相应的α-酮酸,其后分别进行代谢。支链氨基酸的分解代谢主要在骨骼肌中进行,具体过程不再详述。

第六节　糖、脂类、蛋白质代谢的联系与调节

一、糖、脂类、蛋白质代谢之间的相互联系

(一)在能量代谢上的相互联系

糖、脂类及蛋白质均可在体内氧化供能。虽然它们在体内分解氧化的代谢途径各不相同，但有共同的交汇点。乙酰辅酶 A 是三大供能物质分解的共同中间代谢产物，三羧酸循环是糖、脂类、蛋白质最后分解的共同代谢途径。从能量供应的角度看，这三大营养素可以互相代替，并互相制约。

一般情况下，供能以糖及脂类为主，并尽量节约蛋白质的消耗。这是因为，动物及人摄取的食物中以糖类为最多，占总热量的 50%～70%；脂肪摄入量不多，变动在 10%～40%，但它是机体储能的主要形式，可达体重的 20% 或更多(肥胖者可达 30%～40%)；体内的蛋白质是组成细胞的重要成分，通常并无多余储存。

由于糖、脂类、蛋白质分解代谢有共同的通路，所以任一供能物质的分解代谢占优势，常能抑制和节约其他供能物质的降解。例如，脂肪分解增强，生成的 ATP 增多，ATP/ADP 比值增高，可变构抑制糖分解代谢中的限速酶——6-磷酸果糖激酶-1 的活性，从而抑制糖分解代谢。相反，若供能物质不足，体内能量匮乏，ADP 积存增多，则可变构激活 6-磷酸果糖激酶-1，加速体内糖的分解代谢。又如疾病不能进食，或无食供给时，由于机体储存的肝糖原及肌糖原不够饥饿时 1 天的需要，为保证血糖恒定以满足脑组织对糖的需要，则肝糖异生增强，蛋白质分解加强。如饥饿持续进行至 3～4 周，长期糖异生增强使蛋白质大量分解，势必威胁生命，故机体通过调节作用转向以保存蛋白质为主。此时体内各组织包括脑组织都以脂肪酸及酮体为主要能源，蛋白质的分解明显降低。

(二)糖、脂类和蛋白质代谢之间的相互联系

体内糖、脂类、蛋白质和核酸等的代谢不是彼此独立，而是相互关联的。它们通过共同的中间代谢物，即两种代谢途径汇合时的中间产物，将三羧酸循环和生物氧化等连成整体。三者之间可以互相转变，当一种物质代谢障碍时可引起其他物质代谢的紊乱，如糖尿病时糖代谢的障碍，可引起脂类代谢、蛋白质代谢甚至水盐代谢的紊乱。

1. 糖代谢与脂类代谢的相互联系

当摄入的糖量超过体内能量消耗时，除合成少量糖原储存在肝脏及肌肉外，生成的柠檬酸及 ATP 可变构激活乙酰辅酶 A 羧化酶，使由糖代谢源源而来的大量乙酰辅酶 A 得以羧化成丙二酰辅酶 A，进而合成脂肪酸及脂肪在脂肪组织中储存，即糖可以转变为脂肪。这就是为什么摄取不含脂肪的高糖膳食可使人肥胖及血甘油三酯升高的原因。然而，脂肪绝大部分不能在体内转变为糖，这是因为脂肪酸分解生成的乙酰辅酶 A 不能转变为丙酮酸，即丙酮酸转变成乙酰辅酶 A 这步反应是不可逆的。尽管脂肪分解产物之一甘油可以在肝、肾、肠等组织中甘油激酶的作用下转变成磷酸甘油，进而转变成糖，但其量和脂肪中大量脂肪酸分解生成的乙酰辅酶 A 相比是微不足道的。

此外,脂肪分解代谢的强度及顺利进行,还有赖于糖代谢的正常进行。当饥饿或糖供给不足或糖代谢障碍时,引起脂肪大量动员。由于糖的不足,致使草酰乙酸相对不足,由脂肪酸分解生成的过量酮体不能及时通过三羧酸循环氧化,造成血酮体升高,产生高酮血症。

2.糖代谢与氨基酸代谢的相互联系

体内蛋白质中的氨基酸,除生酮氨基酸(亮氨酸、赖氨酸)外,都可通过脱氨作用,生成相应的 α-酮酸。这些 α-酮酸可通过三羧酸循环及生物氧化生成 CO_2 及 H_2O 并释出能量生成 ATP,也可转变成某些中间代谢物如丙酮酸,循糖异生途径转变为糖。如精氨酸、组氨酸及脯氨酸均可通过转变成谷氨酸进一步脱氨生成 α-酮戊二酸,经草酰乙酸转变成磷酸烯醇式丙酮酸,再循糖酵解逆行途径转变成糖。同时,糖代谢的一些中间代谢物,如丙酮酸、α-酮戊二酸、草酰乙酸等也可氨基化成某些非必需氨基酸。但苏、甲硫、赖、亮、异亮、缬、苯丙及色氨酸等 8 种氨基酸不能由糖代谢中间物转变而来,必须由食物供给,因此称之为必需氨基酸。由此可见,20 种氨基酸除亮氨酸及赖氨酸外均可转变为糖,而糖代谢中间物仅能在体内转变成 12 种非必需氨基酸,其余 8 种必需氨基酸必须从食物摄取。这就是为什么食物中的蛋白质不能为糖、脂类替代,而蛋白质却能替代糖和脂类供能的重要原因。

3.脂类代谢与氨基酸代谢的相互联系

构成人体蛋白的氨基酸分解后均生成乙酰辅酶 A,后者经还原缩合反应可合成脂肪酸进而合成脂肪,即蛋白质可转变为脂肪。乙酰辅酶 A 也可合成胆固醇以满足机体的需要。此外,氨基酸也可作为合成磷脂的原料。但脂类不能转变为氨基酸,仅脂肪分解的甘油可通过生成磷酸甘油,循糖酵解途径逆行反应生成糖,转变为某些非必需氨基酸。

糖、脂类、氨基酸代谢途径间的相互关系见图 8-12。

二、代谢调节

机体的物质代谢是由许多连续和相关的代谢途径所组成,而代谢途径又是由一系列酶促反应组成。正常情况下,机体各种物质代谢及代谢途径是井然有序、相互联系、相互协调地进行的,以适应机体内外环境的不断变化,维持机体内环境的相对恒定及动态平衡。这是因为机体的物质代谢是在精细的调节下进行的。

代谢调节普遍存在于生物界,是生物的重要特征,也是生物进化过程中逐步形成的一种适应能力。进化程度愈高的生物,其代谢调节方式亦愈复杂。单细胞微生物主要通过细胞内代谢物浓度的变化,对酶的活性及含量进行调节,这种调节称为原始调节或细胞水平的调节。从单细胞生物进化至高等生物,细胞水平的调节发展得更为精细复杂,同时出现了专司调节功能的内分泌细胞及内分泌器官,这些器官及细胞分泌的激素可对其他细胞发挥代谢调节作用,这种调节称为激素水平的调节。高等动物不仅有完整的内分泌系统,而且还有功能十分复杂的神经系统。在中枢神经系统的控制下,或通过神经纤维及神经递质对靶细胞直接发生影响,或通过某些激素的分泌来调节某些细胞的代谢及功能,并通过各种激素的互相协调而对机体代谢进行综合调节,这种调节称为整体水平的调节。细胞水平调节、激素水平调节及整体水平调节统称为三级水平调节。在代谢调节的三级水平中,细胞水平调节是基础,激素及神经对代谢的调节都是通过细胞水平的调节实现的,因此本章将重点介绍。

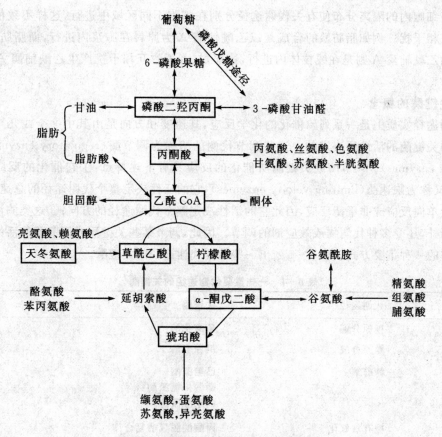

图 8-12 糖、脂类、蛋白质代谢之间的联系

(一)细胞水平的调节

1.细胞内酶的隔离分布

细胞是组织及器官的最基本功能单位。代谢途径有关酶类常常组成酶体系,分布于细胞的某一区域或亚细胞结构中(表 8-3)。例如:糖酵解酶系、糖原合成及分解酶系、脂肪酸合成酶系均存在于胞液中,三羧酸循环酶系、脂肪酸 β-氧化酶系则分布于线粒体,而核酸合成酶系绝大部分集中于细胞核内。

表 8-3　主要代谢途径(多酶体系)在细胞内的分布

多酶体系	分布	多酶体系	分布
DNA 及 RNA 合成	细胞核	糖酵解	胞液
蛋白质合成	内质网,胞液	磷酸戊糖途径	胞液
糖原合成	胞液	糖异生	胞液
脂肪酸合成	胞液	β-氧化	线粒体
胆固醇合成	内质网,胞液	多种水解酶	溶酶体
磷脂合成	内质网	三羧酸循环	线粒体
血红素合成	胞液,线粒体	氧化磷酸化	线粒体
尿素合成	胞液,线粒体	呼吸链	线粒体

酶在细胞内的隔离分布使有关代谢途径分别在细胞不同区域中进行,这样不致使各种代谢途径互相干扰。例如脂肪酸的合成是以乙酰辅酶 A 为原料在胞浆内进行,而脂肪酸 β-氧化生成的乙酰辅酶 A 则是在线粒体内进行,这样,二者不致互相干扰产生乙酰辅酶 A 的无意义循环。

2.关键酶的概念

代谢途径实质上是一系列酶催化的化学反应,其速度和方向是由其中一个或几个具有调节作用的关键酶的活性所决定的。这些调节代谢的酶称为调节酶(regulatory enzymes)或关键酶(key enzymes)。调节酶或关键酶所催化的反应具有下述特点:①它催化的反应速度最慢,因此又称为限速酶(limiting veloity enzymes),它的活性决定整个代谢途径的总速度;②这类酶催化单向反应或非平衡反应,因此它的活性决定整个代谢途径的方向;③这类酶活性除受底物控制外,还受多种代谢物或效应剂的调节。因此,调节某些关键酶或调节酶的活性是细胞代谢调节的一种重要方式。表 8-4 列出一些重要代谢途径的关键酶。

表 8-4   一些重要代谢途径的关键酶

代谢途径	关键酶
糖原分解	磷酸化酶
糖原合成	糖原合酶
糖酵解	己糖激酶
	磷酸果糖激酶
	丙酮酸激酶
糖有氧氧化	丙酮酸脱氢酶复合体
	柠檬酸合酶
	异柠檬酸脱氢酶
	α-酮戊二酸脱氢酶复合体
糖异生	丙酮酸羧化酶
	磷酸烯醇式丙酮酸羧激酶
	果糖二磷酸酶
	葡萄糖-6-磷酸酶
脂肪酸合成	乙酰辅酶 A 羧化酶
胆固醇合成	HMG-CoA 还原酶

代谢调节主要是通过对关键酶活性的调节实现的。按调节的快慢可分为快速调节及迟缓调节两类。前者在数秒及数分钟内即可发生调节,是通过改变酶的分子结构,从而改变其活性来调节酶促反应的速度。快速调节又分为变构调节及化学修饰调节两种。迟缓调节则是通过对酶蛋白分子的合成或降解以改变细胞内酶的含量,一般需数小时或几天才能实现。

3.关键酶的变构调节

(1)变构调节的概念   小分子化合物与酶蛋白分子活性中心以外的某一部位特异结合,引起酶蛋白分子构象变化,从而改变酶的活性,这种调节称为酶的变构调节或别位调节(allosteric regulation),被调节的酶称为变构酶或别构酶(allosteric enzyme),使酶发生变构效应的物质称为变构效应剂(allosteric effector),能引起酶活性增加的为变构激活剂,引起酶活性降低的则为变构抑制剂。变构调节在生物界普遍存在,代谢途径中的关键酶大多是变构酶。现将一些代谢途径中的变构酶及其变构效应剂列表于8-5。

表 8-5　一些代谢途径中的变构酶及其效应剂

变构酶	变构激活剂	变构抑制剂
糖分解与氧化		
糖原磷酸化酶	AMP、Pi	ATP、葡萄糖、6-磷酸葡萄糖
己糖激酶	—	6-磷酸葡萄糖
磷酸果糖激酶	AMP、ADP、Pi、二磷酸果糖	ATP、柠檬酸、异柠檬酸
丙酮酸激酶	AMP、二磷酸果糖	ATP、乙酰 CoA
柠檬酸合酶	AMP、ADP	ATP、NADH、长链脂肪酰 CoA
异柠檬酸脱氢酶	AMP、ADP	ATP
糖异生与糖原合成		
丙酮酸羧化酶	ATP、乙酰 CoA	—
果糖-1,6-二磷酸酶	ATP	AMP、6-磷酸果糖
糖原合酶	6-磷酸葡萄糖	—
脂肪酸合成		
乙酰 CoA 羧化酶	乙酰 CoA、柠檬酸、异柠檬酸	长链脂肪酰 CoA

(2)变构调节的机制　变构酶常是由两个以上亚基组成的具有四级结构的聚合体。在变构酶分子中,有的亚基能与底物结合起催化作用,称为催化亚基;有的亚基能与变构效应剂结合而起调节作用,称为调节亚基。变构效应剂是通过非共价键与调节亚基结合,引起酶的构象改变(如变疏松或紧密),从而影响酶与底物的结合,使酶的活性受到抑制或激活。有的变构效应剂与底物均结合在同一亚基上,只是结合的部位不同。

变构效应剂可以是酶的底物,也可是酶体系的终产物,或其他小分子代谢物。它们在细胞内浓度的改变能灵敏地反映代谢途径的强度和能量供求情况,并使关键酶构象改变影响酶活性,从而调节代谢的强度、方向以及细胞能量的供需平衡。

(3)变构调节的生理意义　变构调节是细胞水平调节中一种较常见的快速调节,具有重要生理意义。

代谢途径的产物可使催化该途径起始反应的酶受到抑制,即反馈抑制(feedback inhibition)。这类抑制多为变构抑制,例如长链脂酰辅酶 A 可反馈抑制乙酰辅酶 A 羧化酶,从而抑制脂酸的合成,这样可使代谢物的生成不致过多。

变构调节还使能量得以有效利用,不致浪费。例如 G-6-P 可激活糖原合酶,使多余的磷酸葡萄糖合成糖原,能量得以有效储存。又如 ATP 可变构抑制磷酸果糖激酶、丙酮酸激酶及柠檬酸合酶,从而阻断糖酵解、有氧氧化及三羧酸循环,使 ATP 的生成不致过多,造成浪费。在这类代谢调节中,负反馈作用更多见。这是因为过量生成多余产物,不仅是浪费,而且对机体有害。

变构调节还可使不同代谢途径相互协调,例如柠檬酸既可变构抑制磷酸果糖激酶,又可变构激活乙酰辅酶 A 羧化酶,使多余的乙酰辅酶 A 合成脂肪酸。

4. 酶的化学修饰调节

(1)化学修饰的概念 酶蛋白肽链上某些残基在酶的催化下发生可逆的共价修饰(covalent modification),从而引起酶活性改变,这种调节称为酶的化学修饰(chemical modification)。酶的化学修饰主要有磷酸化与脱磷酸、乙酰化与脱乙酰、甲基化与去甲基、腺苷化与脱腺苷及－SH 与－S－S－互变等,其中磷酸化与去磷酸在代谢调节中最为多见(表 8-6)。

表 8-6 酶促化学修饰对酶活性的调节

酶	化学修饰类型	酶活性改变
糖原磷酸化酶	磷酸化/脱磷酸	激活/抑制
磷酸化酶 b 激酶	磷酸化/脱磷酸	激活/抑制
糖原合成酶	磷酸化/脱磷酸	抑制/激活
丙酮酸脱羧酶	磷酸化/脱磷酸	抑制/激活
磷酸果糖激酶	磷酸化/脱磷酸	抑制/激活
丙酮酸脱氢酶	磷酸化/脱磷酸	抑制/激活
HMG-CoA 还原酶	磷酸化/脱磷酸	抑制/激活
HMG-CoA 还原酶激酶	磷酸化/脱磷酸	激活/抑制
乙酰 CoA 羧化酶	磷酸化/脱磷酸	抑制/激活
脂肪细胞甘油三酯脂肪酶	磷酸化/脱磷酸	激活/抑制
黄嘌呤氧化脱氢酶	－SH/－S－S－	脱氢酶/氧化酶

酶促化学修饰是体内快速调节的另一重要方式,磷酸化是常见的修饰方式。酶蛋白分子中丝氨酸、苏氨酸及酪氨酸的羟基是磷酸化修饰的位点。酶的磷酸化与脱磷酸反应是不可逆的。酶蛋白的磷酸化是在蛋白激酶(proteinkinase)的催化下,由 ATP 提供磷酸基及能量完成的,而脱磷酸则是由磷蛋白磷酸酶(protein phosphatase)催化的水解反应。

(2)酶促化学修饰的特点 ①绝大多数属于这类调节方式的酶都具无活性(或低活性)和有活性(或高活性)两种形式。它们之间在两种不同酶的催化下发生共价修饰,可以互相转变。催化互变反应的酶在体内受调节因素如激素的控制。②和变构调节不同,化学修饰是由酶催化引起的共价键变化,且因其是酶促反应,故有放大效应。催化效率常较变构调节效率高。③磷酸化与脱磷酸是最常见的酶促化学修饰反应。酶的 1 分子亚基发生磷酸化常需消耗 1 分子 ATP,这与合成酶蛋白所消耗的 ATP 相比显然要少得多,且作用迅速,又有放大效应,因此,是体内调节酶活性经济而有效的方式。

应当指出,变构调节与化学修饰调节只是调节酶活性的两种不同方式,而对某一具体酶而言,它可同时受这两种方式的调节。例如磷酸化酶 b 既可受 AMP 与 Pi 的变构激活和 ATP 与 G-6-P 的变构抑制,又可通过磷酸化酶 b 激酶的磷酸化共价修饰而被激活,或受磷蛋白磷酸酶的脱磷酸作用而失活。

5. 酶量的调节

除通过改变酶分子的结构来调节细胞内原有酶的活性外,还可通过改变酶的合成或降解以调节细胞内酶的含量,从而调节代谢的速度和强度。由于酶的合成或降解所需时间较长,消耗 ATP 量较多,通常要数小时甚至数日,因此酶量调节属迟缓调节。

(1)酶蛋白合成的诱导与阻遏　酶的合成包括酶的诱导与阻遏。诱导使酶的生成增多、增快,而阻遏则使酶的生成减少、减慢。某些小分子物质,如代谢物(常是酶的底物)、激素、药物等对酶有诱导作用,使酶蛋白合成增加,由此使酶量增多,该酶催化的代谢反应速度也随之加快。例如加单氧酶系易被诱导。临床上苯巴比妥等安眠药久服引起耐药作用,是因为苯巴比妥不仅可使加单氧酶系合成增加,还可诱导葡萄糖醛酸转移酶的生成,使肝对苯巴比妥的生物转化能力增强。酶的阻遏可由代谢物引起,小分子的代谢终产物常对关键酶进行反馈阻遏。如 HMG-CoA 还原酶是胆固醇合成中的关键酶,在肝中该酶可被胆固醇反馈阻遏,而于肠黏膜中该酶不受胆固醇的反馈阻遏,因而食物胆固醇有引起血胆固醇浓度升高的作用。

(2)酶蛋白降解　酶的降解是通过蛋白酶的水解作用实现的。细胞内的蛋白酶主要存在于溶酶体中,因而酶蛋白降解与溶酶体中蛋白酶的释出速度有关。除溶酶体外,细胞中还存在一种称为蛋白酶体的蛋白水解酶复合物。蛋白酶体由多种蛋白水解酶组成,它在酶蛋白与泛素(ubiquitin)广泛结合后,即可将酶蛋白降解。泛素是进化上高度保守的蛋白质,由 76 个氨基酸残基构成。

(二)激素水平的调节

通过激素来调控物质代谢是高等动物体内代谢调节的重要方式。不同激素作用于不同组织产生不同的生物效应,表现较高的组织特异性和效应特异性。激素之所以能对特定的组织或细胞(靶组织或靶细胞)发挥作用,是由于该组织或细胞存在有能特异识别和结合相应激素的受体(receptor)。当激素与靶细胞受体结合后,能将激素的信号跨膜传递入细胞内,转化为一系列细胞内的化学反应,最终表现出激素的生物学效应。

(三)整体水平的调节

在人类生活过程中,其内外环境不断变化,机体可通过神经末梢及神经体液途径对机体的生理功能及物质代谢进行调节,以适应环境的变化,从而维持内环境的相对恒定。现以饥饿和应激为例说明整体水平的物质代谢调节过程。

1. 饥饿

在病理状态(如昏迷、食管及幽门梗阻等)或特殊情况下不能进食时,若不能及时治疗或补充食物,则机体物质代谢在整体调节下发生一系列的变化。短期饥饿与长期饥饿时,调节变化不同。

短期饥饿指不能进食 1~3 天,表现为肝糖原显著减少,血糖趋于降低,引起胰岛素分泌减少和胰高血糖素分泌增加。这两种激素的增减可引起一系列的代谢改变。

(1)肌蛋白质分解加强　释放入血的氨基酸量增加,肌蛋白质分解的氨基酸大部分转变为丙氨酸和谷氨酰胺释放入血循环。饥饿第 3 天,肌释出丙氨酸占输出总氨基酸的 30%~40%。

(2)糖异生作用增强　饥饿 2 天后,肝糖异生和酮体生成明显增加,此时肝糖异生速度约为每天生成 150g 葡萄糖,其中 30％来自乳酸,10％来自甘油,40％来自氨基酸。肝是饥饿初期糖异生的主要场所,约占 80％,小部分(约 20％)则在肾皮质中进行。

(3)脂肪动员加强,酮体生成增多 血浆甘油和游离脂酸含量升高,脂肪组织动员出的脂酸约 25％在肝生成酮体。此时脂酸和酮体成为心肌、骨骼肌和肾皮质的重要燃料,一部分酮体可被大脑利用。

(4)组织对葡萄糖的利用降低 由于心、骨骼肌及肾皮质摄取和氧化脂酸及酮体增加,因而减少了这些组织对葡萄糖的摄取及利用。饥饿时脑对葡萄糖的利用亦有所减少,但饥饿初大脑仍以葡萄糖为主要能源。

长期饥饿时代谢的改变与短期饥饿不同,表现如下:

(1)脂肪动员进一步加强,肝生成大量酮体,脑组织利用酮体增加,超过葡萄糖,占总耗氧量的 60％。

(2)肌以脂酸为主要能源,以保证酮体优先供应脑组织。

(3)肌蛋白质分解减少,肌释出氨基酸减少,乳酸和丙酮酸成为肝糖异生的主要来源。

(4)肾糖异生作用明显增强,每天生成约 40g 葡萄糖,占饥饿晚期糖异生总量一半,几乎和肝相等。

(5)因肌蛋白分解减少,负氮平衡有所改善。

机体为了应对饥饿所造成不良后果主要的应对策略是:为脑和红细胞等提供葡萄糖,尽量保存蛋白质。第 1 天后,糖已耗尽,脂肪还可用一个月;低血糖使胰岛素分泌减少,胰高血糖素分泌增加,脂解和糖异生活跃,乙酰辅酶 A 和柠檬酸浓度升高,抑制酵解;肝脏和肌肉的能量主要来自脂肪酸的分解;肌肉将丙酮酸、乳酸、丙氨酸以及脂肪分解产生的甘油运输到肝脏参加异生。3 天后,肝脏产生大量酮体,因为草酰乙酸已耗尽;脑需要的能量有 1/3 由酮体提供;此时可以检测到酮症的发生。几个星期后,酮体成为脑的主要能量来源,对糖的需要减少;肌肉蛋白质的降解减少;此时,维持生命的时间取决于体内脂肪储量。

总之,饥饿时的主要能量来源是储存的蛋白质和脂肪,其中脂肪约占能量来源的 85％以上。如此时输入葡萄糖,不但可减少酮体的生成,降低酸中毒的发生率,且可防止体内蛋白质的消耗。每输入 100g 葡萄糖约可节省 50g 蛋白质的消耗,这对不能进食的消耗性疾病患者尤为重要。

2. 应激

应激(stress)是人体受到一些异乎寻常的刺激,如创伤、剧痛、冻伤、缺氧、中毒、感染以及剧烈情绪波动等所做出一系列反应的“紧张状态”。应激状态时伴有一系列神经-体液的改变,是整体神经综合应答反应的调节过程,它使机体全身紧急动员以渡过“难关”。其中包括交感神经兴奋,肾上腺髓质及皮质激素分泌增多,血浆胰高血糖素及生长激素水平增加,而胰岛素分泌减少,肝糖原分解及血糖浓度升高,糖异生加速,脂肪动员和蛋白质分解加强,机体呈负氮平衡,同时相应的合成代谢抑制,最终使血中葡萄糖、脂肪酸、酮体、氨基酸等浓度相应升高,使机体各组织能及时得到充足能源和营养物质的供应,以有效地应付紧急状态,安然渡过险情,但可引起机体消瘦、乏力。当然机体应付应激的能力也有一定的限度,长期应急的消耗也会导致机体功能衰竭而危及生命。

学习小结

氨基酸具有重要的生理功能,除主要作为合成蛋白质的原料外,还可以转变成一些含氮物质。人体内氨基酸主要来自食物蛋白质的消化吸收,氨基酸的种类及性质的不同,其吸收、转运也不同。未被消化的蛋白质和氨基酸在大肠下段还可发生腐败作用。

外源性与内源性氨基酸共同构成"氨基酸代谢库",参与体内代谢。氨基酸的脱氨基作用,生成氨及相应的 α-酮酸,这是氨基酸的主要分解途径;转氨基参与的联合脱氨基作用,是体内大多数氨基酸脱氨基的主要方式;在骨骼肌等组织中,氨基酸主要通过"嘌呤核苷酸循环"脱去氨基。α-酮酸是氨基酸的碳架,除部分可用于再合成氨基酸外,其余的可经过不同代谢途径,汇集于丙酮酸或三羧酸循环中的某一中间产物,通过它们可以转变成糖,也可继续氧化,最终生成二氧化碳、水及能量,因此氨基酸也是能源物质。有些氨基酸则可转变成乙酰辅酶 A 而形成脂类。氨是有毒物质,体内大部分经鸟氨酸循环合成尿素排出体外。肝功能严重损伤时,可产生高氨血症和肝昏迷。体内小部分氨在肾以铵盐形式随尿排出。胺类物质在体内也有重要的生理作用。

体内各种代谢途径之间可通过共同枢纽性中间产物互相联系和转变。糖、脂类、蛋白质等营养素在供应能量上可互相代替,互相制约,但不能完全互相转变,因为有些代谢反应是不可逆的。代谢调节可分为三级水平,即细胞水平调节、激素水平调节和以中枢神经系统为主导的整体调节。细胞水平调节主要通过改变关键酶的活性来实现。酶活性的调节既可通过改变现有酶分子的结构,又可通过改变酶的含量完成。前者较快,后者缓慢而持久。激素的代谢调节通过与靶细胞受体特异结合,将激素信号转化为细胞内一系列化学反应,最终表现出激素的生物学效应。神经系统可通过内分泌腺间接调节代谢,也可直接对组织、器官施加影响,进行整体调节,从而使机体代谢处于相对稳定状态。饥饿及应激时的物质代谢的改变是整体代谢调节的结果。

目标检测

1. 名词解释:必需氨基酸,蛋白质的营养互补作用,一碳单位,关键酶。
2. 简要解释肝昏迷的氨中毒学说。
3. 简要说明维生素 B_{12} 缺乏产生巨幼红细胞贫血的生化原因。
4. 用简图表明谷氨酸在体内转变成尿素、CO_2 和 H_2O 的主要代谢过程(不要求结构式和酶)。

第九章　核酸的结构、功能与核苷酸代谢

学习目标

【掌握】核酸的元素组成；核酸的化学组成；核酸的基本组成单位；核苷酸的连接方式；DNA 的双螺旋结构要点；mRNA、tRNA 及 rRNA 的功能；DNA 的变性与复性；嘌呤、嘧啶核苷酸分解代谢的终产物。

【熟悉】DNA 的一级结构；DNA 的功能；mRNA、tRNA 及 rRNA 的结构；核酸的紫外吸收性质；核酸的分子杂交。

【了解】核酸的一般性质；DNA 的超级结构；核苷酸合成代谢的过程。

核酸(nucleic acid)是以核苷酸为基本组成单位的生物大分子,具有复杂的结构和重要的功能。天然存在的核酸依据其分子中含有戊糖种类的不同分为两类,一类是脱氧核糖核酸(deoxyribonucleic acid,DNA),另一类是核糖核酸(ribonucleic acid,RNA)。DNA 主要分布在细胞核和线粒体内,携带遗传信息。RNA 存在于细胞质、细胞核和线粒体内,参与遗传信息的复制与表达。

第一节　核酸的化学组成

一、核酸的元素组成

组成核酸的主要元素有 C、H、O、N、P,其中磷的含量较恒定,DNA 平均含磷量为 9.9%,RNA 平均含磷量为 9.4%。因此,测定生物样品中磷的含量,可以计算出核酸的含量。

二、核酸的基本组成成分

将核酸水解得到的最终产物是戊糖、碱基和磷酸,此即组成核酸的基本成分。

1. 戊糖
DNA 中含有 D-2-脱氧核糖,RNA 中含有 D-核糖。两种戊糖的结构见图 9-1。

2. 碱基
核酸中的碱基有两类,嘌呤碱和嘧啶碱。嘌呤碱主要有腺嘌呤(A)和鸟嘌呤(G);嘧啶碱主要有胞嘧啶(C)、尿嘧啶(U)和胸腺嘧啶(T)。DNA 中主要含有 A、G、C、T;RNA 中主要含有 A、G、C、U。碱基的结构见图 9-2。

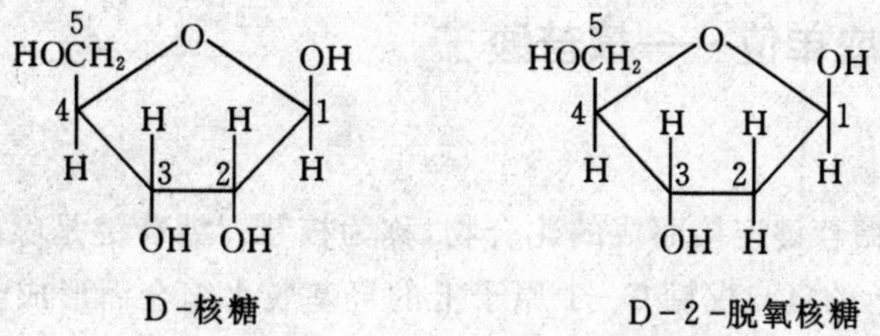

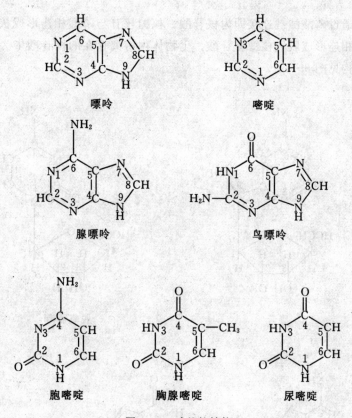

图 9-1　戊糖的结构

D-核糖　　　　　　　　D-2-脱氧核糖

嘌呤　　　　　　　　嘧啶

腺嘌呤　　　　　　　　鸟嘌呤

胞嘧啶　　　　胸腺嘧啶　　　尿嘧啶

图 9-2　碱基的结构

3. 磷酸

DNA 和 RNA 水解都可以得到磷酸。

两类核酸的基本组成成分见表 9-1。

表 9-1　两类核酸的基本组成成分

基本成分	RNA	DNA
戊糖	D-核糖	D-2-脱氧核糖
碱基	腺嘌呤(A)，鸟嘌呤(G)，胞嘧啶(C)，尿嘧啶(U)	腺嘌呤(A)，鸟嘌呤(G)，胞嘧啶(C)，胸腺嘧啶(T)
磷酸	磷酸	磷酸

三、核酸的基本组成单位——核苷酸

(一)核苷

碱基与戊糖通过糖苷键连接而成的化合物,称为核苷。糖苷键是嘌呤碱的 N-9 原子或嘧啶碱的 N-1 原子上的氢与戊糖 C-1 原子上的羟基脱水缩合而形成。含核糖者为核糖核苷,含脱氧核糖者为脱氧核糖核苷。

(二)核苷酸

核苷与磷酸通过磷酸酯键连接即为核苷酸。核糖核苷与磷酸相连形成核糖核苷酸,脱氧核糖核苷与磷酸相连形成脱氧核糖核苷酸。生物体内游离存在的核苷酸多为 5'-核苷酸。核苷与核苷酸的结构见图 9-3。

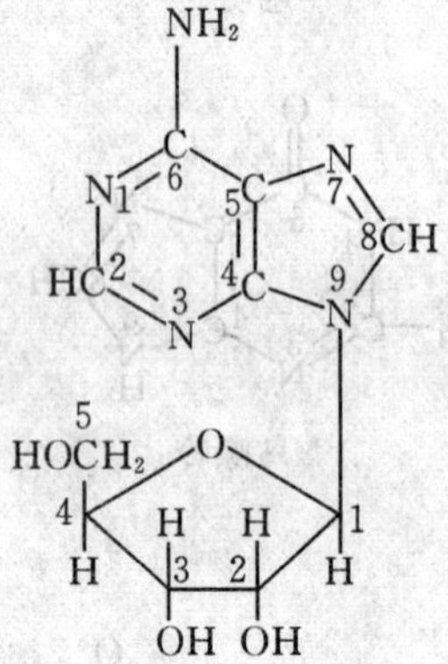

腺苷 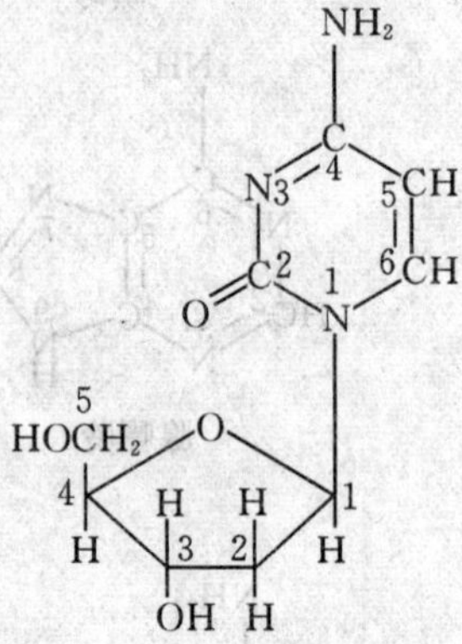　　　　　　　　　　　　　脱氧胞苷

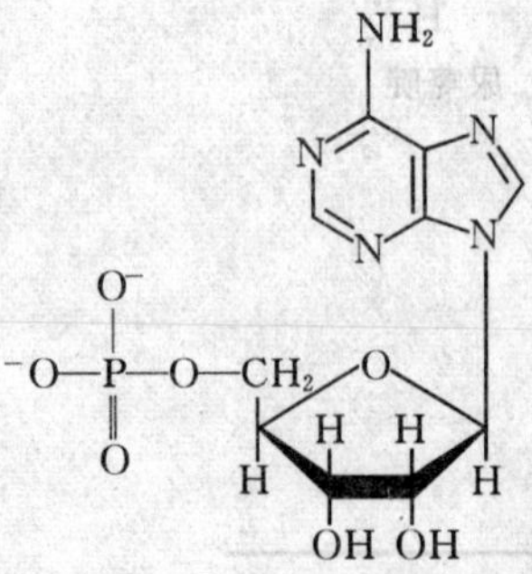

腺苷酸　　　　　　鸟苷酸　　　　　　胞苷酸
（AMP）　　　　　（GMP）　　　　　（CMP）

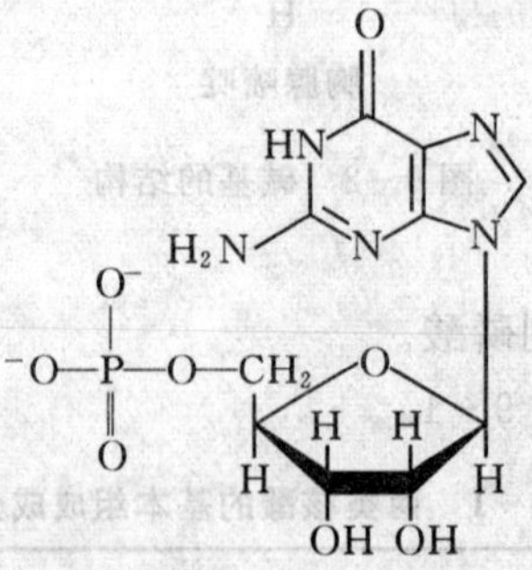

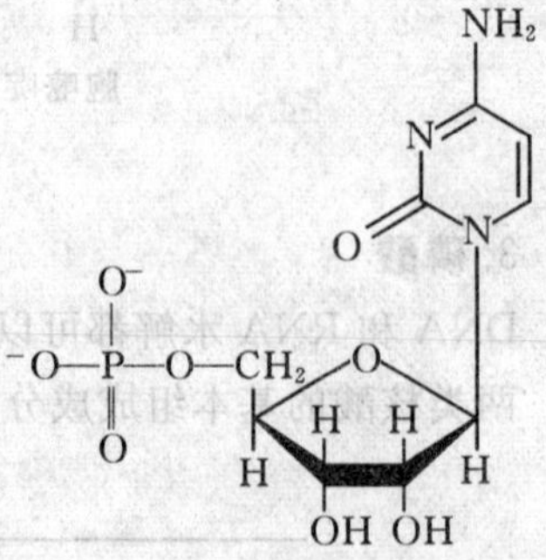

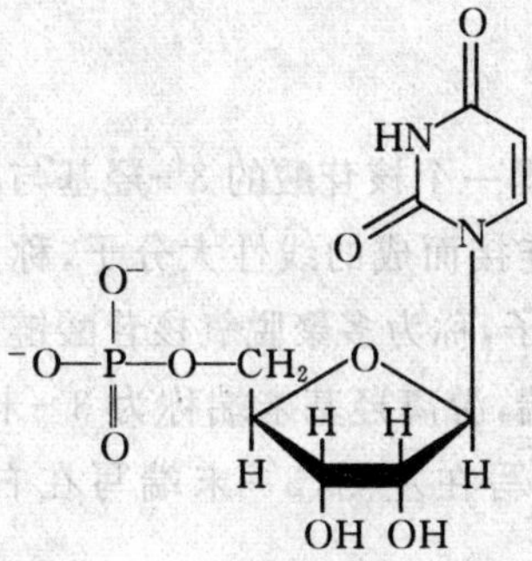

尿苷酸
(UMP)

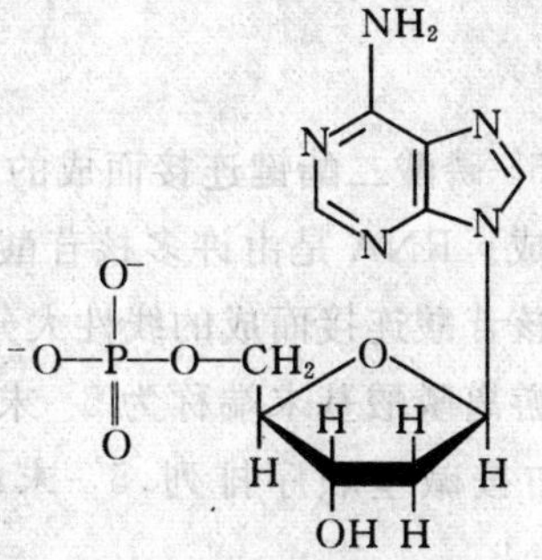

脱氧腺苷酸
(dAMP)

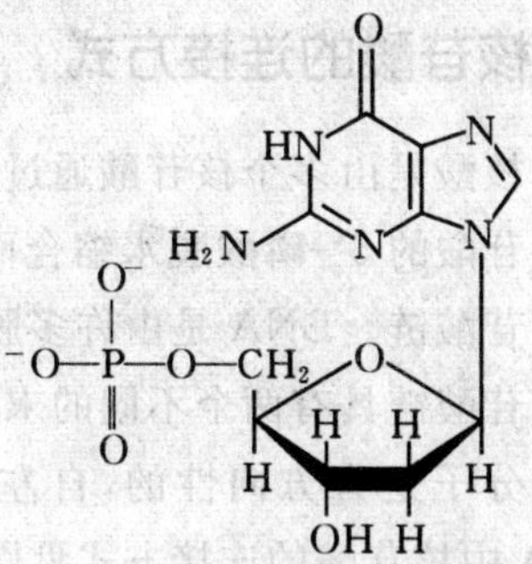

脱氧鸟苷酸
(dGMP)

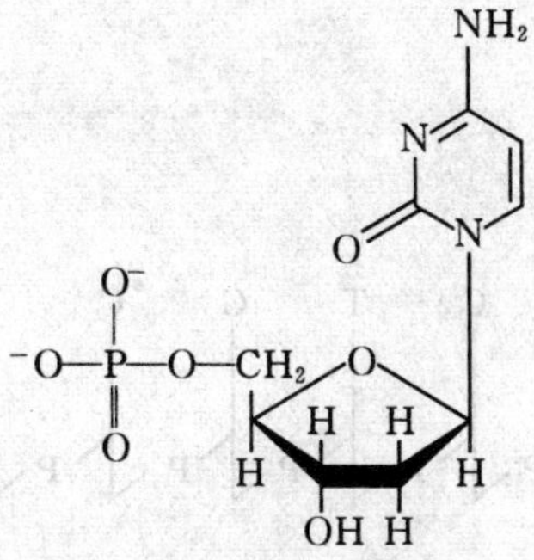

脱氧胞苷酸
(dCMP)

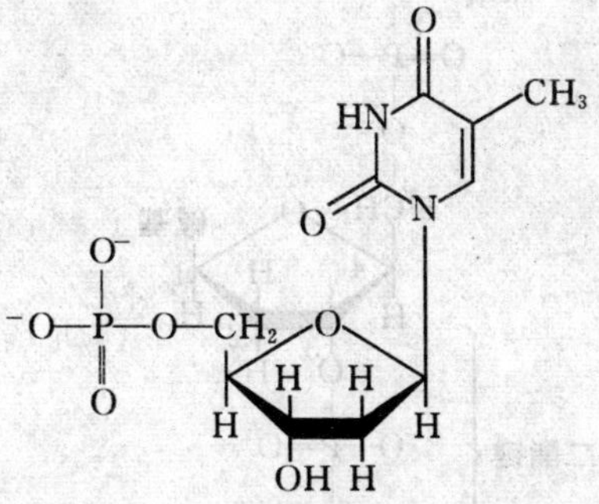

脱氧胸苷酸
(dTMP)

图 9-3　核苷与核苷酸的结构

核苷酸是组成核酸的基本单位。组成 RNA 的基本单位是腺苷酸、鸟苷酸、胞苷酸和尿苷酸；组成 DNA 的基本单位是脱氧腺苷酸、脱氧鸟苷酸、脱氧胞苷酸、脱氧胸苷酸。核酸中主要的核苷、核苷酸及其缩写见表 9-2。

表 9-2　核酸中主要的核苷、核苷酸及其缩写

核酸	核苷	核苷酸
RNA	核糖核苷	5′-核苷酸(NMP)
	腺苷	腺苷酸(一磷酸腺苷，AMP)
	鸟苷	鸟苷酸(一磷酸鸟苷，GMP)
	胞苷	胞苷酸(一磷酸胞苷，CMP)
	尿苷	尿苷酸(一磷酸尿苷，UMP)
DNA	脱氧核糖核苷	5′-脱氧核苷酸(dNMP)
	脱氧腺苷	脱氧腺苷酸(一磷酸脱氧腺苷，dAMP)
	脱氧鸟苷	脱氧鸟苷酸(一磷酸脱氧鸟苷，dGMP)
	脱氧胞苷	脱氧胞苷酸(一磷酸脱氧胞苷，dCMP)
	脱氧胸苷	脱氧胸苷酸(一磷酸脱氧胸苷，dTMP)

四、核苷酸的连接方式

核酸是由多个核苷酸通过 $3',5'$-磷酸二酯键连接而成的,即一个核苷酸的 $3'$-羟基与另一个核苷酸的 $5'$-磷酸脱水缩合而形成。RNA 是由许多核苷酸连接而成的线性大分子,称为多聚核苷酸链。DNA 是由许多脱氧核苷酸连接而成的线性大分子,称为多聚脱氧核苷酸链。每条核苷酸链具有两个不同的末端,游离磷酸基末端称为 $5'$-末端,游离羟基末端称为 $3'$-末端。核酸分子是有方向性的,自左向右按碱基顺序排列,$5'$-末端写在左侧,$3'$-末端写在右侧。DNA 中核苷酸的连接方式见图 9-4。

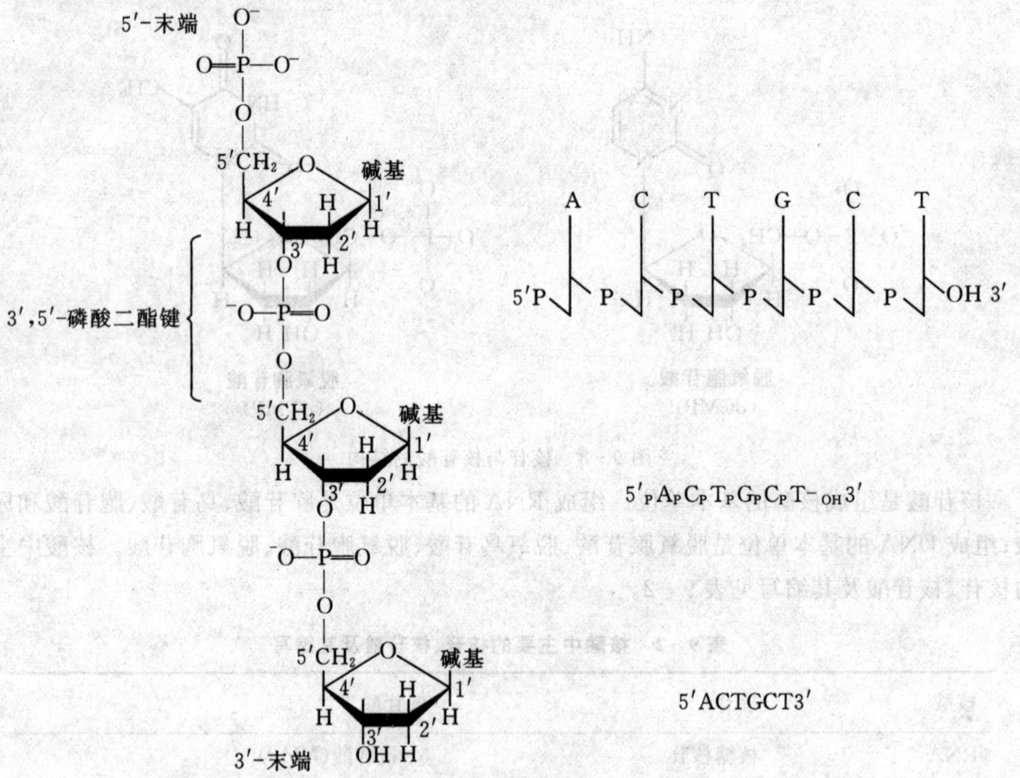

图 9-4 DNA 中核苷酸的连接方式与 DNA 一级结构的表示方式

第二节 DNA 的结构与功能

一、DNA 的一级结构

DNA 的一级结构是指 DNA 分子中脱氧核苷酸从 $5'$-末端到 $3'$-末端的排列顺序。由于脱氧核苷酸之间的差别仅在于碱基的差异,因此 DNA 的一级结构即为它的碱基排列顺序。自然界中 DNA 的长度可以高达几十万个碱基,而 DNA 携带的遗传信息取决于碱基排列顺序的变化。DNA 的一级结构从繁到简的表达方式见图 9-4。

二、DNA 的空间结构

(一)DNA 的二级结构

DNA 的二级结构属于双螺旋结构,其特点如下:

(1)DNA 分子是由两条反向平行的多脱氧核苷酸链以右手螺旋方式围绕同一中心轴构成的双螺旋结构。双螺旋表面形成大沟和小沟。

(2)两条链中的磷酸与脱氧核糖位于螺旋外侧,碱基位于螺旋内侧。通过碱基间形成的氢键相互连接,A 与 T 以两个氢键配对连接,G 与 C 以三个氢键配对连接,这种 A=T 和 G≡C 的配对规律称为碱基互补规律。两条多脱氧核苷酸链称为互补链。只要知道一条链上核苷酸的排列顺序,就能确定另一条链上核苷酸的排列顺序。

(3)碱基对中的两个碱基处于同一平面,垂直于螺旋中心轴,碱基平面之间的距离为 0.34nm,螺旋上升一周的距离为 3.4nm,每个螺距内含有 10 个碱基对,螺旋直径为 2nm。双螺旋结构的稳定主要依靠碱基对间的氢键和堆积力。

DNA 的双螺旋结构见图 9-5。

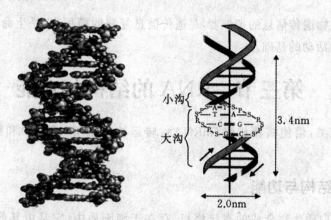

图 9-5 DNA 的双螺旋结构

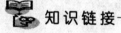 知识链接

DNA 的双螺旋结构

20 世纪 40 年代,Erwin Chargaff 等人研究了 DNA 的碱基组成规律:不同生物种属的 DNA 碱基组成不同;同一个体不同器官、不同组织的 DNA 具有相同的碱基组成;DNA 分子中腺嘌呤与胸腺嘧啶的摩尔数相等,鸟嘌呤与胞嘧啶的摩尔数相等。此后,Rosalind Franklin 获得了 DNA 结晶的高质量 X 线衍射图片,显示 DNA 是螺旋形的双链分子。1953 年,Francis Crick 和 James Watson 综合了当时这些研究成果,提出了 DNA 双螺旋结构模型,确立了 DNA 的二级结构。该模型被认为是现代分子生物学的基石,推动了生命科学与现代分子生物学的发展,为揭示生物界遗传性状世代相传的分子奥秘做出了划时代的贡献,从而获得了 1962 年诺贝尔医学奖。

(二)DNA 的超级结构

DNA 在双螺旋结构的基础上进一步折叠形成超螺旋结构。超螺旋结构可与蛋白质共同构成核小体，经再度折叠后被紧密压缩于染色体中。核小体结构示意图见图 9 - 6。

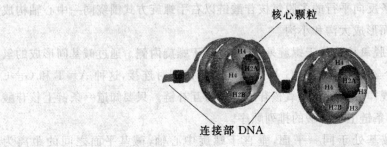

图 9 - 6　核小体结构示意图

三、DNA 的功能

DNA 作为生物遗传信息的携带者，是遗传信息复制的模板，它是生命遗传繁殖的物质基础，也是个体生命活动的基础。

第三节　RNA 的结构与功能

RNA 分为三类：信使核糖核酸(mRNA)、转运核糖核酸(tRNA)和核蛋白体核糖核酸(rRNA)。

一、mRNA 的结构与功能

mRNA 是蛋白质生物合成的直接模板，存在于细胞质中，它是由其前体不均一核 RNA(hnRNA)剪接而成。在其 $5'$-末端有一个"帽子结构"(m^7GPPPN)，$3'$-末端有一段长为 30~200 个腺苷酸的多聚腺苷酸尾(Poly(A)-tail)。

二、tRNA 的结构与功能

tRNA 作为氨基酸的载体，转运活化的氨基酸。tRNA 是由 70~90 个核苷酸组成，分子中含有 10%~20% 的稀有碱基，这条多核苷酸链中有几个片段回折形成局部双螺旋区，而非互补区形成环状结构。由于这些茎环结构的存在，使 tRNA 二级结构呈三叶草形。三叶草形结构由氨基酸臂、TψC 环、附加叉、反密码环、DHU 环等五部分组成。氨基酸臂可携带活化的相应氨基酸；反密码环中有三个碱基组成反密码子，可识别 mRNA 上的密码子，并按碱基配对互补结合。tRNA 的三级结构呈"倒 L"形。tRNA 的二、三级结构见图 9 - 7。

三、rRNA 的结构与功能

rRNA 与蛋白质结合成核蛋白体，是蛋白质合成的场所。核蛋白体分为大亚基和小亚基。

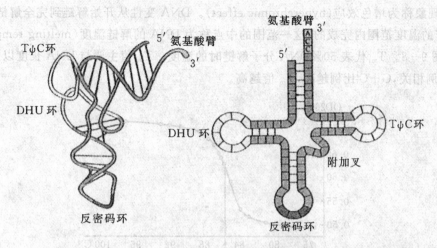

图 9-7 tRNA 的二、三级结构

原核细胞核蛋白体含有三种 rRNA,其中 23S 与 5S 两种存在于大亚基,而 16S rRNA 存在于小亚基。真核细胞核蛋白体含有四种 rRNA,其中 28S、5.8S 及 5S 三种存在于大亚基,18S rRNA 存在于小亚基。S 是离心时的沉降系数。

第四节 核酸的理化性质

一、核酸的一般性质

核酸是两性电解质,既含有酸性的磷酸基,又含有碱性的碱基,故可在电场中泳动。因磷酸基的酸性较强,故核酸分子通常表现为较强的酸性。

DNA 是线性高分子,因此黏度极大,而 RNA 分子远小于 DNA,黏度也小得多。DNA 分子在机械力作用下容易发生断裂,因而为基因组的提取带来一定困难。通常可用电泳和离子交换来分离纯化核酸。

二、核酸的紫外吸收性质

由于嘌呤和嘧啶都含有共轭双键,因此,核酸具有吸收紫外线的性质。在中性条件下,最大吸收峰在 260nm 附近。根据这一性质可以对核酸溶液进行定性和定量分析。

三、核酸的变性、复性与分子杂交

(一)变性

DNA 变性是指在某些理化因素的作用下,DNA 分子互补碱基对之间的氢键断裂,使 DNA 双螺旋结构松散,变成单链的过程。引起 DNA 变性的因素有加热、有机溶剂、酸、碱、酰胺及尿素等。DNA 变性可使其理化性质发生一系列改变。在实验室中最常用的 DNA 变性方法是加热。加热可使 DNA 解链过程中更多的共轭双键暴露,DNA 在 260nm 处的吸光度增高,这一现象称为增色效应(hyperchromic effect)。DNA 变性从开始解链到完全解链,是在一个相当窄的温度范围内完成的,这一范围的中点称为 DNA 的解链温度(melting temperature,T_m),见图 9-8。T_m 代表 50%DNA 分子解链时的温度。T_m 值主要与 DNA 长度以及碱基中 G+C 比例相关,G+C 比例越高,T_m 值越高。

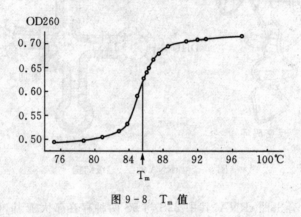

图 9-8　T_m 值

(二)复性与核酸分子杂交

当变性条件缓慢去除,两条解离的互补链可重新配对,恢复原来的双螺旋结构,这一过程称为 DNA 的复性(renaturation)。热变性的 DNA 经缓慢冷却后即可复性,这一过程称为退火(annealing)。不同来源的 DNA 单链之间或 DNA 与 RNA 单链之间,只要存在一定程度的碱基配对关系,它们就有可能形成杂化双链,这一过程称为核酸分子杂交(hybridization)。此技术已广泛应用于核酸结构与功能的研究、遗传病的诊断、基因工程及肿瘤病因学的研究。

第五节　核苷酸的代谢

核苷酸是核酸的基本组成单位。人体内的核苷酸主要由细胞自身合成,因此不属于营养必需物质。核苷酸具有多种生物学功能,它不仅是合成核酸的原料,而且在物质代谢中起着供能、参与代谢和生理调节以及组成辅酶等作用。核苷酸代谢包括合成代谢和分解代谢。

一、嘌呤核苷酸的合成代谢

核苷酸的合成途径有两条:从头合成途径和补救合成途径。从头合成途径是指利用磷酸核糖、氨基酸、一碳单位、CO_2 等简单物质为原料,经一系列酶促反应合成核苷酸的过程。利用体内游离的碱基和核苷经简单反应合成核苷酸的过程,称为补救合成途径。体内的核苷酸主要来源于从头合成途径。

(一)嘌呤核苷酸的从头合成途径

1. 从头合成途径的原料

同位素标记实验证明,嘌呤核苷酸从头合成途径的原料为:5-磷酸核糖、谷氨酰胺、天冬氨酸、甘氨酸、CO_2 和一碳单位。嘌呤环上各原子的来源见图 9-9。

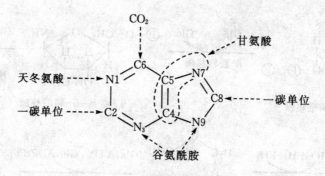

图 9-9　嘌呤环上各原子的来源

2. 从头合成途径的场所

从头合成途径的场所主要是肝脏,其次是小肠黏膜和胸腺,合成过程在胞液中进行。

3. 从头合成途径的过程

嘌呤核苷酸的从头合成过程比较复杂,可分为以下三个阶段。

(1)5-磷酸核糖的活化　由磷酸戊糖途径产生的 5-磷酸核糖(R-5-P)与 ATP 在磷酸核糖焦磷酸合成酶的作用下,反应生成 1-焦磷酸-5-磷酸核糖(PRPP)。PRPP 是磷酸核糖的供体。

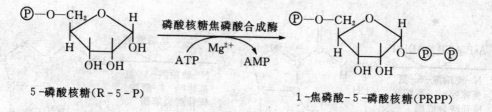

5-磷酸核糖(R-5-P)　　　　　　　　　　　　　1-焦磷酸-5-磷酸核糖(PRPP)

(2)次黄嘌呤核苷酸(IMP)的生成　嘌呤核苷酸的从头合成并不是先合成嘌呤环或嘌呤碱基,再与 PRPP 的 5-磷酸核糖结合,而是 PRPP 先脱去焦磷酸,以核糖的第一位碳原子与谷氨酰胺的氨基(—NH_2)相结合,然后依次将甘氨酸、一碳单位、CO_2 和天冬氨酸等基团连接上去,经过十步反应生成第一个嘌呤核苷酸——次黄嘌呤核苷酸(IMP)。次黄嘌呤核苷酸(IMP)的合成过程见图 9-10。

(3)AMP 和 GMP 的生成　IMP 是合成 AMP 和 GMP 的共同前体。IMP 在腺苷酸代琥珀酸合成酶的作用下,由 GTP 提供能量,与天冬氨酸反应生成腺苷酸代琥珀酸,然后腺苷酸代琥珀酸在腺苷酸代琥珀酸裂解酶的作用下脱掉延胡索酸生成 AMP。IMP 在次黄嘌呤核苷酸脱氢酶的作用下,与 H_2O 反应生成黄嘌呤核苷酸(XMP),XMP 在 GMP 合成酶的作用下,由 ATP 提供能量与谷氨酰胺反应生成 GMP。IMP 转变成 AMP 和 GMP 的过程见图 9-11。

由此可知,嘌呤核苷酸的合成首先是合成 AMP 和 GMP,AMP 和 GMP 再磷酸化转变成 ADP、ATP 和 GDP、GTP。脱氧嘌呤核苷酸是由嘌呤核苷酸经核糖核苷酸还原酶还原而来,还原反应在二磷酸核苷水平上进行。脱氧嘌呤核苷酸的生成见图 9-12。

(二)嘌呤核苷酸的补救合成途径

虽然从头合成途径是机体获得嘌呤核苷酸的主要途径,但哺乳动物的某些组织细胞(如脑

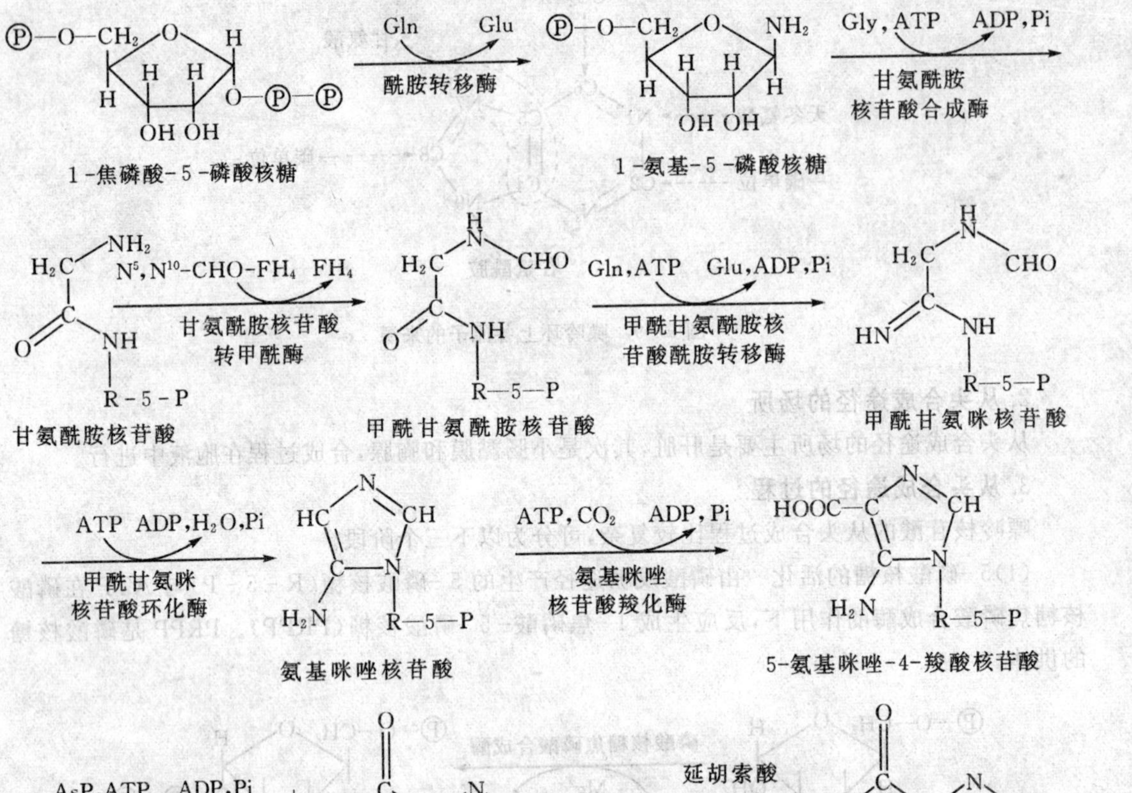

图 9-10 次黄嘌呤核苷酸(IMP)的合成过程

组织和脊髓)并不存在从头合成途径所需要的酶,所以这些组织细胞只有通过补救合成途径获得嘌呤核苷酸。补救合成途径比从头合成途径简单得多,消耗的 ATP 和氨基酸也比从头合成途径少很多。补救合成途径有两种方式。

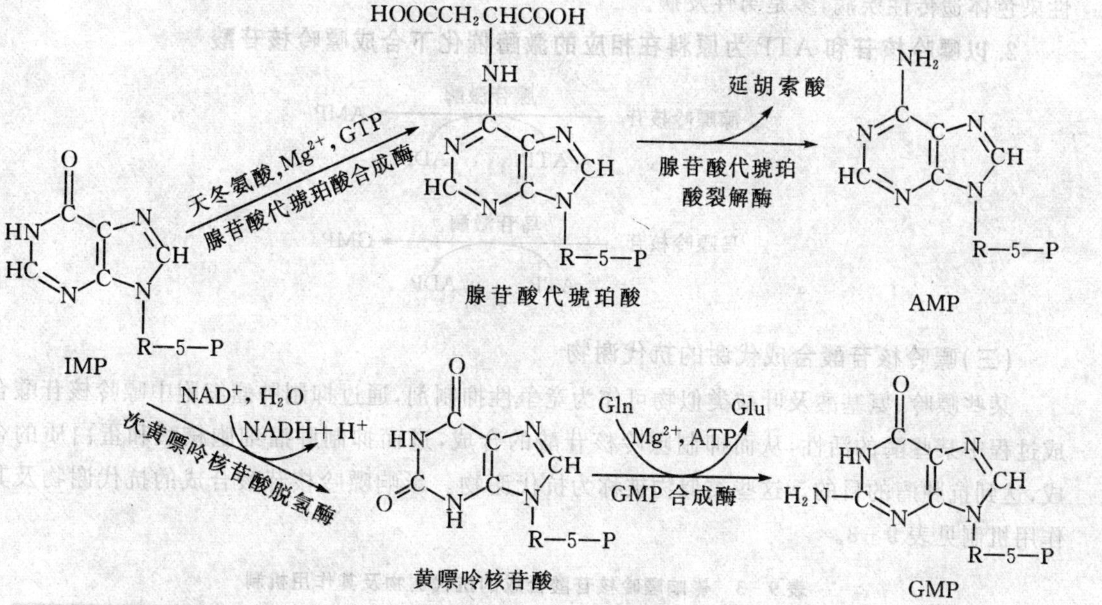

图 9-11 IMP 转变成 AMP 和 GMP 的过程

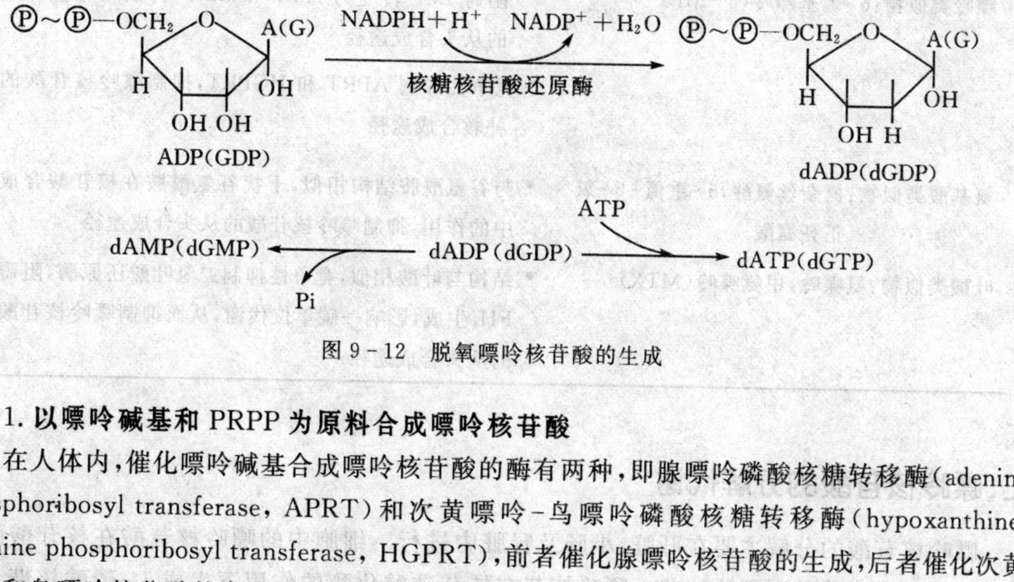

图 9-12 脱氧嘌呤核苷酸的生成

1. 以嘌呤碱基和 PRPP 为原料合成嘌呤核苷酸

在人体内,催化嘌呤碱合成嘌呤核苷酸的酶有两种,即腺嘌呤磷酸核糖转移酶(adenine phosphoribosyl transferase,APRT)和次黄嘌呤-鸟嘌呤磷酸核糖转移酶(hypoxanthine-guanine phosphoribosyl transferase,HGPRT),前者催化腺嘌呤核苷酸的生成,后者催化次黄嘌呤和鸟嘌呤核苷酸的合成。

$$A+PRPP \xrightarrow{\text{腺嘌呤磷酸核糖转移酶(APRT)}} AMP+PPi$$

$$I+PRPP \xrightarrow{\text{次黄嘌呤-鸟嘌呤磷酸核糖转移酶(HGPRT)}} IMP+PPi$$

$$G+PRPP \xrightarrow{\text{次黄嘌呤-鸟嘌呤磷酸核糖转移酶(HGPRT)}} GMP+PPi$$

有一种遗传性疾病称自毁容貌征,就是由于次黄嘌呤-鸟嘌呤磷酸核糖转移酶的遗传缺陷引起的。缺乏该酶使得次黄嘌呤和鸟嘌呤不能转换为 IMP 和 GMP,而是降解为尿酸。患者表现为血尿酸增高及神经异常,如脑发育不全、智力低下、攻击性和破坏性行为。该病属于 X

性染色体遗传性疾病,多是男性发病。

2. 以嘌呤核苷和 ATP 为原料在相应的激酶催化下合成嘌呤核苷酸

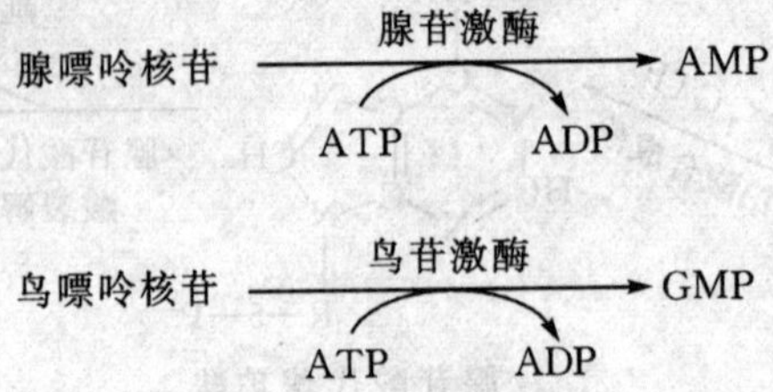

腺嘌呤核苷 →(腺苷激酶)→ AMP
　　ATP　ADP

鸟嘌呤核苷 →(鸟苷激酶)→ GMP
　　ATP　ADP

(三)嘌呤核苷酸合成代谢的抗代谢物

某些嘌呤、氨基酸及叶酸类似物可作为竞争性抑制剂,通过抑制肿瘤细胞中嘌呤核苷酸合成过程中某些酶的活性,从而抑制嘌呤核苷酸的合成,进而抑制肿瘤细胞核酸和蛋白质的合成,达到抗肿瘤的目的。这些类似物被称为抗代谢物。影响嘌呤核苷酸合成的抗代谢物及其作用机制见表9-3。

表 9-3　影响嘌呤核苷酸合成的抗代谢物及其作用机制

抗代谢物	作用机制
嘌呤类似物:6-巯基嘌呤(6-MP)	• 阻碍 IMP 转变为 AMP 和 GMP,抑制嘌呤核苷酸的从头合成途径
	• 竞争性抑制 APRT 和 HGPRT,抑制嘌呤核苷酸的补救合成途径
氨基酸类似物:氮杂丝氨酸,6-重氮-5-氧正亮氨酸	• 与谷氨酰胺结构相似,干扰谷氨酰胺在核苷酸合成中的作用,抑制嘌呤核苷酸的从头合成途径
叶酸类似物:氨喋呤,甲氨喋呤(MTX)	• 结构与叶酸相似,竞争性抑制二氢叶酸还原酶,阻碍 FH_4 生成,影响一碳单位代谢,从而抑制嘌呤核苷酸的从头合成途径

二、嘌呤核苷酸的分解代谢

嘌呤核苷酸的分解主要在肝脏、小肠及肾脏中进行。细胞中的嘌呤核苷酸在核苷酸酶的作用下水解生成磷酸和嘌呤核苷。嘌呤核苷在核苷磷酸化酶的作用下生成1-磷酸核糖和游离的嘌呤碱基。1-磷酸核糖可参与磷酸戊糖途径氧化分解,又可转变为5-磷酸核糖作为PRPP的原料,用于合成新的核苷酸。嘌呤碱基可以参与补救合成途径,还可继续分解。在人体内,嘌呤碱基最终分解为尿酸。尿酸进入血液形成血尿酸,然后经血液运输到肾脏,由肾脏随尿排出。嘌呤核苷酸的分解代谢见图9-13。

正常人血液中尿酸的含量为 0.12～0.36mmol/L,男性略高于女性,平均为 0.27mmol/L,女性平均为 0.21mmol/L。当血尿酸含量超过 0.48mmol/L 时,尿酸就会以盐的形式结晶析出,沉积在关节、软组织、软骨及肾脏等处,引起痛风症。临床上常用别嘌呤醇治疗原发性痛风

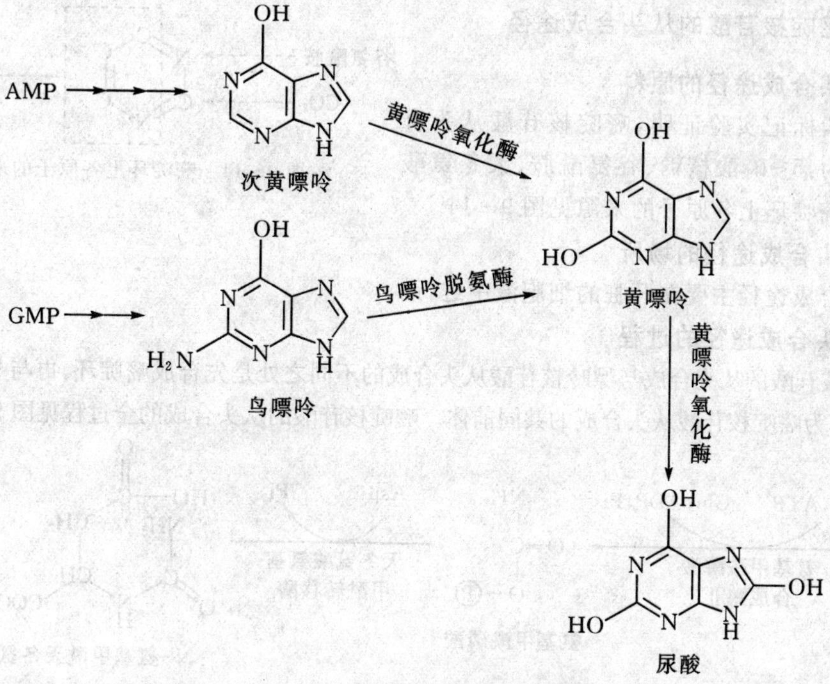

图 9 - 13　嘌呤核苷酸的分解代谢

症，因为别嘌呤醇和次黄嘌呤结构相似，可以竞争性抑制黄嘌呤氧化酶，阻止次黄嘌呤和黄嘌呤氧化为尿酸，从而降低血尿酸的含量。

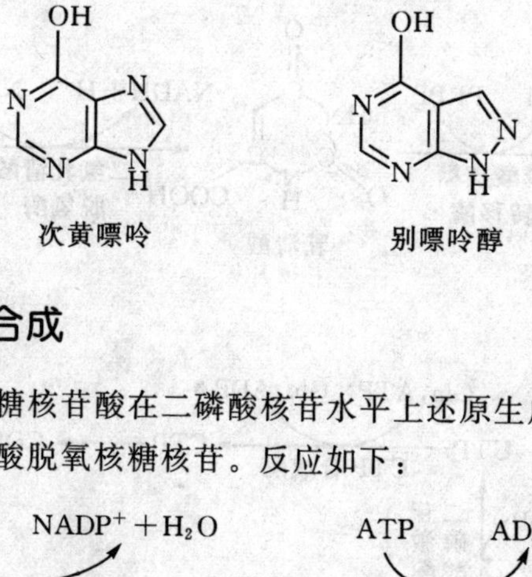

三、脱氧核糖核苷酸的合成

脱氧核糖核苷酸是由核糖核苷酸在二磷酸核苷水平上还原生成的。生成的二磷酸脱氧核糖核苷再经磷酸化生成三磷酸脱氧核糖核苷。反应如下：

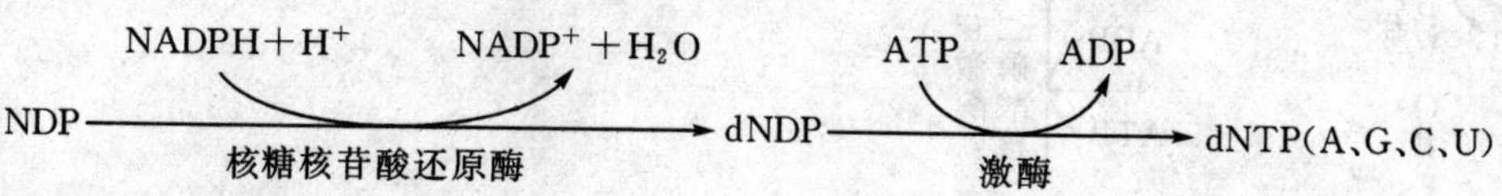

脱氧胸苷酸（dTMP）是由脱氧尿苷酸（dUMP）经甲基化生成的。甲基的供体是 N^5,N^{10}甲烯四氢叶酸。dUMP 可由 dUDP 水解或 dCMP 脱氨基生成。

四、嘧啶核苷酸的合成代谢

与嘌呤核苷酸的合成代谢一样，嘧啶核苷酸的合成代谢途径也分为从头合成和补救合成两条代谢途径。从头合成途径仍然是合成嘧啶核苷酸的主要途径。

(一)嘧啶核苷酸的从头合成途径

1. 从头合成途径的原料

同位素标记实验证明,嘧啶核苷酸从头合成的原料为:5-磷酸核糖、谷氨酰胺、天冬氨酸和 CO_2。嘧啶环上各原子的来源见图 9-14。

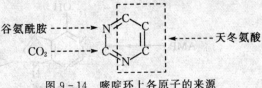

图 9-14 嘧啶环上各原子的来源

2. 从头合成途径的场所

从头合成途径主要在肝脏的细胞液中进行。

3. 从头合成途径的过程

嘧啶核苷酸的从头合成与嘌呤核苷酸从头合成的不同之处是先合成嘧啶环,再与 PRPP 相连,并以 UMP 为嘧啶核苷酸从头合成的共同前体。嘧啶核苷酸的从头合成的全过程见图 9-15。

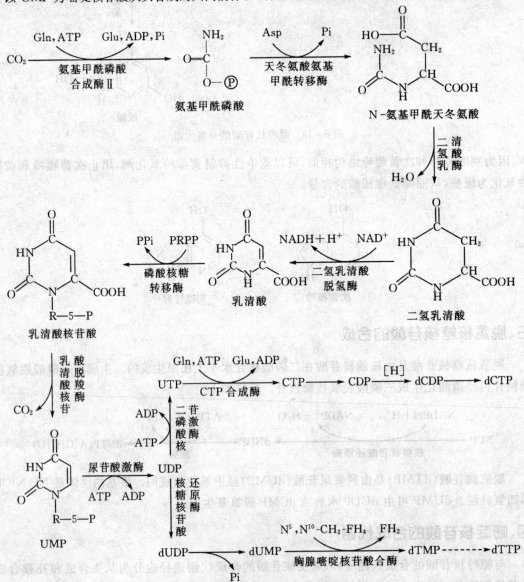

图 9-15 嘧啶核苷酸的从头合成

(1)尿嘧啶核苷酸 UMP 的合成 整个合成过程分 6 步完成。首先,在氨基甲酰磷酸合成酶Ⅱ(CPSⅡ)的作用下,由 ATP 提供能量和磷酸,谷氨酰胺的氨基和 CO_2 反应生成氨基甲酰磷酸。然后,氨基甲酰磷酸的氨甲酰基与天冬氨酸在天冬氨酸氨基甲酰转移酶的作用下生成 N-氨基甲酰天冬氨酸,N-氨基甲酰天冬氨酸在二氢乳清酸酶的作用下脱水、环化生成二氢乳清酸,二氢乳清酸在二氢乳清酸脱氢酶的作用下脱氢氧化为乳清酸,乳清酸与 PRPP 在磷酸核糖转移酶的作用下生成乳清酸核苷酸。最后,乳清酸核苷酸在乳清酸核苷酸脱羧酶的作用下脱羧生成尿苷一磷酸(UMP)。

(2)胞嘧啶核苷酸 CMP 的合成 CMP 是以 UMP 为基础生成的。首先,UMP 在激酶的作用下经过两次磷酸化生成 UTP,UTP 在 CTP 合成酶的作用下接受谷氨酰胺提供的氨基生成 CTP。

$$UMP \xrightarrow[\text{UMP 激酶}]{\text{ATP ADP}} UDP \xrightarrow[\text{UDP 激酶}]{\text{ATP ADP}} UTP \xrightarrow[\text{CTP 合成酶}]{\text{Gln,ATP Glu,ADP}} CTP$$

(3)脱氧嘧啶核苷酸 dCMP 和 dTMP 的生成 脱氧嘧啶核苷酸的合成还原反应仍然是在二磷酸核苷水平之上进行,即由相应的还原酶催化 CDP、UDP 还原为 dCDP、dUDP。脱氧嘧啶核苷酸的生成见图 9-16。

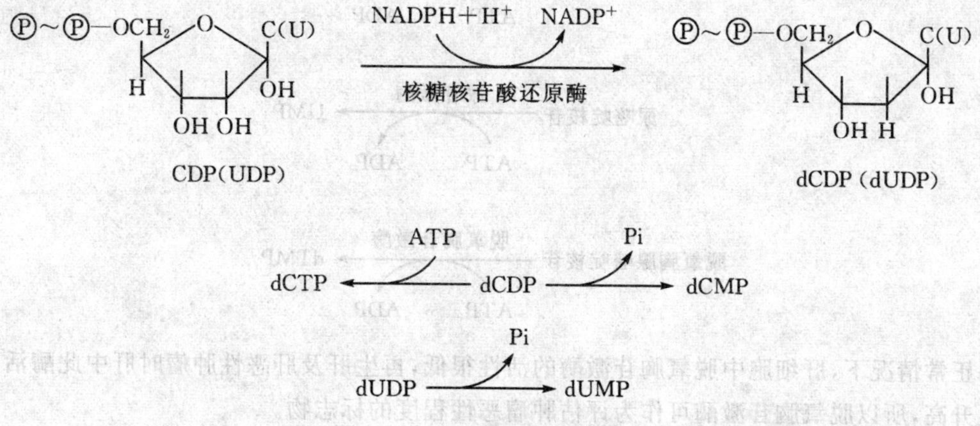

图 9-16 脱氧嘧啶核苷酸的生成

脱氧胸腺嘧啶核苷酸 dTMP 由 dUMP 经过甲基化生成。反应由胸腺嘧啶核苷酸合酶催化,甲基由 N^5,N^{10}—CH_2—FH_4 提供,N^5,N^{10}—CH_2—FH_4 给出甲基后变成 FH_2,FH_2 可被二氢叶酸还原酶催化为 FH_4,FH_4 又可重新用来携带一碳单位。脱氧胸腺嘧啶核苷酸的生成见图 9-17。

(二)嘧啶核苷酸的补救合成途径
嘧啶核苷酸的补救合成途径主要在肝细胞中进行,有两种合成方式。
1. 以嘧啶碱基和 PRPP 为原料合成嘧啶核苷酸
胞嘧啶和尿嘧啶碱基均可与 PRPP 在相应的磷酸核糖转移酶的催化下生成相应的嘧啶核苷酸。

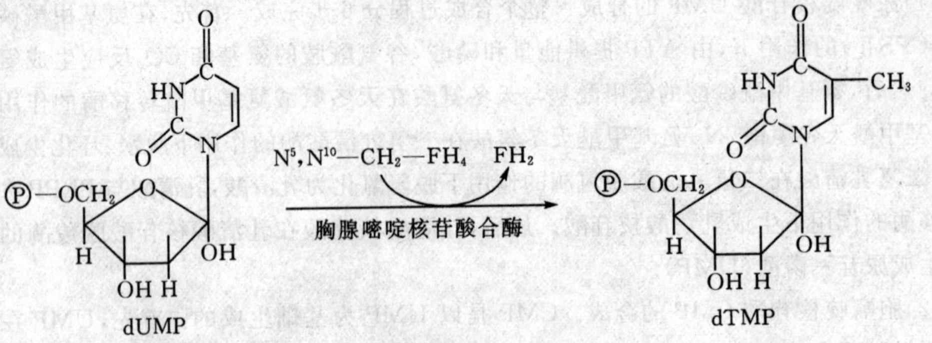

图 9-17 脱氧胸腺嘧啶核苷酸的生成

$$C + PRPP \xrightarrow{\text{胞嘧啶磷酸核糖转移酶}} CMP + PPi$$

$$U + PRPP \xrightarrow{\text{尿嘧啶磷酸核糖转移酶}} UMP + PPi$$

2. 以嘧啶核苷和 ATP 为原料在相应的激酶催化下合成嘧啶核苷酸

$$\text{胞嘧啶核苷} \xrightarrow[\text{ATP} \quad \text{ADP}]{\text{胞苷激酶}} CMP$$

$$\text{尿嘧啶核苷} \xrightarrow[\text{ATP} \quad \text{ADP}]{\text{尿苷激酶}} UMP$$

$$\text{脱氧胸腺嘧啶核苷} \xrightarrow[\text{ATP} \quad \text{ADP}]{\text{脱氧胸苷激酶}} dTMP$$

正常情况下，肝细胞中脱氧胸苷激酶的活性很低，再生肝及肝恶性肿瘤时肝中此酶活性则明显升高，所以脱氧胸苷激酶可作为评估肿瘤恶性程度的标志物。

(三)嘧啶核苷酸合成代谢的抗代谢物

同样，某些嘧啶、氨基酸及核苷类似物也可以竞争性抑制嘧啶核苷酸的合成，从而抑制肿瘤细胞核酸和蛋白质的合成，达到抗肿瘤的目的。影响嘧啶核苷酸合成的抗代谢物及其作用机制见表 9-4。

五、嘧啶核苷酸的分解代谢

嘧啶核苷酸在核苷酸酶及核苷磷酸化酶的作用下脱去磷酸和戊糖，剩下的嘧啶碱除了参与嘧啶核苷酸的补救合成途径之外，还可以继续分解。嘧啶碱的分解主要在肝脏中进行。和嘌呤碱的分解不同的是，嘧啶碱的分解要开环，分解代谢的最终产物为 NH_3、CO_2 和 β-氨基酸，其中胞嘧啶和尿嘧啶分解代谢的最终产物为 NH_3、CO_2 和 β-丙氨酸，胸腺嘧啶分解代谢的最终产物为 NH_3、CO_2 和 β-氨基异丁酸。其中生成的 NH_3 和 CO_2 可以运往肝脏合成尿素，然

表 9-4　影响嘧啶核苷酸合成的抗代谢物及其作用机制

抗代谢物	作用机制
嘧啶类似物：5-氟尿嘧啶(5-Fu)	• 与尿嘧啶结构相似,形成三磷酸氟尿核苷(FUTP),以 FUMP 的形式参入到 RNA 分子中,破坏 RNA 的结构和功能 • 阻碍 dTMP 的生成,从而阻碍 DNA 的合成
氨基酸类似物：氮杂丝氨酸,6-重氮-5-氧正亮氨酸	• 与谷氨酰胺结构相似,干扰谷氨酰胺在核苷酸合成中的作用,抑制嘧啶核苷酸的从头合成途径
核苷类似物：阿糖胞苷	• 与胞苷结构相似,阻碍 CMP、dCDP 的生成,破坏 RNA 的结构与功能,抑制 DNA 的合成。

后由肾脏随尿排出;β-氨基酸可参与氨基酸的分解代谢,也可随尿排出。尿中 β-氨基异丁酸的排出多少可反映细胞及 DNA 的破坏程度。肿瘤患者经放疗或化疗后,由于 DNA 大量破坏降解,尿中 β-氨基异丁酸的含量可明显增多。嘧啶碱基的分解代谢见图 9-18。

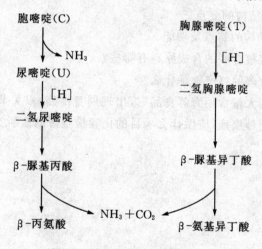

图 9-18　嘧啶碱基的分解代谢

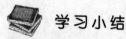 学习小结

　　核酸是以核苷酸为基本组成单位的生物信息大分子。核酸分为脱氧核糖核酸(DNA)和核糖核酸(RNA)两类。DNA 是由 A、G、C、T 四种碱基、脱氧核糖、磷酸组成;RNA 是由 A、G、C、U 四种碱基、核糖和磷酸组成。碱基与戊糖组成核苷;核苷与磷酸组成核苷酸。核酸的一级结构是指核酸分子中核苷酸的排列顺序和连接方式。DNA 的二级结构属于双螺旋结构。在双螺旋结构的基础上进一步折叠成的超螺旋结构属于 DNA 三级结构。DNA 的功能是作为生物遗传信息复制的模板和基因转录的模板。RNA 按其功能不同分为三类:信使核糖核酸(mRNA),成熟 mRNA 的结构特点是 5′-末端含有帽子结构,3′-末端有一段多聚腺苷酸尾,功能是蛋白质生物合成的直接模板;转运核糖核酸(tRNA)的结构特点包括反密码子、茎环结构

和稀有碱基,功能是转运活化的氨基酸;核蛋白体核糖核酸(rRNA),可与蛋白质结合成核蛋白体(核糖体),功能是蛋白质合成的场所。

核苷酸代谢包括合成代谢和分解代谢。嘌呤核苷酸的合成部位是肝、小肠、胸腺细胞的胞液,合成原料为天冬氨酸、甘氨酸、谷氨酰胺、一碳单位、CO_2、5-磷酸核糖。首先合成次黄嘌呤核苷酸,然后再转变为腺嘌呤核苷酸和鸟嘌呤核苷酸。嘧啶核苷酸的合成部位是肝细胞的胞液,其原料为天冬氨酸、谷氨酰胺、CO_2、5-磷酸核糖。首先合成尿嘧啶核苷酸,然后再转变为三磷酸尿苷和三磷酸胞苷。脱氧核苷酸主要是由核糖核苷酸在二磷酸核苷水平上还原生成。嘌呤核苷酸在体内分解代谢的终产物是尿酸。血中尿酸含量增高可引起痛风症。临床上用别嘌呤醇治疗。胞嘧啶、尿嘧啶分解代谢的终产物是 NH_3、CO_2、β-丙氨酸。胸腺嘧啶分解代谢的终产物是 NH_3、CO_2、β-氨基异丁酸。

 目标检测

1. 核酸由哪些基本成分组成?
2. 说明 DNA 和 RNA 在分子组成上有何异同。
3. 何谓核苷、核苷酸、核酸一级结构?
4. 简述 DNA 双螺旋结构的要点。
5. 说明 tRNA 二级结构的特点及功能。
6. 嘌呤核苷酸和嘧啶核苷酸的合成原料有哪些?
7. 嘌呤碱和嘧啶碱分解的终产物是什么?
8. 病例分析:某患者,大量食用海鲜食品后,出现周身疼痛,以关节为甚,行走困难。该患者首先考虑患有何种疾病,应做什么项目的化验检查帮助诊断?首选何种药物治疗,为什么?

第十章 基因信息的传递

学习目标

【掌握】中心法则的概念;DNA 半保留复制的概念、特点,参与复制的物质及其作用,复制的基本过程;不对称转录的概念、参与物质和基本过程,真核生物 mRNA 转录后的加工;蛋白质生物合成所需物质和合成的基本过程。

【熟悉】DNA 反转录合成的基本过程;DNA 损伤的概念和类型;DNA 修复的方式。

【了解】蛋白质生物合成与医学的关系。

DNA 是遗传的物质基础,其分子中碱基的排列顺序储存着生物体的遗传信息。DNA 的遗传信息是以基因的形式存在的。基因(gene)是 DNA 分子中编码蛋白质或 RNA 的特定功能片断,基因表达(gene expression)是基因的转录(transcription)与翻译(translation)过程。基因信息的传递包括遗传信息的遗传与表达两个方面。前者是指遗传信息从亲代传给子代的过程,主要通过 DNA 的复制(replication)来实现;后者指基因表达过程,RNA 发挥了重要作用。1958 年,Crick 提出了遗传信息传递的基本规律,即中心法则(central dogma),包括由 DNA 到 DNA 的复制、由 DNA 到 RNA 的转录和由 RNA 到蛋白质的翻译等过程(图 10-1)。

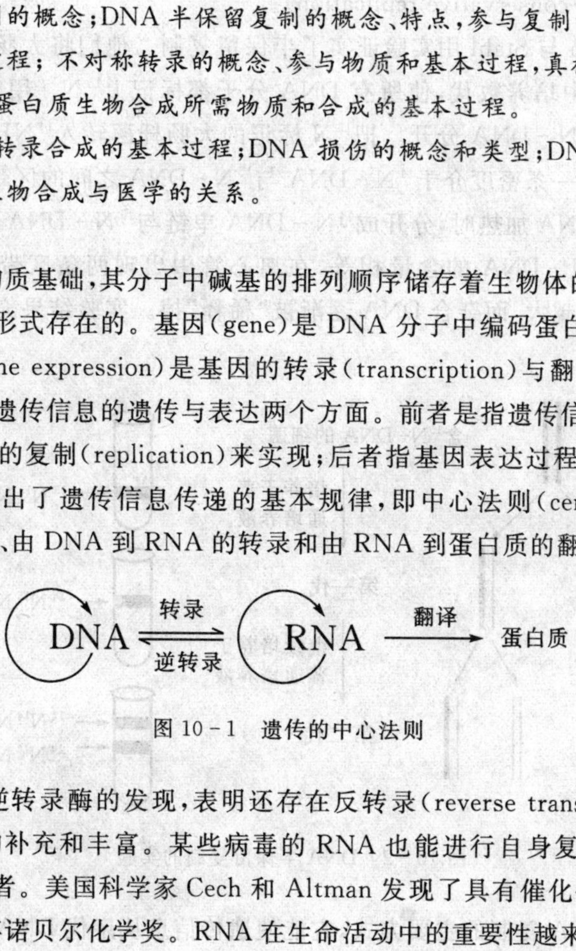

图 10-1 遗传的中心法则

20 世纪 70 年代逆转录酶的发现,表明还存在反转录(reverse transcription)或逆转录机制,这是对中心法则的补充和丰富。某些病毒的 RNA 也能进行自身复制。因此,少数 RNA 也是遗传信息的携带者。美国科学家 Cech 和 Altman 发现了具有催化作用的 RNA 即核酶,两人因此荣获 1989 年诺贝尔化学奖。RNA 在生命活动中的重要性越来越受到人们的重视。

第一节 DNA 的生物合成

一、DNA 的复制

生物体内以亲代 DNA 为模板合成子代 DNA 的过程,称为 DNA 复制(DNA replication)。DNA 双螺旋结构和碱基配对规律是复制的分子基础。复制是 DNA 生物合成的主要方式,少数 RNA 病毒还能通过逆转录方式合成 DNA。此外,环境因素造成 DNA 结构损伤后,生物体能通过修复系统进行 DNA 的修复合成,以保持 DNA 的正常功能和遗传的稳定性。

(一)复制的基本规律

1. 半保留复制

DNA 复制时,亲代双链 DNA 解开为两股单链,并各自作为模板,以四种脱氧三磷酸核糖核苷(dNTP)为原料,按碱基配对规律合成与模板互补的新链。新合成的两个子代 DNA 与亲代 DNA 的碱基序列完全相同,一条链来自亲代 DNA,而另一条链是新合成的,这种复制方式称为半保留复制(semi-conservative replication)。

1958 年,Meselson 与 Stahl 用实验证实了半保留复制。他们将大肠杆菌置于以 $^{15}NH_4Cl$ 为唯一氮源的培养基中培养数代,使所有 DNA 分子都标记上 ^{15}N。用密度梯度离心法可将 $^{15}N-DNA$ 和普通的 $^{14}N-DNA$ 分开。把 ^{15}N 标记的大肠杆菌转入 $^{14}NH_4Cl$ 培养基中培养一代,在离心管中只出现一条密度介于 $^{14}N-DNA$ 与 $^{15}N-DNA$ 之间的区带,即形成了一种杂合的 DNA。当把杂合 DNA 加热时,分开成 $^{14}N-DNA$ 单链与 $^{15}N-DNA$ 单链。进行第二代培养时,杂合 DNA 与 $^{14}N-DNA$ 的含量相等,在离心管中出现两条区带。继续培养时,$^{14}N-DNA$ 所占的比例越来越大,而杂合 DNA 逐渐被"稀释"掉。实验结果充分证明了 DNA 的半保留复制(图 10-2)。

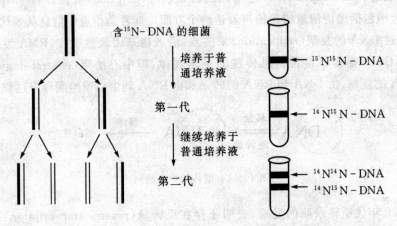

含 $^{15}N-DNA$ 的细菌

培养于普通培养液 → $^{15}N^{15}N-DNA$

第一代 → $^{14}N^{15}N-DNA$

继续培养于普通培养液

第二代 → $^{14}N^{14}N-DNA$

$^{14}N^{15}N-DNA$

图 10-2 DNA 半保留复制的实验

半保留复制是 DNA 复制的主要方式,它能使遗传信息从亲代 DNA 传到子代 DNA 分子上,表现出高度的保真性。这种复制方式保证了 DNA 在遗传上的稳定性,对物种的延续有重要意义。但遗传的保守性是相对而不是绝对的,自然界还存在着普遍的变异现象。从进化角度看,DNA 是不断变异和发展的。因此,在看到遗传稳定保守性的同时,还应看其变异性。

2. 双向复制

DNA 复制是从固定的复制起始点(origin, ori)开始,分别向两个方向进行解链、复制,称为双向复制。复制起始点是由多个短重复序列组成的一段特殊 DNA,能被复制起始因子识别和结合,从而启动复制。复制时,解开的两股单链和未解开的双螺旋所形成的 Y 字形结构,称为复制叉(replication fork)。

原核生物的染色质和质粒、真核生物的细胞器 DNA 都是环状双链分子,只有一个复制起始点,双向复制时使两个复制叉在和起点相对的位点汇合后,复制完成(图 10-3)。真核生物基因组庞大而复杂,由多个染色体组成,每个染色体又有多个起始点。复制时从每个起始点产生两个移动方向相反的复制叉,复制叉相遇并汇合连接完成复制。把两个相邻起始点之间的区域称为一个复制子(replicon),它是独立完成复制的功能单位(图 10-4)。真核生物 DNA 复制为多复制子方式。

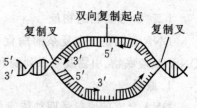

图 10-3 原核生物 DNA 的双向复制

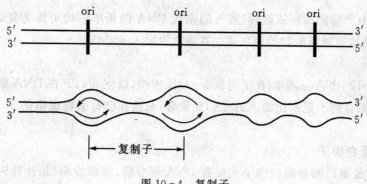

图 10-4 复制子

3. 半不连续复制

DNA 双螺旋结构的两股单链是反向平行的,随复制叉解链并合成新链的延伸方向都是 5'→3'。因此,新合成的链中有一条链合成方向与复制叉前进方向一致,可连续合成,称为领头链(leading strand);而另一条链合成方向与复制叉前进方向相反,称为随从链(lagging strand)。随从链是不连续合成的,复制一段时间后,待模板解链出足够长度,再进行复制,合成数个 DNA 片段,称为冈崎片段(Okazaki fragment)。原核生物的冈崎片段长约 1000~2000 个脱氧核苷酸,在真核生物中约含 100~200 个脱氧核苷酸。故复制中领头链连续复制而随从链不连续复制的方式并存,称为半不连续复制(semi-discontinuous replication)(图 10-5)。

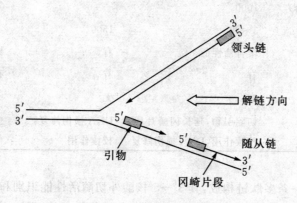

图 10-5 半不连续复制

(二)参与复制的物质

DNA复制是一个复杂的酶促核苷酸聚合过程,需要多种生物分子共同参与,包括模板DNA、反应底物、引物及一系列酶和蛋白因子。

1. 原料

DNA合成的原料是四种脱氧核苷三磷酸,即dATP、dGTP、dCTP和dTTP,总称dNTP。在DNA聚合酶的催化下,dNTP通过$3',5'$-磷酸二酯键连接起来,成为脱氧核苷一磷酸。每延伸一个核苷酸需要消耗2个高能磷酸键,反应是完全不可逆的。

2. 模板

DNA合成有严格的模板依赖性,解开的亲代DNA两条单链均可作为复制的模板,指导底物dNTP严格按照碱基配对的原则逐一在新链中加入dNMP。

3. 引物

引物为一小段RNA,其作用在于提供$3'-OH$末端,以便dNTP在DNA聚合酶催化下依次聚合。DNA聚合酶不能催化游离的dNTP聚合,只能在已有引物提供的$3'-OH$处加入新的脱氧核苷酸。

4. 酶类及蛋白因子

参与DNA复制的酶和蛋白因子主要有DNA聚合酶、解螺旋酶、拓扑异构酶、单链DNA结合蛋白、引物酶和连接酶等。

(1)DNA聚合酶 全称为依赖DNA的DNA聚合酶(DNA dependent DNA polymerase,DDDP或DNA pol),主要催化四种dNTP通过$3',5'$-磷酸二酯键以$5' \rightarrow 3'$方向聚合。DNA聚合酶催化的反应除了需要底物外,还需DNA为模板和小分子寡核苷酸作为引物。

$$(dNMP)_n + dNTP \longrightarrow (dNMP)_{n+1} + PPi$$

DNA聚合酶在原核生物与真核生物内均存在,但有差异,下面分别对其介绍。

原核生物大肠杆菌至少有三种DNA聚合酶:DNA聚合酶Ⅰ、Ⅱ、Ⅲ(表10-1)。

表10-1 大肠杆菌中的三种DNA聚合酶

	DNA-polⅠ	DNA-polⅡ	DNA-polⅢ
聚合速率(核苷酸/分)	1000	—	60000
持续合成能力	3~200	1500	≥500000
$5' \rightarrow 3'$聚合酶活性	聚合活性低	有	聚合活性高
$3' \rightarrow 5'$外切酶活性	有	有	有
$5' \rightarrow 3'$外切酶活性	有	无	无
功能	切除引物,延长冈崎片段,校读作用,DNA损伤修复	DNA损伤修复,校读作用	主要的复制酶,校读作用

DNA-polⅠ由一条多肽链构成,其$3' \rightarrow 5'$核酸外切酶活性能识别和切除正在延长的子链中错误配对的脱氧核苷酸,起校读作用。引物的切除和切除引物后缺口的填补,依赖于该酶的$5' \rightarrow 3'$外切酶活性和$5' \rightarrow 3'$聚合酶活性。因此,DNA-polⅠ并不是大肠杆菌DNA复制中起

主要作用的酶,其主要是切除 RNA 引物,对复制和修复中出现的空隙进行填补。DNA - polⅠ经蛋白酶处理后水解为两个片断,其中 C -末端的一个大片断称为 Klenow 片段,保持着 $5' \to 3'$ 聚合酶活性及 $3' \to 5'$ 核酸外切酶活性。Klenow 片段是实验室合成 DNA 和分子生物学常用的工具酶。

　　DNA 聚合酶Ⅲ是原核生物复制延长中起主要作用的酶,其活性比 DNA 聚合酶Ⅰ大 10 倍以上。该酶是由 10 种亚基组成的不对称异源二聚体,α、ε、θ 亚基构成核心酶(图 10 - 6)。DNA - pol Ⅲ 全酶可催化引物基础上 DNA 链的延伸,能够合成领头链及随从链。α 亚基有 $5' \to 3'$ 聚合活性,ε 亚基有 $3' \to 5'$ 核酸外切酶活性,起校读作用,表现出即时校对功能。DNA 聚合酶Ⅲ和Ⅰ协同作用能大大降低复制的错误率,使复制具有高度的保真性。

　　DNA 聚合酶Ⅱ只在 DNA 聚合酶Ⅰ和Ⅲ缺乏时起作用,其真正作用尚未完全清楚。它对模板的特异性不高,在已发生损伤的 DNA 模板上也能催化核苷酸聚合,因此认为它参与了 DNA 损伤的应急状态的修复过程。

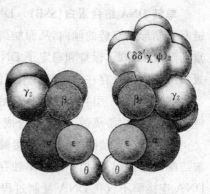

图 10 - 6　DNA 聚合酶Ⅲ的结构

　　真核生物细胞内已发现五种 DNA 聚合酶,分别是 α、β、γ、δ、ε,它们都具有 $5' \to 3'$ 聚合作用及 $5' \to 3'$ 核酸外切酶活性。DNA 聚合酶 α 与 δ 是主要催化复制延长的酶,但 DNA 聚合酶 α 催化新链延长的长度有限,此外它还能催化 RNA 链合成,据此认为它有引物酶活性。DNA 聚合酶 δ 还有解螺旋酶的活性。DNA 聚合酶 β 可能与应急修复作用有关。DNA 聚合酶 γ 在线粒体中催化 DNA 修复。DNA 聚合酶 ε 在复制中起校读、修复和填补引物缺口的作用。

 知识链接

DNA 聚合酶

　　在 50 年代中期,A. Kornberg和他的同事们就想到 DNA 的复制必然是一种酶的催化作用,于是决心分离出这种酶并研究其结构和作用机制。他们将分离的蛋白质加到体外合成系统中,即同位素标记的 dNTP、Mg^{2+} 及模板 DNA 系统。经过大量的工作,终于在 1956 年发现了 DNA 聚合酶Ⅰ,原来称为 Kornberg酶。以后又相继发现了 DNA 聚合酶Ⅱ和 DNA 聚合酶Ⅲ。

　　耐热 DNA 聚合酶多应用在 PCR 技术中。最初的具有耐热性的 DNA 聚合酶来自于水生栖热菌(thermus aquaticus),因此被称为 Taq 酶。该酶可在 74℃ 复制 DNA,在 95℃ 仍具有酶活力。各种耐热 DNA 聚合酶均具有 5'-3' 聚合酶活性,但不一定具有 3'-5' 和 5'-3' 的外切酶活性。3'-5' 外切酶活性可以消除错配;5'-3' 外切酶活性可以消除合成障碍。可以将耐热 DNA 聚合酶分为三类:普通耐热 DNA 聚合酶、高保真 DNA 聚合酶、DNA 序列测定中应用的耐热 DNA 聚合酶。

　　(2)参与解螺旋和解链的酶类和蛋白因子　常用的有 3 种,下面对其分别介绍。

解螺旋酶 DNA 具有超螺旋结构,因此 DNA 复制时,必须先解开超螺旋及双螺旋结构。解螺旋酶又称解链酶,其利用水解 ATP 提供能量打断氢键,使 DNA 两条链分开。

DNA 拓扑异构酶 主要作用是通过水解 DNA 分子中某一个部位的磷酸二酯键使超螺旋释放,然后再催化形成磷酸二酯键,从而改变超螺旋状态,避免解链过程出现打结、缠绕。

拓扑异构酶(topoisomerase,Topo)广泛存在于原核生物与真核生物细胞内,可分为Ⅰ型和Ⅱ型。Topo - Ⅰ能断开 DNA 双链中的一股,使 DNA 分子变为松弛状态,然后再连接切口,其催化的反应不需要 ATP。Topo - Ⅱ在无 ATP 参与时,切断 DNA 双链中的两股,使超螺旋松弛;在利用 ATP 参与的条件下,可使松弛状态的 DNA 分子又变为负超螺旋结构,有利于DNA 双链分开。该酶集中在染色质骨架蛋白的核基质部位,同复制有关。

单链 DNA 结合蛋白(SSB) DNA 作为模板时总是以单链状态存在,然而解开的两条单链有重新形成双链的倾向,从而妨碍其模板作用。SSB 能与解开的 DNA 单链结合,防止单链重新形成双螺旋,保持和稳定了 DNA 分子成单链状态而便于复制,同时它还具有防止单链模板被细胞内广泛存在的核酸酶水解的作用。SSB 能反复与 DNA 单链结合、脱离。

(3)引物酶 引物酶是复制起始时催化 RNA 引物合成的酶。它以复制起始部位的 DNA链为模板,催化游离的 NTP 聚合成一小段 RNA 引物。

(4)DNA 连接酶 DNA 连接酶能把结合于模板 DNA 链上的两个相邻 DNA 片段通过磷酸二酯键连接起来,但不能把单独存在的两个 DNA 单链或 RNA 单链连接起来(图 10 - 7)。DNA 连接酶不仅在 DNA 复制过程中起作用,在 DNA 修复、重组、剪接及基因工程中也起重要作用。

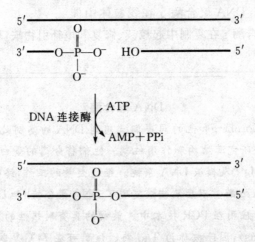

图 10 - 7 DNA 连接酶催化的反应

(三) 复制过程

DNA 的复制是一个连续过程,可分为起始、延长、终止三个阶段。真核生物 DNA 复制过程十分复杂,机制尚不完全清楚。以下主要介绍原核生物复制的过程。

1.原核生物 DNA 复制过程

(1)复制的起始 复制是从特定的起始点开始的。原核生物的 DNA 呈环状,只有一个复制起始位点。复制的起始主要包括 DNA 解链形成复制叉、构成引发体、合成 RNA 引物。

复制的起始首先是在解螺旋酶和拓扑异构酶 Ⅱ 等作用下，DNA 解开一段双链，初步形成复制叉，再由 SSB 结合于单链上，使复制叉保持适当长度。在此结构基础上，引物酶及参与起始的几种蛋白因子与 DNA 起始区域组装形成复合结构，此称引发体。引发体的蛋白质部分在 DNA 模板上移动，引物酶按模板碱基序列以 NTP 为底物，按 $5' \rightarrow 3'$ 方向合成一小段 RNA 引物（大约含十几个或几十个核苷酸不等），从而完成起始阶段。引物的 $3'-OH$ 末端，也就是合成新 DNA 的起点。解链是一个耗能的过程，每解开一个碱基对，消耗 2 分子 ATP。

（2）复制的延长　在引物提供的 $3'-OH$ 末端处，DNA 聚合酶 Ⅲ 分别以解开的两条 DNA 单链为模板，按碱基互补规律，催化 4 种 dNTP 分别脱去焦磷酸，通过磷酸二酯键使 dNMP 彼此相连合成两条新的 DNA 子链。在随从链的合成过程中，当后一个冈崎片段延伸至前一个冈崎片段 RNA 引物的 $5'$ 末端处，DNA-pol Ⅰ 切除 RNA 引物，并依据模板的碱基顺序延长冈崎片段，两个冈崎片段之间的缺口由 DNA 连接酶催化形成 $3',5'$-磷酸二酯键连接起来（图 10-8）。

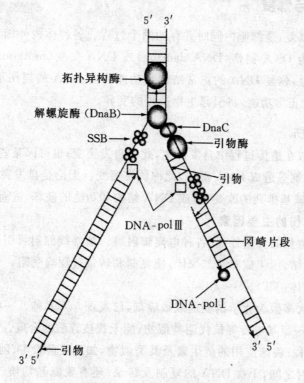

图 10-8　DNA 复制过程

（3）复制的终止　终止阶段包括去除 RNA 引物、填补引物留下的空隙及连接 DNA 片段成完整的 DNA 子链。引物的水解是细胞核内的核酸酶催化的。引物水解后留下的空隙，在原核生物由 DNA 聚合酶 Ⅰ 催化，在真核生物由 DNA 聚合酶 ε 催化，以 4 种 dNTP 为原料使 DNA 片段延长，以此来填补空隙，但留下相邻的 $3'-OH$ 与 $5'-P$ 缺口。这些片段间的小缺口则由 DNA 连接酶接合起来，形成连续的子代 DNA 链。子代 DNA 链与对应的模板链缠绕，形成子代双螺旋 DNA 分子。

2.真核生物 DNA 复制过程

真核生物 DNA 复制在细胞周期的 S 期进行,而且只复制一次。真核生物是多复制子复制,其 DNA 复制过程与原核生物基本相似,但存在差异。复制时,DNA - pol α 催化引物合成,DNA - pol δ 催化 dNTP 聚合,使子链 DNA 延伸。复制进行到一定程度后,RNA 酶和核酸外切酶切除引物,DNA - pol ε 填补引物水解后留下的空隙,然后由 DNA 连接酶连接冈崎片段的缺口。DNA 复制完成后与组蛋白组成核小体,以染色质的形式存在。

真核生物是线性 DNA,而 DNA - pol 只沿 $5' \to 3'$ 方向催化合成 DNA,所以真核生物 DNA 两个 $5'$-末端引物被切除后留下的缺口不能由 DNA - pol 催化填补,而是由端粒酶(telomerase)以其自身所含的 RNA 为模板合成 DNA 端粒(telomere)结构来填补。端粒是真核生物染色体两个末端的特有结构,它的存在既弥补了 RNA 引物水解形成的空隙,又防止染色体末端连接,稳定了染色体的末端结构。

二、DNA 的损伤与修复

DNA 的损伤与修复,是细胞内同时并存的两个过程。各种体内外因素导致 DNA 分子中碱基序列的改变,称为 DNA 损伤(DNA damage)或 DNA 突变(mutation)。在一定条件下,DNA 损伤能得到修复,恢复 DNA 的正常结构和功能。若 DNA 的损伤不能及时或不能完全修复,影响了 DNA 的正常功能,将引起生物遗传的变异。

(一)DNA 的损伤

DNA 损伤大多数在遗传过程中自发产生,此为自发突变;也可因某些理化因素,如电离辐射、紫外线、化学诱变剂等造成 DNA 损伤,此称诱发突变。无论是自发突变还是诱发突变,其实质是 DNA 分子上碱基排列的改变,造成 DNA 结构和功能的破坏,进而导致基因突变。

1.引起 DNA 损伤的主要因素

(1)物理因素　常见的有紫外线、各种电离辐射等。紫外线照射可引起 DNA 分子中相邻的嘧啶碱基发生共价结合,生成嘧啶二聚体,使复制和转录过程均受阻。如 TT、CC、CT,最常见的是胸腺嘧啶二聚体(TT)。

(2)化学因素　大多数为化学诱变剂或致癌剂,已发现 6 万多种。一些碱基和核苷酸类似物,如 5 -氟尿嘧啶、6 -巯基嘌呤等抗代谢类似物,能干扰核苷酸的合成,或掺入 DNA 分子中,干扰 DNA 的复制过程;临床应用的抗生素及其类似物,如放线菌素 D、阿霉素等,它们能嵌入 DNA 双螺旋的碱基对之间,干扰 DNA 的复制及转录;还有脱氨基物质、烷化剂、亚硝酸盐等化工原料、化工产品和副产品、农药、食品防腐剂等,均可阻碍 DNA 的正常复制和转录过程。

此外,反转录病毒的感染等生物因素及 DNA 碱基自发水解等因素,也可造成 DNA 损伤。

2.突变的类型

(1)错配　又称点突变。化学诱变剂和自发突变都能引起 DNA 链上碱基发生置换,导致错误配对。

(2)缺失　是指某一个碱基或一段核苷酸链从 DNA 大分子中丢失。

(3)插入　指原来不存在的一个碱基或一段核苷酸链插入到 DNA 分子中。

缺失和插入,均可能引起"框移"突变,即改变三联体密码的"阅读"方式,造成翻译出的蛋白质氨基酸排列顺序发生改变。若是 3 个或 3n 个核苷酸的插入或缺失,可不引起"框移"突变。

(4)重　排　指 DNA 分子内发生较大片段的交换。

3.突变的后果

DNA 突变的后果有利也有弊。

(1)致死　突变发生在至关重要的基因上。

(2)致病　包括遗传性疾病(如血友病、分子病等)及遗传倾向病(如高血压、糖尿病、肿瘤等)。

(3)基因型改变,表现型不变　可体现出基因的多态性。

(4)进化　是指突变对生物体有积极意义,使生物更好地适应环境。

(二)DNA 的修复

细胞内存在一系列起修复作用的酶系统,可以除去 DNA 分子的损伤,恢复其正常结构。修复有多种方式。

1.光修复

自然界的各种生物体内普遍存在这种修复,人体细胞也有发现。光修复过程是在光修复酶催化下,嘧啶二聚体分解,DNA 完全恢复正常的过程。

2.切除修复

切除修复是体内最重要的一种修复机制,主要由特异的核酸内切酶、DNA 聚合酶Ⅰ和连接酶共同完成。在这一过程中,首先由特异的核酸内切酶识别并切除损伤部位,同时以另一条正常的 DNA 链为模板,由 DNA 聚合酶Ⅰ催化,按 $5' \rightarrow 3'$ 方向进行填补被切除部分的空隙,最后由 DNA 连接酶把 $3'-OH$ 和 $5'-P$ 接合起来,完成切除修复全过程(图 10-9)。切除修复作用可识别由紫外线和其他因素引起的多种 DNA 损伤,能一般地识别 DNA 分子中的改变,并加以去除。

3.重组修复

当 DNA 分子的损伤面积较大,合成速度又快时,可能出现来不及修复就进行复制的现象,从而导致在损伤部位,即复制的新子链中出现缺口。这时靠重组作用,将另一股正常状态的母链相应的一段填补到该缺口,母链所留下的缺口,由正常子链作模板,在 DNA 聚合酶Ⅰ和连接酶的作用下,填补及连接缺口,使母链恢复正常(图 10-10)。重组修复不能清除损伤部位,但随着多次复

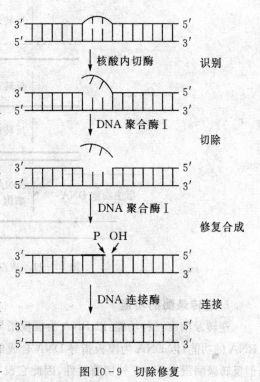

图 10-9　切除修复

制及重组修复,损伤链所占的比例越来越小,不致影响细胞的正常功能。

4. SOS 修复

SOS 是国际海难救援信号,显然这种修复是一类应急状态的修复方式。当 DNA 损伤广泛,复制难以继续进行时,通过 SOS 修复引发一系列复杂的反应。复制如能继续,细胞可存活。然而如此复制的 DNA 保留了较多的错误,将引起较广泛的、长期的突变。SOS 修复引起的突变与癌变的关系,是当前肿瘤学研究的热门课题。

三、DNA 的反转录合成

某些病毒的遗传物质是 RNA 而非 DNA,其能够以 RNA 为模板合成双链 DNA,这种复制方式称为反转录或逆转录(图 10 - 11)。催化此过程的酶称为逆转录酶(reverse transcriptase),全称为依赖 RNA 的 DNA 聚合酶(RNA dependent DNA polymerase, RDDP)。

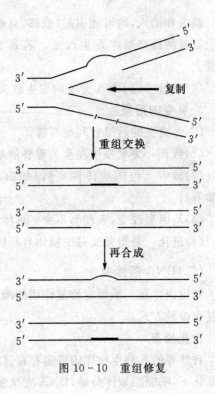

图 10 - 10　重组修复

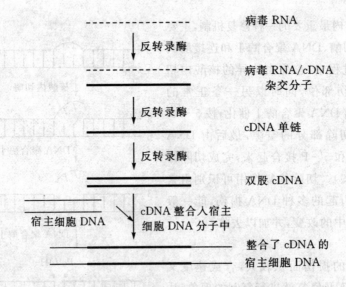

图 10 - 11　病毒 RNA 的反转录过程

1. 逆转录酶的功能

逆转录酶有三种功能:以 RNA 为模板指导 DNA 合成的功能;水解杂交 RNA - DNA 分子上 RNA 的功能;以 DNA 为模板指导 DNA 合成的功能。其催化的聚合反应也按 $5'→3'$ 方向延长,但反转录酶没有 $3'→5'$ 外切酶活性,因此它没有校读功能,从而使反转录的错误率相对较高,这可能是这类病毒较快出现新毒株及从反转录病毒中发现多种病毒癌基因的原因之一。

2.反转录过程

当 RNA 病毒感染宿主细胞后,反转录酶在胞液中以病毒 RNA 为模板,以 4 种 dNTP 为原料,按碱基互补配对原则催化合成与 RNA 互补的 DNA 单链(称为互补 DNA,cDNA),产物是 RNA/DNA 杂化双链。随后,在反转录酶的继续作用下,杂化双链中的 RNA 链被水解,剩下的单链 cDNA 再作为模板指导合成另一条与之互补的 DNA 链,并形成双链 DNA 分子。新生成的 DNA 分子称为 cDNA 分子,它带有 RNA 病毒的全部遗传信息,并可在细胞内独立复制,也可整合到宿主细胞染色体的 DNA 中去,随宿主基因一起复制与表达,可造成宿主细胞发生癌变。例如,艾滋病病毒(HIV)是一种反转录病毒,它可以感染人 T 淋巴细胞,导致人体后天获得性免疫功能缺陷,患者因丧失免疫力,最终可因感染性疾病及各种恶性肿瘤而死亡。

逆转录现象和逆转录酶的发现,是分子生物学研究中的重要事件,是对中心法则的重要补充,使人们认识到 RNA 同样具有遗传信息传递与表达功能。对反转录病毒的研究,拓宽了病毒致癌理论。反转录酶可存在于各种致癌 RNA 病毒中,其作用与它们的致癌性有关。该酶还存在于正常细胞中,如分裂期的淋巴细胞、胚胎细胞等,可能与细胞分化与胚胎细胞分裂过程有关。利用逆转录酶获得 DNA,还是基因工程中获得目的基因的重要方法之一。利用逆转录过程获得 cDNA,可构建 cDNA 文库。

第二节　RNA 的生物合成

细胞内各类 RNA 主要是通过转录合成的。在 RNA 聚合酶催化下,以 DNA 为模板合成 RNA 的过程称为转录(transcription)。如此,DNA 的遗传信息传递至 RNA(mRNA),此为基因表达的关键步骤。少数生物通过 RNA 自身复制合成 RNA。经转录生成的各种 RNA 均是其前体,必须经过加工修饰才能成为具有生物活性的 RNA。

转录和复制都是由酶催化的核苷酸聚合过程,有着相同或相似之处,如基本化学反应、核苷酸聚合方向和连接方式、模板、碱基配对规律等,但两者之间又有区别(表 10-2)。

表 10-2　复制与转录的区别

	复制	转录
模板	DNA 双链均复制(半保留复制)	DNA 只有一条链作为转录的模板(不对称转录)
原料	dATP　dGTP　dCTP　dTTP	ATP　GTP　CTP　UTP
酶类	DNA-pol(需引物),有校读功能	RNA-pol(不需引物),缺乏校读功能
碱基配对	A-T,G-C	A-U,T-A,G-C
产物	子代双链 DNA	单链 RNA(mRNA、tRNA、rRNA)

一、参与转录的物质

1.模板

转录的模板为 DNA,但并非所有的 DNA 都能转录为 RNA。能转录出 RNA 的 DNA 区段称为结构基因(structural gene)。结构基因和指导转录起始部位的序列(启动子)与转录终止的序列(终止子)共同组成转录单位。原核生物的一个转录单位(称操纵子)可含有一个、几个或十几个结构基因。转录单位在模板上的位置与数量随细胞的发育时序、生存条件和生理需要而改变,因此不同时间里,转录产物的数量、性质及大小都不同。

在结构基因的 DNA 双链中,只有一条链可以作为转录模板,因此双链 DNA 分子中一条链转录时,另一条链不被转录,这一现象称为不对称转录(图 10 – 12)。这条具有转录功能的 DNA 单链称为模板链(或有意义链),而与之互补的没有转录功能的 DNA 单链称为编码链(或反意义链)。DNA 双链包括许多基因,不同基因转录时,模板链并不是固定在同一条链上。转录 RNA 时严格遵守碱基互补规则,即 DNA 分子中的 A、G、C、T 分别对应合成 RNA 分子中的 U、C、G、A,模板链按 $3'→5'$ 方向指导 RNA 链由 $5'→3'$ 方向延长。因此,模板链既与编码链反向互补,又与转录产物 RNA 反向互补,故转录产物 RNA 的碱基序列与编码链的碱基序列除 U 代替了 T 外,其余是一致的。

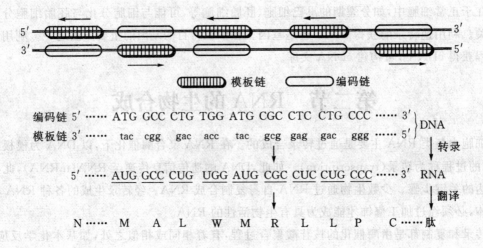

图 10 – 12　不对称转录

2. 原料

RNA 合成的原料是四种核糖核苷三磷酸,即 ATP、GTP、CTP 和 UTP,总称 NTP(N 代表 A、U、G、C 四种碱基)。

3. RNA 聚合酶

又称依赖 DNA 的 RNA 聚合酶(DNA dependent RNA polymerase,DDRP 或 RNA-pol)。RNA 聚合酶广泛存在于原核生物和真核生物细胞内,催化单向、连续的聚合反应。它能直接将两个与模板配对的相邻单核苷酸以磷酸二酯键相连,因此不需要引物。

原核生物的 RNA 聚合酶是一种多聚体蛋白质。目前对大肠杆菌的 RNA 聚合酶研究的比较透彻。它由 $\alpha_2\beta\beta'\sigma$ 五个亚基组成,其中 $\alpha_2\beta\beta'$ 称核心酶,核心酶与 σ 亚基结合构成全酶。σ 亚基的功能是辨认转录的起始位点,并与之结合,以带动全酶解开 DNA 双链,促进 RNA 转录起始。核心酶参与整个转录过程,其中两个 α 亚基的主要功能是决定何种基因被转录;β 亚基与转录的全过程有关,能与底物 NTP 结合,催化形成磷酸二酯键;β' 亚基的主要功能是与

DNA 模板链结合,是 RNA 聚合酶与模板结合的主要部位。当转录开始后,σ 亚基即离开核心酶,从而利于核心酶在模板链上滑动。其他原核生物 RNA 聚合酶的组成、结构与功能,和大肠杆菌相似。

真核生物中已经发现三种 RNA 聚合酶,即 RNA 聚合酶Ⅰ、Ⅱ、Ⅲ,它们专一地转录不同的基因,分别转录出不同类型的 RNA。三种酶对抑制剂鹅膏蕈碱的敏感性不同,这是区别三种酶的基本方法之一(表 10 - 3)。

表 10 - 3　真核生物 RNA 聚合酶的种类及功能

种类	分布	转录产物	对鹅膏蕈碱作用
Ⅰ	核仁	45S-rRNA(rRNA 前体)	耐受
Ⅱ	核质	hnRNA(mRNA 前体)	极敏感
Ⅲ	核质	tRNA 前体、5S-rRNA、snRNA	中度敏感

二、转录过程

无论原核生物还是真核生物的转录过程均可分为三个阶段:起始、延长、终止。由于催化转录的 RNA 聚合酶不同,原核生物与真核生物的转录过程有所差异。目前对原核生物的转录过程研究的比较清楚,现以原核生物为主介绍转录过程。

1.起始

在结构基因的上游,转录起始点之前有一些特殊的核苷酸序列,称为启动子,此为 RNA - pol 结合模板 DNA 的部位,从而启动转录。转录开始时,首先由 RNA - pol 的 σ 因子辨认启动子,以 RNA - pol 全酶结合到 DNA 的启动子上而启动转录。以单链的模板链为模板,RNA 聚合酶上的起始位点和延长位点被相应的 NTP 占据,聚合酶的 β 亚基催化第一个磷酸二酯键的生成,并释放一分子焦磷酸,σ 亚基从全酶解离,形成 DNA - RNA 聚合酶(核心酶)结合在一起的转录起始复合物。脱落的 σ 亚基可与另一核心酶结合成全酶,进行下一次转录起始。

2.延长

当第一个磷酸二酯键形成,σ 亚基离开全酶后,转录即进入延长阶段。σ 亚基脱落后,核心酶构象发生改变,疏松地与 DNA 模板结合,使核心酶较易在 DNA 模板链上滑动,并按模板链上脱氧核苷酸的排列顺序,通过碱基配对规则,在 RNA 链的 3′- OH 端将单核苷酸一个个以磷酸二酯键连接起来,如此,RNA 单链逐渐延长。转录过程中,核心酶沿 DNA 模板链的 3′→5′方向不断移动,DNA 双螺旋结构不断解开,RNA 链则沿着 5′→3′方向不断延长。在此过程中,核心酶、DNA 模板及转录产物组成转录复合物,被形象地称为转录泡。新生成的 RNA 链与模板 DNA 链之间形成 RNA-DNA 杂化双链,且结构疏松。随着转录的继续,新生 RNA 的 5′端不断脱离模板链,而 DNA 分子的模板链与编码链重新形成双螺旋结构(图 10-13)。

3.终止

当核心酶沿 3′→5′方向滑行到模板链的终止信号区域时,不再向前滑动,RNA 链不再延长,转录即进入终止阶段。原核生物的转录终止可分为两大类:依赖 ρ 因子和不依赖 ρ 因子。

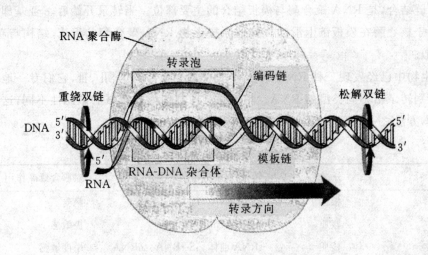

图 10-13　转录延长过程示意图

ρ因子具有 ATP 酶活性和解螺旋酶活性。目前认为在转录终止阶段,ρ 因子的作用是与转录产物 RNA 结合,利用 ATP 水解释放的能量,使新合成的 RNA 与 DNA 模板链分离,随后核心酶及 ρ 因子均离开 DNA 模板链。释放的核心酶可再次与 σ 亚基结合,辨认启动基因合成新的 RNA 链。

对不依赖 ρ 因子的终止方式进行研究时,发现在靠近终止区域有些特殊碱基序列,使转录出的 RNA 链形成发夹形二级结构,从而阻止 RNA 聚合酶的滑动,RNA 链的延伸便终止。

真核生物转录比原核生物复杂,在转录的起始与终止阶段有很大不同。在起始阶段,模板链的起始上游区段比原核生物多样化,有调控转录的 DNA 序列(称之为增强子),还需要能直接、间接辨认与结合转录上游区段的蛋白质(称之为转录因子),RNA 聚合酶需与之结合后才能结合于模板链。转录的终止和转录后的修饰密切相关。真核生物的转录机制还有待深入研究。

三、转录后加工

原核和真核生物转录生成的 RNA 都是初级转录产物,还需经一定的加工修饰才具有活性。RNA 转录后的加工修饰是指在细胞内一系列酶的催化下,对新转录合成的 RNA 分子或前体进行化学修饰、添加、剪切、剪接、编辑等反应,使之转变成为具有特定生物学功能的成熟 RNA 的过程。以下主要介绍真核生物 RNA 转录后的加工。

1. mRNA 转录后的加工

真核生物 mRNA 的前体是核内不均一 RNA(hnRNA),转录后的加工包括对其 $5'$-末端和 $3'$-末端的首尾修饰作用及对 hnRNA 的剪接等。

(1)剪接　hnRNA 在加工成 mRNA 的过程中,有约一半以上的核苷酸片段被切去。这是因为真核细胞的基因通常是一种断裂基因,由若干个编码区与非编码区间隔组成。在结构基因中,具有表达活性的编码序列称为外显子,无表达活性的序列称为内含子。在转录过程中,无论是外显子,还是内含子,均被转录到 hnRNA 中。在酶的作用下,切除内含子,拼接外显子的过程,称为 hnRNA 的剪接。剪接是一个非常复杂的过程,其间有多种酶参与。研究发现,由于剪接作用的差异,相同的初级转录产物在不同的组织中,可产生不同的 mRNA,从而使翻译的蛋白质不同。

(2)首尾修饰 真核生物的 mRNA 在 5′端都有一个 7-甲基鸟核苷三磷酸($m^7G_{PPP}N_P-$)的帽子结构。初级转录产物 hnRNA 在 5′端第一个核苷酸是三磷酸嘌呤核苷(pppN−,N＝A 或 G),转录开始不久,在酶的作用下将 5′端三磷酸嘌呤核苷脱去一个磷酸(γ-磷酸),然后与 GTP 反应生成 5′,5′-三磷酸酯键;再在甲基转移酶作用下 G 发生 N7 甲基化,形成 $m^7G_{PPP}N_P-$。新加的 G 与 RNA 链上的其他核苷酸方向相反,像一顶帽子倒扣在链上而得名(图 10-14)。帽子结构可保护 RNA 免受核酸外切酶的水解,与多肽链合成的起始有关。

真核细胞 mRNA 的 3′-末端都有一个多聚腺苷酸(poly A)"尾巴",这一结构也是转录后加工形成的。其过程为先由特异的核酸外切酶切去 3′-末端部分核苷酸,再由细胞核内多聚腺苷酸聚合酶催化,在 3′-末端形成约为 30~200 个腺嘌呤核苷酸的多聚腺苷酸尾。"尾巴"结构增加了 mRNA 的稳定性,并维持其翻译活性。

(3)碱基的修饰 mRNA 分子内有少量稀有碱基,例如甲基化碱基,也是转录后经过修饰(如甲基化)形成的。

2. tRNA 转录后的加工

tRNA 转录后也需要经过剪接、修饰等才能成为具有生物学活性的成熟 tRNA。tRNA 前体的加工方式有:

(1)剪接 在 RNA 酶的催化下,tRNA 前体的 5′-末端和相当于反密码环的区域,各被切去一段一定长度的多核苷酸链,然后由连接酶催化拼接。同时,在 3′-末端切除个别核苷酸后加上 CCA−OH 序列,该序列在翻译过程中运输氨基酸时可与之结合。

(2)碱基的修饰 即 tRNA 分子中各种稀有碱基的生成,如甲基化:$A \rightarrow A^m$,$G \rightarrow G^m$;碱基的还原:尿嘧啶转变成二氢尿嘧啶(DHU);脱氨反应:腺嘌呤转变为次黄嘌呤($A \rightarrow I$);转位反应:尿嘧啶核苷酸转变为假尿嘧啶核苷酸($U \rightarrow \Psi$)。

3. rRNA 转录后的加工

rRNA 的转录和加工与核蛋白体的形成是同时进行的,一边转录,一边由蛋白质结合到 rRNA 链上形成核蛋白颗粒。真核细胞中 rRNA 前体为 45S rRNA,经剪切加工后逐步生成 28S、18S 与 5.8S 的 rRNA。它们在原始转录中的相对位置是 28S rRNA 位于 3′-末端,18S rRNA 靠近 5′-末端,5.8S rRNA 位于两者之间。另外,由 RNA 聚合酶Ⅲ催化合成的 5S rRNA,经过修饰与 28S rRNA 和 5.8S rRNA 及有关蛋白质一起,装配成核蛋白体的大亚基;而 18S rRNA 与有关蛋白质一起,装配成核蛋白体的小亚基。然后通过核孔转移到细胞质中,作为蛋白质生物合成的场所。

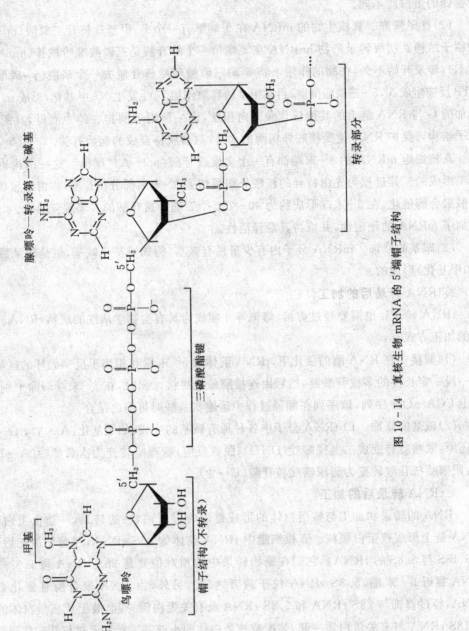

图 10 - 14　真核生物 mRNA 的 5'端帽子结构

第三节 蛋白质的生物合成

蛋白质的生物合成又称为翻译(translation),是指以 mRNA 为模板,按照每三个核苷酸代表一个氨基酸的原则,从起始位点开始依次合成多肽链的过程。翻译是基因表达的第二个阶段,通过翻译将 DNA 中的遗传信息表达为蛋白质,从而表现出复杂多样的生物学功能。

一、参与蛋白质生物合成的物质

蛋白质的合成是一个由多种分子参与的复杂过程。蛋白质的合成是在多种酶的催化下,以 20 种编码氨基酸作为基本原料,mRNA、tRNA、rRNA 发挥各自功能共同完成的。此外,还需要多种蛋白因子、ATP、GTP 等供能物质及 Mg^{2+} 的参与。

(一)mRNA

mRNA 作为蛋白质生物合成的直接模板,其基因序列决定了蛋白质分子的氨基酸排列顺序。不同的蛋白质各有其特定的 mRNA 模板。真核细胞每种 mRNA 只能编码一种蛋白质,而原核细胞转录生成的 mRNA 可编码几种功能相关的蛋白质。

在 mRNA 分子中,从 $5'→3'$ 方向,每 3 个相邻的核苷酸(碱基)组成一个三联体的遗传密码(genetic codon)或密码子(codon),分别编码了 20 种氨基酸信息、起始信号和终止信号。在 mRNA 分子中,四种核苷酸每 3 个为一组进行任意排列组合,由 A、G、C、U 四种核苷酸可组成 4^3 共 64 种密码,其中 61 种密码分别代表 20 种氨基酸,称为有意义密码。另有 4 组密码有特别功能,其中 AUG 编码蛋氨酸,当位于 mRNA $5'$-末端起始部位时,又可作为肽链合成的起始信号,称为起始密码(initiation codon)。而位于 mRNA $3'$-末端的 UAG、UAA、UGA 3 种密码不编码任何氨基酸,只作为肽链合成终止的信号,称为终止密码(termination codon)。肽链的合成是从 mRNA 的 $5'$ 端向 $3'$ 端方向进行翻译的。遗传密码表见图 10-15。

遗传密码具有以下特点:

(1)方向性 mRNA 中遗传密码的排列有一定的方向性,即沿 $5'→3'$ 方向排列。起始密码位于 mRNA 链的 $5'$-末端,终止密码位于 $3'$-末端,翻译时从起始密码开始,沿 $5'→3'$ 方向进行,直到终止密码为止。与此同时合成的多肽链从 N 端向 C 端延伸。

(2)简并性 从上述遗传密码表可知,除了蛋氨酸和色氨酸只有一个遗传密码外,其余氨基酸均有 2~4 个,甚至 6 个三联体密码为其编码,这种现象称为密码的简并性。比较编码同一氨基酸的不同密码可知,密码的第一、二位碱基大多是相同的,通常只有第三位不同,如:GGU、GGC、GGA、GGG 都代表甘氨酸。遗传密码的简并性存在的生物学意义是降低了突变的有害效应,因为当这些密码第三位碱基出现点突变,将不影响蛋白质中氨基酸顺序。

(3)连续性 mRNA 分子中含有密码子的区域称为阅读框,阅读从 $5'$-末端的起始密码开始,连续不断地向 $3'$-末端进行,直至终止密码的出现,密码间既无间断也无交叉,此即遗传密码的连续性。如果 mRNA 链上插入一个碱基或删去一个碱基,将导致后续读码错误,这种错误叫移码突变,它能改变翻译产物中氨基酸的序列。

(4)摆动性 mRNA 的密码子与 tRNA 的反密码子反向配对辨认。这种辨认有时不完全

第二位核苷酸

第一位核苷酸(5′端)	U	C	A	G	第三位核苷酸(3′端)
U	UUU, UUC 苯丙氨酸(Phe) UUA, UUG 亮氨酸(Leu)	UCU, UCC, UCA, UCG 丝氨酸(Ser)	UAU, UAC 酪氨酸(Tyr) UAA, UAG 终止密码	UGU, UGC 半胱氨酸(Cys) UGA 终止密码 UGG 色氨酸(Trp)	U C A G
C	CUU, CUC, CUA, CUG 亮氨酸(Leu)	CCU, CCC, CCA, CCG 脯氨酸(Pro)	CAU, CAC 组氨酸(His) CAA, CAG 谷氨酰胺(Gln)	CGU, CGC, CGA, CGG 精氨酸(Arg)	U C A G
A	AUU, AUC, AUA 异亮氨酸(Ile) AUG 蛋氨酸(Met)或起始密码	ACU, ACC, ACA, ACG 苏氨酸(Thr)	AAU, AAC 天冬酰胺(Asn) AAA, AAG 赖氨酸(Lys)	AGU, AGC 丝氨酸(Ser) AGA, AGG 精氨酸(Arg)	U C A G
G	GUU, GUC, GUA, GUG 缬氨酸(Val)	GCU, GCC, GCA, GCG 丙氨酸(Ala)	GAU, GAC 天冬氨酸(Asp) GAA, GAG 谷氨酸(Glu)	GGU, GGC, GGA, GGG 甘氨酸(Gly)	U C A G

图 10-15 遗传密码表

遵从碱基配对规则,此称遗传密码的摆动配对或摆动性。这种现象常出现于密码子的第三位碱基与反密码子的第一位碱基配对时,如 tRNA 分子中的稀有碱基次黄嘌呤核苷酸(I)常出现在反密码子的第一位碱基上,它可分别与 mRNA 密码子的 U、C 或 A 配对;U 可以与 A 或 G 配对;G 可以和 C 或 U 配对;但 A 和 C 只能与 U 和 G 配对(表 10-4)。由此可见,摆动配对使一种 tRNA 可以识别一种以上的同义密码子,61 个密码子并不需要 61 个反密码子识别。

表 10-4 密码子、反密码子配对的摆动现象

tRNA 反密码子第 1 位碱基	I	U	G	A	C
mRNA 密码子第 3 位碱基	U, C, A	A, G	U, C	U	G

(5)通用性 蛋白质合成的遗传密码,从原核生物到人类都通用。然而遗传密码的通用性并非绝对,在一些低等生物和真核生物的细胞器(线粒体和叶绿体)基因的密码中发现与通用密码不相符的密码子。低等生物支原体中,终止密码 UGA 编码色氨酸;线粒体中 UGA 编码色氨酸,AUA 编码甲硫氨酸而非异亮氨酸等,体现了遗传密码的特殊性。

（二）tRNA 与氨基酸的活化

（1）tRNA 在蛋白质生物合成中，tRNA 具有双重作用，一方面以氨基酰-tRNA 的形式携带氨基酸，另一方面以反密码子识别 mRNA 分子上的密码。通过反密码与密码的碱基配对结合，使它所携带的氨基酸在核蛋白体上按一定顺序"对号入座"合成多肽链，从而使氨基酸按一定顺序排列。通常一种氨基酸可以由 2～6 种特异的 tRNA 转运，但一种 tRNA 却只能特异地转运一种氨基酸。

（2）氨基酸的活化 氨基酸必须活化后才能参与蛋白质的合成。在氨基酰-tRNA 合成酶的作用下，tRNA 的 $3'$-末端 CCA—OH 和相应氨基酸的 α-羧基结合形成氨基酰-tRNA 的过程，称为氨基酸的活化。反应分两步进行，由 ATP 供能，每活化一分子氨基酸需要消耗 2 分子 ATP。

$$氨基酸 + ATP + E \rightarrow 氨基酰-AMP-E + PPi$$
$$氨基酰-AMP-E + tRNA \rightarrow 氨基酰-tRNA + AMP + E$$

（三）rRNA

核糖体 RNA（rRNA）是细胞内含量最多的 RNA，约占总 RNA 的 80%。在蛋白质生物合成中，rRNA 并不能单独起作用，它需要与多种蛋白质结合构成核糖体。核糖体又称核蛋白体，是蛋白质合成的场所，是多肽链合成的"装配机"。

核糖体由大、小两个亚基组成。原核生物由 50S 的大亚基和 30S 的小亚基组成 70S 核糖体，其大亚基含有 5S、23S 的 rRNA，小亚基含有 16S 的 rRNA；真核生物是由 60S 的大亚基与 40S 的小亚基组成 80S 核糖体，其大亚基含有 5S、5.8S、28S 的 rRNA，小亚基含有 18S 的 rRNA。真核细胞液中的核糖体以两种形式存在，一种附着在内质网上，主要参与分泌性蛋白质的合成；一种游离在胞液中，主要参与细胞内固有蛋白质的合成。

在蛋白质合成时，小亚基有容纳 mRNA 的通道，还能结合起始 tRNA 及 ATP，并能水解 ATP。原核生物的大亚基有三个结合 tRNA 的结合位点，第一个是结合氨基酰-tRNA 的氨基酰位点，称受位（acceptor site）或氨基酰位（aminoacyl site），简称 A 位；第二个是结合肽酰-tRNA 的肽酰位点，称给位（donor site）或肽酰位（peptidyl site），简称 P 位；第三个称为出位（exit site），简称 E 位，是空载 tRNA 占据的位置（图 10-16）。但真核生物的大亚基没有 E 位，其他同原核生物。A 位和 P 位都是由大小亚基蛋白成分共同组成，当与 mRNA 结合时，这两个相邻的位点正好与两个相邻的密码子位置相对应。此外，大亚基具有转肽酶活性，其作用是使 P 位上肽酰-tRNA 的肽酰基转移至 A 位的氨基酰-tRNA 的 α-氨基上，两者结合形成肽键，使肽链延长。大亚基还能够结合参与蛋白质合成的蛋白因子，如起始因子、延长因子、终止因子等。

二、蛋白质生物合成的过程

蛋白质生物合成过程分为起始、延长和终止 3 个阶段，均在核蛋白体上反复进行，又称为核蛋白体循环。该循环是指活化的氨基酸由 tRNA 携带至核糖体上，以 mRNA 为模板合成多肽链的过程，为蛋白质生物合成的中心环节。这里主要介绍原核生物的蛋白质生物合成过程。

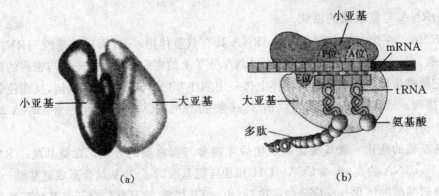

图 10-16　原核生物核糖体结构模式
(a)核糖体大、小亚基间裂隙为 mRNA 和 tRNA 结合部位；
(b)翻译过程中核糖体结构模式

1. 起始

翻译的起始阶段是由核糖体大、小亚基、mRNA 与起始氨基酰-tRNA 共同形成起始复合物的过程(图 10-17)。这一过程需要起始因子(原核生物为 IF-1、IF-2、IF-3,真核生物为 eIF)、GTP 及 Mg^{2+} 参与。原核生物形成的起始复合物为 70S,真核生物的为 80S。原核生物的起始氨基酰-tRNA 为甲酰化的蛋氨酰-tRNA(fMet-tRNA$_i^{fMet}$),真核生物的为蛋氨酰-tRNA(Met-tRNA$_i^{Met}$)。

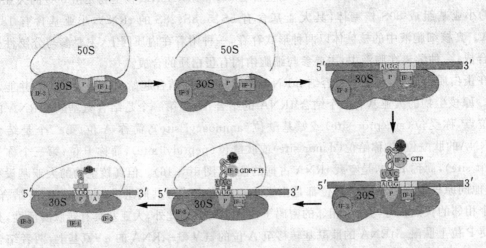

图 10-17　原核生物肽链合成的起始阶段

(1)核糖体大、小亚基分离　当 IF-3、IF-1 与小亚基结合时,促进了大、小亚基的分离,从而便于小亚基与 mRNA 和起始氨基酰-tRNA 结合。

(2)mRNA 与小亚基定位结合　原核生物 mRNA 起始密码 AUG 上游约 4~12 个核苷酸处存在一段富含嘌呤碱基的保守序列,称为 SD 序列,能与 30S 小亚基中的 16S rRNA 的 3′-末端的一段富含嘧啶的保守序列互补结合。mRNA 结合到 30S 小亚基上后,起始密码子正好对应于 P 位点上。

（3）起始氨基酰-tRNA 与 mRNA 结合　在 IF-2、GTP 和 Mg^{2+} 等参与下，fMet-tRNAi^{fMet} 识别并结合于 mRNA 起始密码 AUG 上，而 A 位被 IF-1 占据。

（4）核糖体大亚基的结合　结合 mRNA、fMet-tRNAi^{fMet} 的小亚基再与核蛋白体大亚基结合，同时 IF-2 结合的 GTP 水解释放能量，促使 3 种 IF 脱落，形成由完整核蛋白体、mRNA、fMet-tRNAi^{fMet} 组成的翻译起始复合物。此时，A 位空着，而 mRNA 的第二组密码对应于 A 位，为肽链合成做好准备。

2. 延长

肽链延长过程是一个循环过程，在延长因子（EF）、GTP、Mg^{2+} 和 K^+ 参与下，经过进位、成肽、转位三个步骤，使 mRNA 链的遗传信息连续不断地翻译，肽链持续延长。

（1）进位　按照 mRNA 上 A 位的对应密码，相应的氨基酰-tRNA 进入核蛋白体 A 位的过程称为进位。这一过程需要 EF-T、GTP、Mg^{2+} 参与。在起始复合物中，作为起始的 fMet-tRNAi^{fMet} 占据着核糖体的 P 位（给位），而 A 位（受位）空着。此时，mRNA 上 A 位对应的氨基酸被活化，由 tRNA 携带进入 A 位，即进位。

（2）成肽　当 A 位、P 位均被占据时，转肽酶催化 P 位的甲酰蛋氨酰基（此后为肽酰基）转移到 A 位，与 A 位的氨基酰-tRNA 的 α-氨基形成第一个肽键，此过程称为成肽。生成的二肽酰-tRNA 在 A 位上，失去蛋氨酰基的 tRNA 在 P 位。在后续的成肽反应中，转肽酶不断将 P 位上的肽酰基转移到 A 位上新进入的氨基酰-tRNA 的 α-氨基上，以肽键相连。因此，肽链的延长方向是 N 端→C 端。反应需 Mg^{2+} 和 K^+ 参与。

（3）转位　原核生物的延长因子 EF-G 有转位酶的活性，能结合并分解 GTP，释出的能量使整个核糖体沿 mRNA 链 5′端向 3′端方向移动一个密码子的距离，此即转位。结果使 A 位上的肽酰-tRNA 移到了 P 位，A 位空出并对应 mRNA 下一个密码子，而卸载的 tRNA 移入 E 位，并引起空留的 A 位的构象改变，以利于新的氨基酰-tRNA 进位。而新的氨基酰-tRNA 进位诱导了核蛋白体变构，使空载 tRNA 从 E 位排出。真核生物的核蛋白体没有 E 位，转位时卸载的 tRNA 直接从 P 位上脱落。

由此可见，核糖体在 mRNA 链上从 5′→3′方向阅读密码子，通过进位→成肽→转位，每循环一次，肽链上即新增加一个氨基酸残基。原核生物肽链合成的延长过程见图 10-18。

3. 终止

当 A 位出现 mRNA 的终止密码后，多肽链合成停止，肽链从肽酰-tRNA 中释出，mRNA 大小亚基等分离，这些过程称为肽链合成终止。当终止密码在核蛋白体 A 位出现时，任何氨基酰-tRNA 不能识别和进入 A 位，RF-1（或 RF-2）识别终止密码，进入 A 位。RF 与 A 位的结合，可诱导转肽酶变构，2 不再起转肽作用，而呈现出酯酶活性，催化 P 位上 tRNA 与肽链之间的酯键水解，使多肽链释放出来。在 GTP 供能的前提下，tRNA 及 RF 释放，核糖体与 mRNA 也分离，然后在 IF 作用下，核蛋白体大、小亚基解离，开始新一轮核糖体循环（图 10-19）。

上述为单个核糖体循环过程。实际上，无论原核生物还是真核生物细胞内蛋白质合成时，常常是一条 mRNA 链上结合有多个核糖体，依次沿 5′→3′方向阅读密码子，先后进行多条相同多肽链的合成。这种 mRNA 和多个核糖体的聚合物称为多聚核糖体。这种蛋白质的生物合成方式，可以大大加快蛋白质合成的速度。

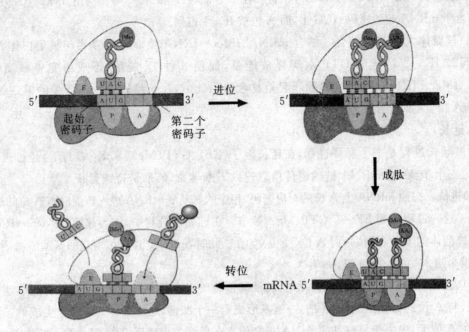

图 10-18 肽链合成的延长过程

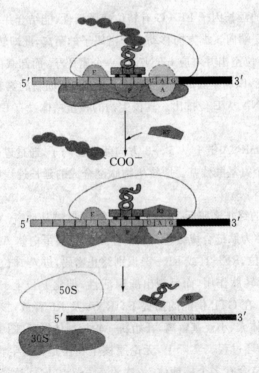

图 10-19 原核生物肽链合成的终止

三、蛋白质生物合成后的加工

从核蛋白体上合成释放出的多肽链还不具有生物活性,必须经过复杂的加工过程才能成为具有生物学活性的蛋白质,这个过程称为翻译后的加工。常见的加工方式有切除 N 端的甲酰蛋氨酸或蛋氨酸、形成二硫键、水解去掉某些肽段或氨基酸、个别氨基酸共价修饰(磷酸化、羟基化、乙酰化等)、连接辅基(结合蛋白质)、亚基聚合等,使蛋白质形成特定的空间结构,从而具备相应功能。

原核生物或是真核生物在核蛋白体合成的蛋白质都需要定向输送到细胞特定的部位,这是一种跨膜输送的复杂过程。这些蛋白质结构中都有特异的信号序列,它们引导蛋白质各自通过不同过程进行靶向输送。如人体 β 细胞内胰岛素初合成时为胰岛素原,然后被运至高尔基复合体,切去 C 肽成为有活性的胰岛素,最终排出细胞外。

四、蛋白质生物合成与医学的关系

蛋白质生物合成与医学关系密切。如肿瘤、分子病、放射病即与核酸代谢和蛋白质合成代谢障碍有关;临床应用的抗生素即是抑制病原微生物的蛋白质合成,从而阻止细菌生长、繁殖,达到治疗目的。因此,了解蛋白质合成过程能帮助理解某些医药学问题。

(一)分子病

由于 DNA 分子的基因突变,使 mRNA 和蛋白质结构变异,导致体内某些结构和功能异常而造成的疾病,称为分子病。例如,镰刀形红细胞贫血就是较为典型的一种分子病。这种贫血是由于患者的血红蛋白易析出凝集,红细胞变形为镰刀状,脆性增加,容易破裂溶血引起的。该病在基因水平上研究发现,指导合成血红蛋白 β 链的结构基因上一个碱基发生了变异,由原来的 CTT 转变为 CAT,使转录的 mRNA 密码由 GAA 变为 GUA,翻译的血红蛋白 β 链 N 末端第 6 位氨基酸残基由疏水的缬氨酸取代了亲水的谷氨酸,这种血红蛋白的结构异常,使其功能发生改变。目前研究发现各种遗传性疾病也常常是由于 DNA 分子的结构或功能异常,导致翻译出的蛋白质或酶的某种缺陷而引起。

随着基因工程的发展,分子病有望通过基因治疗得以彻底治愈,即向功能缺陷的组织细胞补充或引进相应功能的外源性正常 DNA,以纠正或补偿其基因缺陷,从而翻译出结构与功能正常的蛋白质。

(二)抗生素对蛋白质合成的影响

抗生素(antibiotics)可作用于 DNA 复制、转录及翻译的过程,抑制细菌或癌细胞内蛋白质的合成,从而发挥抗菌、抗肿瘤的药理作用(表 10 - 5)。

利福平能与原核细胞 RNA 聚合酶的 β 亚基结合,从而抑制转录,但对真核细胞的 RNA 聚合酶无明显作用,临床用于抗结核治疗。氨基糖苷类抗生素如链霉素、卡那霉素等可与 30S 小亚基结合,改变其构象,引起读码错误,还抑制起始复合物的形成,阻滞释放因子进入 A 位,使合成的肽链不能释放,最终消灭了细菌。四环素族抗生素能与小亚基结合,使其变构,抑制氨基酰- tRNA 的进位。氯霉素可与核糖体的大亚基结合,抑制转肽酶的活性,干扰多肽链的延长。红霉素与细菌大亚基结合,阻止核糖体在 mRNA 链的转位,妨碍细菌蛋白质合成。

表 10 - 5　抗生素对蛋白质合成的阻断作用

作用机理	抗生素	应用
抑制 DNA 的复制	博来霉素、丝裂霉素、放线菌素	抗肿瘤
抑制 RNA 转录	利福霉素、利福平	抗结核
抑制蛋白质翻译	链霉素、卡那霉素、新霉素、红霉素	抗菌

(三)干扰素

干扰素(interferon,IFN)是病毒或干扰素诱导剂刺激人或动物细胞产生的一类有抗病毒作用的蛋白质。在双链 RNA 存在时,干扰素能诱导特异蛋白激酶活化,使真核细胞的起始因子 eIF2 磷酸化失活,抑制病毒蛋白质合成。另外干扰素还可与双链 RNA 共同活化特殊的 $2'-5'$ 腺苷合成酶,合成 $2'-5'$ 寡聚腺苷酸($2'-5'$A),$2'-5'$A 又活化核酸内切酶,使病毒 mRNA 降解,阻断病毒蛋白质的合成。此外,干扰素还有调节细胞分化、激活免疫系统等作用,临床应用十分广泛。目前我国已能用基因工程技术生产人类各种干扰素。

 学习小结

基因信息的传递包括 DNA 的生物合成(复制)、RNA 的生物合成(转录)、蛋白质的生物合成(翻译)。转录和翻译指基因表达过程,将 DNA 的遗传信息通过蛋白质进行表达。这便是中心法则的基本内容,阐述了生物体遗传信息传递的基本规律。

DNA 复制的基本特点有半保留复制、半不连续复制和双向复制。复制以 dNTP 为原料,在 DNA - pol 催化下通过磷酸二酯键形成多聚核苷酸链。原核生物有 DNA - polⅠ、Ⅱ和Ⅲ三种 DNA 聚合酶,真核生物有 α、β、γ、δ、ε 五种 DNA 聚合酶。复制还需其他多种酶和蛋白质因子、引物和 ATP 等的参与。复制起始是将 DNA 双链解开形成复制叉,DNA 双链走向相反而解链只有一个方向,子链总是从 $5'\rightarrow 3'$ 方向延伸。因此,延长中的子链分为领头链和随从链。冈崎片段为随从链中复制的不连续片段,可通过 DNA 连接酶连接为一条完整的子链。逆转录是某些 RNA 病毒的复制形式。逆转录反应包括以 RNA 为模板合成 DNA、杂化双链上 RNA 的水解以及再以单链 DNA 为模板合成双链 DNA 三个步骤。逆转录现象的发现,是对中心法则的重要补充,拓展了 RNA 的研究领域。DNA 复制过程中出错会导致突变,细胞内存在修复系统,能够修复损伤的 DNA。突变对生物体有积极意义,使生物体能更好地适应环境。

转录是以 DNA 为模板合成 RNA 的过程,为基因表达的关键步骤。转录和复制有许多相同之处,又有区别。转录的特征是:只能以 DNA 一条链为模板,为不对称转录;由 RNA 聚合酶催化,不需要引物,底物为四种 NTP;DNA 的碱基 A、T 分别与 RNA 的碱基 U、A 配对;产物为单链 RNA。转录的初级产物需要加工修饰才有生物学功能。真核生物成熟 mRNA 由 hnRNA 加工而成,包括剪接、首尾修饰、碱基的修饰等。tRNA 的转录后加工是需酶的剪接过程,还有各种稀有碱基的生成。rRNA 转录的初级产物是 45S rRNA,经剪接成为 5.8S、18S 和 28S 三种 rRNA。

　　蛋白质的生物合成又称为翻译。根据 mRNA 携带的密码子顺序,决定了合成的多肽链中氨基酸的排列顺序。氨基酸与相应的 tRNA 在氨基酰－tRNA 合成酶的催化下形成氨基酰－tRNA,才能运送至核蛋白体进行蛋白质的生物合成。核蛋白体循环为蛋白质生物合成的中心环节,分为起始、延长和终止 3 个阶段。在起始阶段,mRNA 与甲酰蛋氨酰－tRNA 先后与核蛋白体结合,形成翻译起始复合物。起始复合物形成后由 fMet－tRNAi^{fMet} 占据 P 位,而 A 位空着,准备第二位氨基酰－tRNA 的进入。在延长阶段,相应的氨基酰－tRNA 进入 A 位,称为进位。然后由转肽酶催化 P 位氨酰基或肽酰基与 A 位氨基酸形成肽键,称为成肽。最后 EF－G 的转位酶活性促进肽酰－tRNA 从 A 位移到 P 位,称为转位,A 位空置接受下一个氨基酰－tRNA 进入。通过连续进位、成肽、转位的核蛋白体循环过程,合成的肽链从 N 端向 C 端延伸。直到出现终止密码,使合成肽链释出,翻译过程终止。翻译生成的多肽链必须经过复杂的加工过程才能成为具有生物学活性的蛋白质,并将蛋白质定向输送到细胞特定的部位发挥作用。蛋白质生物合成与医学关系密切。某些药物和生物活性物质能抑制或干扰蛋白质的生物合成,多种抗生素通过抑制蛋白质的生物合成发挥杀菌、抑菌作用。

 ## 目标检测

1. 名词解释:中心法则,DNA 半保留复制,不对称转录,DNA 聚合酶。
2. DNA 复制有何特点?简述参与 DNA 复制的物质及其作用。
3. 简述三种 RNA 在蛋白质合成中的作用。
4. 简述蛋白质合成的基本过程。
5. 某 DNA 单链的核苷酸序列为 5′…AGCGGCTAAGCA…3′,以该序列作为模板分别进行复制和转录,试写出产物的核苷酸序列,并比较复制与转录的区别。

第十一章 基因表达调控与基因工程

学习目标

【掌握】基因表达的概念;原核基因转录调节(乳糖操纵子调节机制);真核基因转录激活调节方式(顺式作用元件、反式作用因子)。

【熟悉】真核基因结构及表达调控的特点;基因工程的基本步骤;常用分子生物学技术。

【了解】基因表达的方式;基因表达调控的生物学意义。

第一节 基因表达调控概述

生物体内的代谢调节都是在基因表达产物蛋白质(可能还有 RNA)的作用下进行的,也就是说与基因表达调控有关。基因表达调控可见于从基因激活到蛋白质生物合成的各个阶段,因此基因表达的调控可分为转录水平(基因激活及转录起始)、转录后水平(加工及转运)、翻译水平及翻译后水平,但以转录水平的基因表达调控最重要。

一、基因与基因组

1. 基因

从遗传学的角度讲,基因(gene)是遗传的基本单位或单元,编码一种 RNA,大多数是编码一种多肽的信息单位。从分子生物学角度看,基因是负载特定遗传信息的 DNA 片段,其结构包括由 DNA 编码序列、非编码调节序列和内含子组成的 DNA 区域。cDNA 是人为地由 mRNA 通过反转录而得,即与 mRNA 互补的 DNA,人们习惯地将其称为基因,它不包含基因转录的调控序列,但含翻译调控及多肽链的编码序列。

2. 基因组

基因组(genome)是指来自一个遗传体系的一套遗传信息。对所有原核细胞和噬菌体而言,它们的基因组就是单个环状染色体所含的全部基因;对真核生物而言,基因组就是指一个生物体的染色体所包含的全部 DNA,通常又称为染色体基因组,是真核生物主要的遗传物质基础。此外,真核生物在线粒体或叶绿体(植物)中含有 DNA,属核外遗传物质,分别称为线粒体基因组和叶绿体基因组。

3. 基因表达

基因表达就是基因转录和翻译的过程。在一定调节机制控制下,大多数基因经历激活、转录及翻译等过程,产生具有特异功能的蛋白质分子。真核生物基因组中仅有很小部分的序列是编码蛋白质的。在哺乳动物,只有 2% 的 DNA 序列编码蛋白质,这部分序列的 DNA 信息通过转录和翻译成为具有各种功能的蛋白质。其中,有些基因的表达是比较恒定的,其转录产物在所有的组织细胞中都存在,这类基因称为管家基因(housekeeping genes),这类基因的表达称为组成性表达(constitutive gene expression)。有些基因的表达会因为细胞对信号分子的反应而发生变化,称为可调控的基因表达(regulated gene expression)。但并非所有过程都产生蛋白质,rRNA 和 tRNA 编码基因转录产生 RNA 的过程也属于基因表达。

二、基因结构

1. 原核生物基因结构特征

原核基因组几乎全部由基因构成,如 *E. coli* 单一染色体上的绝大多数 DNA 序列都为蛋白质和 RNA 编码,而大部分非编码序列都参与基因的复制、转录和翻译的调控。功能相关的基因大多以操纵子(operon)形式出现,如 *E. coli* 中与乳糖代谢相关的乳糖操纵子以及与色氨酸合成相关的色氨酸操纵子等。操纵子是细菌基因表达和调控的基本结构单位,包括结构基因、调控基因和被调控基因产物所识别的 DNA 调控元件。

2. 真核生物基因结构特征

与原核生物的基因结构相比,真核生物的基因结构更加复杂,功能分工也更为精细。原核生物的 DNA 是以裸露的形式存在于细胞质中,转录和翻译过程可以直接相偶联;而真核生物的遗传物质绝大部分存在于细胞核中,转录产物不能直接进行翻译,因此真核生物的表达调控受到其高级结构的影响,并可以在更多的水平上进行。真核生物的 DNA 含量远较原核生物大得多,约为大肠杆菌的数百倍甚至数千倍。哺乳动物的基因组 DNA 大约含 3×10^9 个碱基对,约编码 4 万个以上的基因。绝大多数真核基因组中不但在基因两侧存在大量不被转录的序列,而且在基因内部也存在大量不为蛋白质编码的内含子序列,内含子与外显子镶嵌排列,因此真核基因是不连续的。转录所形成的初级转录产物必须经剪接等一系列加工才能形成成熟的 mRNA。真核生物基因中含有大量的重复序列,它们的碱基序列不一,短则几个碱基对,长则数百,乃至上千个碱基对。这些重复序列具有不同的功能。

第二节　原核生物与真核生物基因表达调控

一、原核生物基因表达调控

原核生物基因表达调控开、关的关键机制主要发生在转录起始。下面以乳糖操纵子为例对原核生物基因的表达调控进行介绍。

(一)原核生物基因表达调控的特点

原核生物基因组所含基因的数量比真核生物少得多,结构也要简单得多,所以原核生物的基因表达调控相对比较简单。

原核生物的表达调控主要集中在转录起始阶段。原核生物的 RNA 聚合酶只有一种,其起始转录的特异性是由 σ 因子决定的。在原核生物中,一些功能相关的基因通常都串联在一起,几个甚至几十个基因共同受到同一个启动序列的控制,共同组成一个转录单位,转录出多顺反子 mRNA,这就是操纵子结构。这种"超基因"结构的存在,使得原核生物应对外界环境因素的变化更加简单、经济、协调、快速。在原核操纵子结构中,特异的阻遏蛋白(repressor)所介导的负性调控是控制原核启动序列活性的重要因素。当阻遏蛋白与操纵基因结合或解聚时,就会导致结构基因表达的阻遏或去阻遏。因为阻遏蛋白已经存在于细胞中,只需要在信号分子的作用下活化或失活即可控制相应基因的表达,而毋需新的调控蛋白合成,因此对外界环境的变化能作出更加迅速的应答。

(二)操纵子模型

操纵子学说是由 Jacob 和 Monod 1960 年提出来的。所谓操纵子就是由在功能上彼此相关的若干个结构基因和相应的控制部位串联排列在一起所组成。控制部位由启动子(promoter,P)和操纵基因(operater,O)所组成。每个操纵子只有 1 个启动子,转录形成的 mRNA 是一个包括了整个操纵子中所有结构基因的多顺反子。

操纵子中的操纵基因可以接受调节基因(regular,R)产物的调节。这种调节基因产物通常是起负性调控作用的阻遏蛋白,少数也可以是起正调控作用的激活蛋白(activator),它们可以与操纵基因序列特异性结合,进而阻断或激活启动子的转录起始。而一些诱导物或辅助蛋白等则可以特异性地与这些调节基因产物结合,使它们的活性发生改变,从而诱导或阻断下游结构基因的表达。

大肠杆菌的乳糖操纵子是最早被发现的操纵子,分别编码 β-半乳糖苷酶、透酶和半乳糖苷乙酰化酶,其上游还有一个启动子序列(P)和一个操纵基因(O)。乳糖操纵子的调控区序列除有启动子(P)和操纵基因(O)以外,在启动子的上游还有一个分解物(或代谢物)基因激活蛋白(catabolic gene-activator protein,CAP)的结合位点。在乳糖操纵子以外的区域还存在一个调节基因 lacI,它编码的一种阻遏蛋白可以结合于操纵基因(O)上。乳糖操纵子的结构如图 11-1 所示。

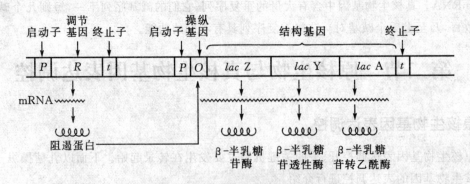

图 11-1 乳糖操纵子结构示意图

在没有乳糖存在时,由调节基因 lacI 编码的阻遏蛋白可以结合于操纵基因(O)上。它们的结合阻止了结合在启动子上的 RNA 聚合酶的移动,使下游的 3 个结构基因只能处于极低的表达水平,只能产生极少量的半乳糖苷酶和透性酶,每个细胞不到 1 个酶分子。当培养基中有乳糖存在时,即可诱导表达,但诱导物并非乳糖本身。少量的乳糖经透性酶转运进入细胞后,被细胞中 β-半乳糖苷酶催化转变为半乳糖,微量的半乳糖分子与阻遏蛋白结合,使其构象发生改变而失活,不能与操纵基因结合,从而解除了阻遏蛋白对转录的抑制作用。单独解除阻遏蛋白的抑制从而提高表达的水平有限,如果同时有 cAMP-CAP 的存在,则可促使其下游的参与乳糖代谢的 3 种酶基因的转录水平大大提高,酶分子的浓度可以提高 1000 倍,从而使细胞能充分利用乳糖作为碳源(图 11-2)。

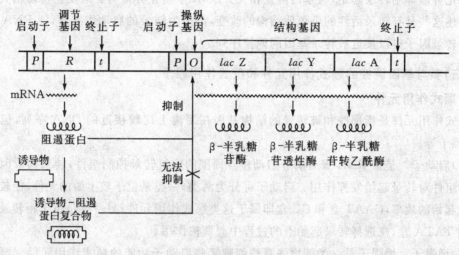

图 11-2　乳糖操纵子调控模式图

分解物基因激活蛋白(CAP),又称为环腺苷酸受体蛋白,它的活性受到 cAMP 的调节。cAMP 与 CAP 结合后使其被活化,可以结合在 *lac* 启动子附近的 CAP 位点,可刺激酶的转录活性;反之,若 cAMP 浓度降低,则表达下降。

二、真核生物基因表达调控

转录起始也是真核生物基因表达调控的最基本环节。真核生物基因表达调控是通过特异的蛋白因子与特异的 DNA 序列相互作用来实现的。这些与基因表达调控有关的特异 DNA 序列称为顺式作用元件(cis-acting element),而与真核生物基因表达调控有关的蛋白因子则称为反式作用因子(trans-acting factor)。

(一)真核生物基因表达调控的特点

(1)活性染色体结构变化　当基因被激活时,可观察到染色体相应区域发生某些结构和性质变化,如活化基因对核酸酶高度敏感,转录区 DNA 有拓扑结构变化、DNA 碱基修饰(如甲基化)变化及组蛋白变化。

(2)正性调节起主导　真核 RNA 聚合酶对启动子的亲和力极小或根本没有实质性的亲和力,必须依赖一种或多种激活蛋白的作用。尽管已发现某些基因含有负性顺式作用元件存在,但负性调节元件并不普遍。真核基因组广泛存在正性调节机制。在正性调节中,大多数基因不结合调节蛋白即没有活性,只有细胞表达一组激活蛋白时,相关靶基因方可被激活。

(3)转录与翻译分隔进行　真核细胞有细胞核及胞浆等区间分布,转录与翻译在不同细胞部位进行。

(4)转录后进行修饰、加工。

(二)具有转录活性的染色质结构的变化

在具有转录活性的染色质区域,最明显的变化是该区域对核酸酶介导的 DNA 降解的敏感性增强。具有转录活性的染色质区域的 DNA 通常是去甲基化的。启动子附近 DNA 序列的甲基化可以抑制转录起始,与基因静止相关。DNA 甲基化异常与肿瘤发生密切相关。

上述这些具有转录活性的染色质结构的改变,都是为转录的启动作准备,使 RNA 聚合酶和一些转录因子得以接近被转录基因的调控序列。

(三)参与基因调控的顺式作用元件和反式作用因子

1.顺式作用元件

顺式作用元件是指那些和被转录的结构基因在距离上比较接近的 DNA 序列,包括启动子、增强子等。

(1)启动子 是指 RNA 聚合酶Ⅱ启动位点周围的一组转录控制组件,转录调节因子能通过这些组件对转录起始发挥作用。启动子可分为两类,一类是位于较上游的元件,能较强地影响转录起始的效率,CAAT 盒和 GC 盒即属于这类顺式作用元件;另一类是位于距转录起始点较近的 TATA 盒,在选择转录起始点的过程中起调控作用。

(2)增强子 增强子是一类能增强真核细胞某些启动子功能的顺式作用元件。增强子作用不受序列方向的制约,即顺的和反的序列都有作用,而且在离启动子相对较远的上游或下游都能发挥作用。有的增强子位于基因中间(通常位于内含子中),有的增强子只能在特异的组织中作用,例如免疫球蛋白基因的增强子只能在表达该基因的 B 淋巴细胞中发挥作用。这种具有组织特异性的增强子可能是作为某些特异基因表达调控网络的组成部分而发挥作用。

(3)反应元件 当真核细胞处于某一特定环境时,有反应的基因具有相同的顺式作用元件,这类顺式作用元件称为反应元件。例如热激反应元件(HSE)、激素反应元件(HRE)、金属反应元件(MRE)等。

(4)沉默子 属于负性 DNA 调控元件,当其与某些反式作用因子识别结合后,能够阻遏特异基因的转录。

2.反式作用因子

反式作用因子是指能够直接或间接与顺式作用元件结合,进而影响基因转录的蛋白质。凡能促进基因转录的,称为正调控反式作用因子;反之,则称为负调控反式作用因子。目前在真核生物中已发现数十种反式作用因子,其功能非常复杂,主要分为基本转录因子和特异转录因子。

(1)基本转录因子 转录调节因子简称为转录因子(transcription factors,TF)。参与识别结合启动子的一组蛋白质因子称为基本转录因子。真核生物 3 种 RNA-pol 都有其相应的转录因子,因此将基本转录因子分为 TFⅠ、TFⅡ、FⅢ 3 大类,其中,最为重要的是与 RNA-polⅡ相关的 TFⅡ,它包括 TFⅡ-A、TFⅡ-B、TFⅡ-D、TFⅡ-E、TFⅡ-F、TFⅡ-H 等亚类。TFⅡ-D 由 TATA 盒结合蛋白(TBP)和 TBP 相关因子(TAFs)两部分构成,能识别结合核心启动子的 TATA 盒。因此,TFⅡ-D 是唯一具有位点特异的 DNA 结合能力的转录因子,在转录起始前复合物的装配过程中起关键作用。

（2）特异转录因子　此为个别基因转录所必需,主要包括转录激活因子和转录抑制因子。这些转录因子能够与启动子近端元件识别并结合,通过蛋白质-DNA的相互作用来调节基因转录。此外,还有一些反式作用因子不直接与顺式作用元件相结合,而是通过蛋白质-蛋白质间的相互作用改变某些转录因子的构象,从而调节基因转录。若与转录激活因子产生协同激活效应,称为共激活因子;若与转录抑制因子协同产生阻遏效应,则称为共阻遏因子。

（四）反式作用因子结构的模式

反式作用因子通过与顺式作用元件的相互作用来调节基因的表达。因此,反式作用因子的分子结构中至少应包含有三个功能域,即 DNA 结合域、转录激活域和介导蛋白质-蛋白质相互作用的结构域。常见的 DNA 结合域结构形式有锌指（zinc fingers）结构、亮氨酸拉链（leucine zippers）等,以锌指结构最常见。

锌指结构含有约 30 个氨基酸残基,其中 4 个氨基酸残基(两个是半胱氨酸,两个是组氨酸,或 4 个都是半胱氨酸)以配位键与 Zn^{2+} 相互作用(图 11-3),其余氨基酸残基则盘绕成 α-螺旋。α-螺旋可以作为识别螺旋嵌入 DNA 的大沟中,介导 DNA-蛋白质的相互作用。这种结构模式在多种真核转录因子的 DNA 结合结构域中存在,而且都具有多个相同的锌指。转录因子 TFⅡ-A 具有 9 个锌指,每个锌指都能与 DNA 双螺旋大沟结合。

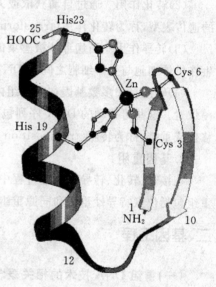

图 11-3　锌指模式图

（五）真核基因转录起始调控模式

转录前,先是 TFⅡ-D 与 TATA 盒结合,继而 TFⅡ-B以其 C 端与 TBP-DNA 复合体结合,其 N 端则能与 RNA 聚合酶Ⅱ亲和结合;接着由两个亚基组成的 TFⅡ-F 加入装配,TFⅡ-F 能与 RNA 聚合酶形成复合体,还具有依赖于 ATP 供给能量的 DNA 解旋酶活性,能解开前方的 DNA 双螺旋,在转录链延伸中起作用。这样,启动子序列就与 TFⅡ-D、B、F 及 RNA 聚合酶Ⅱ结合形成一个"最低限度"能有转录功能基础的转录前起始复合物(pre-initiation complex, PIC),能转录 mRNA。TFⅡ-H 是多亚基蛋白复合体,具有依赖于 ATP 供给能量的 DNA 解旋酶活性,在转录链延伸中发挥作用;TFⅡ-E 是两个亚基组成的四聚体,不直接与 DNA 结合,而可能是与 TFⅡ-B 联系,能提高 ATP 酶的活性;TFⅡ-E 和 TFⅡ-H 的加入,如此就形成完整的转录复合体,能转录延伸生成长链 RNA。TFⅡ-A 能稳定 TFⅡ-D 与 TATA 盒的结合,提高转录效率,但不是转录复合体一定需要的(图 11-4)。

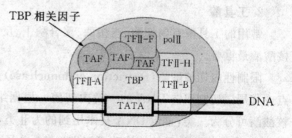

图 11-4　真核基因转录起始调控模式

第三节　基因重组与基因工程

一、自然界的基因转移与重组

自然界不同物种或个体之间的基因转移和重组是经常发生的,它是基因变异和物种进化的基础。

1. 基因转移

(1)接合作用　当细胞与细胞,或细菌通过菌毛而相互接触时,质粒 DNA 就可从一个细胞(细菌)转移至另一细胞(细菌),这种类型的 DNA 转移称为接合作用(conjugation)。

(2)转化作用　通过自动获取或人为地供给外源 DNA,使细胞或培养的受体细胞获得新的遗传表型,称为转化作用(transformation)。

(3)转导作用　当病毒从被感染的(供体)细胞释放出来,再次感染另一(受体)细胞时,发生在供体细胞与受体细胞之间的 DNA 转移及基因重组,即为转导作用(transduction)。

(4)转座　大多数基因在基因组内的位置是固定的,但有些基因可以从一个位置移动到另一位置。这些可移动的 DNA 序列包括插入序列和转座子。由插入序列和转座子介导的基因移位或重排,称为转座(transposition)。

2. 基因重组

在接合、转化、转导或转座过程中,不同 DNA 分子间发生的共价连接称基因重组。基因重组包括位点特异性重组和同源重组两种类型。

二、基因工程

(一)重组 DNA 技术的相关概念

1. DNA 克隆

克隆(clone)就是来自同一个体的相同的集合。DNA 克隆是应用酶学方法在体外将目的基因与载体 DNA 结合成一具有自我复制能力的重组 DNA 分子,通过转化或转染宿主细胞,筛选出含有目的基因的转化子细胞,再进行扩增,提取获得大量同一 DNA 分子的过程。DNA 克隆又称基因克隆或重组 DNA。DNA 克隆也指将 DNA 重组体引进受体细胞中建立无性系的过程,因此,又称为基因克隆(gene cloning)、基因工程(gene engneering)、重组 DNA 技术。

2. 工具酶

常用的工具酶有内切酶、连接酶、聚合酶 I、反转录酶等。在所有工具酶中,以限制性内切核酸酶最重要。

限制性内切核酸酶(restriction endonuclease)是指能识别 DNA 的特异序列,并在识别位点或其周围切割双链 DNA 的一类内切酶。根据组成和作用特性的不同,常用的限制性内切核酸酶可分为三类,重组 DNA 技术用到的为 II 类,其特点为:

(1)具有识别特异性　该酶可识别 DNA 分子上特定的核苷酸序列,该序列一般呈回文结构,如 $EcoR$ I 识别的序列为 5'GAATTC 3'。

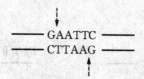

（2）具有切割特异性　该酶可从某一特定位点或其周围切割，产生黏性末端或钝性末端，如 *Eco*R I 从 G 和 A 之间切开，产生两个黏性末端（5′G↑AATTC 3′）。不同的限制性内切核酸酶识别 DNA 中的核苷酸长短不一，切割位点的多少也不同，产生的片段大小各异。

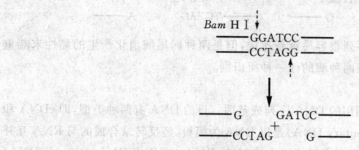

与Ⅱ型核酸内切酶有关的几个概念，下面介绍之。

（1）黏性末端　是指 DNA 分子在限制酶的作用之下形成的具有互补碱基的单链延伸末端结构，它们能够通过互补碱基间的配对而重新环化起来。

（2）平末端　是指在识别序列对称处同时切开 DNA 分子两条链而产生的平齐末端结构，不易于重新环化。

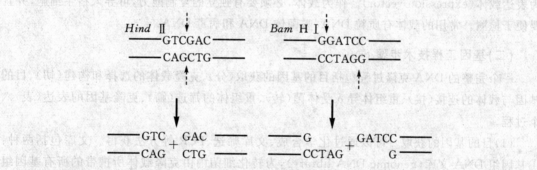

（3）同裂酶　指能识别和切割同样的核苷酸靶序列而来源不同的内切酶。不同的同裂酶对位点的甲基化敏感性有差别。

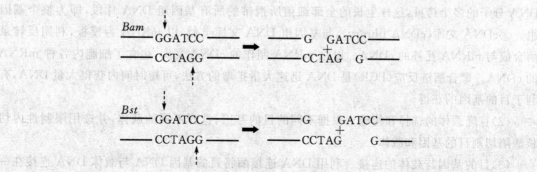

（4）同尾酶　指识别的靶序列不同，但能产生相同黏性末端的一类限制性核酸内切酶。如

BamH Ⅰ和BgⅠ Ⅱ是一组同尾酶。

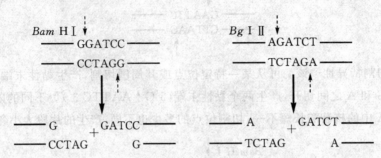

由同尾酶产生的黏性末端序列很容易重新连接,但是两种同尾酶消化产生的黏性末端重新连接形成的新片段将不能被该两种酶的任一种所识别。

3. 目的基因

目的基因是我们要研究或利用的 DNA 序列或基因。目的 DNA 有两种类型,即 cDNA 和基因组 DNA。cDNA(complementary DNA)是以 RNA 为模板,经反转录合成的与 RNA 互补的单链 DNA。以 cDNA 为模板经聚合反应可合成双链 cDNA。基因组 DNA(genomic DNA)是指代表一个细胞或生物体整套遗传信息的所有 DNA 序列。

4. 基因载体

基因载体是携带目的基因,实现目的基因的无性繁殖或表达有意义的蛋白质所采用的一些 DNA 分子。具有转录和翻译所必需的 DNA 序列,可以完成目的基因表达过程的载体,称为表达载体(expression vector)。作为载体,必须要有独立的复制能力,可导入宿主细胞,并且要便于检测。常用的载体有质粒 DNA、噬菌体 DNA 和病毒 DNA。

(二)基因工程技术步骤

一个完整的 DNA 克隆过程包括目的基因的获取(分)、克隆载体的选择和构建(切)、目的基因与载体的连接(接)、重组体导入受体菌(转)、重组体的筛选(筛)、克隆基因的表达(表)六个过程。

(1)目的基因的获取 可以通过化学合成、文库筛选、PCR 等方法获得。文库包括两种:①基因组 DNA 文库(genomic DNA library),为转化细菌内由克隆载体所携带的所有基因组 DNA 的集合。构建方法是把生物体全部的 DNA 提纯后,由限制性内切核酸酶随机切割成许多片段,将所有片段均重组入同一类载体上,转入受体菌扩增,每个细菌内都携带一种重组 DNA 分子的多个拷贝,这样生长的全部细菌所携带的所有基因组 DNA 片段,即为整个基因组。②cDNA 文库(cDNA library),与基因组 DNA 文库类似,以 mRNA 为模板,利用反转录酶合成与 mRNA 互补的 cDNA。以总 mRNA 制作的 cDNA 文库,包含了细胞内各种 mRNA 的 cDNA。聚合酶链反应(PCR)是 DNA 迅速大量扩增的方法,可短时间内获得大量 DNA,有利于目的基因的获得。

(2)克隆载体的选择和构建 根据不同的目的基因,选择不同的载体,并选用限制性内切核酸酶切割目的基因和载体。

(3)目的基因与载体的连接 利用 DNA 连接酶将目的基因 DNA 与载体 DNA 连接在一起,形成重组体。其连接方式有黏性末端连接、平端连接、同聚物的加尾连接和人工接头连接等。

（4）重组体导入受体菌　即把重组 DNA 导入受体菌的过程。根据载体的性质不同，有转化、转染、感染等导入方法。重组 DNA 导入时，需要制备感受态细胞（competent cell），即具备接受外源 DNA 能力的经过特殊方法处理的受体菌。

（5）重组体的筛选　筛选出含重组 DNA 的受体菌，有直接筛选法和非直接筛选法。抗药性标记选择、标志补救及分子杂交属直接选择法，免疫化学和酶联免疫检测法属非直接选择法。

（6）克隆基因的表达　可以生成有价值的蛋白质或多肽。原核生物表达体系中 E. coli 是最常见的。运用 E. coli 表达有用的蛋白质必须使构建的表达载体符合以下标准：含有大肠杆菌适宜的选择标记，具有强启动子，含有适当的翻译控制序列，具有合理设计的多接头克隆位点。真核表达体系常见的有酵母、昆虫、哺乳类细胞等。

（三）重组 DNA 技术与医学的关系

1990 年分子医学的诞生及其在近年来的发展，正是重组 DNA 技术与医学实践相结合的结果。分子医学包含的领域及内容概括如下几个方面。

1. 疾病基因的发现

重组 DNA 技术的应用使分子遗传学家有可能根据基因定位，而不是它的功能来克隆一个基因。根据克隆基因的定位和性质研究所提供的线索，可进一步确定克隆的基因在分子遗传病中的作用。因此，一个疾病相关基因的发现不仅可导致新的遗传病的发现或定位，并且在掌握其全部序列信息后，人类完全有可能通过对候选基因的控制和改造，从根本上治疗和防止遗传病的发生和流行。

2. 发展生物制药

利用重组 DNA 技术生产有药用价值的蛋白质、多肽产品已成为当今世界一项重大产业。重组蛋白质药物生产是在功能研究、基因克隆基础上，构建适当的表达体系表达有生物活性的蛋白质、多肽，再经过科学的动物实验、严格的临床试验和药物审查，发展为新药物。

3. 遗传病的预防

疾病基因克隆不仅为医学家提供了重要工具，使他们能深入地认识、理解遗传病的发生机制，为寻求可能的治疗途径、预测疗效提供了有力手段，更重要的是，利用这些成果进行极有意义的产前诊断和症候前诊断，而后通过诊断技巧与治疗、预防能力的结合，从根本上杜绝遗传性疾病的发生和流行。预防方法包括产前诊断、携带者测试、症候前诊断、遗传病易感性分析。

第四节　常用分子生物学技术

20 世纪 50 年代，DNA 双螺旋结构被阐明，揭开了生命科学的新篇章，开创了科学技术的新时代。随着分子生物学基础理论的发展，不断涌现许多新的分子生物学技术，并且越来越广泛地应用到新药设计、工农业生产、临床诊断与治疗的各个方面，为人类社会的发展生产带来重大影响。本节简要介绍 PCR 技术和印迹技术。

一、PCR 技术

1.定义

PCR(polymerase chain reaction)即聚合酶链式反应,是指在 DNA 聚合酶催化下,以母链 DNA 为模板,以特定引物为延伸起点,通过变性、退火、延伸等步骤,在体外复制出与母链模板 DNA 互补的子链 DNA 的过程,是一项 DNA 体外合成放大技术,能快速特异地在体外扩增任何目的 DNA,可用于基因分离克隆、序列分析、基因表达调控、基因多态性研究等许多方面。PCR 技术是生物医学领域中的一项革命性创举和里程碑,广泛应用于检测细菌、病毒类疾病,诊断遗传疾病,诊断肿瘤以及法医物证学等。PCR 技术由美国科学家 Mullis 发明,Mullis 因此获得了 1993 年诺贝尔化学奖。

2.PCR 技术的基本原理

类似于 DNA 的天然复制过程。在高温(94～95℃)下,待扩增的靶 DNA 双链受热变性成为两条单链 DNA 模板;而后在低温(37～55℃)情况下,两条人工合成的寡核苷酸引物与互补的单链 DNA 模板结合,形成部分双链;在 Taq 酶的最适温度(72℃)下,以引物 $3'$ 端为合成的起点,以单核苷酸(dNTP)为原料,沿模板以 $5'→3'$ 方向延伸,合成 DNA 新链。这样,每一双链的 DNA 模板,经过一次解链、退火、延伸三个步骤的热循环后,就成了两条双链 DNA 分子。如此反复进行,每一次循环所产生的 DNA 均能成为下一次循环的模板,每一次循环都使两条人工合成的引物间的 DNA 特异区拷贝数扩增一倍,PCR 产物得以 2^n 的指数形式迅速扩增。经过 25～30 个循环后,理论上可使基因扩增 10^9 倍以上,实际上一般可达 10^6～10^7 倍。

3.PCR 反应基本步骤

(1)变性(denaturation) 通过加热使模板 DNA 的双链之间的氢键断裂,双链分开而成单链的过程(94℃,30s)。

(2)退火(annealing) 当温度降低时,引物与模板 DNA 中互补区域结合成杂交分子(55℃,30s)。

(3)延伸(extension) 在 DNA 聚合酶、dNTPs、Mg^{2+} 存在下,DNA 聚合酶催化引物按 $5'→3'$ 方向延伸,合成出与模板 DNA 链互补的 DNA 子链(70～72℃,30～60s)。

上述三个步骤为一个循环,每一循环的产物均可作为下一个循环的模板。经过 n 次循环后,目的 DNA 以 2^n 的形式增加。

4.PCR 反应体系和程序

(1)标准的 PCR 反应体系

10×扩增缓冲液	10μl
4 种 dNTP 混合物	各 200μmol/L
引物	各 10～100pmol
模板 DNA	0.1～2μg
Taq DNA 聚合酶	2.5U
Mg^{2+}	1.5mmol/L
加双蒸水或三蒸水至	100μl

（2）PCR 反应程序

94℃预变性	3～5min
94℃变性	30s～2min
退火	30s～2min
72℃延伸	1～5min
以上第2～4步25～40个循环	
72℃延伸	5～10min

二、印迹技术

印迹技术首先由 Southern 在 1975 年提出，是将在凝胶中分离的生物大分子转移（印迹）或直接放在固相化介质上并加以检测分析的技术，目前广泛应用于 DNA、RNA 和蛋白质的检测。印迹技术包括 DNA 印迹技术（Southern blotting）、RNA 印迹技术（Northern blotting）、蛋白质印迹技术（Western blotting）。它们的基本流程如图 11-5 所示。

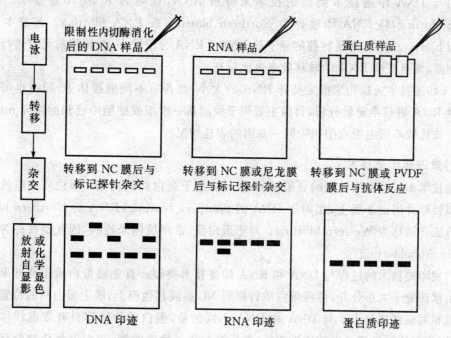

图 11-5　DNA 印迹、RNA 印迹和蛋白质印迹技术示意图

（一）DNA 印迹技术

DNA 印迹技术（DNA blotting）由 Southern 等人首次应用，因而以其姓氏命名，被广泛称为 Southern blotting，具体过程为：从组织或细胞中提取的基因组 DNA 经限制性内切酶消化后进行琼脂糖电泳，将含有 DNA 区带的凝胶在变性液中变性使其成为单链后，将一张硝酸纤维素（Nitrocellulose，NC）膜放在胶上，膜上放上吸水纸巾，利用毛细作用，胶中的 DNA 分子转移到 NC 膜上。载有 DNA 单链分子的 NC 膜就可以在杂交液中与另一种 DNA 或 RNA 分子（称为探针，可用同位素标记）进行杂交。具有互补序列的 RNA 或 DNA 探针结合到存在于

NC 膜的 DNA 分子上,经放射自显影或其他检测技术就可以显现杂交分子的有无及位置。这一类技术类似于用吸墨纸吸收纸张上的墨迹,因此称为印迹技术。DNA 转移的速度取决于其分子的大小,分子越小,转移越快。转移完成后,在 80℃ 加热 NC 膜,使 DNA 更易固定于膜上,便于进行杂交反应。

除了上述靠毛细作用将 DNA 转移至 NC 膜的方法外,后来又发展了电转移印迹技术和真空负压吸引转移印迹技术,缩短了转移所需的时间。另外 NC 膜也有了许多换代产品,改善了转移效率和样品的承载能力。

DNA 印迹技术主要用于基因组 DNA 的定性和定量分析,如对基因组中特定基因的定位及检测,确定基因组中某一特定基因的大小、拷贝数、酶切图谱及其在染色体中的位置。如果一个基因出现丢失或扩增,相应条带的信号就会减少或增加。如果基因中有突变,可能会出现不同于正常的条带。此外也可用于分析重组质粒和噬菌体。

(二)RNA 印迹技术

利用与 DNA 印迹技术类似的技术来分析 RNA,就称为 RNA 印迹技术。相对于 Southern blotting,将 RNA 印迹称为 Northern blotting 或 RNA blotting。其基本原理与 Southern blotting 相同,只是转移的分子是 RNA。RNA 分子较小,在转移前无需进行限制性内切酶切割,而且变性 RNA 的转移效率也比较高。

RNA 印迹技术可以用来确定特异 RNA 的大小,是否有不同剪接体等,同时也可以对该种特异性 RNA 进行半定量分析,目前主要用于检测某一组织或细胞中已知的特异 mRNA 的表达水平或比较不同组织或细胞中同一基因的表达情况。

(三)蛋白质印迹技术

印迹技术不仅可用于核酸的分子检测,也可以用于蛋白质的检测。蛋白质在电泳分离之后也可以转移并固定于膜上,相对于 DNA 的 Southern blotting,RNA 的 Northern blotting,该印迹方法亦被称为 Western blotting。对于蛋白质,常用抗体来检测,因此也被称为免疫印迹技术(immunoblotting)。

蛋白质印迹技术的过程与 DNA 和 RNA 印迹技术类似。首先将蛋白质用变性聚丙烯酰胺凝胶电泳按分子大小分开,再将蛋白质转移到 NC 膜或其他膜上,膜上蛋白质的位置可以保持在与胶相对应的原位上。与 DNA 和 RNA 不同的是,蛋白质的转移只有靠电转移方可完成。另外,蛋白质的检测是以抗体做探针,然后再与用碱性磷酸酶、辣根过氧化物酶标记或同位素标记的第二抗体反应,最后用放射自显影、底物显色来显示目的蛋白的有无和所在位置,底物亦可以与化学发光剂结合以提高灵敏度。

免疫印迹技术用于检测样品中特异蛋白质是否存在、细胞中特异蛋白质的半定量分析以及蛋白质分子的相互作用研究等。

(四)其他印迹技术

除上述 3 种印迹技术外,还有一些建立在印迹技术基础上的核酸和蛋白质的分析方法,如不经电泳分离直接将样品点在 NC 膜上用于杂交分析的斑点印迹(dot blotting);直接在组织切片或细胞涂片上进行杂交分析的原位杂交(in situ hybridization);将多种已知序列的 DNA

排列在一定大小的尼龙膜或其他支持物上,用于检测细胞或组织样品中核酸种类的 DNA 点阵(DNA array)杂交;在 DNA 点阵杂交基础上,通过与计算机控制的点样及强大的扫描分析硬件及软件支持相结合发展起来的 DNA 芯片(DNA CHIP)技术,用于细胞样品中基因表达谱的分析、遗传性疾病的分析、病原微生物的大规模检测。

 学习小结

　　基因表达是基因经过一系列步骤表现出其生物功能的整个过程,是受着严密、精确调控的。基因组含有生物体生存、发育、活动和繁殖所需要的全部遗传信息,但这些遗传信息并不同时全部都表达出来。不同组织、细胞分化发育的不同时期,基因表达的种类和强度各不相同,决定着细胞的形态和功能。生物体能适应环境变化而改变自身的基因表达以利生存,因而基因表达调控也是生命本质之所在。某些基因表达不受环境影响,称为组成性表达,其中某些基因表达产物是细胞或生物体整个生命过程中都持续需要而且必不可少的,这类基因称为看家基因;另一类基因表达易随环境信号而变化,称为可调控的基因表达。

　　基因表达调控可以在复制、扩增、基因激活、转录、转录后、翻译和翻译后等多级水平上行,但 mRNA 转录起始是基因表达调控的基本控制点。转录起始调控的实质是 DNA-蛋白质/蛋白质-蛋白质间的相互作用对 RNA 聚合酶活性的影响。调控结果使基因表达水平提高的称为正性调控(上调),使基因表达水平降低者为负性调控(下调)。在同一条核酸链上起调控基因表达作用的核酸序列称为顺式作用元件;能对不同核酸链上的基因表达起调控作用的蛋白质称反式作用因子或转录因子。核酸链上的顺式作用元件与反式作用因子相互作用而调控基因表达。

　　多数原核生物的基因按功能相关性串连排列共同组成一个转录调控单位——操纵子。第一个阐明的操纵子是乳糖操纵子。操纵子最基本的组成元件有受调控的结构基因群、启动子、操纵基因、调控基因和终止子。由调控基因编码合成的调控蛋白作用于操纵子序列,起到阻遏基因表达作用的称阻遏蛋白,起促进基因表达者为激活蛋白。调控蛋白可受特定的小分子作用发生变构而改变其对操纵子的作用,这是许多原核基因适应内外环境变化,改变表达水平的机理所在。

　　真核基因组比原核大得多,结构更复杂,基因组的大部分序列不编码蛋白质,而且编码蛋白质的基因绝大多数是不连续的。真核基因表达调控的环节更多,转录前可以有基因的扩增或重排,并涉及染色质结构的改变、基因激活过程。转录后调控的方式也很多,但仍以转录起始调控为主。正性调控是真核基因调控的主导方面,RNA 聚合酶的转录活性依赖于基本转录因子,在转录前先形成转录复合体,其转录效率受许多蛋白因子的影响,协调表达更为复杂。

　　基因工程是生物工程的主导技术。DNA 重组技术或分子克隆是基因工程的核心。分子生物学研究中发现的许多核酸酶类都可用作基因工程的工具。其中能识别特定的回文序列并切割 DNA 双链的 Ⅱ 类限制性核酸内切酶在 DNA 重组技术中被广泛应用。

　　当前目的基因序列主要来源于自然界的生物。目的基因或核酸序列必须由载体携带进入宿主细胞复制繁殖才能分离到克隆。常用的载体有质粒、噬菌体、病毒等,载体必须能携带目的序列有效地进入宿主细胞复制繁殖,并有良好的标记可供识别和筛选,常用有抗药性和

α-互补蓝白筛选等。设计严密的方案,借助工具酶的作用,将目的基因或序列以适当的连接方式插入载体,用转化、感染或转染的方法导入宿主细胞繁殖,筛选获得克隆,最后要经过核酸序列分析鉴定。

分子生物学常用技术主要包括 PCR、核酸及蛋白质印迹技术等。

 目标检测

1. 解释下列名词:基因组,操纵子,顺式作用元件,反式作用因子,基因克隆,聚合酶链式反应,印迹技术。
2. 简述操纵子的基本结构。
3. 概述原核生物基因表达调控的特点。
4. 比较原核生物和真核生物转录调控的异同。
5. 简述基因工程的基本步骤。
6. 简述 PCR 基本过程。
7. 简述常用印记技术的种类。

第十二章　癌基因、抑癌基因与生长因子

学习目标

【掌握】癌基因、抑癌基因和生长因子的概念。

【熟悉】癌基因、抑癌基因的功能及分类。

【了解】癌基因与生长因子的关系，生长因子与疾病的关系。

正常情况下，机体细胞的生长、增殖和分化在多种因素的调控下有条不紊的进行。细胞的正常生长与增殖主要受具有正、负调节信号的两大类基因表达产物的调控。正调节信号促进细胞生长和增殖，并阻止其发生终末分化；负调节信号抑制细胞增殖，促进分化、成熟、衰老和凋亡。负调节信号以抑癌基因（suppressor gene）及其编码的蛋白质为代表，正调节信号以癌基因（onco-gene or cancer gene）及其表达产物为代表。一些癌基因编码的类生长因子及其受体分子可通过细胞内信号转导系统刺激细胞增殖和分化。当体细胞因调控失衡获得自主生长能力时，细胞便持续地分裂与增殖，导致恶变而成为肿瘤细胞。然而，恶性肿瘤的发生机制至今尚未完全明了，目前比较一致的看法是，它的发生是多因素、多阶段、多基因参与和长期发展结果的积累，与癌基因激活、抑癌基因失活和多种生长因子的参与密切相关。从名称上来看，抑癌基因似乎总是与癌基因的功能相拮抗。事实上，这两种基因的功能在癌症的发生中是相互协调的。当这两类基因中任何一种或它们共同发生变化，即有可能引起细胞生长和增殖失控而导致肿瘤的发生。

第一节　癌基因

癌基因就是具有增加癌源性或转化潜能，在一定条件下导致其编码区或调节区遗传性状发生改变的基因。癌基因可分为两大类：一类是致癌病毒中能在体内诱发肿瘤并在体外引起细胞转化的基因，即病毒癌基因（viral oncogene，v-onc）；另一类是存在于细胞基因组中，正常情况下处于静止或低水平（限制性）表达状态，对维持细胞正常功能具有重要作用，当受到致癌因素作用时被活化而导致细胞恶变的基因，即原癌基因（protooncogene，pro-onc），或称细胞癌基因（cellular oncogene，c-onc）。

癌基因的名称一般由 3 个小写字母（斜体字）表示，这通常源于它们的首次发现，有时这 3 个编码字母后面跟一个字母或数字。如 *erb* 癌基因源于它首次发现于成红细胞增多症（erythroblastosis）病毒，现已分为 *erbA* 和 *erbB* 两类。*erbA* 是甲状腺激素受体的同源类似物，*erbB* 是表皮生长因子受体的同源类似物。

一、病毒癌基因

病毒是一类体积微小、能透过滤菌器、只能在活细胞内生长、增殖的非细胞形态微生物,其化学本质是某种类型的核酸(RNA 或 DNA)。无论是 DNA 病毒还是 RNA 病毒,感染细胞后,其遗传物质均有可能整合于染色质上,改变细胞原有蛋白质的表达或影响宿主细胞某些基因的表达,引起细胞调控的紊乱而诱导肿瘤的发生。

病毒癌基因和对应原癌基因比较,有序列的同源性和相似表达产物。但病毒癌基因经过病毒自身改变修饰,和对应的原癌基因比较,主要存在以下一些差别:

(1)病毒癌基因无内含子,而原癌基因通常有内含子或插入序列;

(2)病毒癌基因较原癌基因有较强的转化细胞功能,其原因在于病毒癌基因与同源的原癌基因在外显子序列中存在着微小的差别;

(3)病毒癌基因常会出现碱基取代或碱基缺失等突变,而原癌基因则较少发现这类突变;

(4)病毒癌基因通常丢失了原癌基因两端的某些调控序列,而在病毒高效启动子作用下有较高的转录活性。

二、原癌基因

用标记的病毒癌基因为探针,可在人、哺乳动物等脊椎动物基因组中检测到与病毒癌基因同源的基因,即原癌基因,或称细胞癌基因。

(一)原癌基因的特点

原癌基因广泛存在于生物界中,从酵母到人的细胞普遍存在。细胞中原癌基因外显子序列在进化上极为保守,被称为持家基因,说明这类基因的表达产物在生命活动中是必需的。原癌基因的限制性表达产物具有促进细胞生长、增殖、分化和发育等生理功能,属于正常的调节基因。在某些化学、物理或生物等因素作用下,原癌基因可因为结构、数量等改变而被激活,使细胞发生恶性转化。

(二)原癌基因的分类

目前已发现的原癌基因有百余种,普遍存在于生物细胞中。依据其基因结构与功能特点,可将大部分原癌基因归于以下几个家族(表 12-1)。

1. *sis* **家族**

sis 家族即 *c-sis*,定位在人类第 22 号染色体,有 5 个外显子,编码 241 个氨基酸的蛋白质(p28)。p28 氨基酸顺序与人类血小板衍生生长因子(PDGF)氨基酸顺序有 108 位完全一致,它们都能与 PDGF 受体结合,而 PDGF 能促进结缔组织及神经胶质细胞增殖。*c-sis* 与人类的 PDGF 有 87% 的同源性,可与 PDGF 受体结合。*c-sis* 表达对细胞生长、分裂和分化具有重要调控作用。

2. *erb* **家族**

erb 家族表达产物是细胞骨架蛋白,在细胞运动、分裂、信息传递、能量转换、代谢调控以及维持细胞形态方面具有重要作用。人的 *erb-B* 编码的是掐头的表皮生长因子受体,这种受

体跨膜区域无变化,但受体两端变短,尤其是外侧被删除。这种受体可以和表皮生长因子长期结合,从而永久性地进行细胞信号传导,促进细胞增殖。

3. *src* 家族

c-src 定位于第 20 号染色体,有 17 个外显子。*src* 基因产物是蛋白激酶类,编码的蛋白质氨基酸序列有明显的相似性,都有一个 250 个氨基酸的同源结构区域,其表达产物均有酪氨酸蛋白激酶(tyrosine protein kinase,TPK)活性。此类酶定位在细胞内侧,通过激酶磷酸化作用,使其结构发生改变,增加激酶对底物的活性。激素生长信号在胞内的传递,与细胞无限生长关系密切。

4. *ras* 家族

ras 家族包括 *H-ras*、*K-ras*、*N-ras*,前两者分别来自大鼠肉瘤病毒 Harvey 株、Kirsten 株,*N-ras* 从人的神经母细胞瘤中获得。*ras* 家族由 4 个外显子组成,编码蛋白质分子量 21kDa,编码的氨基酸顺序有 85% 的同源性,主要位于细胞膜的内侧面,属 G 蛋白。其作用是参与细胞增殖信号的细胞内转导过程,是维持细胞生长和分化的重要信号转换器。

5. *myc* 家族和 *myb* 家族

myc 家族可分为 *c-myc*、*N-myc*、*L-myc*、*R-myc*,编码 3 个外显子,1 号外显子不编码,缺少 ATG,但存在多个终止密码子;另外两个外显子表达 62~64kDa 或 66~67kDa 的蛋白,位于核内,属于 DNA 结合蛋白类,与 DNA 复制启动有关。

表 12－1　原癌基因的分类及功能

类别	癌基因	同源的细胞基因
蛋白激酶类		
跨膜生长因子受体	*erbB*	EGF 受体
	neu(*erb*2、*HER*-2)	EGF 受体相似物
	fms、*ros*、*kit*、*ret*、*sea*	M-CSF 受体
膜结合的酪氨酸蛋白激酶	*src* 族(*src*、*fgr*、*yes*、*lck*、*nck*、*fym*、*fes*、*fps*、*lyn*、*tkl*)、*abl*	
可溶性酪氨酸蛋白激酶	*met*、*trk*	
胞质丝氨酸/苏氨酸蛋白激酶	*raf*(*mil*、*mht*)、*mos*、*cot*、*pl*－1	
非蛋白激酶受体	*mas*	血管紧张素受体
	erb	甲状腺激素受体
信息传递蛋白		
膜结合 GTP 结合蛋白	*H-ras*、*K-ras*、*N-ras*	
生长因子	*sis*	PDGF-2
	int-2	FGF 同类物
核内转录因子	*c-myc*、*N-myc*、*L-myc*	转录因子
	fos、*jun*	转录因子 AP－1

(三)原癌基因活化的机制

原癌基因在机体生长发育过程完成之后,多处于封闭状态或仅有低度表达。当原癌基因的结构发生异常或表达失控时,即原癌基因的激活,就会成为使细胞发生恶性转化的癌基因。

原癌基因可由以下几种方式被激活：

（1）点突变　ras 基因家族中经常发生点突变。

（2）基因扩增　myc、erbB 基因家族在许多肿瘤中显示扩增。

（3）染色体重排　如 85％的 Buriktt 淋巴瘤中发现有 t(8;14)(q24;q32)易位，使 c-myc 受到 IgG 重链启动子的调控而过量表达；而慢性髓性白血病（CML）中的 t (9;22)(q34;q11)易位（费城染色体），使 c-ABL 和 BCR 融合，编码有较高的酪氨酸激酶活性的融合蛋白。

（4）启动子插入　如病毒 ALV 插入到 myc 的上游，其两端的 LTR 启动并增强了 c-mycC 的转录，从而诱导了淋巴瘤的产生。

一对细胞癌基因中只要有一个被激活，就可以以显性的方式发挥作用，使细胞趋于恶性转化。此外，不同癌基因在癌变过程中具有协同作用。

（四）原癌基因的产物与功能

原癌基因广泛分布于生物界，是在进化中高度保守的管家基因，也是生命活动所必需的。其编码产物与细胞生长调控的许多因子有关，这些因子参与细胞生长、增殖、分化等环节的调控。癌基因表达产物按其在细胞信号传递系统中的作用，可分为不同类别（表 12-2）。

（1）生长因子　如 sis。

（2）生长因子受体　如 fms、erbB。

（3）蛋白激酶及其他信号转导组分　如 src、ras、raf。

（4）细胞周期蛋白　如 bcl-1。

（5）细胞凋亡调控因子　如 bcl-2。

（6）转录因子　如 myc、fos、jun。

表 12-2　一些原癌基因的功能

原癌基因	功能	相关肿瘤
sis	生长因子	Erwing 网瘤
erb-B	受体酪氨酸激酶，EGF 受体	星形细胞瘤、乳腺癌、卵巢癌、肺癌、胃癌、唾腺癌
fms	受体酪氨酸激酶，CSF-1 受体	髓性白血病
ras	G 蛋白	肺癌、结肠癌、膀胱癌、直肠癌
src	非受体酪氨酸激酶	鲁斯氏肉瘤
abl-1	非受体酪氨酸激酶	慢性髓性白血病
raf	MAPKKK，丝氨酸/苏氨酸激酶	腮腺肿瘤
vav	信号转导连接蛋白	白血病
myc	转录因子	Burkitt 淋巴瘤、肺癌、早幼粒白血病
myb	转录因子	结肠癌
fos	转录因子	骨肉瘤
jun	转录因子	?
erb-A	转录因子	急性非淋巴细胞白血病
bcl-1	cyclinD1	B 细胞淋巴瘤

第二节 抑癌基因

一、抑癌基因的概念

抑癌基因又称抗癌基因(anti-onc),是正常细胞中存在的基因,在被激活情况下它们具有抑制细胞增殖作用,但在一定情况下被抑制或丢失后可减弱甚至消除抑癌作用。正常情况下它们对细胞的发育、生长和分化的调节起重要作用。

抑癌基因的发现是从细胞杂交实验开始的。当一个肿瘤细胞和一个正常细胞融合为一个杂交细胞,往往不具有肿瘤的表型,甚至由两种不同肿瘤细胞形成的杂交细胞也非肿瘤型的,只有当这些正常亲代细胞失去了某些基因后,才会形成肿瘤的子代细胞。由此人们推测,在正常细胞中可能存在一种肿瘤抑制基因,阻止杂交细胞发生肿瘤;当这种基因缺失或变异时,抑瘤功能丧失,导致肿瘤生成。而在两种不同肿瘤细胞杂交融合后,由于它们缺失的抑癌基因不同,在形成的杂交体中,各自不齐全的抑癌基因发生交叉互补,所以也不会形成肿瘤。

二、常见的抑癌基因

目前定论的抑癌基因有 10 余种(表 12-3)。必须指出,最初在某种肿瘤中发现的抑癌基因,并不意味其与别的肿瘤无关,恰恰相反,在多种组织来源的肿瘤细胞中往往可检测出同一抑癌基因的突变、缺失、重排、表达异常等,这正说明抑癌基因的变异构成某些共同的致癌途径。

表 12-3 常见抑癌基因的一些生物学特性

名称	定位	主要产物及功能	相关肿瘤
p53	17p13	p53 蛋白,转录因子,细胞周期调节	多种肿瘤
Rb	13q14	p105 蛋白,转录因子,细胞周期调节	视网膜母细胞瘤,骨肉瘤,肺癌,乳癌
p16	9p21	p16 蛋白,细胞周期抑制因子	黑色素瘤,白血病
APC	5q21	G 蛋白,信号传导	结肠癌
DCC	18q21	p192 蛋白,细胞黏附分子,与细胞凋亡有关	结肠癌
NF1	7q12.2	GTP 酶激活剂	神经纤维瘤,神经纤维肉瘤
NF2	22p	连接膜与细胞骨架	神经鞘膜瘤,脑膜瘤
VHL	3p	转录调节蛋白	小细胞肺癌,宫颈癌
WT1	11p13	锌指蛋白,转录抑制因子	Wilms 肿瘤(肾母细胞瘤),肺癌

三、抑癌基因的作用机制

由于抑癌基因的分离鉴定研究晚于原癌基因,目前仅对 p53 和 Rb 两种抑癌基因的作用机制了解比较充分。

(一)视网膜母细胞瘤基因(Rb 基因)

Rb 基因是最早发现的肿瘤抑制基因,最初发现于儿童的视网膜母细胞瘤,因此称为 Rb

基因。在正常情况下,视网膜细胞含活性 Rb 基因,控制着成视网膜细胞的生长发育以及视觉细胞的分化。当 Rb 基因一旦丧失功能或先天性缺失,视网膜细胞则异常增殖成视网膜母细胞瘤。Rb 基因失活还见于骨肉瘤、小细胞肺癌、乳腺癌等许多肿瘤,说明 Rb 基因的抑癌作用具有一定的广泛性。

Rb 基因比较大,位于人 13 号染色体 q14,含有 27 个外显子,转录 4.7kb 的 mRNA,编码蛋白质为 P105,定位于核内,有磷酸化和非磷酸化两种形式,非磷酸化形式称活性型,能促进细胞分化,抑制细胞增殖。实验表明,将 Rb 基因导入成视网膜细胞瘤或成骨肉瘤细胞,结果发现这些恶性细胞的生长受到抑制。有意义的是,Rb 蛋白的磷酸化程度与细胞周期密切相关。例如,处于静止状态的淋巴细胞仅表达非磷酸化的 Rb 蛋白,在促有丝分裂剂诱导下,淋巴细胞进入 S 期,Rb 蛋白磷酸化水平增高;终末分化的单核细胞和粒细胞仅表达高水平的非磷酸化 Rb 蛋白,即使在生长因子诱导下,Rb 蛋白也不发生磷酸化,细胞也不出现分裂,提示细胞生长停止,Rb 蛋白处于低磷酸化水平;而处于分裂增殖的肿瘤细胞只含有磷酸化型的 Rb 蛋白。以上说明 Rb 蛋白的磷酸化修饰作用对细胞生长、分化起着重要的调节作用。

Rb 基因对肿瘤的抑制作用与转录因子(E-2F)有关。E-2F 是一类激活转录作用的活性蛋白。在 G_0、G_1 期,低磷酸化型的 Rb 蛋白与 E-2F 结合成复合物,使 E-2F 处于非活化状态;在 S 期,Rb 蛋白被磷酸化而与 E-2F 解离,结合状态的 E-2F 变成游离状态,细胞立即进入增殖阶段。当 Rb 基因发生缺失或突变时,丧失结合、抑制 E-2F 的能力,于是细胞增殖活跃,导致肿瘤发生。

(二)p53

人类 p53 基因定位于 17p13,全长 16~20kb,含有 11 个外显子,转录 2.8kb 的 mRNA,编码蛋白质为 P53,是一种核内磷酸化蛋白。p53 基因是迄今为止发现的与人类肿瘤相关性最高的基因。过去一直把它当成一种癌基因,直至 1989 年才知起癌基因作用的是突变 p53,后来证实野生型 p53 是一种抑癌基因。

p53 基因表达产物 P53 蛋白由 393 个氨基酸残基构成,在体内以四聚体形式存在,半衰期为 20~30min。按照氨基酸序列,将 P53 蛋白分为三个区:

(1)核心区 位于 P53 蛋白分子中心,由 102~290 位氨基酸残基组成,在进化上高度保守,在功能上十分重要,包含有结合 DNA 的特异性氨基酸序列。

(2)酸性区 由 N 端 1~80 位氨基酸残基组成,易被蛋白酶水解,半衰期短与此有关。含有一些特殊的磷酸化位点。

(3)碱性区 位于 C 端,由 319~393 位氨基酸残基组成,P53 蛋白通过这一片段可形成四聚体。C 端可以单独具备转化活性,起癌基因作用,且有多个磷酸化位点,为多种蛋白激酶识别。正常情况下,细胞中 P53 蛋白含量很低,因其半衰期短,所以很难检测出来,但在生长增殖的细胞中,可升高 5~100 倍以上。

野生型 P53 蛋白在维持细胞正常生长、抑制恶性增殖中起着重要作用,因而被冠以"基因卫士"称号。

(1)p53 基因时刻监控着基因的完整性,一旦细胞 DNA 遭到损害,P53 蛋白与基因的 DNA 相应部位结合,起特殊转录因子作用,活化 p21 基因转录,使细胞停滞于 G_1 期;

（2）p53 基因可抑制解链酶活性；

（3）p53 基因可与复制因子 A 相互作用参与 DNA 的复制与修复，如果修复失败，P53 蛋白即启动程序性死亡过程诱导细胞自杀，阻止有癌变倾向突变细胞的生成，从而防止细胞恶变。

当 p53 发生突变后，由于空间构象改变影响到转录活化功能及 P53 蛋白的磷酸化过程，这不单失去野生型 p53 抑制肿瘤增殖的作用，而且突变本身又使该基因具备癌基因功能。突变的 P53 蛋白与野生型 P53 蛋白相结合，形成的这种寡聚蛋白不能结合 DNA，使得一些癌变基因转录失控导致肿瘤发生。

值得提出的是，所谓"癌基因"、"抑癌基因"是在癌瘤研究过程中命名的。事实上，细胞的原癌基因和抑癌基因均是细胞的正常基因成分，具有重要的生理功能。除了癌瘤以外，它们在多种疾病过程中也发挥重要作用。

第三节 生长因子

一、生长因子的概念与分类

生长因子是具有刺激细胞生长活性的细胞因子，是一类通过与特异的、高亲和的细胞膜受体结合，调节细胞生长与其他细胞功能等多效应的多肽类物质，存在于血小板、各种成体与胚胎组织及大多数培养细胞中，对不同种类细胞具有一定的专一性。通常培养细胞的生长需要多种生长因子顺序的协调作用。生长因子由不同的细胞分泌，种类繁多，按其性质与功能可分为 7 类（表 12-4）。

表 12-4 常见的生长因子

名 称	主要来源	主要功能
表皮生长因子（EGF）	颌下腺、十二指肠腺	促进表皮与上皮细胞的生长
促红细胞生成素（EPO）	肾、肝	调节红细胞的发育
胰岛素样生长因子（IGF）	血清、胎盘	在多种组织表现出胰岛素样作用
神经生长因子（NGF）	颌下腺	营养交感及某些感觉神经元
血小板源生长因子（PDGF）	血小板、内皮细胞	促进间质和胶质细胞的生长
转化生长因子-α（TGF-α）	肿瘤细胞、转化细胞	类似于 EGF
转化生长因子-β（TGF-β）	血小板、肾、胎盘	对某些细胞呈促进和抑制双向作用
成纤维细胞生长因子（FGF）	垂体	促进成纤维细胞增殖的作用

生长因子对靶细胞的作用有三种模式：

（1）内分泌多肽 生长因子从细胞分泌出来后，通过血液运输作用于远端靶细胞，如 EPO 等。

（2）旁分泌多肽 细胞分泌的生长因子作用于邻近的其他类细胞，包括各种集落刺激因子（CSFs）、白介素（ILs）、肝细胞因子（SCF）、血小板生成素（TPO）、转化因子（TGF）、肿瘤坏死因子（TNF）、干扰素（IFNs）等。

（3）自分泌多肽类　生长因子作用于合成及分泌该生长因子的细胞本身。

生长因子以后两种作用方式为主。

二、生长因子的作用机制

生长因子主要通过跨膜信息传递体系，最终影响细胞核内的转录因子，从而对细胞的增殖与分化产生影响。其作用过程主要包括三个步骤：①生长因子与受体结合；②跨膜信号传递；③细胞核内基因活化。膜受体是一类跨膜糖蛋白，分为膜外域、跨膜域及胞内域，后者具有酪氨酸蛋白激酶活性。当生长因子与这类膜受体结合后，受体中的酪氨酸蛋白激酶被活化，使细胞内的相关蛋白质直接被磷酸化，或者通过细胞内信息传递体系，产生相应的第二信使，使蛋白激酶活化，同样可使细胞内相关蛋白质磷酸化。这些被磷酸化的蛋白质进一步活化核内的转录因子，引发基因转录，达到调节细胞生长与分化的作用。

癌基因的表达产物有的属于生长因子或生长因子受体，有的属于胞内信息传递体或核内转录因子。许多癌基因表达产物本身具有酪氨酸蛋白激酶活性，过量表达可导致细胞增殖失控，引起细胞癌变。

三、生长因子与疾病

许多癌基因是通过生长因子及生长因子受体发挥作用，因此癌基因、抑癌基因及生长因子不仅涉及肿瘤的发生，而且与许多重大疾病发生有着十分密切的关系。

（一）细胞凋亡

细胞凋亡（apoptosis）是在生理或病理条件下，细胞受到某种信号所触发，引起细胞内特定基因的程序性表达，而导致细胞死亡的过程，借此维持组织细胞生长的平衡，对控制细胞增殖、防止肿瘤的发生有重要意义。

调节细胞凋亡的因素很多，细胞内有促进细胞凋亡的基因，如野生型 p53 基因是一种典型抑癌基因，对细胞生长起负调节作用，也具有促进细胞凋亡和诱发癌细胞凋亡的作用。而某些癌基因产物和生长因子也具有抑制细胞凋亡的作用。

（二）心血管疾病

动脉粥样硬化是一种以细胞增殖和变性为主要特征的疾病。癌基因和抑癌基因与动脉粥样硬化存在密切关系。动脉粥样硬化斑块损伤的细胞，癌基因表达比正常组织高 5～12 倍。癌基因的高表达可产生过量的血小板源性生长因子（PDGF），引起组织细胞的增生和血管壁斑块形成。

（三）心肌肥厚

一些癌基因存在于正常心肌、血管平滑肌和内皮细胞中，为心血管生长发育所必需。心肌肥大时，许多癌基因（ras、myb、myc、fos 等）发生过量表达。

（四）原发性高血压

高血压的细胞学改变表现为血管平滑肌细胞和成纤维细胞增生，使血管变窄、变厚，导致外周阻力增加。这种以平滑肌细胞增生为主的疾病与癌基因关系极大。myc 和 fos 原癌基因的激活是平滑肌细胞增生的启动因素之一。原发性高血压大鼠心肌和平滑肌细胞内 myc 基因表达比对照动物高出 50%～100%。负调控作用的抑癌基因也参与原发性高血压的发生。原发性高血压大鼠血管平滑肌细胞野生型 p53 抑癌基因的表达低于正常对照动物,并且 p53 基因有甲基化和基因突变倾向。

 学习小结

癌基因可分为病毒癌基因和细胞癌基因,前者包括 DNA 肿瘤病毒的转化基因和 RNA 肿瘤病毒的癌基因,而细胞癌基因又称为原癌基因,因为它是病毒癌基因的原型。病毒癌基因能使宿主细胞发生恶性转化,形成肿瘤,而正常的细胞癌基因无此能力。当细胞癌基因的表达失控,或因结构改变而致表达产物的活性改变时,则可导致细胞转化,进而形成肿瘤,此种情况叫做癌基因的激活。癌基因的激活有以下几种方式:插入强启动子或增强子,基因突变,基因扩增,基因重排或染色体易位。肿瘤的发生与发展往往涉及多种癌基因的激活。

已发现的原癌基因大都是一些与正常细胞生长增殖、分化和凋亡密切相关的非常保守的"看家基因"。它们的表达产物都是信号转导途径中的关键分子,如生长因子、生长因子受体、小分子 G 蛋白、蛋白激酶、转录因子等。

抑癌基因是一类生长控制基因或负调控基因,它们的缺失或突变致功能丧失时,将会导致细胞的恶性转化。反之,在实验条件下,若将其导入转化的细胞则可抑制其恶性表型。某些抑癌基因如 p53,突变后不仅丧失原有功能,而且还可促进肿瘤的发生,亦即变成了癌基因。

生长因子是细胞合成与分泌的一类多肽物质,它作用于靶细胞受体,将信息传递至细胞内部,促进细胞生长、增殖。

 目标检测

1. 解释下列名词:癌基因,抑癌基因,生长因子。
2. 简述原癌基因的产物及其功能。
3. 简述原癌基因激活机理。
4. 简述 p53 基因的作用机制。
5. 简述生长因子的作用机制。

第十三章　细胞信号转导

学习目标

【掌握】受体的概念、分类、作用特点;cAMP 的作用机制;PKA 的作用。

【熟悉】第二信使概念;受体活性调节的常见机制;cAMP - PK 途径;Ca^{2+}-磷脂依赖性
　　　　PK 途径;IP$_3$ 和 DAG 的生成与功能;细胞内受体介导的信息传递。

【了解】受体活性的调节;PKC 的生理功能;酪氨酸 PK 途径;cGMP - PK 途径。

生物体的基本构成单位是细胞。单细胞生物对外界环境变化可直接作出应答,多细胞生物对外界的刺激(包括物理因素、化学因素等),需要细胞间复杂的信号传递系统来传递,从而协调机体各种细胞的代谢和行为,保证整体生命活动的正常进行。细胞间的通讯主要由细胞分泌的化学物质完成,参与细胞间通讯的化学物质至少有数百种,其化学本质有蛋白质、多肽类、固醇类、儿茶酚胺类、脂酸衍生物及某些气体分子等。这些具有调节细胞生命活动的化学物质被称为信息分子。在人体内,如果细胞间不能准确有效地传递信息,机体就有可能出现代谢紊乱,细胞癌变,甚至死亡。

信息分子经过由多种成分参加的跨细胞膜的复杂级联传递,最终引起生物效应,这一过程称为信号转导。信息分子先经过血液运输或扩散到达相应的靶细胞,由靶细胞特异受体接受信号,再经过多种细胞内相关成分逐级传递、放大,最后诱导细胞发生对信号的各种应答反应,即产生生物学效应。人体内的信息分子和受体种类繁多,细胞内的信息传递形成一个网络系统,精细调节着各种生理过程,故细胞的信息传递是一个非常复杂的过程。

第一节　信息分子

一、信息分子及其分类

(一)细胞间信息分子

生物体接受多种物理、化学刺激信号,转换为细胞能直接感受的特定化学信号成分,经过类似信号途径,产生细胞应答。随着现代生物学的进展,信息分子的范围不断扩大,包括对机体具有调节作用的多种外界信号。细胞间信息分子除了经典的激素外,还包括神经递质、生长因子、细胞因子和发育信号、抗原、细胞外基质等,甚至包括引起视觉、嗅觉、味觉、触觉的光线信号、气味、味道分子等。在细胞间参与信号转导的化学物质被统称为第一信使。

1. 激素

激素是由内分泌细胞分泌释放的化学信息分子,通过血液循环运送到远离的靶细胞从而发挥作用的一类化学物质。按照其化学本质,激素可分为蛋白质和多肽类激素、氨基酸衍生物激素、类固醇激素和花生四烯酸衍生物等四大类。各类激素都必须被靶细胞相应受体特异识别、结合并相互作用后才能发挥调节作用。因此,激素也可按受体部位及信号传递方式不同,分为细胞内受体激素和细胞膜受体激素。细胞内受体激素包括类固醇激素、甲状腺素等,它们分子小,脂溶性强,可通过细胞质膜进入细胞内并与胞内受体结合,从而发挥作用。细胞膜受体激素包括蛋白质、肽类、儿茶酚胺类激素等,因分子较大或水溶性强,不易透过细胞膜,经常通过质膜上的受体介导,在胞液生成第二信使分子,转导信号而引起效应。

2. 神经递质

哺乳动物神经元之间的信息传递,绝大多数通过某种化学物质介导,称为神经递质,少部分通过突触的电传递。神经递质又称为突触分泌信号,是神经元之间、神经与肌肉或腺体细胞之间传递信号的化学物质。神经递质与受体相互作用,诱导突触后神经元产生生物效应。

3. 细胞因子

细胞因子是由活细胞分泌的多肽类信息分子,属于细胞可溶性蛋白,具有调节细胞生长、增殖、分化、免疫等多方面的生物活性。至今发现的细胞因子有 200 多种,如干扰素、淋巴因子、神经生长因子、表皮生长因子、炎性细胞因子、巨噬细胞因子、血小板衍生生长因子、肿瘤坏死因子、胰岛素样生长因子、白介素类、集落刺激因子等。细胞因子主要通过旁分泌和自分泌方式作用于靶细胞的相应受体,从而发挥调节作用。细胞因子具有作用范围广泛、功能多样和效率高等特点。

4. 气体信号分子

NO 和 CO 都是结构简单、半衰期短、化学性质活泼的气体信号分子。NO 合酶(NO synthase,NOS)存在于内皮细胞、血小板、巨噬细胞、神经细胞等多种细胞内,含有不同亚型,可通过氧化 L-精氨胍基而产生 NO。生成的 NO 可以迅速扩散,以旁分泌或者自分泌方式对临近的细胞或自身细胞发挥信使分子的作用。NO 极不稳定,且半衰期短,可被氧化为硝酸根及亚硝酸根而灭活。NO 可在心血管、免疫和神经系统等方面发挥重要的调节作用。CO 是在血红素单加氧酶氧化血红素的过程中产生的,具有与 NO 相似的信息分子功能,但对 CO 的作用机制仍需进一步研究。

除了上述四种主要的细胞间信息传递分子外,还有一些信息物质能与位于分泌细胞自身的受体结合从而起调节作用,称为自分泌信号(autocrine signal),如一些癌蛋白。还有些细胞间信息物质可在不同的个体间传递信息,如昆虫的性激素。

(二)细胞内信息分子

在细胞内传递细胞调控信号的化学物质称为细胞内信息分子,主要有两类:一类是被称为第二信使的小分子化学物质,另一类是大分子蛋白质或多肽类。细胞内信息分子在转导通路上起"开关分子"或"接头分子"的作用。当细胞外许多亲水性较强的化学信息分子作用于靶细胞时,先被靶细胞膜受体特异识别、结合并且相互作用,然后通过改变细胞膜中效应蛋白酶活性,引起细胞内产生小分子化学物质,后者将信号传递给下游的效应蛋白,从而产生生物学效应,这类在细胞内传递信息的小分子化合物称为第二信使(secondary messenger)。体内常见的第二信使有 cAMP、cGMP、三磷酸肌醇(inositol triphosphate,IP_3)、Ca^{2+}、二脂酰甘油

(diacylglycerol,DAG)、花生四烯酸及其代谢产物、神经酰胺(ceramide,Cer)等。在细胞传递信号的过程中,第二信使依靠蛋白激酶和蛋白磷酸酶的磷酸化和去磷酸化,对其下游的效应蛋白或酶活性执行"开关"样的调节作用,加速改变代谢速度,甚至改变代谢方向。

负责细胞核内外信息传递的物质称为第三信使,是一类可与靶基因特异序列结合的核蛋白。它能调节基因的转录,发挥着转录因子或转录调节因子的作用,又被称为 DNA 结合蛋白。如立早基因(immediate-early gene)的编码蛋白质常作为第三信使,参与基因调控、细胞增殖与分化及肿瘤形成等。立早基因多为细胞原癌基因(如 c-fos、AP_1/c-jun 等)。

细胞内信息分子在传递信号时绝大部分通过酶促级联反应的方式进行,最终通过改变细胞内有关酶的活性、开启或者关闭细胞膜离子通道以及细胞核内基因的转录,来达到调节细胞代谢和控制细胞的生长、繁殖和分化的功能。在完成信息传递后,所有信息分子必须立即被灭活,通常细胞通过酶促降解、代谢转化及细胞摄取等方式灭活信息分子。

一些细胞外信息物质影响细胞内代谢的可能途径见表 13-1。

表 13-1　细胞外信息物质影响细胞功能的途径

	信息物质	受体	引起细胞内的变化
神经递质	乙酰胆碱、谷氨酸、γ-氨基丁酸	质膜受体	影响离子通道开闭
生长因子	类胰岛素生长因子-1、表皮生长因子、血小板衍生生长因子	质膜受体	引起酶蛋白和功能蛋白的磷酸化和去磷酸化,改变细胞的代谢和基因表达
激素	蛋白质、多肽及氨基酸衍生物类激素	质膜受体	同上
	类固醇激素、甲状腺素	胞内受体	调节转录
维生素	维生素 A、维生素 D	胞内受体	同上

二、细胞间信息传递方式

按照信息分子传输距离和作用方式,将细胞间信息分子的信息传递方式分为三种。

1. 内分泌

参与内分泌信息传递的主要是一些内分泌激素,例如胰岛素、甲状腺素、肾上腺素等。这种传递方式的特点是:信息分子由特殊的内分泌细胞合成分泌,再通过血液循环到达较远距离的靶细胞发挥作用,信息分子入血运输而被稀释,浓度较低,但与靶细胞的亲和力极高。多数信息分子对靶细胞的作用比较缓慢而且持久。内分泌激素按化学组成分为含氮激素、类固醇激素。按照激素受体的分布部位不同,又可分为胞内受体激素与膜受体激素。

2. 旁分泌

参与此传递的是体内某些细胞分泌的一些局部化学介质,如神经递质、生长因子、细胞因子、一氧化氮、前列腺素等,其中以细胞因子为主。与内分泌相比,此种传递方式的特点是:信息分子不进入血液运输,而是通过扩散作用到达附近的靶细胞,主要作用于局部临近的细胞,是一种短距离通讯。由于不进入血液,发挥作用的信息分子浓度高,传递距离短,发挥作用快速而且短暂。

3.自分泌

有些信息分子分泌后能对同种细胞或分泌细胞自身起调节作用,这类信息分子称为自分泌信号。许多细胞生长因子以这种方式起作用,如某些癌蛋白具有刺激自身细胞增殖的作用。此类信息传递是因为分泌信息分子的细胞自身存在该信息分子的特异受体。

第二节　受体

受体(receptor)是细胞中能识别生物活性分子并与之结合的成分,它把识别和接受的信号准确放大并传递到细胞内部,从而引起生物学效应。受体的化学本质是蛋白质,个别是糖脂。我们把能与受体呈特异性结合的生物活性分子称为配体(ligand)。最常见的配体是细胞间信息物质。另外某些药物、维生素和毒物也可作为配体而发挥生物学作用。

受体在细胞信息转导过程中起着极为重要的作用。按照受体存在部位,分为细胞膜受体和细胞内受体。其中,胞内受体位于胞液和细胞核中,大部分为 DNA 结合蛋白。存在于细胞质膜上的受体则称为膜受体,他们大部分是镶嵌糖蛋白。按照受体的结构和作用方式不同,又可将膜受体分为四大类:离子通道型受体、G 蛋白偶联受体、单个跨膜 α 螺旋受体、具有鸟苷酸环化酶活性的受体。

一、受体的种类和结构

(一)膜受体

1.离子通道型受体

离子通道型受体位于细胞膜上,自身为离子通道,为环状结构的蛋白质,又称为环状受体,是配体依赖性离子通道。它由均一或不均一的亚基构成寡聚体,存在于神经、肌肉等可兴奋细胞,其信息分子为神经递质。离子通道型受体分为阳离子通道和阴离子通道。

离子通道受体信号转导的最终作用是通过配体控制通道的开关,选择性地允许离子进出细胞,导致细胞膜电位的改变,故离子通道型受体是通过将化学信号转变为电信号进而影响细胞的功能。例如乙酰胆碱的 N 型受体,它是由五个亚基围城的 Na^+ 离子通道,两分子的乙酰胆碱结合使之处于通道开放状态,但是该受体位于通道开放状态的时限非常短暂,几十毫微秒又会回到关闭的状态。最后乙酰胆碱与之解离,受体恢复初始状态,再次做好接受配体的准备。

2.G 蛋白偶联受体

目前已知的 G 蛋白偶联受体(G-protein coupled receptors,GPCRs)已多达 1000 多种,并且数量还在不断增加。GPCRs 是研究得最为广泛和透彻的一类受体,它们组成不同功能的超家族。G 蛋白偶联受体又称蛇形受体。

(1)GPCR　GPCR 由一条肽链组成,N 端在细胞外侧,C 端形成细胞内的尾巴,中段形成 7 个跨膜 α 螺旋结构,在各 α 螺旋结构之间又有环连接,每个 α 螺旋结构分别由 20～25 个疏水氨基酸组成(图 13-1),因此也将此类受体称为七次跨膜螺旋受体。细胞内的第三个环(连接第 5 个和第 6 个跨膜螺旋)是鸟苷酸结合蛋白(guanylate binding protein,简称 G 蛋白)相偶联的部位。配体(即信息分子)与受体结合后所产生的信息(指受体构象的变化)主要是通过第三环传递到 G 蛋白。配体包括生物胺、感觉刺激(如光和气味等)、脂类衍生物、肽类等。受体疏水螺旋区的一级结构是高度同源的,亲水环的一级结构有较大的差异。该类受体可对多种激素和神经递质作出应答。

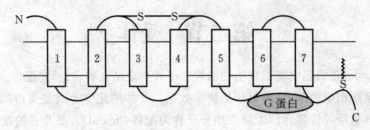

图 13-1 G 蛋白偶联型受体的结构

GPCR 为糖蛋白,不同的受体在 N 端有不同的糖基化模式。GPCR 有一些保守的半胱氨酸残基,对维持受体的结构起到关键作用。例如在胞外的第二和第三环有两个高度保守的半胱氨酸残基,参与形成连接第二和第三环的二硫键,用以维持蛋白质胞外结构域的正确构象。另外,许多 GPCR 的 C-末端也存在一个高度保守的 Cys 残基。

(2)G 蛋白   受体可通过不同的 G 蛋白而影响腺苷酸环化酶(adenylate cyclase,AC)或磷脂酶 C(lipase C)等的活性,从而引起细胞内产生第二信使。G 蛋白是一类位于细胞膜上的鸟苷酸结合蛋白,是由 α 亚基(45kDa)、β 亚基(35kDa)和 γ 亚基(7kDa)构成的三聚体。G 蛋白通过 βγ 亚基的异戊二烯化的基团或 α 亚基的豆蔻酰化的基团锚定于细胞膜。

G 蛋白有两种构象,一种是与 GDP 结合的 αβγ 三聚体,为非活化型;另一种是 α 亚基与 GTP 结合导致 βγ 二聚体的脱落,形成 G_α - GTP,此型为活化型。在基础状态下,G 蛋白为非活化型的三聚体,当信息分子与特异受体结合使受体活化时,受体构象发生改变,进而影响 G 蛋白 α 亚基对 GDP 的亲和力,GTP 置换 GDP 与 α 亚基发生结合,引起 βγ 二聚体与 α 亚基分离;活化型的 G_α - GTP 进一步将信息转导给下游的信息传递物,如腺苷酸环化酶、磷脂酶 C 等,产生第二信使,传递并级联放大信号,用以启动细胞应答反应。

G 蛋白种类繁多,对其下游信息传递物的调节可以是激动性的,也可以是抑制性的,常见的有激动型 G 蛋白(stimulatory G protein,Gs)、抑制型 G 蛋白(inhibitory G protein,Gi)及磷脂酶 C 型 G 蛋白(PI - PLC G protein,Gp)。不同的 G 蛋白能特异地将受体和与之相适应的效应酶偶联起来(表 13 - 2)。

表 13 - 2   G 蛋白的主要类型和功能

G 蛋白的类型	α 亚基	功能
激动型 G 蛋白	α_s	激活腺苷酸环化酶
抑制型 G 蛋白	α_i	抑制腺苷酸环化酶
磷脂酶 C 型 G 蛋白	α_p	激活磷脂酰肌醇特异的磷脂酶 C
转导素 G 蛋白	α_T	激活视觉

3.单个跨膜 α 螺旋受体

这类受体又称酪氨酸蛋白激酶受体,其结构共同点是由均一或非均一多肽链构成的单体或寡聚体,每个单体或者亚基的跨膜 α 螺旋区只有一段,故又称为单跨膜受体。该受体由四部分组成:细胞外配体结合区、跨膜区、细胞内近膜区和功能区,其中,催化型受体的跨膜区由 22～26 个氨基酸残基构成一个 α 螺旋,高度疏水;细胞外区一般有 500～850 个氨基酸残基,有的含有与免疫球蛋白(Ig)同源的结构,有的富含半胱氨酸区段,该区为配体结合区;酪氨酸蛋白激酶(tyrosine protein kinase,TPK)功能区位于 C 末端,包括 ATP 结合和底物结合两个功能区,见图 13-2。

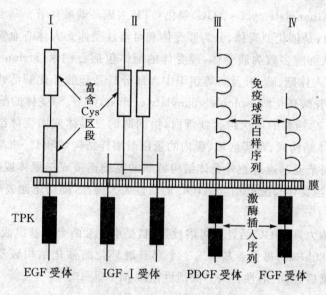

图 13-2　含 TPK 结构域的受体

又根据受体与配体结合后受体本身是否具有 TPK 活性,将这类受体分为酪氨酸蛋白激酶型受体(催化型受体)和非酪氨酸蛋白激酶型受体(非催化型受体)。催化型受体(catalytic receptor)与配体结合之后,受体本身具有 TPK 活性,既可导致受体自身磷酸化,又可催化底物蛋白质的特定酪氨酸残基磷酸化,从而表现出生物学效应。如胰岛素受体和表皮生长因子受体等,这种受体本身具有的酪氨酸蛋白激酶称为受体型酪氨酸蛋白激酶。非催化型受体与配体结合之后,需要借助于细胞内连接蛋白的作用完成信号转导。如生长激素受体、干扰素受体、红细胞生成素、粒细胞集落刺激因子等受体均属于此类。这类受体本身的、游离存在于细胞质中的酪氨酸蛋白激酶,称之为非受体型酪氨酸蛋白激酶。

单个跨膜 α 螺旋受体的下游分子常含 SH_2 结构域(Scr homology 2 domain)、SH_3 结构域(Scr homology 3 domain)和 PH 结构域(pleckstrin homology domain)等。SH_2 结构域可与酪氨酸残基磷酸化的多肽链进行结合;SH_3 结构域可与富含脯氨酸的肽段进行结合;PH 结构域可识别具有磷酸化的丝氨酸和苏氨酸的短肽,并且能够与 G 蛋白的 βγ 复合物进行结合。另外,PH 结构域还能够与带电的磷脂结合。由此可见,这些结构域能够与其他蛋白质发生蛋白质-蛋白质之间相互作用,从而参与细胞间的信息转导。

单个跨膜 α 螺旋受体还包括转化生长因子 β(transforming growth factor β,TGFβ)受体。TGFβ 家族成员通过受体的丝氨酸或苏氨酸蛋白激酶转导信息。TGFβ 受体家族被分为两个亚家族——Ⅰ型受体(TβR-Ⅰ)及Ⅱ型受体(TβR-Ⅱ)。TβR-Ⅰ 和 TβR-Ⅱ 是糖蛋白,胞外部分相对较短,并含有决定该区域折叠的 10 个或更多的半胱氨酸。在跨膜序列附近,3 个半胱氨酸特征性地成簇排列,而其他半胱氨酸的空间位置多变,TβR-Ⅰ 比 TβR-Ⅱ 保守。TβR-Ⅰ 和 TβR-Ⅱ 的激酶结构域具有丝氨酸或苏氨酸蛋白激酶的规范序列。TβR-Ⅱ 不仅能够进行自身磷酸化,而且可磷酸化 TβR-Ⅰ 的丝氨酸和苏氨酸残基。

4.具有鸟苷酸环化酶活性的受体

鸟苷酸环化酶(Guanylate cyclase,GC)催化 GTP 生成环磷酸鸟苷。鸟苷酸环化酶受体为具有 GC 活性的蛋白,是催化型受体,分为膜受体和可溶性受体。人体心血管组织细胞、小肠、精子以及视网膜杆状细胞多数为膜受体,膜受体的配体包括心钠素(arrionatriuretic peptide,ANP)和鸟苷蛋白。人体脑、肺、肝及肾等组织中大部分具鸟苷酸环化酶活性的受体是胞液可溶性受体,可溶性鸟苷酸环化酶(soluble guanylate cyclase,GC-S)受体的配体为 NO 和 CO。

膜受体为具有 GC 活性的单次跨膜糖蛋白,由同源的三聚体或四聚体组成。每一条亚基由 N 末端的胞外受体结构域、跨膜区域、膜内的蛋白激酶样结构域和 C-末端的鸟苷酸环化酶催化结构域组成。每条亚基通过胞外受体结构域间的氢键连接成三聚体或四聚体。GC 是一个高度磷酸化的酶,当受体与配基结合后,GC 的活性大大提高,随后迅速去磷酸化使 GC 活性复原。

胞液可溶性受体为具有 GC 活性的可溶性蛋白,是由 α、β 两个亚基组成的杂二聚体,分子量分别为 76kDa 和 80kDa。每个亚基具有一个鸟苷酸环化酶催化结构域及血红素结合结构域。当杂二聚体解聚后,酶的活性丧失。酶活性依赖 Mn^{2+}。

(二)胞内受体

除了膜上的受体之外,胞浆和核内也存在着受体,称为胞内受体。胞内受体的配体为亲脂性信息分子和小分子的亲水性信息分子。胞内受体本身为转录因子。在没有激素作用时,受体与热休克蛋白形成复合物,阻止了受体向细胞核的移动及其与 DNA 的结合。而当激素与受体结合后,受体构象发生变化,从而导致热休克蛋白与其解聚,暴露出受体核内转移部位以及 DNA 结合部位,激素受体复合物向核内转移,并结合于 DNA 上特异基因临近的激素反应元件上,作为转录因子而调节基因的表达。能与该型受体结合的脂溶性信息分子有类固醇激素、甲状腺素、维生素 D、视黄醇等。

胞内受体通常为 400~1000 个氨基酸残基组成的单体蛋白质,包括四个区域(图 13-3)。

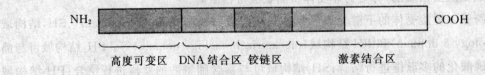

图 13-3 胞内受体结构

(1)高度可变区 位于 N 末端,长度不一,氨基酸残基从二十几个到六百多个不等。具有一个非激素依赖性的组成性转录激活功能(activation function)区。该区同时也是多数核受体抗体的结合部位。

(2)DNA结合区　位于受体分子中部,由66~68个氨基酸残基组成的核心结构及后续的羧基端延伸组成。核心结构含有两个锌指模序(模体),它能顺DNA螺旋旋转并且与之结合。

(3)铰链区　除了部分甾体激素受体以外,多数核受体主要定位于核内。核受体中有与SV40大T抗原核定位信号(nuclear localization signal,NLS)相似的氨基酸序列。核受体在胞浆中合成后,NLS相似序列能够引导核受体进入细胞核中。

(4)激素结合区　位于C末端,作用包括:①与配体进行结合,这个区域的某些氨基酸残基参与受体与配体的高亲和力的特异性结合;②与热休克蛋白进行结合,受体与配体结合前,一分子受体、两分子热休克蛋白(Hsp90)及其他分子伴侣组成寡聚体;当受体与配体结合后,受体的构象发生改变,从而使Hsp90脱落;③具有核定位信号,该部位有NLS相似的氨基酸序列,但该核定位有激素依赖性;④使受体二聚化;⑤激活转录,该区域同时还是与其他转录共激活因子相互作用的部位。

二、受体作用的特点

1.高度特异性

受体选择性地与特定配体结合,呈现高度的特异性,这种特异性是由两者结构决定的。受体与配体在构象上有一定互补性,当两者互补的程度越大时,两者越容易发生特异性的结合。受体与配体的结合通过反应基团的定位和分子构象的相互契合来实现。但是,这种特异性结合也并非完全绝对的,在某些情况下同一配体可有两种受体,同一受体也可结合配体类似物,如糖皮质激素受体除了结合糖皮质激素外,还可以结合盐皮质激素,此现象称受体交叉。

2.高度亲和力

受体与配体结合的能力,称为亲和力。受体与配体复合物间的解离常数一般为10^{-9}~10^{-11}mol/L之间。无论是膜受体还是胞内受体,他们与配体间的亲和力都极强,这使得在体内浓度非常低的信息物质(通常$\leqslant10^{-8}$mol/L)具有显著的生物学效应。

3.可饱和性

受体-配体结合曲线(Satchard曲线)为矩形双曲线。配体生物学效应的强弱通常与受体结合配体的量成正比关系,但由于受体的数目有限,当配体浓度升高至一定程度时,配体与受体结合曲线呈现饱和的状态。如果能很快达到饱和,表明配体与受体的亲和力高,为特异性结合。如果配体的浓度很高时,受体也不能达到饱和,则称为非特异性结合,表明他们的亲和力很低。

4.可逆性

受体与配体以非共价键结合,具有可逆性。当产生生物学效应后,配体-受体复合物即可解离,受体可恢复到原来的状态,信号转导终止,从而保证细胞对信号迅速作出应答和及时终止。

5.特定的作用模式

受体在细胞内的分布,从数量到种类,都具有组织特异性,并出现了特定的作用模式,这预示某类受体与配体结合后能引起某种特定的生理效应。

三、受体活性的调节

存在于靶细胞膜或细胞内的受体的数目、构象以及受体与配体的亲和力是可调节的。许多因素可以影响细胞的受体数目和（或）受体对配体的亲和力。若某种因素使靶细胞受体的数目减少和（或）对配体的结合力降低，称为受体下调（down regulation），反之则称为受体上调（up regulation）。受体下调可降低靶细胞对信息分子的反应敏感性（脱敏），而受体上调可增加靶细胞对信息分子的反应敏感性（超敏）。受体活性调节主要机制有以下三个方面。

1. 磷酸化和脱磷酸化作用

受体磷酸化和脱磷酸化在许多受体的功能调节上起重要作用。如胰岛素受体和表皮生长因子受体分子的酪氨酸残基被磷酸化后，能促进受体与相应配体的结合，而类固醇激素受体磷酸化后则无力与其配体结合。

2. 膜磷脂代谢的影响

膜磷脂在维持膜流动性和膜受体蛋白活性中起着重要的作用。膜磷脂成分与受体活性密切相关，例如质膜的磷脂酰乙醇胺被甲基化转变为磷脂酰胆碱之后，可以明显增强肾上腺素 β 受体激活腺苷酸环化酶的能力。

3. G 蛋白的调节

G 蛋白可在多种活化受体与腺苷酸环化酶之间起偶联的作用。当一受体系统被激活而使 cAMP 水平升高时，就会降低同一细胞受体对配体的亲和力。

第三节　主要的信号转导途径

细胞外化学信号与靶细胞膜受体或细胞内受体特异性结合后，通过受体的介导作用可将信息传递给细胞内的各种信息转导分子，再经过一系列级联反应，最后产生特定生理效应，我们把这种由细胞内若干信号转导分子所构成的级联反应系统称为细胞信号转导途径。不同受体所介导的细胞信号转导途径各不相同，但是各条途径间既相对独立，又存在着广泛的信号交流，使得各条信号转导途径在细胞内形成复杂的信息网络系统。细胞信号转导途径包括膜受体介导的信号转导途径以及胞内受体介导的信号转导途径。

一、膜受体介导的信号转导途径

膜受体介导的信号转导途径是通过存在于细胞外的信息分子与靶细胞膜表面的受体特异性结合来触发细胞内的信号转导过程，信息分子本身并不进入细胞内。神经递质、细胞因子、生长因子类、胰岛素、甲状旁腺素等亲水性信息分子通过膜受体将信息传递进入细胞内，经过逐级放大从而调节细胞的功能。膜受体介导的信号转导途径主要有 cAMP–蛋白激酶途径、Ca^{2+}–依赖性蛋白激酶途径、cGMP–蛋白激酶系统、酪氨酸蛋白激酶体系等多种途径，现介绍比较重要的六条途径。这六条途径之间既相对独立，又存在一定联系。

（一）cAMP–蛋白激酶途径

在 20 世纪 50 年代的时候，Sutherland 等在体外实验中发现肾上腺素可引起肝糖原的分解,但是亲水性很强的肾上腺素不能够通过细胞膜,而只能作用于肝细胞膜表面。肾上腺素通过何种机制引起肝糖原分解? 他们发现肾上腺素作用于肝细胞膜后,即可诱导细胞内产生 cAMP,后者作为肾上腺素在细胞内的第二信使,将信号进一步传递。cAMP 首先激活蛋白激酶 A,然后由蛋白激酶 A 通过级联反应使多种酶蛋白发生磷酸化修饰从而被激活,最终引起肝糖原分解。信号转导的过程以 cAMP 的产生和蛋白激酶 A 激活为特点,被称之为 cAMP -蛋白激酶 A 途径。

许多细胞外信息分子,都可影响靶细胞内 cAMP 水平,例如胰高血糖素、肾上腺素和促肾上腺皮质激素、促黄体素和甲状旁腺素等。这些激素作用于靶细胞膜后,诱导胞内产生 cAMP 为第二信使,再通过 cAMP -蛋白激酶 A 途径在胞内进一步传递信号,最终产生生物学效应。以下是以肾上腺素作用于靶细胞膜 β 受体为例,阐述 cAMP -蛋白激酶 A 途径的信号转导过程。

1. cAMP 的合成与分解

G 蛋白是一类与鸟苷酸结合的蛋白质(GTP 结合蛋白),由 α、β 和 γ 三个亚基构成异三聚体。目前已鉴定出 20 多种 G 蛋白,各类 G 蛋白可以介导不同的活化受体和膜中效应蛋白之间的信号传递。其中介导腺苷酸环化酶(adenylate cyclase,AC)活性的 G 蛋白有激活性 G 蛋白(stimulatory G protein,Gs)和抑制性 G 蛋白(inhibitory G protein,Gi)两类。Gs 蛋白偶联兴奋性受体,激活 AC,使细胞内 cAMP 水平增高。相反,Gi 蛋白使胞内 cAMP 水平下降。

在基础状态下,G 蛋白的 α 亚基与 GDP 结合($G\alpha$-GDP),并且与 βγ 二聚体构成无活性的异三聚体形式存在于细胞膜的内侧面。当肾上腺素作用于靶细胞膜 β 肾上腺素受体时,二者发生相互作用并使受体别构活化,活化的 β 肾上腺素受体作用于 Gs 蛋白,引起 G 蛋白变构而释放出 GDP 结合 GTP,同时导致 Gs 的 α 亚基与 βγ 解离,释放出 $G\alpha$-GTP。$G\alpha$-GTP 能激活 AC,后者催化 ATP 转化成 cAMP。过去认为 G 蛋白中只有 α 亚基发挥作用,现知 βγ 复合体在信息转导和信息通路的交联中也起到重要作用。βγ 复合体也可独立地作用于相应的效应物,与 α 亚基拮抗。

少数激素,如生长激素抑制素、胰岛素和抗血管紧张素 Ⅱ 等,它们活化受体后可催化抑制性 G 蛋白解离,导致胞内 AC 活性下降,进而降低细胞内 cAMP 水平。

$$ATP \xrightarrow[Mg^{2+}]{AC} cAMP \xrightarrow[Mg^{2+}]{磷酸二酯酶} 5'\text{-}AMP$$
$$\searrow PPi \qquad H_2O$$

正常细胞内 cAMP 的平均浓度为 10^{-6} mol/L。cAMP 在细胞中的浓度除与腺苷酸环化酶活性有关外,另外还与磷酸二酯酶(phosphodiesterase,PDE)活性有关。体内一些激素,例如胰岛素,能激活磷酸二酯酶,加速 cAMP 降解为 $5'$-AMP 而失活;还有某些药物,如茶碱,则能抑制磷酸二酯酶,促使细胞内 cAMP 浓度升高。

2. cAMP 的作用机制

细胞内有一类能够催化蛋白质或者酶发生磷酸化修饰的蛋白激酶,cAMP 可将其激活,这类酶被称为 cAMP 依赖性蛋白激酶(cAMP dependent protein kinase,PKA)。在动物细胞内,cAMP 对细胞的调节作用是通过激活 PKA 来实现的。PKA 是由两个调节亚基(R)和两个催化亚基(C)构成的四聚体,每个调节亚基上有两个 cAMP 结合位点,催化亚基具有催化底物蛋白质某些特定丝/苏氨酸残基磷酸化的功能。PKA 以四聚体形式存在时呈无活性状态。当 4 分子 cAMP 与 2 个调节亚基结合后,调节亚基脱落(图 13-4),游离的催化亚基具有蛋白激酶活性。

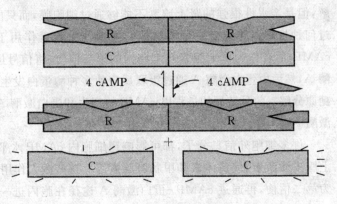

图 13-4 cAMP 激活蛋白激酶 A

3. PKA 的作用

PKA 属于丝氨酸和(或)苏氨酸激酶。PKA 被 cAMP 激活后,能在 ATP 存在的情况下使许多蛋白质特定的丝氨酸残基和(或)苏氨酸残基磷酸化,从而对细胞的物质代谢以及基因表达进行调节。

(1)对代谢的调节作用　靶酶经过 PKA 的催化作用发生磷酸化反应之后,有些酶活性增加,而另外一些酶活性被抑制,有利于细胞调控代谢途径运行的方向或多酶体系反应的速度,从而发挥调节物质代谢的作用。以肾上腺素调节糖原分解的级联反应为例。肾上腺素与质膜上的受体结合以后,通过激动型 G 蛋白使得 AC 被激活,AC 催化 ATP 生成 cAMP,后者能进一步激活 PKA;PKA 一方面使无活性的磷酸化酶激酶 b 磷酸化而转变成有活性的磷酸化酶激酶 a,后者能催化磷酸化酶 b 修饰而带上磷酸根,成为有活性的磷酸化酶 a;磷酸化酶 a 经磷酸酶脱去磷酸又转变成无活性的磷酸化酶 b。同时,PKA 也催化糖原合酶的特定丝/苏氨酸磷酸化而抑制该酶活性,这些酶磷酸化的结果是肝糖原的分解加强,合成受到抑制,从而有利于血糖浓度升高。

(2)对基因表达的调节作用　顺式作用元件、反式作用因子以及它们的相互作用,对真核细胞基因的表达调控起非常重要的作用。生长激素释放抑制因子基因的转录调控区中有一类称为 cAMP 应答元件(cAMP response element,CRE)的碱基序列,此序列可与 cAMP 应答元件结合蛋白(cAMP response element bound protein,CREB)相互作用而调节此基因的转录。当 PKA 的催化亚基进入细胞核后,可催化反式作用因子 CREB 肽链中关键部位的丝氨酸和(或)苏氨酸残基发生磷酸化作用;磷酸化的 CREB 进一步发生二聚化而活化,进而作用于 CRE 碱基序列,激活特定的基因转录;活化的 CREB 又受蛋白磷酸酶-1 作用去磷酸化而失活,从而关闭该基因的转录。

PKA 通过催化细胞内某些功能性蛋白质的磷酸化反应,达到调节细胞功能和代谢的作用。如细胞核中组蛋白或酸性蛋白磷酸化,可以解除对 DNA 的抑制从而加速转录;核糖体的磷酸化可以加速翻译,促进蛋白质的生物合成;肾小管细胞膜蛋白磷酸化,可以改变细胞对水盐的通透性;微管蛋白磷酸化,可以影响细胞的分泌功能等。

(二)Ca^{2+}-依赖性蛋白激酶途径

Ca^{2+} 最主要的生理功能是作为第二信使调节细胞的功能。以细胞内 Ca^{2+} 浓度变化为基础的 Ca^{2+} 信息传递途径所参与的生理活动非常广泛,如收缩、运动、分泌和分裂等复杂的生命

活动中都需要有 Ca^{2+} 参与调节。Ca^{2+} 在细胞内外以及各亚细胞结构中的分布是不同的。细胞内液中 Ca^{2+} 浓度在 $10^{-7}mol/L$，而细胞外液中 Ca^{2+} 浓度在 $10^{-3}mol/L$，明显高于细胞内液。细胞的肌浆网、内质网和线粒体可作为细胞内 Ca^{2+} 的储存库。细胞膜电位变化，以及激素、神经递质等信息物质的刺激，均与钙通道的开启有关。当细胞外液的 Ca^{2+} 通过钙通道进入细胞，或者亚细胞器内储存的 Ca^{2+} 释放到胞液时，都会使胞浆内 Ca^{2+} 水平急剧升高，随之引起某些酶活性和蛋白质功能的改变，引发一系列细胞内信息传递过程，从而调节各种生命活动。

1. Ca^{2+}-磷脂依赖性蛋白激酶途径

此途径通过调节细胞内蛋白激酶 C(protein kinase C，PKC)活性而进一步调节细胞内的代谢，故又称为蛋白激酶 C 通路，该通路以生成第二信使二酯酰甘油(DAG)和三磷酸肌醇(IP_3)双信号为特征。该系统可以单独调节细胞内的许多反应，又可以与 cAMP -蛋白激酶系统及酪氨酸蛋白激酶系统相偶联，组成复杂的网络，共同调节细胞的代谢以及基因表达。

(1)IP_3 和 DAG 的生物合成　细胞膜内磷脂酰肌醇的代谢非常活跃，在激酶的作用下，磷脂酰肌醇进一步磷酸化生成磷脂酰肌醇 4，5 - 二磷酸 (phosphatidyl inositol-4，5 - biphosphate，PIP_2)。当信息分子例如血管紧张素 Ⅱ、乙酰胆碱、促甲状腺素释放激素等与靶细胞膜特定受体结合后，通过 G 蛋白(Gp)介导，活化磷脂酰肌醇特异性磷脂酶 C(PI - PLC)，后者则特异性催化细胞膜组分 PIP_2 水解，生成 DAG 和 IP_3，这两种物质都是第二信使。

(2)IP_3 和 DAG 的信使作用　当信息分子作用于细胞膜引起第二信使 DAG 和 IP_3 生成以后，DAG 因脂溶性仍留在质膜上，而小分子水溶性的 IP_3 从膜上扩散至胞浆中，与内质网和肌浆网上的受体结合，引起受体蛋白变构，钙通道开放，促进钙储库内的 Ca^{2+} 迅速释放，使胞浆内的 Ca^{2+} 浓度升高。Ca^{2+} 能与胞浆内的 PKC 结合并聚集至质膜，在 DAG 和膜磷脂共同诱导下，PKC 被激活。

(3)PKC 的生理功能　PKC 是一类分子量为 $78\sim90kDa$ 的同工酶家族，现已发现 12 种 PKC 同工酶。PKC 由一条多肽链组成，含一个催化结构域和一个调节结构域。调节结构域常与催化结构域的活性中心部分贴近或嵌合。一旦 PKC 的调节结构域与 DAG、磷脂酰丝氨酸和 Ca^{2+} 结合，可发生 PKC 构象改变而暴露出活性中心。PKC 广泛地存在于机体的组织细胞内，不同亚型的 PKC 分布于不同的组织，可由不同的信息分子启动信息传递，它们对机体的代谢、基因表达、细胞分化和增殖起作用。

对代谢的调节作用表现为：PKC 被激活后可引起一系列靶蛋白的丝氨酸残基和(或)苏氨酸(Ser/Thr)残基发生磷酸化反应。靶蛋白可以分为三类：①代谢途径中关键性酶类，离子通道和细胞膜上的离子泵、载体等；②与信息传递有关的蛋白质，例如表皮生长因子受体、胰岛素受体、GTP 酶活化蛋白等；③调控基因表达的转录因子及翻译有关的因子等。总之，PKC 通过对靶蛋白质的 Ser/Thr 残基磷酸化反应而改变功能蛋白的活性和性质，影响细胞内信息的传递，以调节机体的许多代谢途径并启动一系列生理、生化反应。

对基因表达的调节作用主要是指 PKC 可催化调控基因表达的转录因子或者与翻译有关因子的磷酸化反应，诱导后者阻遏某些基因的转录。PKC 对基因的活化过程可分为早期反应和晚期反应两个阶段。在 PKC 活化的早期，可以催化细胞核内的一组立早基因的反式作用因子磷酸化，加速立早基因的表达。立早基因多数为细胞原癌基因，如 *c-fos*、*c-jun* 等，它们表达的蛋白质寿命短暂(半衰期为 $1\sim2h$),但具有跨越核膜传递信息的功能,被称为"第三信使"。第三信使受磷酸化修饰后,最终活化晚期反应基因,导致细胞增生或核型变化。

2.Ca^{2+}-钙调蛋白依赖性途径($Ca^{2+}-CaM$途径)

胞质内 Ca^{2+} 浓度达到 $10^{-6}mol/L$ 时,Ca^{2+} 即可发挥调节作用。Ca^{2+} 可诱导神经末梢细胞分泌神经递质,激活多条代谢途径的关键酶。另外在多数情况下,作为第二信使的 Ca^{2+} 需要与胞内多种钙结合蛋白形成复合物。例如钙调蛋白(calmodulin CaM)为钙结合蛋白,是细胞内重要的调节蛋白。CaM 几乎存在于所有真核细胞中,是一条由 148 个氨基酸残基组成的单体蛋白。人体的 CaM 通过肽链盘绕、折叠形成 4 个 Ca^{2+} 结合位点。当胞内 Ca^{2+} 浓度从基础水平增高到 $10^{-6}mol/L$ 时,Ca^{2+} 即与 CaM 的钙离子结合位点中的酸性氨基酸残基以离子键结合。Ca^{2+} 结合量可以 $1\sim4$ 个不等,形成不同空间构象的 $Ca^{2+}-CaM$ 活性复合物。当这些位点全部被占满后,其构象发生改变——分子的大部分呈现 α 螺旋结构,进而识别并结合胞内不同的靶蛋白或酶。

$Ca^{2+}-CaM$ 底物谱非常广,现发现细胞内有 20 多种重要的酶或蛋白受 $Ca^{2+}-CaM$ 活性复合物的调节。例如糖原磷酸化酶激酶、钙调蛋白激酶、钙调磷酸酶、肌球蛋白轻链激酶、钙泵、细胞骨架相关蛋白等。

$Ca^{2+}-CaM$ 活性复合物可以磷酸化蛋白质的丝氨酸残基和(或)苏氨酸残基,使之激活或失活。$Ca^{2+}-CaM$ 激酶既能激活腺苷酸环化酶,又能激活环腺苷酸磷酸二酯酶,使信息迅速传至细胞内,然后又迅速消失。$Ca^{2+}-CaM$ 不仅参与调节 PKA 的激活和抑制,还能激活胰岛素受体的酪氨酸蛋白激酶活性。可见 $Ca^{2+}-CaM$ 在细胞的信息传递中起着非常重要的作用。

(三)cGMP-蛋白激酶系统

此途径是以鸟苷酸环化酶催化 GTP 生成第二信使 cGMP,同时激活 cGMP 依赖性蛋白激酶(cGMP-dependent protein kinase,PKG)为主要特征,又称为鸟苷酸环化酶的信号转导途径。cGMP 广泛存在于动物各组织中,含量约为 cAMP 的 $1/10\sim1/100$。

1.鸟苷酸环化酶与 cGMP

鸟苷酸环化酶(guanylate cyclase,GC)广泛分布于人体的各种组织细胞中,按照亚细胞定位以及分子结构的不同,分为两大类:一类是存在于细胞膜上的具有鸟苷酸环化酶活性的受体,例如心钠素受体,其细胞外区有特异信息分子的结构域,细胞内区有 GC 结构域,当信息分子特异地与这类受体结合时,受体的构象改变并激活 GC,催化 GTP 生成 cGMP;另外一类是存在于细胞质中的可溶性 GC,例如一氧化氮受体,此类受体可与一些容易穿过细胞膜的非极性小分子物质结合而被特异性激活,使得胞浆中的 cGMP 浓度升高,从而发挥生理效应。

$$GTP \xrightarrow[\substack{Mg^{2+} \\ \searrow PPi}]{GC} cGMP \xrightarrow[\substack{Mg^{2+} \\ H_2O}]{磷酸二酯酶} 5'-GMP$$

cGMP 能激活 cGMP 依赖性蛋白激酶,也称为蛋白激酶 G(protein kinase G,PKG),催化有关蛋白或有关酶类的丝氨酸残基和(或)苏氨酸残基磷酸化,产生生物学效应。

2.PKG 的生理作用

PKG 在脑和平滑肌中含量较丰富,在神经系统的信号传递过程中具有重要作用。

当心脏血流负载过大时,心房细胞分泌心钠素(ANP),心钠素是小分子量的肽,可与靶细胞膜上特异的具有鸟苷酸环化酶活性的受体结合,激活鸟苷酸环化酶,后者催化 GTP 转变成 cGMP。cGMP 能激活 PKG,催化有关蛋白或有关酶类的丝氨酸残基和(或)苏氨酸残基磷酸化,产生生物学效应,即松弛血管平滑肌和增加尿钠,并且它能间接地影响交感神经系统和肾素-血管紧张素-醛固酮系统,从而降低血压。

NO 是新发现的神经递质和血液调节物质。NO 通过与血红素的相互作用激活胞液内的具鸟苷酸环化酶活性的可溶性受体,使 cGMP 生成增加;cGMP 激活蛋白激酶 G,导致血管平滑肌松弛。临床上常用硝酸甘油等作为血管扩张剂,就是因为它们能自发产生 NO,使细胞内 cGMP 浓度增高,激活 PKG,产生松弛血管平滑肌、扩张血管的作用。

(四)酪氨酸蛋白激酶体系

酪氨酸蛋白激酶(tyrosine-protein kinase,TPK)体系是指信息分子与受体结合后,通过激活酪氨酸蛋白激酶引发的一系列细胞内信息传递的级联反应,从而产生各种生物学效应,包括细胞的生长、增殖、分化以及代谢调节等。该途径与肿瘤的发生有密切关系。

细胞中的 TPK 包括两大类:第一类位于细胞质膜上,称为受体型 TPK,如胰岛素受体、表皮生长因子受体以及某些原癌基因(*erb-B*、*kit*、*fms* 等)编码的受体,它们均属于催化型受体;第二类位于胞液中,称为非受体型 TPK,如底物酶 JAK 和某些原癌基因(*src*、*yes* 等)编码的 TPK,它们可与非催化型受体偶联而发挥作用。

当配体与受体型 TPK 结合后,催化型受体大多数发生二聚化。二聚体的 TPK 被激活,受体自身的酪氨酸残基发生磷酸化,这一过程称为自身磷酸化(autophosphorylation);而非催化型受体的某些酪氨酸残基则被细胞质中非受体型 TPK 催化发生磷酸化。酪氨酸的磷酸化在细胞生长和分化的过程中具有重要的调节作用。

细胞内存在着连接物蛋白(adaptor protein),具有 SH_2 结构域。磷酸化的受体通过连接物蛋白可以偶联其他效应蛋白,这些效应物蛋白本身具有酶的活性,故可逐级传递信息并且可将效应级联放大。

受体型 TPK 和非受体型 TPK 虽都能使蛋白质底物的酪氨酸残基磷酸化,但它们的信息传递途径有所不同。

1. 受体型 TPK – Ras – MAPK 途径

受体型 TPK – Ras – MAPK 途径广泛而重要,绝大多数生长因子都是通过这条途径来传递信息、调节细胞代谢、细胞分裂和增殖等功能的。现已发现,多种生长因子信息传递过程中都需要有 Ras 蛋白参与,因此这条途径又称为 Ras 通路。

Ras 蛋白是由一条多肽链组成的单体蛋白,由原癌基因 *ras* 编码而得名。Ras 蛋白的分子量为 21kDa,故又称 p21 蛋白。其分子量小于与七个跨膜螺旋受体偶联的 G 蛋白,故又被称作小 G 蛋白。Ras 是膜结合型蛋白,性质类似于异三聚体 G 蛋白中的 α 亚基,它的活性与其结合 GTP 或 GDP 直接有关:Ras 结合 GDP(Ras – GDP)时无活性,Ras 结合 GTP(Ras – GTP)时有活性。

信息分子与受体细胞外侧部分结合,引起受体二聚化,激活的受体催化受体细胞内自身的酪氨酸残基磷酸化,磷酸化的酪氨酸残基吸引胞质中 GRB2(生长因子受体结合蛋白),并且使之活化。GRB2 是一种接头蛋白,可以将活化的 TPK 和细胞内的其他信号蛋白连接起来,但是本身并没有信号的作用。GRB2 被活化后又可以使 SOS(son of sevenless,一种鸟苷酸释放因子)蛋白激活,因 SOS 具有核苷酸转移酶的活性,SOS 蛋白作用于 Ras,并且可以催化 Ras-GDP 转变成 Ras-GTP。活化的 Ras 蛋白可进一步活化胞浆 Raf 蛋白。Raf 蛋白具有丝氨酸/苏氨酸蛋白激酶活性,可以激活有丝分裂原激活蛋白激酶(mitogen-activated protein kinase MAPK)系统。

MAPK 系统包括 MAPK、MAPK 激酶(MAPKK)、MAPKK 激活因子(MAPKKK)。它们是一组丝氨酸/苏氨酸激酶兼底物的蛋白分子,都能催化下游效应蛋白酶分子中的丝氨酸残基和(或)苏氨酸残基发生磷酸化修饰。其中,MAPK 更具有广泛的催化活性,它既能催化丝氨酸/苏氨酸残基,又能催化酪氨酸残基磷酸化,故是一种具双重催化活性的蛋白激酶。MAPK 激酶除了可调节花生四烯酸的代谢和细胞微管形成之外,更重要的是可以催化细胞核内许多反式作用因子(如转录因子)的丝氨酸残基和(或)苏氨酸残基的磷酸化,引起基因转录或者关闭。

此外,受体型 TPK 活化以后还可以激活腺苷酸环化酶、多种磷脂酶(如 PI-PLC、磷脂酶 A 和鞘磷脂酶)等发挥调控基因表达的作用,在体内如胰岛素、大部分细胞生长因子都是通过这种途径发挥相应作用的。

2.JAKs-STAT 途径

非酪氨酸蛋白激酶型受体与配体结合后,可以与细胞内的酪氨酸蛋白激酶偶联,激活非受体型酪氨酸蛋白激酶(JAKs),JAKs 再通过激活信号转导子和转录激动子(signal transductor and activator of transcription,STAT),进而最终影响到基因的转录调节,故将此途径称为 JAKs-STAT 信号转导通路。体内一部分生长因子和大部分细胞因子,如生长激素(growth hormone,GH)、干扰素、红细胞生成素(erythropoietin,EPO)、粒细胞集落刺激因子(granulocyte colony stimulating factor,G-CSF)和一些白细胞介素,其受体分子缺乏酪氨酸蛋白激酶活性,但能借助细胞内的 JAKs 完成信息转导。

该途径最先在干扰素信号传递研究中发现。γ-干扰素与受体结合以后,可以导致受体二聚化,二聚化的受体激活 JAKs-STAT 系统,后者可以将信号传入核内。JAKs 是一种存在于胞浆中的酪氨酸蛋白激酶,活化以后可以使受体磷酸化。STAT 可以通过其 SH_2 结构域识别磷酸化的受体并且与之进行结合,然后 STAT 分子也发生酪氨酸的磷酸化,磷酸化的 STAT 进入细胞核内形成有活性的转录因子,调控基因的表达。

由于在 JAKs-STAT 通路中,激活后的受体可与不同的 JAKs 和不同的 STAT 相结合,因此该途径传递信号更具多样性和灵活性。

以上所述各条途径均有细胞内相应的蛋白激酶催化蛋白质磷酸化,与之对应,细胞内同时还存在蛋白磷酸酶,共同构成了磷酸化与去磷酸化这个重要的蛋白活性开关系统。通过膜受体介导的细胞信号转导,除了上述比较重要的四条途径以外,还有其他途径,这里不再阐述。

二、胞内受体介导的信号转导途径

胞内受体的配体为脂溶性类固醇激素(糖皮质激素、盐皮质激素、雄激素、孕激素、雌激素)、甲状腺素(T_3及T_4)和$1,25-(OH)_2-D_3$等,这些信息分子可以直接以简单扩散的方式借助于某些载体蛋白跨越靶细胞膜,与位于胞液或胞核中的胞内受体结合。细胞内受体又可分为核内受体和胞浆内受体,如雄激素、孕激素、雌激素和甲状腺素受体位于细胞核内,而糖皮质激素的受体位于胞浆中。

类固醇激素与其核受体结合后,可以使受体构象改变,暴露出 DNA 结合区。在胞浆中形成的类固醇激素-受体复合物,以二聚体形式穿过核孔进入核内。在核内,激素-受体复合物作为反式作用因子,与 DNA 特异基因的激素反应元件(hormone response element,HRE)进行结合,这种结合或是解除 DNA 阻遏,或是改变 DNA 螺旋构象而使基因活化,从而促进特异mRNA 转录,以增进效应蛋白(或酶)的合成。甲状腺素进入靶细胞以后,能与胞内的核受体结合,形成甲状腺素-受体复合物,此复合物可与 DNA 上的甲状腺素反应元件(TRE)结合,从而调节基因的表达。

第四节 信号转导与疾病

细胞信号转导是靶细胞对特异的信息分子作出相应反应的复杂生化过程,这个过程涉及若干环节中的许多信号转导分子,这些信号转导分子的结构域和数量的异常都可以导致疾病的发生。信号转导分子的异常可以发生在编码基因,也可以发生在蛋白质合成直至其细胞内降解的全部过程的各个层次和各个阶段。在临床上,经常通过使用药物对这些信号转导分子的活性进行调节,从而达到治疗疾病的目的。

一、信号转导与疾病发生

(一)受体病

受体病是指由于基因突变,使靶细胞激素受体缺失、减少或结构异常所引起的内分泌代谢性疾病。受体病经常导致靶细胞对相应的激素产生抵抗。常见的有胰岛素、糖皮质激素、盐皮质激素、$1,25-(OH)_2-D_3$及甲状腺素抵抗症等。受体病临床表现为相应激素缺乏的症状和体征,但血中相应的激素浓度却是正常或增高,且有家族史。

(二)肿瘤

瘤细胞过度表达生长因子样物质或生长因子样受体及相关的信号转导分子,可引起肿瘤的发生,因为这些物质的过度表达可导致细胞生长的失控、分化的异常。肿瘤的发生和发展涉及多种单跨膜受体信号通路的异常,许多癌基因或抑癌基因的编码产物都是该类信号通路中的关键分子,尤其是各种蛋白酪氨酸激酶,更是与肿瘤的发生密切相关。

(三)感染性疾病

目前,一些细菌性感染性疾病的发病机制已在分子水平进行了研究,发现 G 蛋白在细菌毒素的作用下发生化学修饰从而导致功能异常。这类疾病包括霍乱、破伤风等。已有资料证明,霍乱引起的严重水及电解质紊乱是由霍乱弧菌分泌的霍乱毒素所致,霍乱的症状是肠上皮细胞内 cAMP 的含量急剧升高所致。其具体机制为:霍乱毒素的 A 亚基进入小肠上皮细胞以后直接作用于 Gαs 的 α 亚基,使其发生 ADP -核糖化修饰,导致其固有的 GTP 酶活性丧失,不能恢复到 GDP 结合形式,因而 Gαs 处于持续活化状态,细胞中的 cAMP 含量持续升高;通过下游信号传递,最终导致 Cl^-、HCO_3^- 与水不断分泌进入肠腔,引起腹泻和水电解质紊乱等症状。

除霍乱外,破伤风毒素及百日咳毒素也是作用于 G 蛋白而导致受累细胞功能异常的。由于不同的毒素在细胞膜上的受体不同,所以这些毒素作用于不同的细胞可引起不同的症状。

(四)精神疾病

已有研究表明,某些精神疾病的发生可能与脑中某种信息分子的浓度改变有一定关系。例如,狂郁症的发生与脑中 5-羟色胺和儿茶酚胺有关;阿尔茨海默病患者脑海马中腺苷酸环化酶活性降低,cAMP 水平低下。

二、信号转导与疾病治疗

近年来,随着细胞信号转导机制研究的发展,尤其是对各种疾病过程中的信号转导异常的认识发展,为发展新的疾病诊断和治疗手段提供了更多的机会。以纠正信号转导异常为目的的生物疗法和药物设计已经成为近年来的研究热点。例如目前临床应用较多的有调节胞内钙浓度的钙通道阻滞剂、维持细胞 cAMP 浓度的 β 受体阻滞剂和 cAMP 磷酸二酯酶抑制剂。另外,帕金森患者脑中多巴胺浓度降低,通过补充其前体 L-多巴,可收到一定的疗效。

在研究各种病理过程中发现,信号转导分子结构与功能的改变为新药的筛选和开发提供了靶位,由此产生了信号转导药物这一新概念。信号转导药物的研究出发点是信号转导分子的激动剂和抑制剂,尤其各种蛋白激酶的抑制剂更是被广泛用作母体药物进行抗肿瘤新药的研究。人们正在努力筛选和改造已有的化合物,以发现具有更高选择性的信号转导分子的激动剂和抑制剂,同时也在努力了解信号转导分子在不同细胞的分布情况,并已使一些药物得以用于临床,特别是在肿瘤治疗研究领域。

 学习小结

细胞信息转导是多细胞生物对信息分子应答引起生物学效应的重要生理生化过程。细胞间信息物质的化学本质有蛋白质和肽类、氨基酸及其衍生物、类固醇激素、脂酸衍生物和气体分子等。细胞间信息物质分为神经递质、内分泌激素、局部化学介质和气体信号分子四大类。细胞内信息物质包括无机离子、脂类和糖类衍生物、环核苷酸及信号蛋白(如蛋白激酶)等。信息转导基本途径为:细胞释放信息物质→经扩散或血液循环到达靶细胞→与受体特异性结合→信息转换并启动靶细胞信使系统→靶细胞产生生物学效应。受体按其分布分为胞膜受体和胞内受体两大类。与膜受体结合的细胞间信息分子是水溶性的,不能通过细胞膜。而与细胞内受体结合的信息分子是脂溶性的。受体与配体结合的特点是:高专一性、高亲和性、可饱和性及可逆性等。

细胞膜介导的四条信息转导途径如下:①cAMP -蛋白激酶途径,该途径以 cAMP 为第二信使分子,PKA 除了使底物蛋白的丝氨酸/苏氨酸残基磷酸化直接调节物质代谢外,还可以对基因表达进行调节;②Ca^{2+}-依赖性蛋白激酶(PKC)途径,IP_3、DAG 和 Ca^{2+} 是主要的信息分子,PKC 可引起一系列底物蛋白的丝氨酸/苏氨酸残基磷酸化,同时提高胞浆中 Ca^{2+} 浓度;PKC 还可以对基因表达进行调节;Ca^{2+}-钙调蛋白也在信息转导中起到重要作用;③cGMP-蛋白激酶途径,以 cGMP 为第二信使分子,心钠素和一氧化氮是这条途径的主要信息分子;④酪氨酸蛋白激酶(TPK)途径,包括受体型 TPK 和胞浆非受体型 TPK,以 TPK 作为胞内信号转导的第二信使,受体活化后可使靶蛋白的 Tyr 残基磷酸化,与细胞增殖分化过程有关。

　　正常的信息转导是正常代谢与功能的基础,信息转导途径任何一个环节的异常都可导致疾病的发生。

 目标检测

　　1.解释下列名词:信息分子,受体。

　　2.简述膜受体的类型。

　　3.简述体内常见的第二信使。

　　4.试述 G 蛋白对细胞膜上腺苷酸环化酶活性的调节。

　　5.试述膜受体介导的信息传递途径及信号转导过程。

第十四章　血液的生物化学

学习目标

【掌握】血浆蛋白质的组成与功能；成熟红细胞代谢特点。

【熟悉】血液的化学成分；血红素生物合成的原料、过程及调节。

【了解】血浆蛋白质的分类、性质。

正常人体的血液约占体重的 8%，在封闭的血管内循环，比重 $1.050\sim1.060$，pH 为 7.40 ± 0.05，渗透压在 37℃约 7.7×10^2 kPa(310mOsm/L)。血液由液体的血浆与浑悬于其中的红细胞、白细胞和血小板组成。血浆约占全血容积的 55%～60%。血液凝固后析出淡黄色透明液体，称做血清。血清中不含纤维蛋白原。

血液的固体成分可分为无机物和有机物。无机物以电解质为主，如 Na^+、K^+、Ca^{2+}、Mg^{2+} 及 Cl^-、HCO_3^- 和 HPO_4^{2-}，它们在维持血浆晶体渗透压、酸碱平衡及神经肌肉的正常兴奋性方面起重要作用。有机物包括蛋白质、非蛋白质含氮化合物、糖及脂类等，其中，非蛋白质含氮化合物包括尿素、肌酸、肌酐、尿酸、胆红素和氨等，这类物质中的氮总量称非蛋白质氮 (non protein nitrogen，NPN)，其中血尿素氮约占 NPN 的 1/2。

第一节　血浆蛋白质

一、血浆蛋白质的种类及性质

(一)血浆蛋白质的种类

血浆蛋白质是血浆的主要固体成分，其浓度大约为 $70\sim75g/L$。血浆蛋白质种类繁多，目前已知有 200 多种，其中既有单纯蛋白质如清蛋白，又有结合蛋白，如糖蛋白、脂蛋白。血浆中各种蛋白质的含量相差很大，从每升数毫克到数十克不等。

通常按来源、分离方法和生理功能将血浆蛋白质进行分类。分离蛋白质的方法包括电泳 (electrophoresis)和超速离心(ultra-certrifuge)。电泳是最常用的方法，临床上常用醋酸纤维素薄膜电泳。在 pH8.6 巴比妥缓冲液中，电泳可将血清蛋白质分成五条区带：清蛋白 (albumin)、α_1 球蛋白(globulin)、α_2 球蛋白、β 球蛋白和 γ 球蛋白(图 14－1)。其中清蛋白是人体血浆中最主要的蛋白质，浓度 $38\sim48g/L$，占血浆总蛋白的 50%。肝脏每天合成约 12g 清蛋白，以前清蛋白形式合成。成熟的清蛋白是含 585 个氨基酸残基的单一多肽链，分子呈椭圆形。正常清蛋白与球蛋白的浓度比值 (A/G) 约为 $1.5\sim2.5：1$。超速离心是根据蛋白质的密度将其分离。

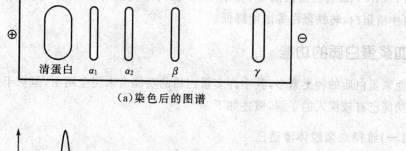

(a)染色后的图谱

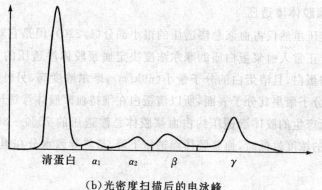

(b)光密度扫描后的电泳峰

图 14-1 血清蛋白的醋酸纤维素膜电泳图谱

按生理功能可将血浆蛋白质分为以下 8 类:①凝血系统蛋白质,包括 12 种凝血因子;②纤溶系统蛋白质,其中包括纤溶酶原、纤溶酶、激活酶以及抑制剂等;③补体系统蛋白质;④免疫球蛋白;⑤脂蛋白;⑥血浆蛋白酶抑制剂;⑦载体蛋白;⑧未知功能的血浆蛋白质。

(二)血浆蛋白质的性质

(1)绝大多数血浆蛋白质在肝合成,如清蛋白、纤维蛋白原和纤粘连蛋白等。另有少量蛋白质由其他组织细胞合成,如 γ 球蛋白由浆细胞合成。

(2)血浆蛋白质的合成场所一般位于膜结合的多核糖体上。进入血浆前,在肝细胞内经历从粗面内质网到高尔基复合体,再抵达质膜分泌入血的途径。即合成的蛋白质转入内质网池,再被酶切去信号肽,前蛋白变为成熟蛋白。

(3)除清蛋白外,几乎所有血浆蛋白均为糖蛋白。它们含有 N—或 O—连接的寡糖链,寡糖链包含许多生物信息,发挥重要作用。血浆蛋白合成后定向转移,此过程需要寡糖链。寡糖链可起到识别作用,例如红细胞的血型物质含糖可达 $80\%\sim90\%$,ABO 系统中血型物质 A、B均是在血型物质 O 的糖链非还原端各加上 N-乙酰氨基半乳糖(GalNAc)或半乳糖(Gal)。一个糖基差别,使得红细胞能识别不同的抗体。

(4)许多血浆蛋白呈现多态性(poly morphism),如 ABO 血型物质、运铁蛋白、免疫球蛋白、铜蓝蛋白等均具有多态性。血浆蛋白多态性研究对遗传学、人类学和临床医学都具有重要意义。

(5)循环过程中,每种血浆蛋白均有自己特异的半衰期。在急性炎症或一些类型的组织损伤时,某些血浆蛋白水平会增加,称为急性时相蛋白质(acute phase protein,APP),包括 C 反应蛋白(CRP)、α_1抗胰蛋白酶等,提示 CRP 在人体炎症反应中起一定作用。此外,急性时相期,血中清蛋白、转铁蛋白等浓度降低。

二、血浆蛋白质的功能

血浆蛋白质的种类繁多,其中许多蛋白质的功能尚未完全阐明,但对于血浆蛋白质的一些重要功能已有较深入的了解,概述如下。

(一)维持血浆胶体渗透压

血浆胶体渗透压虽然仅占血浆总渗透压的很小部分(1/230),但是它对水在血管内外的分布起到决定作用。正常人血浆蛋白质的摩尔浓度决定血浆胶体渗透压的大小,而血浆中含量最高的蛋白质是清蛋白,且清蛋白的分子量小(69kDa),摩尔浓度高,另外在生理 pH 条件下,电负性高,能使水分子聚集其分子表面,所以清蛋白在维持血浆胶体渗透压方面起着非常重要的作用。清蛋白所产生的胶体渗透压约占血浆胶体总渗透压的 $75\%\sim80\%$。当血浆蛋白浓度,尤其是清蛋白的浓度过低时,血浆胶体渗透压下降,最终导致水分在组织间隙潴留,出现组织水肿。

(二)维持血浆正常的 pH

正常人血浆的 pH 在 $7.35\sim7.45$ 之间。由于蛋白质是两性电解质,血浆蛋白质的等电点大部分在 pH$4.0\sim7.3$ 之间,血浆蛋白盐与相应蛋白形成缓冲对,从而参与维持血浆正常的 pH。

(三)运输作用

血浆中含有 20 多种载脂蛋白,其分子表面有众多亲脂性结合位点,脂溶性物质可与其结合成脂蛋白而被运输。血浆蛋白还能与易被细胞摄取和易随尿液排出的一些小分子物质结合,以防止它们从肾脏丢失。如血浆中的清蛋白能与脂肪酸、Ca^{2+}、胆红素、磺胺等物质进行结合,另外血浆中还含有皮质激素传递蛋白、运铁蛋白、铜蓝蛋白等。这些载体蛋白除了结合运输血浆中某种物质外,还有调节被运输物质代谢的作用。

(四)免疫作用

存在于血浆中的免疫球蛋白 IgG 、IgA 、IgM 、IgD 和 IgE 又被称为抗体,能与相应抗原特异性结合,在体液免疫中起至关重要的作用。血浆中还有一组不耐热并具有酶活性的,可协助抗体完成免疫功能的蛋白酶——补体。免疫球蛋白能识别特异性抗原并与之结合,形成的抗原抗体复合物能激活补体系统,从而产生溶菌和溶细胞的现象。

(五)催化作用

血浆中的酶称作血清酶,血浆蛋白质的催化作用主要由血清酶来完成。根据血清酶的来源和功能可分三类。

1.血浆功能酶

主要在血浆发挥催化功能,这类酶绝大多数由肝脏合成后分泌入血,如凝血及纤溶系统的多种蛋白水解酶等。它们以酶原的形式存在于血浆中,在一定的条件下被激活而发挥作用。

此外在血浆中还有生理性抗凝物质、假胆碱酯酶、脂蛋白脂肪酶和肾素等。

2.外分泌酶

包括胃蛋白酶、胰蛋白酶、胰淀粉酶、胰脂肪酶和唾液淀粉酶等,是由外分泌腺分泌的酶类。在生理条件下少量逸入血浆,它们的催化活性与血浆正常生理功能无直接关系,但当脏器受损时,血浆中相应的酶含量增加、活性增高,具有临床诊断价值。

3.细胞酶

存在于细胞和组织内参与物质代谢的酶。正常时,血浆中含量甚微,随着细胞的不断更新,这些酶可释放入血。这类酶大部分无器官特异性,小部分来源于特定的组织,具有器官特异性。当特定的器官病变时,血浆内相应的酶活性升高,可用于临床酶学检验。

(六)营养作用

正常成人 3L 血浆中约含有 200g 蛋白质。血浆蛋白分解为氨基酸掺入氨基酸代谢池,用于组织蛋白质的合成或转变成其他含氮化合物。此外,还可分解供能。

(七)凝血、抗凝血和纤溶作用

血浆中的众多凝血因子、抗凝血及纤溶物质在血液中相互作用、相互制约,保持循环通畅。当血管损伤、血液流出血管时,血液内发生一系列酶促级联反应,使血液由液体状态转变为凝胶状态,称为血液凝固(blood coagulation),这是止血的重要环节。

第二节 血液凝固

血液从血管流出数分钟后,就由流动的液态变成不能流动的胶冻状凝块,这一过程被称为血液凝固。血液凝固是机体的一种自我保护机制。当发生外伤出血或血管内膜受损时,血液中发生一系列酶促级联反应,最后溶于血浆中的纤维蛋白原转变为不溶性的纤维蛋白,并由不溶解的纤维蛋白网罗红细胞形成凝血块,使血液由液体状态转变为凝胶状态,这是止血过程的重要组成部分。

一、凝血因子与抗凝血成分

(一)凝血因子

血浆和组织中直接参与凝血的物质为凝血因子(表14-1)。已知血浆组织中的凝血因子主要有14种,国际凝血因子命名委员会按照其发现的先后顺序用罗马数字进行命名,现已命名到XIII。还有两个因子发现较晚,尚未用罗马数字命名。除了因子IV外,其余凝血因子均为糖蛋白,且大部分由肝脏合成。

因子III是一种脂蛋白,是唯一不存在于正常人血浆中的凝血因子,分布于各种不同的组织细胞中,又称组织因子(tissue factor,TF)。因子IV是钙离子,在凝血过程中起搭桥作用。因子II、VII、IX和X是依赖维生素 K 的凝血因子,以维生素 K 为辅酶的维生素依赖性 γ-羧化酶催化这些凝血因子中的某些谷氨酸残基羧化。因子XI、XII、激肽释放酶原和高分子激肽原参与接触活化。当血浆暴露在带负电荷物质表面时,这些凝血因子在其表面发生一系列水解反应,从而除去一些小肽段而转变成活化的Ⅻa、Ⅺa、激肽释放酶和高分子激肽,启动血液凝固。凝血因子Ⅰ、Ⅴ、Ⅷ、ⅩⅢ 均对凝血酶敏感。

表 14-1 凝血因子的某些特征

凝血因子	别名	合成场所	氨基酸残基数	含糖量（%）	血浆浓度（mg%）	衍生物	功能
Ⅰ	纤维蛋白原	肝	2964	3～4	200～400	纤维蛋白	形成凝胶
Ⅱ	凝血酶原	肝	579	8.2(人) 10～14(牛)	10～15	凝血酶	蛋白酶
Ⅲ	组织凝血活素	各组织细胞	263				辅因子
Ⅳ	钙离子						辅因子
Ⅴ	前加速素	肝	2196	11～18	5～10	Ⅳ(Va)	辅因子
Ⅶ	血清凝血活酶转变加速素	肝	406	9.1	0.4～0.7	Ⅷa	蛋白酶
Ⅷ	抗血友病球蛋白	肝为主	2332	6(人) 9(牛)	15～20	Ⅷa	辅因子
Ⅸ	血浆凝血活素成分（又名抗乙种血友病因子）	肝	415	26	3～5	Ⅸa	蛋白酶
Ⅹ	Stuatr-Prower 因子	肝	448	10	5～10	Ⅹa	蛋白酶
Ⅺ	血浆凝血活素前质（又名抗丙种血友病因子）	肝?网状内皮系统?	1214	12	0.5～0.9	Ⅺa	蛋白酶
Ⅻ	hageman 因子	网状内皮系统?	596	15	0.1～0.5	Ⅻa	蛋白酶
ⅩⅢ	纤维蛋白稳定因子	血小板?肝	2744		1～2	Ⅻa	形成桥键
	前激肽释放酶	肝	619	10	1～2	激肽释放酶	蛋白酶
	高分子量激肽原		626	?	7	缓激肽	辅因子

(二)抗凝血成分

凝血和抗凝血机制是同时存在于血液中的两种机制,血液能够在体内保持流动状态是凝血系统与抗凝血和纤溶两个系统相互制约、保持动态平衡的结果。如果有一个因素或多个因素发生改变,平衡将被打破,进而发生出血或者形成血栓。在体内,抗凝血的机制是由抗凝血成分以及纤溶系统来完成的。体内有三个主要的抗凝成分:抗凝血酶-Ⅲ(AT-Ⅲ)、蛋白 C 系统和组织因子途径抑制物(TFPI)。

1.抗凝血酶-Ⅲ

AT-Ⅲ是一种广谱的丝氨酸蛋白酶抑制物,主要是由肝细胞合成的单链糖蛋白,是血浆中最重要的生理性抗凝物质。AT-Ⅲ与肝素结合可使酶活性增强 2000 倍以上,与等量的凝血酶形成凝血酶-抗凝血酶复合物,被肝清除。主要由肝合成,但肺、脾、心、肠、脑、血管内皮细胞和巨核细胞都能合成 AT-Ⅲ。它的主要作用有:与凝血酶结合成复合物,持久地灭活凝血酶;抑制凝血因子 Ⅹa、Ⅸa、Ⅺa、Ⅻa、纤溶酶、胰蛋白酶和激肽释放酶,抑制血液凝固;抑制凝血因子 Ⅹa 所致的血小板聚集反应。

2. 蛋白 C 系统

蛋白 C 系统包括蛋白 C(PC)、蛋白 S(PS)和蛋白 C 抑制物。PC 和 PS 是依赖维生素 K 由肝合成的糖蛋白。PC 是丝氨酸蛋白酶,凝血酶、胰蛋白酶和高浓度因子 Ⅴa 均可激活 PC。激活的 PC(APC)通过蛋白水解作用可使 Ⅴa 和Ⅷa 灭活,这个过程需要磷脂和 Ca^{2+} 参与。APC 灭活 Ⅴa 后,就会阻碍 Ⅹa 与血小板结合,降低 Ⅹa 的凝血活性。APC 还能促进纤维蛋白溶解。PS 作为 APC 的辅因子加速 APC 对 Ⅴa 的灭活,Ⅴa 灭活后就会丧失结合 Ⅹa 的能力,中断血液凝固级联反应。蛋白 C 抑制物能与 PC 结合形成复合物而灭活 APC。

3. 组织因子途径抑制物

组织因子途径抑制物(TFPI)是由内皮细胞或巨核细胞合成的一种单链糖蛋白,是丝氨酸蛋白酶的抑制物。凝血因子Ⅲ能与因子Ⅶ(或Ⅶa)形成复合物,并使此复合物中的Ⅶ能更有效地被血液中痕量的 Ⅹa 激活,从而激活外源性凝血途径。TFPI 能直接抑制活化的 Ⅹ 因子而抑制凝血。

二、两条凝血途径

凝血酶原(thrombogen)活化的关键步骤是凝血因子 Ⅹ 被激活成 Ⅹa。激活因子 Ⅹ 有以下两条途径。

(一)内源性途径

内源性凝血途径是指参加凝血的凝血因子全部来自于血液内,其凝血途径是从因子Ⅻ激活到因子Ⅹ激活的过程。当血管壁发生损伤时,内皮下组织暴露,这时内皮胶原纤维与凝血因子接触,因子Ⅻ随即与之结合,在激肽释放酶等参与下被活化为Ⅻa,因子Ⅻa 又将因子Ⅺ激活。在有 Ca^{2+} 存在时,被活化的Ⅺa 又会激活因子Ⅸ。Ⅸa 与Ⅷa 等量结合形成复合物,激活因子Ⅹ。

(二)外源性途径

外源性途径是指组织因子(因子Ⅲ)与血液接触而启动的凝血过程。在正常情况下,组织因子不与血液接触。只有在血管受到损伤或血管内皮细胞及单核细胞受到某些刺激时,组织因子才能与血液接触。在 Ca^{2+} 的参与下,血液中的因子Ⅶ与组织因子结合,形成少量 $Ca^{2+}-TF-Ⅶ$ 复合物。复合物中的因子Ⅶ可被血液中痕量的 Ⅹa 激活,转变成 $Ca^{2+}-TF-Ⅶa$ 复合物。因子Ⅶ也可被后生成的凝血酶激活,加速生成 $Ca^{2+}-TF-Ⅶa$。$Ca^{2+}-TF-Ⅶa$ 催化因子Ⅹ加速转变为 Ⅹa。

无论是内源性还是外源性凝血途径,凝血过程都是在损伤部位的膜表面启动,共同部分是因子Ⅹ被切除掉 145~151 位的 6 肽形成 Ⅹa,从而参与形成凝血酶原激活复合物(Ⅹa-Ca^{2+}-Ⅴa)。

凝血酶原是含有 582 个氨基酸残基的蛋白,其 N-末端含有 10 个 γ-羧基谷氨酸残基,当这些残基结合 Ca^{2+} 时,能促进与损伤部位膜表面结合和 $Xa - Ca^{2+} - Va$ 复合物的形成。此复合物先后水解凝血酶原的 320 位和 284 位精氨酸残基构成的肽键,使只含有一条多肽链的凝血酶原转变为两条多肽链,两条多肽链之间通过二硫键相连接,即为凝血酶。

凝血酶催化纤维蛋白原转变成纤维蛋白丝状物,网住血小板、血细胞和血浆,形成血凝块。纤维蛋白在血浆中以纤维蛋白原(fibrinogen)形式存在。纤维蛋白原分子由三对多肽链(两条 α 链、两条 β 链和两条 γ 链)组成,每三条肽链(α、β、γ 各一条肽链)绞合成索状,形成两条索状肽链。这些肽链 N-末端通过二硫键相连,形成两端和中间的三个球形结构域,这些球形结构域之间是棒状的结构域。中间球型结构域是肽链的连接区,N-末端伸出球形结构域外。α 及 β 亚基的 N-末端区域由于同种电荷的排斥作用,从而防止了纤维蛋白原的聚集。当凝血酶水解去除掉纤维蛋白原的两个 α 及两个 β 亚基的 N-末端肽段后,生成可溶性纤维蛋白,并消除同种电荷的排斥,从而聚集成纤维蛋白凝块。

刚形成的纤维蛋白所产生的血块很不稳定,它很快在纤维蛋白稳定因子(XⅢa)催化下发生交联。XⅢa 是一个转酰胺酶,可催化纤维蛋白中一条 γ 肽链的谷氨酰胺残基的 δ-酰胺基与邻近 γ 链上的赖氨酸残基的 ε-氨基反应,并释放 1 分子氨,形成共价的异肽链。α 链之间也同样发生交联。这样经过共价交联的纤维蛋白网就非常牢固,血凝块更加稳固。因子 XⅢ 存在于血小板及血浆中,经凝血酶切除部分肽段后即被激活成 XⅢa。

血液凝固是防止机体出血的重要防御功能,但必须适度。过度血凝就会引起心肌梗死、脑血栓等严重疾病。正常人体血浆内有多种凝血和抗凝物质,且处于动态平衡,从而保证血流的畅通。

三、血凝块的溶解

血凝只是一种临时措施,在出血停止、血管创伤愈合后,形成的血凝块要被溶解和清除。但如果正常血液循环中发生凝血或血块脱落,则有可能堵塞重要血管,此时溶解和清理血管内外的纤维蛋白刻不容缓,此过程主要由纤维蛋白溶解系统来完成。纤维蛋白溶解过程可分为血纤维蛋白溶酶原(plasminogen)激活和纤维蛋白溶解两个阶段。纤溶酶原可在内源性(因子 XⅡa、前激肽释放酶、因子 XⅠa 等)、外源性(血管、血液、组织激活剂)或外来的激活剂(尿激酶、链激酶)的作用下,转变为纤溶酶。纤溶酶特异地催化纤维蛋白或纤维蛋白原中由精氨酸或赖氨酸残基的羧基构成的肽键水解,从而产生一系列纤维蛋白降解产物。纤溶酶除了能降解纤维蛋白和纤维蛋白原外,还能够分解凝血因子、血浆蛋白和补体。但值得提出的是,在血中还存在着纤溶酶原活化剂抑制物以及纤溶酶抑制物,这样使得凝血和纤溶两个过程在正常人体内相互制约,并处于动态平衡。如果这种动态平衡破坏,将会发生血栓形成或出血现象。

第三节　红细胞代谢

一、红细胞代谢特点

红细胞是血液中最主要的细胞,它是由造血干细胞在骨髓中定向分化而形成的红系细胞。

红系细胞在发育过程中,经历原始红细胞、早幼红细胞、中幼红细胞、晚幼红细胞、网织红细胞及成熟的红细胞等一系列形态及代谢的改变。成熟的红细胞除了质膜和胞质外,无其他细胞器,不能进行蛋白质和脂类的合成,其代谢比一般细胞要单纯。不同阶段红细胞的代谢变化见表 14-2。

表 14-2 红细胞成熟过程中的代谢变化

代谢能力	有核红细胞	网织红细胞	成熟红细胞
分裂增殖能力	+	-	-
DNA 合成	+	-	-
RNA 合成	+	-	-
RNA 存在	+	+	-
蛋白质合成	+	+	-
血红素合成	+	+	-
脂类合成	+	+	-
三羧酸循环	+	+	-
氧化磷酸化	+	+	-
糖酵解	+	+	+
磷酸戊糖途径	+	+	+

注:"+"、"-"分别表示该途径有或无

(一)糖代谢

成熟红细胞的最主要能量物质是葡萄糖。血液循环中的红细胞每天从血浆大约摄取 30g 葡萄糖。成熟红细胞中的糖代谢通路有糖酵解、2,3-二磷酸甘油酸(2,3-BPG)旁路及磷酸戊糖途径,并通过这些代谢提供能量和还原当量以及 2,3-二磷酸甘油酸等重要的代谢物。红细胞所摄取的葡萄糖有 90%~95% 经糖酵解通路和 2,3-二磷酸甘油酸旁路进行代谢,5%~10% 通过磷酸戊糖途径进行代谢。

1. 糖酵解和 2,3-二磷酸甘油酸旁路

糖酵解是红细胞获得能量的唯一途径。在红细胞中,存在着催化糖酵解所需的所有酶以及中间代谢物,糖酵解的基本反应与其他组织相同。每 1mol 葡萄糖经酵解生成 2mol 乳酸的过程中,同时产生 2mol ATP 和 2mol NADH+H$^+$,通过这一途径可使红细胞内 ATP 的浓度维持在 1.85×10^3 mol/L 水平。

2,3-二磷酸甘油酸旁路是红细胞内糖酵解的侧支循环(图 14-2)。1,3-二磷酸甘油酸(1,3-BPG)是 2,3-二磷酸甘油酸旁路的分支点。正常情况下,2,3-二磷酸甘油酸旁路仅占糖酵解的 15%~50%,但由于 2,3-二磷酸甘油酸磷酸酶的活性较低,2,3-BPG 的生成大于分解,从而造成红细胞内 2,3-BPG 升高。红细胞内 2,3-BPG 的主要功能是调节血红蛋白的运氧功能。

2. 磷酸戊糖途径

红细胞内磷酸戊糖途径代谢过程和其他细胞相同,主要功能是产生还原当量 NADPH+H$^+$。

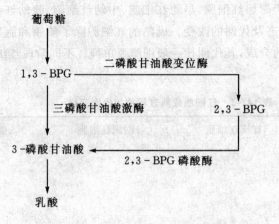

图 14-2 2,3-BPG 旁路

3.红细胞内糖代谢的生理意义

(1)ATP 的功能 红细胞中经糖酵解和 2,3-二磷酸甘油酸旁路产生的 ATP 主要有以下生理功能:①维持红细胞膜上钠泵(Na$^+$-K$^+$-ATP 酶)的运转,Na$^+$ 和 K$^+$ 一般不易通过细胞膜,钠泵通过消耗 ATP 将 Na$^+$ 泵出、K$^+$ 泵入红细胞以维持红细胞的离子平衡及细胞容积和双凹盘状形态。②维持红细胞膜上钙泵(Ca^{2+}-ATP 酶)的运行,将红细胞内的 Ca^{2+} 泵入血浆用以维持红细胞内的低钙状态。正常情况下,红细胞内 Ca^{2+} 浓度为 $20\mu mol/L$,而血浆的 Ca^{2+} 浓度为 $2\sim3mmol/L$,这时血浆内的钙离子会被动扩散进入红细胞。当 ATP 缺乏时,钙泵不能够正常运行,钙会沉积于红细胞膜,使膜失去柔韧性并趋于僵硬,红细胞易被破坏。③维持红细胞膜上脂质与血浆脂蛋白中的脂质进行交换。④少量 ATP 用于谷胱甘肽、NAD$^+$的生物合成及葡萄糖的活化以启动糖酵解过程。

(2)2,3-BPG 的功能 经过 2,3-二磷酸甘油酸旁路产生的 2,3-BPG 是调节血红蛋白(Hb)运氧功能的重要因素。它是一个电负性很高的分子,可与血红蛋白结合,从而使血红蛋白分子的 T 构象更趋稳定,降低血红蛋白与 O$_2$ 的亲和力。当血流经过 O$_2$ 浓度较高的肺部时,2,3-BPG 的影响不大;而当血流通过 O$_2$ 浓度较低的组织时,红细胞中的 2,3-BPG 的存在显著增加 O$_2$ 释放,以供组织需要。

(3)NADH 和 NADPH 的功能 在红细胞内,由糖酵解及磷酸戊糖途径产生的 NADH 和 NADPH 是重要的还原当量,具有对抗氧化剂,保护细胞膜蛋白、血红蛋白和酶蛋白的巯基等不被氧化,维持红细胞的正常功能等作用。磷酸戊糖途径是红细胞产生 NADPH 的唯一途径。红细胞中的 NADPH 用以维持细胞内还原型谷胱甘肽(GSH)的含量,使红细胞免遭外源性和内源性氧化剂的氧化(图 14-3)。

(二)脂代谢

成熟红细胞不能从头合成脂肪酸,但膜脂的不断更新却是红细胞生存的必要条件。红细胞通过 ATP 供能等方式使细胞膜上的脂质不断地与血浆中的脂质进行交换,以维持红细胞膜脂类组成、结构和功能的正常。

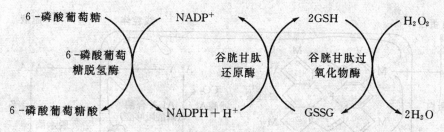

图 14-3　谷胱甘肽的氧化与还原及其有关代谢

二、血红蛋白的合成与调节

红细胞中最主要的固体成分是血红蛋白（Hb），由珠蛋白和血红素（heme）组成，其分子量约 64500kDa，其中珠蛋白占 96%，有运输氧气和二氧化碳的功能。血红素不但是 Hb 的辅基，同时也是肌红蛋白、细胞色素、过氧化物酶等的辅基。体内多种细胞都可合成血红素，其中参与血红蛋白组成的血红素主要在骨髓的幼红细胞和网织红细胞中合成。

（一）血红素的生物合成

甘氨酸、琥珀酰 CoA 和 Fe^{2+} 是合成血红素的基本原料。合成的起始和终末阶段均在线粒体内进行，而中间阶段则在胞质内进行。血红素的生物合成可受多种因素的调节。血红素的生物合成过程可分为以下四个步骤。

（1）δ-氨基-γ-酮戊酸的合成　在线粒体内，由 ALA 合酶（ALA synthase）催化琥珀酰辅酶 A 与甘氨酸缩合生成 δ-氨基-γ-酮戊酸（δ-aminolevulinic acid，ALA）。ALA 合酶的辅酶是磷酸吡哆醛，此酶是血红素合成的限速酶，受血红素的反馈调节。

（2）胆色素原的合成　生成的 ALA 从线粒体进入胞液。在 ALA 脱水酶（ALA dehydratase）催化下，2 分子 ALA 脱水缩合生成 1 分子胆色素原（prophobilinogen，PBG）。ALA 脱水酶含有巯基，易受铅等重金属的抑制作用。

（3）粪卟啉原的合成　在胞液中，4 分子胆色素原在尿卟啉原 I 同合酶（UPG I cosynthase，又称胆色素原脱氨酶）催化下，脱氨缩合生成 1 分子线状四吡咯，后者再由 UPGⅢ同合酶催化生成尿卟啉原Ⅲ（UPGⅢ）。UPGⅢ进一步经尿卟啉原Ⅲ脱羧酶催化，其 4 个乙酸基（A）侧链脱羧基变为甲基（M），从而生成粪卟啉原Ⅲ。

（4）血红素的生成　在胞液中生成的粪卟啉原Ⅲ进入线粒体，在粪卟啉原Ⅲ氧化脱羧酶作用下，使其 2,4 位两个丙酸基（P）氧化脱羧生成乙烯基（V），从而生成原卟啉原Ⅸ。后者再由原卟啉原Ⅸ氧化酶催化，使其连接四个吡咯环的甲烯基氧化成甲炔基，从而生成原卟啉Ⅸ（protoporphyrinⅨ）。最后，原卟啉Ⅸ和 Fe^{2+} 在亚铁螯合酶（ferrochelatase，又称血红素合成酶）的催化下，生成血红素。铅等重金属对亚铁螯合酶也有抑制作用。

血红素生成后从线粒体转运到胞液，在骨髓的有核红细胞及网织红细胞中，与珠蛋白结合成为血红蛋白。血红素合成的全过程总结于图 14-4。

血红素合成的特点可归结如下：

（1）体内大多数组织均有合成血红素的能力，但主要的合成部位是骨髓及肝。成熟红细胞

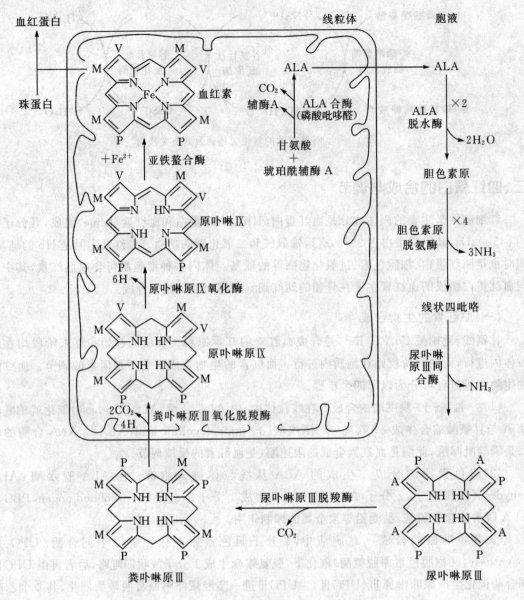

A：—CH₂COOH；P：—CH₂CH₂COOH；M：—CH₃；V：—CH=CH₂

图 14-4 血红素的生物合成

因不含线粒体,故不能合成血红素。

(2)琥珀酰辅酶 A、甘氨酸及 Fe²⁺ 等简单小分子物质是血红素合成的原料。吡咯环侧链的脱羧和脱氢反应是合成途径的主要中间反应。

(3)血红素合成的起始和最终过程都是在线粒体中进行的,而其他中间步骤则是在胞液中进行的。这对终产物血红素的反馈调节作用具有重要意义。而关于中间产物进出线粒体的机制,目前尚不清楚。

(二)血红素生物合成的调节

多种因素可调节血红素的合成,但对 ALA 生成的调节是其中最主要的环节。

(1)对 ALA 合酶的调节　ALA 合酶是血红素合成体系的限速酶,受血红素的反馈抑制,其调节包括酶活性和酶含量的调节。酶活性受游离血红素的变构抑制。在正常情况下,合成的血红素迅速与珠蛋白结合成血红蛋白,不致有过多的血红素堆积;血红素结合成血红蛋白后,对 ALA 合酶不再有反馈抑制作用。如果血红素分子多于珠蛋白分子,过多的血红素可以氧化成高铁血红素,后者变构抑制 ALA 合酶活性。

细胞内 ALA 合酶的量受到多种因素的影响。某些固醇类激素,如睾酮在体内的 5-β 还原物,以及致癌物、药物(磺胺、苯妥英钠等)、杀虫剂等均能诱导 ALA 合酶,从而促进血红素的生成。许多在肝中进行的生物转化的物质,如致癌剂、药剂等,都可致肝 ALA 合酶的显著增加。

(2)ALA 脱水酶与亚铁螯合酶的调节　ALA 脱水酶虽然也可被血红素抑制,但并不能引起明显的生理效应,因为此酶活性比 ALA 合酶强 80 倍,故血红素合成的抑制基本上是通过抑制 ALA 合酶而起作用。ALA 脱水酶和亚铁螯合酶对重金属的抑制都非常敏感,故血红素合成的抑制是铅中毒的重要体征。另外,亚铁螯合酶还需要还原剂(如谷胱甘肽),任何还原条件的中断都会抑制血红素的合成。

(3)促红细胞生成素(erythropoietin,EPO)的调节　EPO 主要在肾合成,缺氧时即释放入血,运至骨髓,借助一种含两个不同亚基和一些结构域的特异性跨膜载体,EPO 可同原始红细胞膜受体结合,促使原始红细胞血红素和血红蛋白的合成,进而促进细胞的繁殖和分化,加速有核红细胞的成熟以及血红素和 Hb 的合成。因此,EPO 是红细胞增殖、分化和成熟的主要调节剂。它是一种由 166 个氨基酸残基组成的糖蛋白,分子量 34kDa。

铁卟啉合成代谢异常而导致卟啉或其中间代谢物在体内积聚和排出增多,称为卟啉症(porphyria),分先天性和后天性两大类。先天性卟啉症是血红素合成酶系的遗传性缺陷所致;后天性卟啉症则由于铅中毒或某些药物中毒引起的铁卟啉合成障碍,例如铅等重金属中毒,除了抑制前面提及的两种酶外,还能抑制尿卟啉合成酶。

 ## 学习小结

血液是由血浆及有形成分红细胞、白细胞、血小板组成。血浆的主要成分是水、无机盐、有机小分子和蛋白质等。血浆中的蛋白质浓度为 70~75g/L,多数在肝脏合成。其中含量最多的是清蛋白,能够结合并且转运多种物质,在血浆胶体渗透压形成中起到重要的作用。血浆中的蛋白质具有多种重要的生理功能。

血浆中的 14 种凝血因子,组成内源性凝血系统和外源性凝血系统,从而保证在血管受损时能够很快凝血。另外血液中还有多种抗凝物质和纤溶酶,使得凝血和纤溶两个过程在正常人体内相互制约,并处于动态平衡。

成熟红细胞是血液中含量最多的细胞,在不同的成长阶段,亚细胞结构和代谢过程各不相同。成熟红细胞中的葡萄糖主要经糖酵解和 2,3-二磷酸甘油酸旁路代谢,另一部分通过磷酸戊糖途径代谢。糖酵解是成熟红细胞获得能量的唯一途径,2,3-二磷酸甘油酸旁路降低血红蛋白与氧的亲和力,磷酸戊糖途径产生的 NADPH 对红细胞具有保护作用。未成熟的红细胞能够利用琥珀酰 CoA、甘氨酸和二价铁离子合成血红素,血红素生物合成的限速酶是 ALA 合酶。

 目标检测

1.血液包括哪些主要成分? 血液有哪些功能?
2.简述血浆蛋白的生理功能。
3.简述血红素生物合成的过程及其合成的调节。

第十五章　肝的生物化学

学习目标

【掌握】生物转化的概念、反应类型及生理意义;胆色素的概念;胆红素的生成、运输、肝内的转化及其在肠中的代谢。

【熟悉】肝脏在物质代谢中的作用;胆汁酸代谢与生理功能。

【了解】黄疸的概念,三种类型黄疸的血、尿、粪改变。

肝脏是人体内具有多种代谢功能的重要器官,它不仅在糖、脂类、蛋白质、维生素和激素等物质代谢中发挥重要的作用,还参与体内的分泌、排泄、生物转化等重要过程。

肝脏之所以有诸多复杂的代谢功能,是因为它在形态结构和化学组成上具有如下特点:

(1)肝脏具有双重的血液供应途径　进入肝的血管有肝动脉和门静脉。肝动脉血量约占肝总血流量的 25%,是肝的营养性血管,含有从肺部和其他组织运输来的充足氧气和代谢产物。门静脉血液约占肝总血流量的 75%,肝脏可从门静脉获取消化道吸收而来的丰富营养物质。

(2)肝脏具有双重的输出通道　肝静脉与体循环相通,可以将由消化道吸收来的营养物质及经肝处理的代谢产物,随血液循环运到肝外组织,营养全身或经肾脏由尿排出体外;胆道系统与肠道相连,使肝内的代谢产物和助消化物质随胆汁分泌入肠,经粪便排出。

(3)肝具有丰富的血窦　肝血窦内血流速度缓慢,增加了肝细胞和血液接触面积且时间延长,利于物质在此交换。

(4)肝含有丰富的酶类和大量的细胞器　已知肝中的酶类有数百种以上,有许多酶是肝脏所特有的;肝细胞含丰富的线粒体、内质网、高尔基复合体、溶酶体等亚细胞结构。

上述结构和化学组成特点是肝脏具有多种代谢功能的物质基础。在病毒感染、毒物、缺氧或营养不良等因素的影响下,肝细胞遭到损伤,干扰人体正常的新陈代谢,可引起多种肝病,如病毒性肝炎、肝硬化、肝性脑病、脂肪肝、肝癌等。因此,通过本章的学习,对今后肝病的治疗和护理具有重要意义。

第一节　肝在物质代谢中的作用

肝脏被誉为人体的"物质代谢中枢",在物质的合成、分解、加工、储存、释放、转运以及物质代谢的调控中发挥极其重要的作用。

一、肝在糖代谢中的作用

肝脏在糖代谢中的主要作用是可以调节机体处于不同功能状态时的血糖含量,维持血糖浓度的相对恒定,确保全身各组织,特别是大脑和红细胞的能量供应。

1. 糖原合成

正常成人肝内储存的糖原占肝重的 6%～8%,总量可达 100g,因此,肝是体内主要的"糖库"。当饱食或输入葡萄糖后,血糖浓度升高,肝脏合成糖原增强。由于葡萄糖合成糖原而储存,可使血糖很快恢复到正常水平。

2. 糖原分解

空腹时,血液中的葡萄糖不断地被全身各组织细胞摄取利用呈下降趋势。此时,受升高血糖激素的调节,肝糖原分解加强,肝糖原分解为 6-磷酸葡萄糖,在肝内葡萄糖-6-磷酸酶的作用下,释出葡萄糖补充血糖,防止血糖过低。

3. 糖异生作用

过度饥饿(饥饿 10h 以上)或因病禁食时,肝糖原几乎被耗尽。此时,肝细胞加速利用乳酸、甘油、氨基酸等非糖物质转化为葡萄糖,以维持饥饿状态下血糖浓度的相对恒定。

由此可见,肝脏通过肝糖原的合成、分解及糖异生作用,从器官水平上来调节血糖浓度的相对恒定。故当肝功能严重受损时,肝脏糖原合成、糖原分解、糖异生代谢都下降,维持血糖浓度恒定的能力降低,所以,进食后容易出现高血糖,空腹或饥饿时又易发生低血糖。

二、肝在脂类代谢中的作用

肝脏是脂类代谢的重要场所,在脂类的消化、吸收、分解、合成、改造及运输等代谢过程中均起着重要的作用。

1. 肝脏促进脂类的消化吸收

肝细胞以胆固醇为原料合成胆汁酸,随胆汁排入肠腔,发挥乳化脂肪、激活胰脂肪酶、促进脂类食物和脂溶性维生素的消化吸收等作用。故肝胆疾病的患者,肝脏合成、分泌、排泄胆汁酸盐的能力下降,常出现脂类食物消化不良、厌油腻、脂肪泻和脂溶性维生素缺乏症等。

2. 肝脏是脂肪酸合成、分解、改造的主要器官

肝脏是合成脂肪酸、脂肪的主要场所。肝脏可利用葡萄糖、乙酰辅酶 A 等原料合成脂肪,以极低密度脂蛋白(VLDL)的形式运往肝外。

肝脏是氧化分解脂肪酸的重要器官。肝细胞富含脂肪酸 β-氧化的酶和酮体合成酶系,故肝脏中脂肪酸 β-氧化非常活跃,合成酮体的能力较强。肝合成的酮体必须运至肝外组织进行氧化,在糖供给不足时,酮体可作为大脑、肌肉和肾脏等组织的主要能源。

肝脏对吸收来的脂肪酸可进行饱和度及碳链长度的改造,以适应机体的需要。

3. 肝脏是磷脂、胆固醇和脂蛋白合成的主要场所

肝脏是合成磷脂和胆固醇最活跃的器官,还可以合成各种载脂蛋白。以上述成分为原料在肝脏形成 HDL、VLDL,而 LDL 是由 VLDL 转变而来,故肝脏是合成血浆脂蛋白的主要场所。脂蛋白是脂类的运输形式。当肝功能受损时,脂蛋白合成减少,或合成磷脂的原料(胆碱

或蛋氨酸)缺乏,使肝内脂肪输出障碍,均可导致肝中脂肪沉积,形成脂肪肝。

三、肝在蛋白质代谢中的作用

1.肝脏是合成蛋白质的重要器官

人体各组织都具有合成蛋白质的能力,但以肝细胞最强。肝脏除了合成其本身所需的结构蛋白质外,还可以合成多种蛋白质释放到血浆中称为血浆蛋白,如清蛋白、部分球蛋白、凝血因子、纤维蛋白原等,其中清蛋白含量多且分子量小,在维持血浆胶体渗透压方面起重要作用。当肝功能障碍或营养不良时,清蛋白合成下降,血浆胶体渗透压降低,导致水肿。如果纤维蛋白原、凝血酶原合成减少,则易发生出血及凝血时间延长等现象。

2.肝脏是氨基酸代谢的重要场所

肝脏中氨基酸代谢非常活跃,氨基酸的转氨基、脱氨基、脱羧基等反应都主要在肝脏进行,是因为肝细胞中含有丰富的参与氨基酸代谢的酶类,如丙氨酸氨基转移酶(ALT)在肝细胞活性最高。病理状态下肝细胞膜通透性发生改变或细胞坏死时,肝细胞内的酶大量进入血液,从而引起血中 ALT 的活性异常升高。临床上测定血清 ALT 的活性有助于急性肝病的诊断。

3.肝脏是合成尿素的主要器官

肝脏含有合成尿素的全套酶系,无论是氨基酸分解代谢产生的氨,还是肠道细菌作用产生并吸收的氨,均可在肝脏经鸟氨酸循环合成尿素,这是体内处理氨的主要方式。当肝功能严重受损时,合成尿素的能力降低,引起血氨浓度升高,氨进入脑组织,干扰脑的代谢,引起肝性脑病。

四、肝在维生素代谢中的作用

肝脏在维生素的吸收、储存、转化、改造、活化和利用等代谢中均起着主要作用。

1.肝脏促进脂溶性维生素的消化吸收

肝脏合成、分泌的胆汁酸盐既能促进脂类的消化吸收,亦能协助脂溶性维生素 A、D、E、K 的吸收作用。所以,慢性肝胆疾病可引起脂溶性维生素消化吸收不良,导致某些维生素缺乏症。

2.肝脏储存多种维生素

肝脏是体内含维生素较多的器官。维生素 A、D、E、K 及 B_{12} 等主要在肝脏储存,其中以维生素 A 尤为丰富,占全身总量的 95%。在食入较多的维生素 A 后,可储存在肝脏内供较长时间消耗。因此,夜盲症和干眼病患者,多食动物肝脏常可获得满意的疗效。

3.肝脏是维生素转化、改造、活化和利用的重要场所

(1)肝脏可将从食物中摄入的 β-胡萝卜素(即维生素 A 原)转变为维生素 A。

(2)肝脏可使维生素 D_3 羟化生成 $25-OH-D_3$,进一步转化为活化形式即 $1,25-(OH)_2-D_3$,发挥对钙磷代谢的调节作用。

(3)肝脏是很多 B 族维生素转变为相应辅酶或辅基最为活跃的器官,如维生素 B_1 合成 TPP,维生素 B_2 合成 FMN 和 FAD,维生素 PP 合成 NAD^+ 和 $NADP^+$,泛酸合成 HSCoA 以及维生素 B_6 合成磷酸吡哆醛等,这些辅基或辅酶是物质代谢中不可缺少的辅助因子。

(4)维生素 K 在肝内可促进凝血酶原及凝血因子 Ⅱ、Ⅶ、Ⅸ、Ⅹ等的合成。

五、肝在激素代谢中的作用

肝脏是激素灭活的重要器官。激素在体内发挥调节作用后,主要在肝脏被分解转化而降低或失去生物活性,此过程称为激素的灭活。

在肝脏灭活的激素主要有肾上腺皮质激素、性激素和类固醇激素。许多蛋白质、多肽和氨基酸衍生物类激素也在肝脏灭活,如胰岛素、甲状腺激素、抗利尿激素等。

正常情况下激素的生成与灭活处于平衡状态,激素生成过多或灭活障碍可造成激素在体内的蓄积,引起激素调节功能紊乱。当肝功能严重受损时,对激素的灭活作用减弱,血中激素水平增高,导致某些病理变化。如雌激素水平升高,导致局部小动脉扩张,出现蜘蛛痣或肝掌;醛固酮增多,导致水钠潴留引起水肿等。

第二节　肝的生物转化作用

一、生物转化概述

机体在物质代谢过程中产生或由外界摄入的某些物质,它们既不参与机体组织细胞的组成,又不能氧化供能,常称为非营养物质。一般而言,非营养物质具有脂溶性强、水溶性低或有毒等化学性质,机体需要及时清除才能保证各种生理活动的正常进行。

1. 生物转化的概念和部位

生物转化(biotransformation)是指各种非营养物质在体内经过代谢转变,增加其极性或改变活性,利于随胆汁或尿液排出体外的过程。肝脏是生物转化的主要器官,肠、肾和肺等组织也有一定的生物转化功能。

2. 非营养物质的来源

体内需要进行生物转化的非营养物质种类很多,按其来源可分为两大类:

(1)内源性物质　体内产生的各种生物活性物质(如激素、神经递质等)和代谢终产物(如氨、胺、胆红素等)。

(2)外源性物质　外界摄入的药物、毒物、食品添加剂以及从肠道吸收来的腐败产物等(腐胺、尸胺、吲哚、苯酚),多为有毒物质。

3. 生物转化的生物学意义

生物转化作用主要使许多非营养物质极性增强,易于随胆汁或尿液排出,或使某些物质生物活性降低或消除,或对有毒物质进行解毒、利于药物发挥药效等,对机体具有保护作用。但也应该指出,少数物质经生物转化后毒性反而增强,或具有致癌作用,对机体造成损害。

二、生物转化的反应类型

体内非营养物质的种类繁多,生物转化的途径各异。按其化学反应的性质概括为两相反应:氧化、还原、水解反应称为生物转化的第一相反应;结合反应称为生物转化的第二相反应。

有些物质经过第一相反应,使分子中某些非极性基团转变为极性基团,增加了亲水性,可排出体外。但多数物质,即使经过第一相反应,其极性改变也不大,必须再进行第二相反应,即与极性更强的物质结合,溶解度增加,才能排出体外。

(一)第一相反应——氧化、还原、水解反应

1.氧化反应

氧化反应是最常见的生物转化反应,由多种氧化酶系催化,包括加单氧酶系、胺氧化酶及脱氢酶系等。

(1)加单氧酶系　又称羟化酶或混合功能氧化酶,存在于肝细胞微粒体,能催化药物、毒物、类固醇激素等许多物质在体内的代谢转化。该酶系反应特点是能激活分子氧,使其中一个氧原子加在脂溶性底物分子上使其羟化,故称加单氧酶,另一个氧原子使 NADPH 氧化生成水,即一个氧分子发挥了两种功能,又称混合功能氧化酶。催化反应如下:

$$\underset{\text{底物}}{RH}+NADPH+H^++O_2 \xrightarrow{\text{加单氧酶系}} \underset{\text{产物}}{ROH}+H_2O+NADP^+$$

(2)胺氧化酶系　此酶系存在于肝细胞线粒体中,可催化从肠道吸收的腐败产物(如组胺、酪胺、尸胺和腐胺等)和体内的生物活性物质(如 5-羟色胺、儿茶酚胺类等)氧化脱氨,生成相应的醛类而消除其毒性或作用。反应通式如下:

$$\underset{\text{胺类}}{RCH_2NH_2}+O_2+H_2O \xrightarrow{\text{单胺氧化酶}} \underset{\text{醛类}}{RCHO}+NH_3+H_2O_2$$

(3)脱氢酶系　醇脱氢酶及醛脱氢酶分别存在于肝细胞微粒体及胞液中,均以 NAD$^+$ 为辅酶,分别催化醇和醛类脱氢生成醛和酸。例如:

$$\underset{\text{乙醇}}{CH_3CH_2OH} \xrightarrow[NAD^+\quad NADH+H^+]{\text{醇脱氢酶}} \underset{\text{乙醛}}{CH_3CHO} \xrightarrow[NAD^+\quad NADH+H^+]{\overset{\text{醛脱氢酶}}{+H_2O}} \underset{\text{乙酸}}{CH_3COOH}$$

2.还原反应

肝细胞微粒体中含有还原酶系,主要是硝基还原酶和偶氮还原酶两类,反应时需要 NADPH 提供氢,还原产物是胺类。

硝基还原酶催化硝基化合物(如硝基苯甲酸、硝基苯、氯霉素等)中的—NO$_2$ 还原成—NH$_2$。例如氯霉素被还原而失效:

氯霉素 → 氨基氯霉素（硝基还原酶）

3.水解反应

肝细胞液及微粒体中含有多种水解酶,如酯酶、酰胺酶、糖苷酶等,分别催化脂类、酰胺类

及糖苷类等化合物水解。例如普鲁卡因进入体内很快被酯酶水解,生成水溶性增强的醇和酸后作用消失。

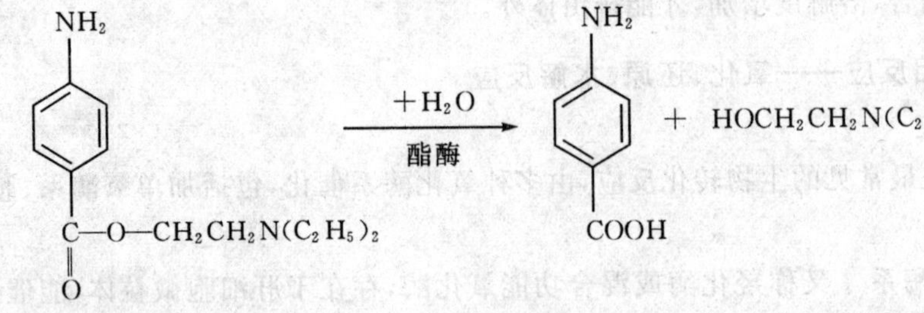

普鲁卡因　　　　　　　　　　对氨基苯甲酸　　　二乙基氨基乙醇

(二)第二相反应——结合反应

结合反应(conjugation reaction)是体内最重要的生物转化方式。一些极性较弱的非营养物质不论其是否经过第一相反应,在肝内酶系的作用下均可与某些极性较强的内源性小分子物质结合,从而增加水溶性或改变其生物活性。可供结合的物质主要有葡萄糖醛酸、硫酸、乙酰基及某些氨基酸等。

1.葡萄糖醛酸结合反应

葡萄糖醛酸结合反应是结合反应中最常见最重要的一种。肝细胞微粒体中含有非常活跃的葡萄糖醛酸转移酶(UDP-glucuronyl transferase,UGT)。凡含有醇、酚、胺及羧基等极性基团的化合物,如吗啡、可待因、胆红素、甲状腺激素等,在 UDP-葡萄糖醛酸转移酶的催化下均可与葡萄糖醛酸结合,生成葡萄糖醛酸苷衍生物,使水溶性增强,易随尿和胆汁排出。尿苷二磷酸葡萄糖醛酸(UDPGA)是葡萄糖醛酸的活性供体。例如:

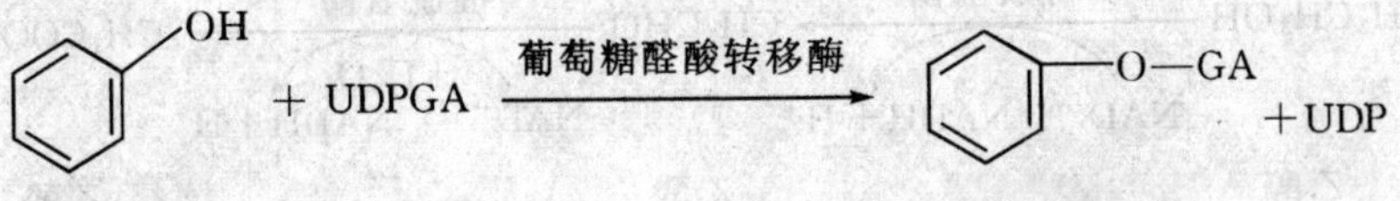

苯酚　　　　　　　　　　　　　　　苯-β-葡萄糖醛酸苷

2.硫酸结合反应

肝细胞的胞液中含有活泼的硫酸转移酶,可催化各种醇、酚和芳香胺类化合物与硫酸结合。硫酸的供体来自 $3'$-磷酸腺苷 $5'$-磷酰硫酸(PAPS),反应产物是硫酸酯。例如雌酮经此反应生成雌酮硫酸酯而灭活。

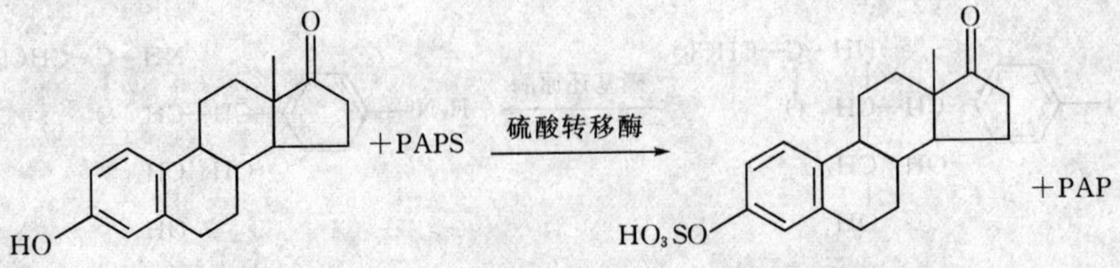

雌酮　　　　　　　　　　　　　　　雌酮硫酸酯

3.乙酰基结合反应

芳香胺类物质(如苯胺、异烟肼等)在肝细胞乙酰基转移酶的催化下与乙酰基结合,形成乙酰化合物,乙酰基来自乙酰辅酶 A。例如,大部分磺胺类药物在肝内经乙酰化而失去活性。

$$H_2N \underset{\text{氨苯磺胺}}{\underline{\hspace{2em}}} SO_2NH_2 \xrightarrow[CH_3CO\sim SCoA \quad HSCoA]{\text{乙酰基转移酶}} CH_3CONH \underset{\text{乙酰氨苯磺胺}}{\underline{\hspace{2em}}} SO_2NH_2$$

应该指出,磺胺类药物经乙酰化后,溶解度反而降低,在酸性尿中容易析出。因此,在服用磺胺药的同时可加服碱性药物(如小苏打),以防磺胺药在尿中形成结晶,还可通过增加饮水的方式增加尿量使其易于随尿排出体外。

除上述三种类型的结合反应外,尚有谷胱甘肽、甲基、甘氨酸等结合反应,使许多非营养物质得以转化而排泄。

三、生物转化的反应特点

1.生物转化反应的连续性

有些非营养物质只需经过一种转化反应即可顺利排出,但大多数非营养物质需连续进行数种反应才能彻底排出体外。一般先进行氧化、还原、水解反应,再进行结合反应。如乙酰水杨酸(阿司匹林)进入体内,首先被水解为水杨酸,少量直接排出,大部分水杨酸再经过结合反应,生成多种结合产物而排泄。因此,服用乙酰水杨酸的患者尿中可出现多种转化产物。

2.反应类型的多样性

一种非营养物质可因结构上的差异,在体内进行多种生物转化途径,生成不同的代谢产物。如雌酮除了能与 PAPS 结合,还能与葡萄糖醛酸结合,生成葡萄糖醛酸雌酮。

3.解毒与致毒的两重性

体内大多数非营养物质经过生物转化后,活性减弱,毒性消失,如肾上腺素和去甲肾上腺素经过生物转化作用而失活。而有少数物质通过代谢后反而活性增强,出现毒性或致癌作用。最典型的例子是化学致癌剂苯并芘,其本身并没有直接致癌作用,但经过肝微粒体氧化系统活化形成环氧化物后,能与核酸分子鸟嘌呤碱基的 2 位氨基结合,引发基因突变而具有强烈的致癌作用。但当这类环氧化物继续进行结构重排、水化、结合等转化过程之后,致癌作用丧失且易于随尿排出。所以,非营养物质在体内的生物转化不能统称为解毒作用,因其代谢表现有活化和失活的两重性。

四、影响生物转化的因素

非营养物质在体内的生物转化作用存在着个体差异,常受年龄、性别、诱导物及肝功能状况等因素的影响。

新生儿肝中酶体系发育不够完善,对药物、毒物的耐受性较差。老年人随着器官功能的衰退,生物转化能力逐渐下降,对药物反应敏感。如老年人对氨基比林、保泰松等药物的转化能力较差,长期使用会引起药效过强和副作用增大。

肝细胞有实质性病变时,各种转化酶的活性降低,致肝脏处理药物、毒物、防腐剂等非营养物质的能力下降,故用药时要特别慎重。

此外,长期服用某些药物可以诱导肝脏相关酶的合成,加速药物的转化和排泄,产生耐药现象。如安眠药和糖皮质激素的耐药性就与诱导酶合成有关。临床上利用苯巴比妥能诱导葡萄糖醛酸转移酶的合成,加速游离胆红素转变为结合胆红素,来治疗新生儿高胆红素血症,防止核黄疸的发生。

第三节　胆汁酸代谢

一、胆汁的组成

胆汁(bile)是由肝细胞分泌,储存于胆囊,排泄至肠道的一种液体。正常成人每天分泌300~700ml。肝细胞初分泌的胆汁称为肝胆汁(hepatic bile),呈金黄色,微苦,稍偏碱性,比重约1.010。肝胆汁进入胆囊后,其中的水分和其他一些成分被胆囊壁吸收,同时胆囊壁还分泌黏液,掺入胆汁,使其颜色转变成棕绿色,比重增至约1.040,称为胆囊胆汁(gallbladder bile)。胆汁的主要特征性成分是胆汁酸、胆色素和胆固醇等,其中胆汁酸盐含量最高。正常人两种胆汁的一些性状与化学组成见表15-1。

表 15-1　正常人胆汁的化学组成

	肝胆汁(%)	胆囊胆汁(%)
比重	1.009~1.013	1.026~1.060
pH	7.1~8.5	5.5~7.7
水	96~97	80~86
总固体	3~4	14~20
胆汁酸盐	0.2~2	1.5~10
胆色素	0.05~0.17	0.2~1.5
胆固醇	0.05~0.17	0.2~0.9
磷脂	0.05~0.08	0.2~0.5
无机盐	0.2~0.9	0.5~1.1
黏蛋白	0.1~0.9	1~4

胆汁中特有的成分是胆汁酸盐,除此之外还含有多种酶类及进入体内的药物、毒物、染料及重金属等,除胆汁酸盐和某些酶类参与消化作用外,其他成分多属排泄物,可随胆汁排入肠道,随粪便排出体外。

二、胆汁酸的生理作用

1.促进脂类的消化吸收

胆汁酸(bile acids)分子内部既含有亲水的羟基、羧基、磺酸基等,又含疏水的烃核和甲基,因而构成了胆汁酸立体构型上的亲水和疏水两个侧面,能降低油/水两相之间的表面张力,故胆汁酸是较强的乳化剂,可使脂类等在水中乳化成直径仅 $3\sim10\mu m$ 的细小微团,既有利于消化酶发挥作用,又有利于脂类的吸收。

2.抑制胆固醇结石的形成

胆汁中含有胆固醇。胆固醇难溶于水,胆汁酸盐和卵磷脂可使胆固醇分散形成可溶性微团,使其不易结晶沉淀,顺利通过胆道转至肠腔排出体外。若肝脏合成胆汁酸的能力下降,消化道丢失胆汁酸过多或排入胆汁中的胆固醇过多,均可造成胆汁中胆汁酸、卵磷脂与胆固醇的比值降低(小于 10：1),导致胆汁中的胆固醇因过饱和而析出形成胆石。

三、胆汁酸的代谢

(一)胆汁酸的分类

正常人胆汁中的胆汁酸可分为两类,即初级胆汁酸(primary bile acids)和次级胆汁酸(secondary bile acids),每类中又有游离型和结合型之分(图 15－1)。人胆汁中的胆汁酸以结合型为主,其中甘氨胆汁酸比牛磺胆汁酸含量多,均以钠盐或钾盐的形式存在,故称为胆汁酸盐,简称胆盐(bile salts)。

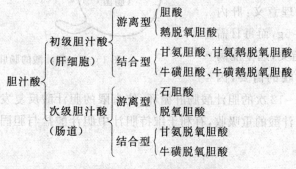

图 15－1　胆汁酸的分类

(二)胆汁酸的生成

1.初级胆汁酸的生成

肝细胞以胆固醇为原料合成初级胆汁酸,每日合成量约 $0.4\sim0.6g$,占胆固醇日合成量($1\sim1.5g$)的 2/5。胆固醇在 7α-羟化酶的催化下生成 7α-羟胆固醇,再继续经氧化、异构、还原、侧链修饰等,生成初级游离胆汁酸,即胆酸和鹅脱氧胆酸。7α-羟化酶是胆汁酸生物合成中的限速酶。

胆酸和鹅脱氧胆酸可分别与甘氨酸或牛磺酸结合生成初级结合胆汁酸,即甘氨胆酸、甘氨鹅脱氧胆酸、牛磺胆酸和牛磺鹅脱氧胆酸。因肝脏合成牛磺酸的能力有限,所以肝中主要以甘氨酸结合的胆汁酸为主。胆汁中甘氨胆汁酸与牛磺胆汁酸的比例为 3：1。

2.次级胆汁酸的生成

初级结合型胆汁酸随胆汁排入肠道,在协助脂类物质消化吸收后,在肠道细菌酰胺酶催化下,水解脱去甘氨酸或牛磺酸,释放出游离型初级胆汁酸,再经 7α-脱羟反应,胆酸转变为脱氧胆酸,鹅脱氧胆酸转变成石胆酸。石胆酸溶解度小,一般不与甘氨酸或牛磺酸结合;而脱氧胆酸与二者结合生成结合型次级胆汁酸,即甘氨脱氧胆酸和牛磺脱氧胆酸。

(三)胆汁酸的肠肝循环

排入肠道的胆汁酸(包括初级、次级、结合型和游离型胆汁酸)中约有95％被肠壁重新吸收。肠道中的石胆酸(约5％)由于溶解度小,不被重吸收,直接随粪便排出,每日约有0.4～0.6g胆汁酸随粪便排出。

由肠道重吸收的胆汁酸,经门静脉进入肝脏,被肝细胞迅速摄取,将游离胆汁酸重新转变为结合胆汁酸,并同新合成的结合型胆汁酸一起,再随胆汁排入肠腔,此过程称为胆汁酸的肠肝循环(enterohepatic circulation)(图15-2)。胆汁酸的肠肝循环具有重要生理意义:肝内胆汁酸代谢池含约3～5g,而每日需16～32g胆汁酸乳化脂类,远不能满足肠道对脂类消化吸收的需要,因

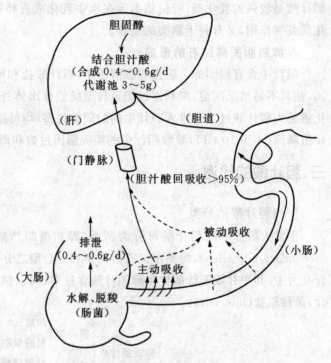

图15-2 胆汁酸的肠肝循环

此,人体每天可进行6～12次的胆汁酸肠肝循环,使有限的胆汁酸反复发挥作用,以保证脂类的消化吸收。此外,胆汁酸的重吸收,有利于维持胆汁中胆汁酸盐与胆固醇的比例,减少胆固醇结石的形成。

第四节　胆色素代谢与黄疸

胆色素(bile pigments)是体内含铁卟啉化合物的主要分解代谢产物,包括胆绿素(biliverdin)、胆红素(bilirubin)、胆素原(bilinogen)和胆素(bilin)等。其中最主要的是胆红素,可随胆汁经肠道排出。胆红素的毒性作用可引起大脑不可逆性损害,但近年来的研究表明,胆红素具有抗氧化作用。肝脏是胆红素代谢的主要器官,所以,重新认识胆红素,对临床上肝病及高胆红素血症的防治具有重要的指导意义。

一、胆红素的生成

体内70％～80％的胆红素是由衰老的红细胞破坏、降解而来,其余来自肌红蛋白、过氧化氢酶、过氧化物酶等含铁卟啉的化合物。人类红细胞的平均寿命是120天,衰老的红细胞在单核-吞噬细胞系统(肝、脾、骨髓等)被破坏,释放出血红蛋白,血红蛋白分解为珠蛋白和血红素;珠蛋白可降解为氨基酸,供机体再利用;血红素在微粒体中受血红素加氧酶的催化,使血红素原卟啉环上的α次甲基桥氧化断裂,从而产生CO、铁和水溶性的胆绿素。释放的铁可以被机体重新利用;CO除一部分从呼吸道排出外,在体内还具有重要的生理功能。胆绿素在活性极

高的胆绿素还原酶催化下,接受 NADPH 提供的氢,迅速还原为胆红素。此时的胆红素呈现
亲脂的疏水性,并具有毒性(图 15-3)。

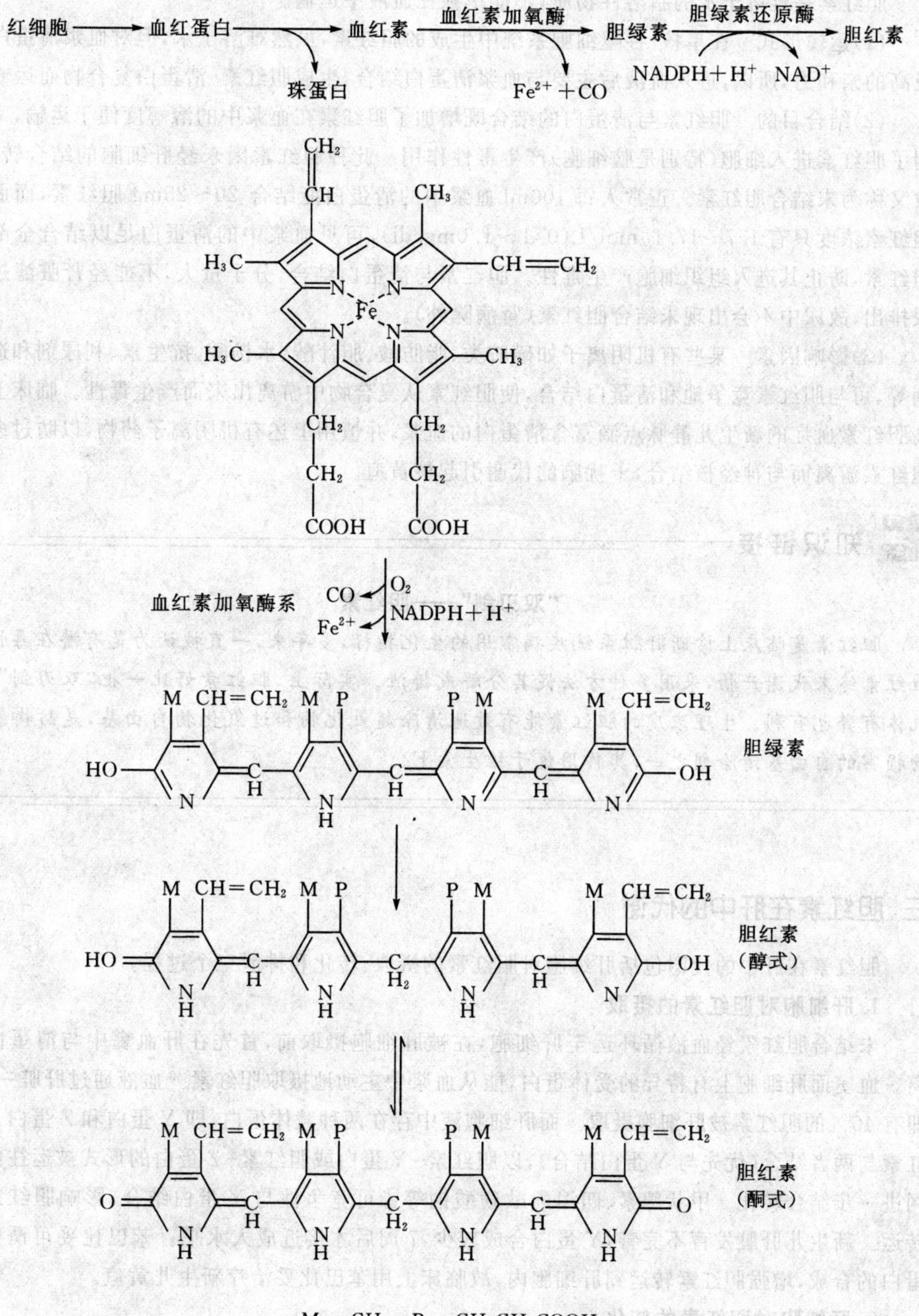

红细胞 ——→ 血红蛋白 ——→ 血红素 ——血红素加氧酶——→ 胆绿素 ——胆绿素还原酶——→ 胆红素

珠蛋白　　　　　　　Fe²⁺＋CO　　　NADPH＋H⁺　NAD⁺

图 15-3 胆红素的生成

血红素加氧酶系　CO　O₂

Fe²⁺　NADPH＋H⁺

胆绿素

胆红素
(醇式)

胆红素
(酮式)

M:—CH₃　P:—CH₃CH₂COOH

二、胆红素的运输

胆红素是难溶于水的脂溶性物质,不能单独在血液中运输。

(1)运输形式 在单核-吞噬细胞系统中生成的胆红素,虽然难溶于水,但对血浆清蛋白有极高的亲和力,所以,进入血液后主要与血浆清蛋白结合,生成胆红素-清蛋白复合物而运输。

(2)结合目的 胆红素与清蛋白的结合既增加了胆红素在血浆中的溶解度便于运输,又限制了胆红素进入细胞(特别是脑细胞)产生毒性作用。此种胆红素因未经肝细胞的结合转化,故又称为未结合胆红素。正常人每100ml血浆中的清蛋白能结合20~25mg胆红素,而血浆胆红素浓度只有1.7~17.1μmol/L(0.1~1.0mg/dl),可见血浆中的清蛋白足以结合全部的胆红素,防止其进入组织细胞产生毒性。胆红素与清蛋白结合,分子量大,不能经肾脏滤过随尿排出,故尿中不会出现未结合胆红素(肾病除外)。

(3)影响因素 某些有机阴离子如磺胺类、脂肪酸、胆汁酸、水杨酸、抗生素、利尿剂和造影剂等,可与胆红素竞争地和清蛋白结合,使胆红素从复合物中游离出来而产生毒性。临床上给高胆红素血症的新生儿静脉点滴富含清蛋白的血浆,并慎用上述有机阴离子药物,以防过多的胆红素游离而与神经核结合,干扰脑的代谢引起核黄疸。

 知识链接

"双刃剑"——胆红素

胆红素是临床上诊断肝胆系统疾病常用的生化指标,多年来,一直被认为是有潜在毒性的血红素终末代谢产物,采用多种方法促其分解或排泄。实际上,胆红素好比一把"双刃剑",对机体有弊也有利。生理浓度的胆红素能有效地清除超氧化物和过氧化物自由基,是防御氧化物损害的自由基清除剂之一,其作用优于维生素E。

三、胆红素在肝中的代谢

胆红素在肝中的代谢包括肝细胞对胆红素的摄取、转化和排泄三个过程。

1.肝细胞对胆红素的摄取

未结合胆红素经血液循环运至肝细胞,在被肝细胞摄取前,首先在肝血窦中与清蛋白分离。血窦面肝细胞上有特异的受体蛋白,能从血浆中主动地摄取胆红素。血液通过肝脏一次,即有40%的胆红素被肝细胞摄取。而肝细胞液中存在两种载体蛋白,即Y蛋白和Z蛋白。胆红素与两者结合(优先与Y蛋白结合),以胆红素-Y蛋白或胆红素-Z蛋白的形式被运往内质网进一步结合转化。甲状腺素、四溴酚酞磺酸钠等皆可竞争性与Y蛋白结合,影响胆红素的转运。新生儿肝脏发育不完善,Y蛋白合成较少,7周后才接近成人水平。苯巴比妥可诱导Y蛋白的合成,增强胆红素转运到肝细胞内,故临床上用苯巴比妥治疗新生儿黄疸。

2.肝细胞对胆红素的转化

胆红素-Y蛋白复合物被转运到滑面内质网后,大部分胆红素在葡萄糖醛酸转移酶的催化下,由尿苷二磷酸葡萄糖醛酸(UDPGA)提供葡萄糖醛酸基(GA),生成葡萄糖醛酸胆红素,又称为结合胆红素。由于胆红素分子中含有 2 个丙酸基的羧基,每分子胆红素可结合 2 分子葡萄糖醛酸,故主要是双葡萄糖醛酸胆红素(图 15 - 4),约占 70%～80%,单葡萄糖醛酸胆红素较少。结合胆红素极性较强,溶于水,与血浆清蛋白的亲和力降低,故易从胆道随胆汁排泄,亦可从肾小球滤过,但不容易通过细胞膜和血脑屏障。正常人血中结合胆红素含量甚微,故尿中无结合胆红素。当胆道阻塞,毛细胆管压力增高破裂时,结合胆红素随胆汁返流入血,在血液和尿中均可出现。两种胆红素的比较见表 15 - 2。

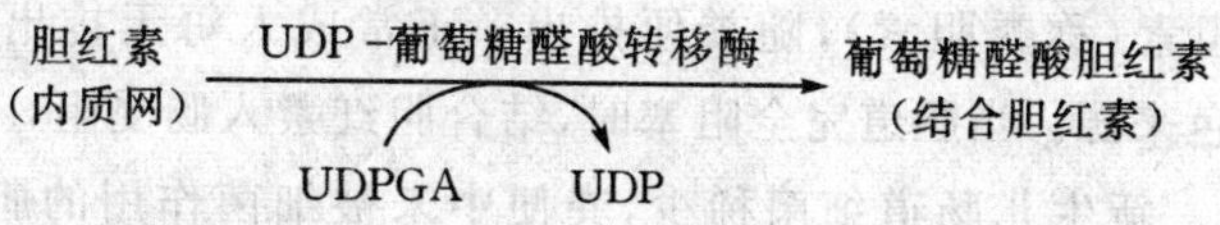

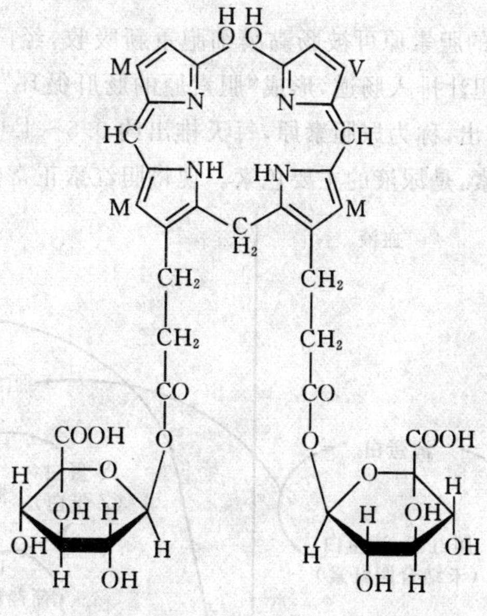

$$\text{胆红素(内质网)} \xrightarrow[\text{UDPGA} \quad \text{UDP}]{\text{UDP -葡萄糖醛酸转移酶}} \text{葡萄糖醛酸胆红素(结合胆红素)}$$

图 15 - 4 双葡萄糖醛酸胆红素的结构

表 15 - 2 两种胆红素的区别

理化性质	未结合胆红素	结合胆红素
常见其他名称	间接胆红素、游离胆红素血胆红素、肝前胆红素	直接胆红素、肝胆红素
与葡萄糖醛酸结合	未结合	结合
与重氮试剂反应	间接反应	直接反应
水中溶解度	小	大
透过细胞膜的能力及毒性	大	小
能否透过肾小球随尿排出	不能	能

综上所述,当肝细胞病变、载体蛋白缺乏、UDP 葡萄糖醛酸来源不足、葡萄糖醛酸转移酶

活性降低或受抑制,均可影响胆红素的摄取及结合转化,引起血中胆红素浓度升高。

3.肝细胞对胆红素的排泄

肝细胞将生成的结合胆红素直接分泌到毛细胆管,通过胆道排入肠腔继续进行代谢。

四、胆红素在肠中的变化及胆素原的肠肝循环

结合胆红素随胆汁排入肠道后,在肠道细菌的作用下,脱去葡萄糖醛酸基,游离出胆红素。肠道细菌对胆红素逐步还原生成无色的尿(粪)胆素原。80%～90%的胆素原在肠道下段被空气氧化成棕黄色的胆素(称粪胆素),随粪便排出。正常成人每天排出的粪胆素约为40～280mg,是粪便的颜色来源。当胆道完全阻塞时,结合胆红素入肠受阻,不能生成胆素原和胆素,故粪便呈灰白色。新生儿肠道细菌稀少,粪便中未被细菌作用的胆红素使粪便呈现橘黄色。

肠道中约10%～20%的胆素原可被肠黏膜细胞重新吸收,经门静脉入肝,其中大部分被肝细胞摄取以原形再次随胆汁排入肠道,形成"胆素原的肠肝循环"。小部分胆素原进入体循环,通过肾小球滤过随尿排出,称为尿胆素原,每天排出约0.5～4.0mg。与空气接触后,尿胆素原被氧化为黄色的尿胆素,是尿液的主要色素。现将胆红素正常代谢过程概括如图15-5。

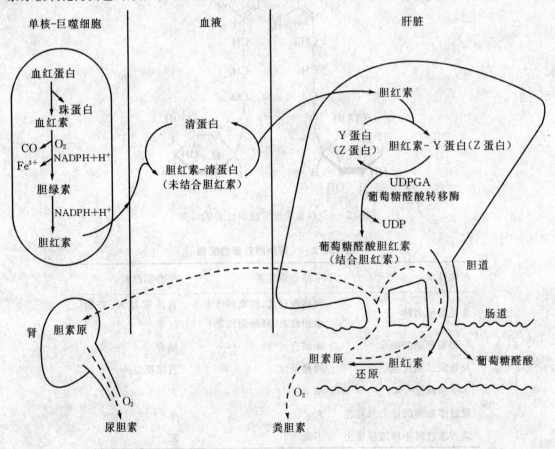

图15-5 胆红素正常代谢示意图

五、胆色素代谢与黄疸

(一)血清胆红素与黄疸

正常人血清胆红素总量小于 $17.1\mu mol/L(1mg/dl)$，其中未结合胆红素占 4/5，1/5 为结合胆红素。未结合胆红素不能通过肾小球滤膜，结合胆红素可以经肾小球滤过，但因血中微量，故正常人尿液中无胆红素。各种原因导致胆色素代谢障碍，血清总胆红素含量升高，称高胆红素血症。胆红素是橙黄色的色素，可扩散进入组织，引起皮肤、黏膜、巩膜黄染的现象称为黄疸(jaundice)。黄疸的程度取决于胆红素的浓度。若血清胆红素浓度增高，但未超过 $34.2\mu mol/L(2mg/dl)$ 时，肉眼不易察觉皮肤、黏膜的黄染现象，称为隐性黄疸；若大于 $34.2\mu mol/L$ 时，肉眼可见黄染十分明显，称为显性黄疸。

(二)黄疸的类型及特征

根据黄疸产生的原因，将其分为三种类型。

1.溶血性黄疸

溶血性黄疸(hemolytic jaundice)是各种原因导致红细胞大量破坏(如恶性疟疾、输血不当、药物等)，单核-吞噬细胞系统生成的胆红素过多，超过肝脏的摄取、结合与排泄能力引起的黄疸。其特征为：

(1)血中未结合胆红素显著升高，结合胆红素浓度变化不大；

(2)未结合胆红素不能由肾小球滤过而排泄，故尿中无胆红素；

(3)与重氮试剂间接反应阳性；

(4)肝脏最大限度地处理和排泄胆红素，因此粪便和尿液中胆素原族化合物增多，颜色加深。

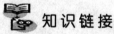 知识链接

生理性黄疸

60%的足月儿出生后 2～5 天出现黄疸，但一般情况良好，7～14 天左右消退；早产儿可延迟至 3～4 周消退。新生儿胆红素代谢特点如下：

◆ 胆红素产生相对较多较快，因新生儿红细胞破坏较多且寿命短；

◆ 肝脏发育不完善，受体蛋白(Y 蛋白)缺少，葡萄糖醛酸转移酶含量及活性低，使肝脏摄取、转化、排泄胆红素的能力差；

◆ 肠肝循环特殊。新生儿肠道正常的菌群尚未建立，胆素原不能生成，胆红素被肠壁吸收增加。

一般黄疸较轻，2 周内自行消退，称为生理性黄疸。若新生儿有饥饿、缺氧、失水、体内出血等情况，可加重黄疸。

2. 阻塞性黄疸

阻塞性黄疸(obstructive jaundice)是各种原因导致的胆红素排泄受阻,如胆道炎症、肿瘤、结石等引起的胆道阻塞,毛细胆管内压力增高而破裂,以致胆汁中的结合胆红素返流入血引起的黄疸。其特征为:

(1)血中总胆红素升高,结合胆红素明显增高(占总胆红素的50%以上),未结合胆红素变化不大;

(2)结合胆红素可通过肾小球滤过,因而尿中胆红素阳性;

(3)与重氮试剂直接反应阳性;

(4)结合胆红素不易或不能排入肠道,使肠中胆素原生成减少或缺乏,粪便颜色变浅或呈灰白色,尿色变浅。

3. 肝细胞性黄疸

肝细胞性黄疸(hepatocellular jaundice)是因肝细胞受损(如肝炎、肝硬化等病变),其摄取、处理与排泄胆红素的能力降低所致。其特征为:

(1)血中两种胆红素均增高。一方面肝脏不能将正常来源的未结合胆红素摄取、转化为结合胆红素,使血中未结合胆红素升高;另一方面因肝细胞肿胀,使毛细胆管堵塞或破裂后与肝血窦直接相通,结合胆红素返流入血,故结合胆红素亦升高(占总胆红素的35%以上),呈双相反应。

(2)尿胆红素阳性。

(3)血清胆红素与重氮试剂呈双相反应阳性。

(4)肝脏对结合胆红素的生成和排泄减少,粪便颜色变浅。由于肝细胞受损程度不一,故尿中胆素原含量变化不定。一则是从肠道吸收的胆素原不能有效地随胆汁再排泄,引起血和尿中胆素原增加;另则,肝脏有实质性损害,结合胆红素生成少且不能顺利排入肠腔,故尿中胆素原可能减少。

三种类型黄疸的血、尿、粪的改变总结见表15-3。

表15-3 三种类型黄疸血、尿、粪的改变

指标	正常	溶血性黄疸	肝细胞性黄疸	阻塞性黄疸
血清胆红素总量	$<17.1\mu mol/L$	$>17.1\mu mol/L$	$>17.1\mu mol/L$	$>17.1\mu mol/L$
结合胆红素	$0\sim3\mu mol/L$	不变/微增	↑	↑↑
未结合胆红素	$<17.1\mu mol/L$	↑↑	↑	不变/微增
尿三胆				
尿胆红素	—	—	++	++
尿胆素原	少量	↑	不一定	↓
尿胆素	少量	↑	不一定	↓
粪便颜色	棕黄色	加深	变浅	变浅/陶土色

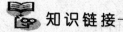 知识链接

肝功能检查

肝功能试验是根据肝脏的某种代谢功能而设计的，只能反映肝脏功能的某一侧面。常用的肝功能检测项目有：

◆ 血浆蛋白的检测：测定血浆总蛋白、清蛋白和球蛋白的含量与比值，可了解肝功能损伤的程度和性质；

◆ 血清酶类测定：测定血清 ALT、AST、LDH 等酶的活性，反映肝细胞膜的改变，协助急性肝病的诊断；

◆ 胆色素指标检测：测定血清总胆红素、结合胆红素以及尿中胆红素、胆素原和胆素水平，反映肝脏处理胆红素的能力，用于黄疸的诊断和鉴别。

 学习小结

肝脏是人体的"物质代谢中枢"。肝通过其独特的结构和化学组成特点，在体内的物质代谢中起重要作用，如调节血糖浓度，脂类的消化、吸收、分解、合成、利用及运输，蛋白质的合成和氨基酸代谢，尿素合成，维生素的吸收、代谢和贮存，激素的生理性灭活等都在肝脏进行。

体内自身代谢产生的或由外界进入的非营养物质，都可在肝脏经过生物转化作用，增加其极性或改变活性或其药理作用，降低或消除毒性，使之随胆汁或尿液排出体外。生物转化作用包括两类：第一相反应有氧化、还原、水解反应，第二相反应是各种结合反应。供结合的物质主要有葡萄糖醛酸、硫酸或氨基酸等。生物转化作用具有多样性、连续性、解毒和致毒的双重性等特点。

胆汁酸是肝细胞分泌胆汁的重要成分，有助于脂类食物的消化吸收及抑制胆固醇结石形成的作用。95% 的胆汁酸可通过肠肝循环，大大地提高了胆汁酸的利用率。

胆色素包括胆红素、胆绿素、胆素原和胆素。胆红素主要由衰老红细胞分解的血红蛋白代谢产生，以未结合胆红素的形式在血液中运输。在肝细胞内，胆红素与葡萄糖醛酸结合转化成结合胆红素排入肠道。在肠中，胆红素在肠菌的作用下被还原为胆素原。大部分胆素原随粪便排出，少部分通过门静脉重吸收入肝后，经体循环由肾脏排出，或肝再将其排入肠，形成胆素原的肠肝循环。任何原因引起血清胆红素浓度升高都可引起黄疸。临床上常见的黄疸有溶血性黄疸、肝细胞性黄疸和阻塞性黄疸三种类型。

 目标检测

1. 简述肝脏在物质代谢中的作用。
2. 何为生物转化作用？生物转化的类型有哪些？有何生理意义？
3. 胆汁酸有何生理功能？

4. 何为胆色素？胆红素是怎样生成的？以什么形式在血中运输？

5. 肝脏在胆红素代谢中有何作用？结合胆红素与未结合胆红素有何不同？

6. 何为黄疸？肝细胞性黄疸时，血清胆红素呈双相反应，尿中出现胆红素的生化机制是什么？

第十六章　水、电解质与酸碱平衡

学习目标

【掌握】体液的含量及分布；细胞内、外液主要的阴、阳离子；水的来源和去路；钠、钾代谢特点；酸碱平衡调节的三大体系。

【熟悉】体液的交换；水与电解质的生理功能；水、电解质平衡的调节；钙、磷的生理功能；钙、磷代谢的调节；酸碱平衡调节的机制；酸碱失衡的类型。

【了解】体液电解质分布特点；微量元素代谢。

第一节　体液

所谓体液，即是机体内由水和溶解在水中的无机盐和有机物(糖、蛋白质等)等构成的水溶液，广泛分布在组织细胞内外。由于体液中的无机盐及部分有机物(蛋白质和有机酸)以离子状态存在，故又称为电解质。体液是人体重要的组成成分，也是机体新陈代谢的主要场所，为了确保机体能够进行正常的生理活动，必须维持体液平衡。通常情况下体液平衡主要是指水与电解质的平衡。

一、体液的含量与分布

正常成人体液总量约占体重的60%，可分为细胞内液和细胞外液两大部分。存在于细胞内的称为细胞内液，约占体重的40%，是细胞进行生命活动的基质。存在于细胞外的称为细胞外液，约占20%，是细胞进行生命活动必须依赖的外环境，或称机体的内环境。细胞外液又以血管壁为界分为两类，一类是存在于血管外组织细胞之间的组织间液(包括淋巴液和脑脊液)，约占体重的15%；另一类是存在于血管内血液的血浆，约占体重的5%。

体液(占体重60%) { 细胞内液(40%)
细胞外液(20%) { 血浆(5%)
组织间液(15%)

体液含量因年龄、性别、体型不同而有差异。随着年龄的增加，体液占体重比例逐渐减少。肌肉组织含水量较多(约占75%)，而脂肪组织含水量较少(约占20%)。男性体脂量少于女性。因此，不同年龄、性别及体型者，其体液具体比例为：新生儿高达75%~80%，成年男性为60%，成年女性约为50%~60%，老年人约为45%~52%，极度肥胖者低达40%。

二、体液电解质的组成、含量及分布特点

(一)体液电解质的组成、含量

体液中的电解质在维持体液分布和动态平衡上起着重要作用。体液中的电解质主要有 Na^+、K^+、Ca^{2+}、Mg^{2+}、Cl^-、HCO_3^-、HPO_4^{2-}、SO_4^{2-}、有机酸根和蛋白质阴离子等。各种体液中电解质的含量见表 16-1。

表 16-1 体液中主要电解质的含量(mmol/L)

电解质	血浆		组织间液		细胞内液	
	离子	电荷	离子	电荷	离子	电荷
阳离子						
Na^+	145	145	139	139	10	10
K^+	4.5	4.5	4	4	158	158
Ca^{2+}	2.5	5	2	4	3	6
Mg^{2+}	0.8	1.6	0.5	1	15.5	31
合计	152.8	156	145.5	148	186.5	205
阴离子						
Cl^-	103	103	112	112	1	1
HCO_3^-	27	27	25	25	10	10
HPO_4^{2-}	1	2	1	2	12	24
SO_4^{2-}	0.5	1	0.5	1	9.5	19
有机酸根	5	5	6	7	16	16
蛋白质	2.25	18	0.25	1	8.1	65
合计	138.75	156	144.75	148	79.9	205

(二)体液电解质的分布特点

(1)无论细胞内液或细胞外液,其阴离子和阳离子所带的电荷总数相等,使体液保持电中性。

(2)细胞内、外液电解质分布有明显差异,细胞外液的阳离子以 Na^+ 为主,阴离子以 Cl^- 和 HCO_3^- 为主;细胞内液的阳离子以 K^+ 为主,阴离子以 HPO_4^{2-} 和蛋白质为主。

(3)细胞内、外液的渗透压基本相等。渗透压指的是溶质分子通过半透膜的一种吸水力量,其大小取决于溶质颗粒数目的多少,而与溶质的分子量及所带电荷量等特性无关。因此,虽然细胞内、外液的电解质电荷总量不等,以细胞内液为多,但由于细胞内液中蛋白质阴离子和二价离子的含量较多,其产生的渗透压相对一价离子为小,因此,细胞内、外液的渗透压基本相等。

(4)血浆和细胞间液的电解质组成与含量非常接近,仅蛋白质含量有较大差别。血浆蛋白

质含量为 $60\sim80g/L$，细胞间液蛋白质含量则极低，仅为 $0.5\sim3.5g/L$。这种差别是由毛细血管壁的通透性决定的，对维持血容量恒定、保证血液与组织间液之间水分的正常交换具有重要生理意义。

三、体液的交换

机体的血浆、组织间液和细胞内液等体液之间不断进行着交换，同时伴有营养物质的运输、代谢物的交换以及代谢终产物的排出，所以体液的交换在维持生物体的生命活动中占有重要地位，各种体液在经常不断地进行交换的过程中保持着动态平衡。

1.细胞内外的体液交换

细胞内外的体液交换通过细胞膜进行。细胞膜是一种半透膜，水和葡萄糖、氨基酸、尿素、尿酸、肌酐、O_2、CO_2 等小分子物质能自由通过；蛋白质大分子和其他离子，包括 Na^+、K^+、Mg^{2+} 和 Ca^{2+} 等不能自由通过，必须选择性地经某种转运方式在细胞内外进行交换。例如，细胞膜上有"钠泵"即 Na^+-K^+-ATP 酶，在消耗 ATP 条件下，该酶把 Na^+ 泵出细胞外，同时把 K^+ 泵入细胞内，以维持细胞内外 Na^+、K^+ 的浓度差。由于由 Na^+、K^+ 等无机离子产生的晶体渗透压远大于蛋白质产生的胶体渗透压，因此，细胞内外水的交换动力主要是晶体渗透压。Na^+ 对细胞外、K^+ 对细胞内晶体渗透压起主要作用。水总是由渗透压低的一侧流向渗透压高的一侧。当细胞外液 Na^+ 浓度过高时，渗透压增高，水便从细胞内液流向细胞外液，引起细胞皱缩；相反，水便从细胞外液流向细胞内液，引起细胞肿胀。

2.血浆与组织间液的体液交换

血浆与组织间液由毛细血管壁相隔，毛细血管壁也是一种半透膜，除大分子蛋白质外，水、小分子有机物和无机物可自由通过毛细血管壁进行交换。决定血浆与组织间液间水分交换的因素为：①毛细血管血压（毛细血管内流体静压）；②组织间液胶体渗透压；③血浆胶体渗透压；④组织间液流体静压。前两者促使体液进入组织间隙，后两者促使体液进入毛细血管内。在毛细血管动脉端前两者之值大于后两者，因此有利于水和营养物质从血管滤过进入组织间隙生成组织间液。在毛细血管静脉端后两者之值大于前两者，有利于水及代谢产物从组织间液重吸收回流进入血管。在正常情况下，毛细血管内外血浆的滤过量和组织间液的回流量基本保持着动态平衡，从而保证了血浆与组织间液之间的物质交换，并且还维持了它们的容量和渗透压的平衡。

第二节　水与电解质平衡

一、水的生理功能

水是人体含量最多的物质，具有特殊的理化性质和极为重要的生理功能。

1.维持组织的形态和功能

每种组织都含有一定量的水。水在体内有两种状态，小部分为自由水，可以流动，如血液、体液中的水；大部分为结合水，与蛋白质、多糖、磷脂等结合，赋予各组织器官以一定的形态、硬度和弹性,如心脏含水约 79%,主要是结合水,故能维持一定的形态。

2. 参与新陈代谢

水是良好的溶剂,许多营养物质如单糖、氨基酸、磷脂、水溶性维生素、矿物质及体内分泌的许多激素,都要溶解于水中后才能发挥其生理作用。营养物和代谢产物溶于水中有利于消化、吸收、运输及排泄。体内的代谢反应主要是在有水的环境中进行,水也直接参与许多代谢反应,如水解、水合反应等。

3. 调节体温

水的比热大,吸收较多的热量而本身温度升高的不多,不至于代谢产热而使体温发生明显改变。水的蒸发热大,蒸发少量的水(出汗)能散发大量的热。水的流动性大,随血液循环迅速分布全身,物质代谢产生的热量能够在体内迅速的均匀分布。因为水有这些特点,所以可以调节体温、维持产热和散热的平衡。

4. 润滑作用

水是机体的润滑剂,例如:泪液防止眼球干燥,利于眼球转动;唾液有助于吞咽及咽部湿润;关节腔液可减少摩擦;还有消化道、呼吸道和生殖道等都需要水的润滑作用。

二、水平衡

正常人每天水的摄入量和排出量处于动态平衡,称为水平衡,以保证体液量的相对稳定(表 16-2)。

(一)水的来源

人体内水的来源主要有饮用水、食物水及代谢水三条途径。正常成人每天(24h)摄取水的总量约 2500ml。

(1)饮用水 成人每天饮用水约 1200ml,并且会随生理状况的需要和气候的影响等有较大幅度的变化。

(2)食物水 成人每天从食物中摄取的水约 1000ml,其摄入量相对稳定。

(3)代谢水 体内糖、脂肪、蛋白质等营养物质每天氧化代谢产生的水约 300ml,这部分水称为代谢水或内生水,其生成量相当稳定。

(二)水的去路

人体内排出水的途径有四条,即经皮肤排出、肺呼出、消化道排出和肾脏排泄。通常情况下正常成人每天排水总量约 2500ml。

(1)皮肤排出 皮肤排水有两种方式,即非显性出汗和显性出汗。前者指经皮肤蒸发的水,每天约 500ml。后者指皮肤分泌的汗液,汗液量与温度、湿度及机体状况有关。显性出汗是一种低渗溶液,含 Na^+ 和少量的 K^+。因此,在炎夏或高温环境下活动导致大量出汗时,也伴有电解质的丢失。

(2)肺呼出 成人每天通过呼吸蒸发的水分约 350ml。

(3)消化道排出 健康成人每天经粪便排出的水分约为 150ml。

(4)肾排泄 肾排尿是水的主要去路,肾脏对水平衡的调节起着重要的作用。健康成人每天由肾排尿量约为1500ml。尿液中还溶解了一些代谢废物,如尿素、尿酸、肌酐等。人每天的尿量受饮水量、气候和其他途径排水的多少等因素的影响。人体每天的代谢废物大约是35g左右,而每克代谢废物至少需要15ml尿液将其溶解。因此,正常成人每天至少必须排出500ml尿液(最低尿量)才能清除体内的代谢废物。临床上将每天尿量少于500ml称为少尿,少于100ml称为无尿。

表16-2 正常成人每天体内水的来源和去路　　单位:ml

水的来源		水的去路	
饮用水	1200	肾脏排泄	1500
食物水	1000	皮肤排出	500
代谢水	300	肺呼出	350
		消化道排出	150
合计	2500		2500

当人体完全不能进水时,每天仍会有1500ml的水分排出,包括尿量500ml、非显性出汗500ml、呼吸蒸发350ml以及粪便排水150ml。因此,临床上对昏迷或不能进食、饮水的患者,每天至少要补充1500ml水分以维持水分出入量的平衡,称为最低生理需水量。

三、电解质的生理功能

机体的电解质分为有机电解质(如蛋白质)和无机电解质(即无机盐)两部分。形成无机盐的主要金属阳离子为Na^+、K^+、Ca^{2+}和Mg^{2+},主要阴离子则为Cl^-、HCO_3^-、HPO_4^{2-}等。电解质的主要功能包括以下方面。

1.调节细胞内外液体容量,维持体液的渗透压平衡

Na^+、Cl^-是细胞外液主要的电解质,对维持细胞外液渗透压起主要作用;K^+、HPO_4^{2-}是细胞内液主要的电解质,对维持细胞内液渗透压起主要作用。当细胞内外电解质浓度发生改变时,可推动水在细胞内外转运,调节细胞内外液体容量,以维持细胞内外渗透压平衡。

2.调节酸碱平衡

机体要进行正常的生理活动,必须保证体液pH值的平衡(7.35~7.45)。该酸碱平衡需要有Na^+、K^+、HPO_4^{2-}、HCO_3^-等参与组成$NaHCO_3/H_2CO_3$、Na_2HPO_4/NaH_2PO_4、$KHCO_3/H_2CO_3$、K_2HPO_4/KH_2PO_4等缓冲体系来参与调节。

3.参与形成动作电位,维持神经、肌肉的应激性

Na^+、K^+、Ca^{2+}、Mg^{2+}等电解质参与形成动作电位。当细胞内外电解质浓度发生改变时,会影响其跨膜转运,进而影响到刺激冲动的传导,影响神经、肌肉、心肌兴奋性的高低。电解质对神经、肌肉应激性的影响关系如下:

$$神经、肌肉应激性 \propto \frac{[Na^+]+[K^+]+[OH^-]}{[Ca^{2+}]+[Mg^{2+}]+[H^+]}$$

当Na^+、K^+浓度增高时,神经肌肉兴奋性增高。当K^+浓度过低时,兴奋性降低,甚至可出现麻痹。当 Ca^{2+}、Mg^{2+}、H^+ 浓度增高时,神经肌肉兴奋性降低。血 Ca^{2+} 过低时,神经肌肉兴奋性增高,常出现手足搐搦。

电解质对心肌细胞的应激性影响关系式如下:

$$心肌应激性 \propto \frac{[Na^+]+[Ca^{2+}]+[OH^-]}{[K^+]+[Mg^{2+}]+[H^+]}$$

血 K^+ 过高对心肌有抑制作用,心肌兴奋性降低,心动过缓,传导阻滞和收缩力减弱,严重时可使心跳停止于舒张期。血 K^+ 过低,心脏的自动节律性增高,常出现期前收缩,严重时使心跳停止在收缩期。Na^+、Ca^{2+} 可拮抗 K^+ 对心肌的抑制作用。

4. 维持细胞正常的物质代谢

多种无机离子作为金属酶或金属活化酶的辅助因子,在细胞水平对物质代谢进行调节。例如多种激酶需 Mg^{2+} 激活,淀粉酶需 Cl^- 激活。K^+ 参与糖原和蛋白质的合成。糖原和蛋白质合成时 K^+ 进入细胞,反之,当糖原或蛋白质分解时,也有等量 K^+ 返回血浆。Ca^{2+} 可作为第二信使参与细胞信息的传递。

5. 参与组成体内有特殊功能的化合物和构成组织

血红蛋白和细胞色素中有铁,铁参与血红蛋白的组成;甲状腺素中有碘,作为合成甲状腺素的原料;胰岛素中含锌,作为组成成分。又如维生素 B_{12} 中有钴,磷脂、核苷酸及核酸中磷都是该化合物的组成成分。钙、磷是构成骨骼和牙齿的主要成分。

四、钠、钾、氯代谢

(一)钠和氯的代谢

1. 含量和分布

钠、氯是细胞外液中主要的阳离子和阴离子,正常成人体内钠含量约为每千克体重 1g,氯的含量为每千克体重 1.6g。体内钠约 50% 分布于细胞外液,40% 存于骨骼,仅有 10% 存在于细胞内液。血钠和血氯正常浓度分别为 135~145mmol/L 和 98~106mmol/L。

2. 摄入和排泄

机体通过膳食及食盐形式摄入钠和氯,成人每天 NaCl 需要量为 5.0~9.0g。一般摄入钠量(6~15g/d)大于其需要量,所以通常人体不会缺钠和缺氯。Na^+、Cl^- 主要从肾排出,少量由汗液和消化道排出。肾对钠的排泄有很强的调节能力,使排钠量与食入量保持平衡,以维持体内钠的平衡。肾对钠的排出特点是"多吃多排,少吃少排,不吃不排"。肾排钠的同时也伴有氯的排出,所以,人体缺钠时排氯量也减少,甚至完全不排;反之,人体钠过多时,尿氯量也增多。

(二)钾的代谢

1. 含量和分布

钾是细胞内液的主要阳离子之一,正常成人体内钾含量为每千克体重 2g。98% 钾主要分布在细胞内液,只有 2% 分布在细胞外液。血浆钾为 3.5~5.5mmol/L。红细胞内钾远远高于血浆内钾,因此测定血钾时要防止发生溶血。

2. 摄入和排泄

钾在动植物食品中含量丰富，人体钾的来源全靠从食物中获得。成人每日钾的需要量为 $2\sim4g$，正常膳食就能满足钾的生理需要量。正常人 90% 钾的排泄都是经过肾脏随尿排出的，剩下 10% 可经过汗液和消化道排泄。肾脏对钾的排泄调节不如对钠那样严格，肾对钾的排出特点是"多吃多排，少吃少排，不吃也排"，在摄入钾极少时，肾脏仍会排出一定量的钾，甚至在不进食的情况下，每日还能从尿液中排出钾。因此，对于长期不能进食的患者，应密切观察血钾水平，并注意补钾。

五、水与电解质平衡的调节

机体每天水和电解质的摄入和排出处于动态平衡，是受神经-内分泌-肾脏的调节保证维持的。

(一)神经系统的调节

当机体缺水或高盐饮食等情况下，细胞外液渗透压升高，下丘脑视前区渗透压感受器受到刺激，刺激冲动传到下丘脑的渴感中枢，引起渴感而摄入一定量的水，从而调节了体液渗透压的平衡。另外，当血容量降低到 $5\%\sim10\%$，有效循环量明显减少，如出血、腹泻等可引起口渴感，进而调节体液平衡。

(二)激素及肾脏的调节

1. 抗利尿激素的调节

抗利尿激素(ADH)又称为加压素，为下丘脑视上核神经细胞分泌的九肽，沿下丘脑-垂体束进入神经垂体贮存。抗利尿激素的主要生理功能是作用于肾的远曲小管及集合管，增加对水的重吸收，使尿量减少。

当体内失水时，细胞外液渗透压增高，刺激下丘脑视前区渗透压感受器，使分泌 ADH 增多，作用于肾脏的远曲小管及集合管，使其对水的重吸收增加，于是尿量减少，保留水分于体内，使细胞外液渗透压降低。当机体血容量减少或血压降低时，也可以分别刺激容量感受器和压力感受器，促进分泌 ADH 增多，进而促进肾脏对水的重吸收，恢复血容量或血压。反之，ADH 分泌减少，肾脏排水增加。

2. 醛固酮的调节

醛固酮是一种类固醇激素，由肾上腺皮质的球状带分泌，又称为盐皮质激素。醛固酮的生理功能是促进肾远曲小管和集合管重吸收 Na^+，保留 Na^+(同时保留水)并促进 K^+ 和 H^+ 的分泌排出。醛固酮的分泌主要受肾素-血管紧张素系统和血 Na^+、血 K^+ 浓度的调节(图 16-1)。

(1)肾素-血管紧张素系统　当细胞外液减少，特别是血容量减少或血压下降时，肾入球小动脉的血压也相应下降，同时，随着血容量减少和血压下降，肾小球滤过率也相应下降，以致流经远曲小管的 Na^+ 量明显减少。以上因素均可促进肾小球旁细胞增加肾素的分泌。此外，全身血压下降也可使交感神经兴奋，刺激肾小球旁细胞分泌肾素。肾素能催化血浆中的血管紧张素原，使其转变为血管紧张素 I，血管紧张素 I 受转化酶的作用再转变为血管紧张素 II，引起小动脉收缩和刺激肾上腺皮质球状带，增加醛固酮的分泌，促进远曲小管对 Na^+ 的再吸收

和促使 K^+、H^+ 的排泄。随着钠再吸收的增加,Cl^- 的再吸收也有增加,再吸收的水也就增多。结果是细胞外液量增加,循环血量回升和血压逐渐回升。反之则抑制肾素的释放,醛固酮的产生减少,于是 Na^+ 的再吸收减少,从而使细胞外液量不再增加,保持稳定。

(2)血 Na^+ 和血 K^+ 浓度　当血 K^+ 升高或 Na^+ 降低,使 Na^+/K^+ 比值降低时,可使醛固酮分泌增加,尿中排钠减少。反之,当血 K^+ 降低或 Na^+ 升高,使 Na^+/K^+ 比值升高时,可使醛固酮分泌减少,尿中排钠增多。

3.心钠素的调节

心钠素是由心房肌细胞产生的一种循环激素,又称为心房利钠因子或心房利钠肽(ANP)。它可以增加肾小球滤过压,产生强大的排钠利尿作用,并能舒张血管、降低血压,又可增加肾小球旁细胞的兴奋性,减少肾素的合成与分泌,对抗肾素-血管紧张素系统和抗利尿激素的作用。

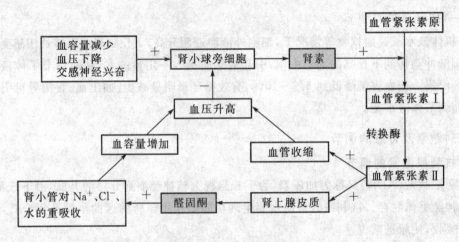

图 16-1　肾素-血管紧张素-醛固酮系统调节示意图

体液失衡时,一般先通过下丘脑-垂体后叶-抗利尿激素系统恢复正常的渗透压,继而通过肾素-醛固酮系统恢复血容量。但是,当血容量锐减时,机体肾素-醛固酮分泌增多,将优先保持和恢复血容量,使重要生命器官(心、脑)的灌注得到保证。

第三节　钙、磷与微量元素代谢

钙和磷是体内含量较多的无机盐,有广泛的生理功能,本节重点介绍钙、磷在体内的代谢,此外对微量元素作简要介绍。

一、钙、磷在体内的分布与功能

(一)分布

机体内钙、磷的含量相当丰富,约占无机盐总量的 3/4。成人体内钙总量约 $700\sim1400g$,磷总量约 $400\sim800g$,其中 99.3% 的钙和 86% 的磷以骨盐形式存在于骨骼和牙齿中,其他的分布于体液和组织中。它们均具有重要的生理功能。

（二）功能

1. 钙的生理功能

（1）以骨盐形式组成人体骨骼　骨骼由骨细胞、骨基质和骨盐组成。主要以无定形的磷酸氢钙（$CaHPO_4$）及柱状或针状的羟磷灰石〔$Ca_{10}(PO_4)_6(OH)_2$〕结晶形式存在。前者是钙盐沉积的初级形式，它进一步钙化结晶而转变成后者，分布于骨基质中。骨盐是钙、磷的储存库，当细胞外液钙浓度减少时，可迅速动员骨盐补充之。

（2）Ca^{2+} 的生理功能　Ca^{2+} 的含量虽不到其总量的 0.1%，但有异常重要的生理功能。①Ca^{2+} 促进心肌的收缩，降低神经肌肉的兴奋性。Ca^{2+} 有利于心肌的收缩，并与促进心肌舒张的 K^+ 相拮抗，这对维持心肌正常功能非常重要；Ca^{2+} 还参与肌肉收缩，降低神经肌肉兴奋性，故血浆 Ca^{2+} 浓度降低时可引起神经肌肉兴奋性增高，甚至引起肌肉自发性收缩（搐搦）。②Ca^{2+} 尚有降低毛细血管和细胞膜通透性的作用。③作为细胞内的第二信使参与细胞间信号转导。④血浆 Ca^{2+} 作为血浆凝血因子参与凝血过程。⑤Ca^{2+} 是许多酶的激活剂或抑制剂，在物质代谢中发挥重要作用。

2. 磷的生理功能

（1）无机磷酸盐是骨、牙齿的重要组成成分。

（2）以磷酸盐的形式参与组成缓冲对，在维持体液的酸碱平衡中发挥作用。

（3）磷脂在构成生物膜结构、维持膜的功能和在代谢调控上均起重要作用。

（4）参与组成体内许多重要的物质，如磷脂类、磷蛋白类、单核苷酸类、核酸等。

（5）参与物质代谢。在物质代谢中，往往需要物质的磷酸化才能参与反应，如磷酸葡萄糖等。另外，磷酸盐还参与构成一些辅酶（如 $NADP^+$ 等）来调节物质代谢。

（6）参与能量的生成、储存和利用，如 ATP 等。

二、钙、磷的吸收与排泄

体内钙、磷均由食物供给，正常人每日摄取钙约为 1g，磷约为 0.8g。儿童、孕妇需要量相应增加。

（一）钙的吸收与排泄

1. 吸收

食物中所含钙主要为各种复合物，食物钙必须转变为游离 Ca^{2+} 才能被肠道吸收。钙的吸收部位在小肠，而吸收率依次为十二指肠＞空肠＞回肠。肠黏膜对钙的吸收机理较为复杂，既有跨膜转运，又有细胞内转运；既有逆浓度梯度的主动吸收，又有顺浓度梯度的被动扩散或易化转运。已知肠黏膜细胞内有多种钙结合蛋白，它与 Ca^{2+} 有较强亲和力，可促进钙的吸收。正常情况下食物中钙吸收率约为 30%。

影响钙吸收有多种因素，这些因素是：

（1）活性维生素 D，即 $1,25-(OH)_2-D_3$ 是影响钙吸收的主要因素，它可促进小肠黏膜细胞合成钙结合蛋白，促进钙和磷的吸收。

(2)肠道的 pH 值。钙盐在酸性溶液中易于溶解,故凡能使消化道 pH 下降的食物如乳酸、某些氨基酸及胃酸等均有利于钙盐的吸收。肠管 pH 偏碱时,钙吸收减少。

(3)机体需要量。婴幼儿、孕妇、乳母对钙需要量增加,吸收率也增加。钙吸收与年龄亦有关,随着年龄增加,钙吸收率下降。老年人易得骨质疏松症与钙吸收率降低密切相关。

(4)食物中钙磷的比例对钙的吸收有一定影响。实验证明,钙/磷比值一般以 1.5～2 : 1 为宜。

(5)凡促使生成不溶性钙盐的因素均影响钙的吸收,如食物中过多的磷酸盐、草酸、谷物中的植酸等均可与钙结合成不溶性钙盐而影响钙吸收。

2. 排泄

人体钙约 20% 经肾排出,80% 随粪便排出。肾小球滤过的钙,95% 以上被肾小管重吸收。血钙升高,则尿钙排出增多。

(二)磷的吸收和排泄

1. 吸收

磷吸收部位在小肠,以空肠吸收最快。影响磷吸收的因素大致与钙相似。酸性增加有利于磷的吸收。吸收形式主要为酸性磷酸盐($H_2PO_4^-$),吸收率可达 70%。Ca^{2+}、Mg^{2+}、Al^{3+} 和 Fe^{3+} 可与磷酸根结合成不溶性盐,故食物中这些金属离子过多会影响磷吸收。

2. 排泄

肾是排磷的主要器官,肾排出的磷占总磷排出量的 70%,其余 30% 则由肠道排泄。肾小球滤过的磷,约 85%～95% 被肾小管(主要为近曲小管)重吸收。

三、血钙与血磷

(一)血钙

血钙通常是指血浆中所含的钙,血钙正常值 2.24～2.74mmol/L(9～11mg/dl)。血钙可分为结合钙、络合钙和离子钙三种形式。结合钙是指与血浆蛋白(主要为清蛋白)结合的钙,不易透过毛细血管壁,也称为非扩散钙,约占血钙总量的 45%。络合钙是指少量与柠檬酸或其他酸结合的可溶性钙盐,约占血钙总量的 5%。离子钙约占血钙总量的 50%。络合钙和离子钙易透过毛细血管壁,二者统称为可扩散钙。

血浆中发挥生理作用的主要为离子钙。结合钙不能直接发挥生理作用,但可以与离子钙相互转变,呈动态平衡关系。此平衡受血浆 pH 影响,血液偏酸时,游离 Ca^{2+} 浓度升高;相反,血液偏碱时,蛋白结合钙增多,游离 Ca^{2+} 浓度下降。因此,临床上碱中毒时常伴有抽搐现象,与低血钙有关。

(二)血磷

血磷是指血浆中的无机磷。正常人血磷浓度为 1.0～1.6mmol/L(3～5mg/dl)。儿童稍高为 4.5～6.5mg/dl。血浆中磷 80%～85% 以 HPO_4^{2-} 形式存在,15%～20% 以 $H_2PO_4^-$ 形式存在,而 PO_4^{3-} 的含量甚微。

血浆中钙、磷浓度关系密切,在以 mg/dl 表示时,二者的乘积($[Ca] \times [P]$)为 35～40。当

（$[Ca] \times [P]$）>40，则钙和磷以骨盐形式沉积于骨组织；若（$[Ca] \times [P]$）<35，则妨碍骨的钙化，甚至可使骨盐溶解，影响成骨作用，容易导致佝偻病及软骨病。

四、钙、磷代谢的调节

血钙和血磷含量的相对稳定依赖于钙、磷的吸收与排泄、钙化及脱钙间的相对平衡，而这些平衡又依靠1,25-二羟维生素 D_3（1,25-$(OH)_2$-D_3）、甲状旁腺素以及降钙素等激素调节肾、骨、肠三个器官来维持。

1.1,25-二羟维生素 D_3 的作用

1,25-$(OH)_2$-D_3 是维生素 D_3 在体内的活性形式，1,25-$(OH)_2$-D_3 作用的靶器官是小肠、骨，而对肾脏作用较弱，其主要作用是升高血钙和血磷。

（1）对小肠的作用　1,25-$(OH)_2$-D_3 能促进小肠对钙、磷的吸收，这是其最主要的生理功能。1,25-$(OH)_2$-D_3 与小肠黏膜细胞内的特异胞浆受体结合，从而使钙结合蛋白和 Ca^{2+}-Mg^{2+}-ATP酶合成增高，促进 Ca^{2+} 的吸收转运。同时 1,25-$(OH)_2$-D_3 可影响小肠黏膜细胞膜磷脂的合成及不饱和脂肪酸的量，增加 Ca^{2+} 的通透性，利于肠腔内 Ca^{2+} 的吸收。1,25-$(OH)_2$-D_3 促进 Ca^{2+} 吸收同时伴随磷吸收的增强。

（2）对骨的作用　1,25-$(OH)_2$-D_3 对骨有溶骨和成骨的双重作用。一方面，1,25-$(OH)_2$-D_3 能刺激破骨细胞活性和加速破骨细胞的生成，从而促进溶骨作用。另一方面，由于 1,25-$(OH)_2$-D_3 增加小肠对钙、磷的吸收，提高血钙、血磷，又促进钙化。另外，1,25-$(OH)_2$-D_3 还刺激成骨细胞分泌胶原等，促进骨的生成。所以，在钙、磷供应充足时，1,25-$(OH)_2$-D_3 主要促进成骨。当血钙降低、肠道钙吸收不足时，主要促进溶骨，使血钙升高。

（3）对肾的作用　1,25-$(OH)_2$-D_3 可促进肾小管对钙、磷的重吸收。但此作用较弱，处于次要地位，只在骨骼生长和修复期，钙、磷供应不足情况下较明显。

2.甲状旁腺素的作用

甲状旁腺素（PTH）的作用主要是升高血钙和降低血磷，它是调节血钙与血磷水平最重要的激素，其作用主要表现在以下方面。

（1）对肾脏的作用　PTH 与肾小管细胞膜上特异性受体结合后，通过 cAMP-PKA 信息转导系统，促进远端小管对钙的重吸收，使尿钙减少，血钙升高。同时，PTH 可抑制近端小管对磷的重吸收，促进磷的排出，使血磷降低。

（2）对骨的作用　PTH 可刺激破骨细胞的活动，使其活动增强，骨组织溶解加速，促进骨钙入血，升高血钙。

（3）对小肠吸收钙的作用　PTH 可激活肾内的 1α-羟化酶，后者可促使 25-OH-D_3 转变为有活性的 1,25-$(OH)_2$-D_3，间接地促进肠道对钙和磷的吸收。

3.降钙素的作用

降钙素（CT）是由甲状腺滤泡旁细胞（C 细胞）分泌的肽类激素。CT 的作用主要是降低血钙和血磷。

（1）对骨的作用　CT 抑制破骨细胞的活动，减弱溶骨过程，增强成骨过程，使骨组织钙、磷释放减少，增加钙、磷沉积，使血钙和血磷下降。

（2）对肾的作用　抑制肾小管对钙、磷、钠、氯的重吸收，增加它们在尿中的排出量。

（3）对小肠吸收钙的作用　CT还可抑制小肠吸收钙和磷。

五、微量元素代谢

构成人体的元素有几十种，其中有十余种元素因含量极少，占人体体重的0.01%以下，每天需要量在100mg以下，故称为微量元素。如铁、锌、铜、锰、铬、硒、钼、钴、氟等均为微量元素。微量元素虽然在人体内的含量不多，但与人的生存和健康息息相关。它们的摄入过量、不足或缺乏都会不同程度地引起人体生理的异常或发生疾病。根据科学研究，到目前为止，已被确认与人体健康和生命有关的必需微量元素有18种，即铁、铜、锌、钴、锰、铬、硒、碘、镍、氟、钼、钒、锡、硅、锶、硼、铷、砷等。现重点介绍几种重要的微量元素。

（一）铁

铁是人体内含量最多的微量元素，正常人体内含铁总量为3~5g。铁在人体内的存在形式可分为两大类：血红素类和非血红素类。血红素类铁占75%，主要以卟啉络合物（血红素）形式存在，65%存在于血红蛋白，10%存在于肌红蛋白。其余25%铁为非血红素类储存铁，存在于铁蛋白、含铁血黄素及一些酶类中。成年男性及绝经后妇女日需铁约1mg，儿童、青春期等需铁量增加。

食物中的有机铁随食物一同进入胃中，在胃酸及胃蛋白酶的作用下溶解，成为无机铁，然后进入肠，被各种还原剂（如抗坏血酸、谷胱甘肽等）还原成二价铁（Fe^{2+}），为肠所吸收。这两种变化都有利于铁的吸收，因为无机铁比有机铁容易吸收，二价铁（Fe^{2+}）比三价铁（Fe^{3+}）容易吸收。铁在整个胃肠道均被吸收。

铁对人体的功能表现在许多方面。铁参与血红蛋白的组成，所以参与氧的运输和储存。铁参与细胞色素、细胞色素氧化酶、过氧化物酶和过氧化氢酶的合成，担负电子传递和氧化还原过程，在机体生物氧化方面起着重要作用，与能量产生密切相关，并能解除组织代谢产生的毒物。

缺铁或铁的利用不良时，导致氧的运输、贮存、二氧化碳的运输及释放、电子的传递、氧化还原等代谢过程紊乱，产生病理变化，最后导致各种疾病。缺铁时，肝脏的发育速度减慢，肝内合成DNA受到抑制，发生缺铁性贫血，抑制生长发育。

（二）锌

正常成人全身含锌总量约2~4g，广泛分布于全身组织。成人每日需锌量为15mg，孕妇和哺乳期妇女应增加至20mg。

锌在十二指肠被吸收，吸收率较低，只有20%~30%。膳食中的草酸、植酸和过多的膳食纤维都会干扰锌的吸收，植酸、钙和锌结合成络合物而降低锌的吸收率。发酵可破坏谷类食物中的植酸，提高锌的吸收率。

锌在体内参与多种酶的组成或为酶催化活性所必需。锌的主要生理功能是促进生长发育，参与核酸和蛋白质的合成，可促进细胞生长、分裂和分化，也是性器官发育不可缺少的微量元素。锌还可改善味觉，增进食欲，并能增强对疾病的抵抗力。

锌在体内储存很少,所以人和动物的食物中锌供应不足,很快出现缺乏症,如食欲减退、生长不良、皮肤病变、伤口难愈、味觉减退、胎儿畸形等。长期缺乏还可引起性机能障碍和矮小症。

(三)铜

成人体内铜总量约 100～150mg。人体各组织均含铜,其中以肝、脑、心、肾和胰含量较多。成人每日需铜量约为 2mg。

铜是许多酶类的组成成分。血浆铜蓝蛋白含有铜,细胞色素氧化酶、铜锌超氧化物歧化酶、过氧化氢酶、酪氨酸酶、单胺氧化酶、抗坏血酸氧化酶等均含铜。含铜酶多属氧化酶类,机体缺铜时这些酶活性下降。铜还可促进铁的吸收。

铜缺乏的主要表现为贫血,因铜缺乏时铜蓝蛋白含量降低,影响铁的吸收、运输和利用。

(四)碘

正常成人含碘 20～50mg,其中 70%～80% 存在于甲状腺内。成人每日需碘约为100～300μg。

碘在人体内的主要作用是用来合成甲状腺素。甲状腺素是一种重要的激素,在促进生长和调节新陈代谢方面有重要作用。它可促进糖和脂类的氧化分解,促进蛋白质合成,促进骨骼生长,维持中枢神经系统的正常功能等。

成年人膳食和饮水中长时间地缺少碘便会发生单纯性甲状腺肿,孕妇、乳母缺碘会导致胎儿和婴幼儿全身严重发育不良,表现为身体矮小,智力低下,称为呆小病。

(五)硒

正常成人体内含硒量约为 14～21mg,主要分布在肝脏、胰和肾脏。成人日需量为30～50μg。

硒是谷胱甘肽过氧化物酶的组成成分,能阻止生物膜脂质的过氧化反应,保护生物膜的正常结构与功能。它们与超氧化物歧化酶等组成体内防御氧自由基损伤的重要酶体系。硒对心肌的保护作用、抗癌作用等可能均与此有关。此外硒还有拮抗镉、汞、砷等的毒性作用。上世纪 60 年代我国医学工作者已查明,克山病与人群硒摄入量不足有关。

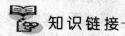 **知识链接**

克山病

克山病是一种原因未明的以心肌病变为主的疾病,亦称地方性心肌病。1935 年首先在黑龙江省克山县发现,故命名克山病。克山病病理改变以心肌变性、坏死和瘢痕形成为特点,临床表现以急性或慢性心力衰竭为主。过去本病死亡率较高,新中国成立后积极防治本病,使本病发病率和病死率都有大幅度的下降。在预防、治疗方法和病因研究方面也取得了一些重要进展。通过病理生理研究,证实内外环境低硒与克山病的发生密切相关。大量研究表明,克山病均发生在低硒地带,病区粮食中硒含量明显低于非病区。

(六)锰

正常人体含锰为 $10\sim20mg$。锰广泛分布于全身各组织,以脑中含量最高。成人日需量为 $2.5\sim7mg$。

锰是体内某些金属酶的成分,也是一些酶的激活剂,如精氨酸酶、丙酮酸羧化酶及锰-超氧化物歧化酶等。另有一些如糖苷转移酶、磷酸烯醇式丙酮酸脱羧酶以及谷氨酰胺合成酶则必需由 Mn^{2+} 激活。因此锰是人体必需的微量元素之一。

锰在食物中分布广泛,通常能满足需要。人体锰缺乏的典型病例尚未有报道,但发现某些疾病存在锰代谢紊乱,如癫痫患者血锰含量降低。此外锰缺乏还可能是关节疾病、精神忧郁、骨质疏松及先天畸形等疾病的发生相关因素。

第四节　酸碱平衡

机体的组织细胞要完成正常的新陈代谢,执行正常的生理活动,必须要求体液内环境维持相对适宜恒定的酸碱度(pH $7.35\sim7.45$)。在正常情况下,尽管机体不断地摄入酸性和碱性食物以及组织细胞在代谢过程中不断产生酸性和碱性物质,但机体可通过一系列的调节作用,维持酸性和碱性物质的相对含量和比例,以保证体液的 pH 值维持在 $7.35\sim7.45$ 相对恒定的范围内。这种调节维持体液 pH 值相对恒定的过程,称为酸碱平衡。

一、酸碱物质的来源

(一)酸性物质的来源

1. 挥发酸

碳酸(H_2CO_3)是体内唯一的挥发酸,主要由物质代谢产生。糖、脂肪和蛋白质等物质在代谢过程中产生大量的 CO_2,CO_2 可以与水结合生成碳酸。碳酸也可以分解产生 CO_2 由肺呼出,因而被称为挥发酸。

在安静状态下,成年人每天产生的 CO_2 约 $300\sim400L$。CO_2 与水结合通过两种方式。一种方式是:CO_2 与组织间液和(或)血浆中的水直接结合生成 H_2CO_3,即 CO_2 溶解于水生成 H_2CO_3,该反应过程不需要碳酸酐酶(CA)。另一种方式是:CO_2 在红细胞、肾小管上皮细胞、胃黏膜上皮细胞和肺泡上皮细胞内经碳酸酐酶(CA)的催化与水结合生成 H_2CO_3。其反应过程如下:

$$CO_2 + H_2O \rightleftharpoons H_2CO_3 \rightleftharpoons H^+ + HCO_3^-$$

2. 固定酸

固定酸是体内除碳酸外所有酸性物质的总称,因不能由肺呼出,而只能通过肾脏由尿液排出,故又称非挥发酸,如糖酵解产生的乳酸,脂肪分解产生的乙酰乙酸、β-羟丁酸,蛋白质分解产生的硫酸,含磷有机物(磷蛋白、核苷酸、磷脂等)分解代谢产生的磷酸等。人体每天生成的固定酸所离解产生的 H^+ 与挥发酸相比要少得多。

(二)碱性物质的来源

经食物摄入碱性物质是人体碱性物质的主要来源。人们摄入的蔬菜和水果中含有的有机酸盐（如柠檬酸盐、苹果酸盐等），在体内可与 H^+ 反应，转化为柠檬酸、苹果酸等。Na^+ 或 K^+ 则可与 HCO_3^- 结合生成碱性碳酸氢盐，并降低了体液中 H^+ 浓度。

机体经代谢而产生的碱性物质较少，多见于氨基酸分解代谢产生的 NH_3 与 H^+ 结合生成 NH_4^+，从而增加体液的碱性。

一般情况下，体内酸性物质的来源多于碱性物质，但机体可通过一系列的调节机制，维持体液 pH 值相对恒定。

二、酸碱平衡的调节

机体对酸碱平衡的调节主要是由三大体系共同作用来完成的，即血液缓冲系统、肺调节和肾调节。

（一）血液缓冲系统的缓冲作用

血液缓冲系统是由弱酸和其相对应的弱酸盐所组成，包括血浆缓冲系统和红细胞缓冲系统。其中弱酸为酸性物质，对进入血液的碱起缓冲作用，被称为缓冲酸；弱酸盐为碱性物质，对进入血液的酸起缓冲作用，被称为缓冲碱。血浆缓冲系统由碳酸氢盐缓冲对（$NaHCO_3$/H_2CO_3）、磷酸氢盐缓冲对（Na_2HPO_4/NaH_2PO_4）和血浆蛋白缓冲对（$NaPr$/HPr）组成。红细胞缓冲对则由还原血红蛋白缓冲对（KHb/HHb）、氧合血红蛋白缓冲对（$KHbO_2$/$HHbO_2$）、碳酸氢盐缓冲对和磷酸氢盐缓冲对等组成。

血浆缓冲系统主要缓冲固定酸，碳酸氢盐缓冲对占血浆缓冲对含量的 50% 以上，血浆中 50% 以上的缓冲作用由它完成。当血浆中的酸性物质（如盐酸）过多时，由碳酸氢盐缓冲对中的碳酸氢钠对其缓冲。经过缓冲后，强酸（盐酸）变成了弱酸（碳酸），固定酸变成了挥发酸，挥发酸分解成 H_2O 和 CO_2，CO_2 由肺呼出体外。血浆中 $NaHCO_3$ 为血浆中含量最多、缓冲能力最强的缓冲碱，因此被称为碱贮备，正常值为 24mmol/L。经验证，只要血浆中 $NaHCO_3$/H_2CO_3 的比值保持在 20：1，就能保持血浆的 pH 值为 7.35~7.45。

红细胞中的还原血红蛋白缓冲对、氧合血红蛋白缓冲对主要缓冲挥发酸。另外，当能改变酸碱平衡的离子如 H^+、HCO_3^- 等在细胞外液中升高时，它们能进入细胞内并交换出带相同电荷的离子，以保持细胞外液之 pH 值。

（二）肺对酸碱平衡的调节

肺对酸碱平衡的调节是通过改变肺泡通气量来改变 CO_2 的排出量，并以此调节体内挥发酸 H_2CO_3 的浓度，以维持 $NaHCO_3$/H_2CO_3 的比值，因此，H_2CO_3 称为呼吸性因素。这种调节受延髓呼吸中枢的控制。呼吸中枢通过整合中枢化学感受器和外周化学感受器传入的刺激信号，以改变呼吸频率和呼吸幅度的方式来改变肺泡通气量。肺对酸碱平衡的调节是非常迅速的，通常在数分钟内就开始发挥作用，并在很短时间内达到高峰。

当[H^+]增高和[CO_2]增高时，均能刺激呼吸中枢；H^+ 还对颈动脉体和主动脉体的化学感受器起刺激作用，这都可引起呼吸加深加快，使 CO_2 排出增加，血浆 H_2CO_3 的浓度下降。反之，呼吸抑制使 CO_2 保留在体内，血浆 H_2CO_3 的浓度升高。

（三）肾脏对酸碱平衡的调节

肾脏对酸碱平衡的调节过程，实际上就是一个排酸保碱的过程，通过一系列离子交换，来

调节血浆 $NaHCO_3$ 的含量,因此,$NaHCO_3$ 被称为代谢性因素。肾脏对酸碱平衡的调节通过以下方式实现。

1. 分泌 H^+,重吸收 $NaHCO_3$

肾小球滤过的 $NaHCO_3$ 约有 80%～85% 被近曲小管重吸收,主要是由近曲小管上皮细胞主动分泌 H^+,并通过 $H^+ - Na^+$ 交换实现的。在近曲小管细胞内的碳酸酐酶催化下,CO_2 与 H_2O 结合生成 H_2CO_3,H_2CO_3 解离为 HCO_3^- 和 H^+,H^+ 由近曲小管上皮细胞分泌进入小管液中,与小管液中的 Na^+ 进行交换。然后,近曲小管上皮细胞内的 HCO_3^- 与通过 $H^+ - Na^+$ 交换进入细胞内的 Na^+ 一起被转运到血液内,从而完成 $NaHCO_3$ 的重吸收。

2. 分泌 H^+,小管液中磷酸盐的酸化

肾小球滤过液中存在两种形式的磷酸盐,即 Na_2HPO_4 和 NaH_2PO_4。在肾小球滤液 pH 为 7.4 的时候,两者的比值为 4:1。当肾小管上皮细胞分泌 H^+ 增加时,分泌的 H^+ 与肾小球滤液中的 Na_2HPO_4 分离出的 Na^+ 进行交换,结果使 NaH_2PO_4 产生增加,这便是磷酸盐的酸化。通过磷酸盐的酸化加强,可使 H^+ 的排出增加,结果导致尿液 pH 降低。当尿液 pH 为 5.5 时,小管液中几乎所有的 Na_2HPO_4 都转变成了 NaH_2PO_4。因此,磷酸盐的酸化在促进 H^+ 的排出过程中起一定作用,但作用有限。

3. 分泌 K^+,重吸收 Na^+

远曲小管和集合管分泌的 H^+、K^+ 可与小管液中的 Na^+ 进行 $H^+ - Na^+$ 交换和 $K^+ - Na^+$ 交换。$H^+ - Na^+$ 交换和 $K^+ - Na^+$ 交换是相互竞争进行的。当酸中毒时,远曲小管和集合管上皮细胞分泌 H^+ 增加,使 $H^+ - Na^+$ 交换过程加强,此时,远曲小管和集合管分泌 K^+ 减少,并可因 K^+ 的排出减少而导致高钾血症。相反,碱中毒时,远曲小管和集合管上皮细胞分泌 H^+ 减少,$H^+ - Na^+$ 交换减少,$K^+ - Na^+$ 交换增加,并由于 K^+ 的排出增加而导致血清钾浓度降低。

4. 分泌 NH_4^+,重吸收 Na^+

近曲小管上皮细胞是产生 NH_4^+ 的主要场所。细胞内含有谷氨酰胺酶(GT),可催化谷氨酰胺水解而释放出 NH_3 和谷氨酸。产生 NH_3 具有脂溶性,它可以通过非离子扩散分泌 NH_3 进入小管液中;也可以与细胞内的 H^+ 结合生成 NH_4^+,然后由近曲小管分泌入小管液中,并以 $NH_4^+ - Na^+$ 交换方式将小管液中的 Na^+ 换回。Na^+ 与细胞内的 HCO_3^- 一起协同转运进入血液。GT 的活性受 pH 值影响,酸中毒越严重,酶的活性也越高,产生 NH_3 和谷氨酸也越多,从而加速了 H^+ 的排出和 HCO_3^- 的重吸收。

由此可见,体内酸碱平衡是通过血液缓冲系统、肺和肾的共同调节来维持的。当血液中的酸性或碱性物质过多时,首先由血液缓冲体系进行缓冲,将强酸或强碱转变成弱酸或弱碱。然而,同时必然引起 $NaHCO_3$ 和 H_2CO_3 的含量和比值的变化,通过肺的呼吸作用可调节血浆 $NaHCO_3$ 的量,通过肾的 $H^+ - Na^+$ 交换、$K^+ - Na^+$ 交换、$NH_4^+ - Na^+$ 交换可调节血浆 H_2CO_3 的含量,以维持 $NaHCO_3/H_2CO_3$ 的比值在 20:1,保证血液 pH 在 7.35～7.45。在整体调节中,血液的调节作用最快,肺的作用也较迅速,而肾的作用缓慢但持久。

三、酸碱平衡的紊乱

酸碱平衡紊乱可分为单纯型酸碱平衡紊乱和混合型酸碱平衡紊乱。单纯型酸碱平衡紊乱分为四种类型,即代谢性酸中毒、呼吸性酸中毒、代谢性碱中毒和呼吸性碱中毒。

(一)代谢性酸中毒

代谢性酸中毒是指由于各种原因导致血浆 HCO_3^- 浓度原发性减少而导致的 pH 值降低。代谢性酸中毒是因体内酸性物质积聚过多,或碱性物质丢失过多而引起。

(1)酸性物质生成过多 如缺氧引起的糖酵解加强而引起乳酸产生过多,发生乳酸酸中毒,以及长期饥饿和糖尿病引起酮症酸中毒等。

(2)酸性药物摄入或输入过多 大量摄入阿司匹林、氯化铵等酸性药物。

(3)碱性液体丢失过多 如腹泻、肠梗阻、肠瘘、胰瘘、胆瘘、肠道减压吸引等疾病时,$NaHCO_3$ 直接丢失过多。

(4)肾排酸功能减退 如急性肾衰竭时,肾小管分泌 H^+ 能力下降,引起酸性代谢产物堆积。

(5)高血钾 高血钾时,细胞内外 $K^+ - H^+$ 交换加强,引起细胞外 H^+ 增多。

细胞外液中固定酸增加后,血浆缓冲体系中的各种缓冲碱立即对其进行缓冲,造成 HCO_3^- 和其他缓冲碱被不断消耗而减少。当 H^+ 浓度增高时,可刺激呼吸中枢引起呼吸加深加快,使 CO_2 排出增加,尽量维持 $NaHCO_3/H_2CO_3$ 的比值。肾功能正常时,其分泌 H^+ 和 NH_4^+、重吸收 $NaHCO_3$ 功能增强,促进细胞外液中 $NaHCO_3$ 回升。

(二)呼吸性酸中毒

呼吸性酸中毒是指因各种原因导致 CO_2 排出障碍或吸入过多,引起血浆 H_2CO_3 浓度原发性增高,pH 值降低。

(1)呼吸中枢抑制 颅脑损伤、脑炎、中枢抑制药物用量过大等。

(2)呼吸肌麻痹 急性脊髓灰质炎、低钾、重症肌无力、有机磷中毒等均能引起呼吸肌麻痹而导致 CO_2 排出障碍。

(3)肺通气障碍 肺心病、肺气肿、胸部创伤、胸膜腔积液等均能影响肺通气功能,导致 CO_2 排出障碍。

(4)呼吸道阻塞 喉头痉挛和水肿、溺水、异物阻塞气管等。

(5)CO_2 吸入过多 如在通风不良的矿井 $PaCO_2$ 过高,导致机体 CO_2 吸入过多。

当慢性呼吸性酸中毒时,主要靠肾脏的代偿调节。$PaCO_2$ 过高,pH 值降低,肾小管 CA 活性增强,加速 H_2CO_3 的合成,其分泌 H^+ 和 NH_4^+ 功能增强,重吸收 $NaHCO_3$ 增多,促进细胞外液中 $NaHCO_3$ 回升。急性呼吸性酸中毒主要靠细胞内外离子交换及细胞内缓冲体系的缓冲代偿调节,往往为失代偿。

(三)代谢性碱中毒

代谢性碱中毒指由于各种原因,导致血浆 HCO_3^- 浓度原发性增高,pH 升高。

(1)酸性物质经消化道和肾丢失过多 经消化道丢失常见于剧烈频繁呕吐及胃管引流胃液大量丢失;经肾丢失过多见于醛固酮分泌异常增加、使用排 H^+ 利尿药等情况。

(2)碱性物质输入过多 主要发生在用 $NaHCO_3$ 纠正代谢性酸中毒时。若患者有明显的肾功能障碍,在骤然输入大剂量 $NaHCO_3$ 或较长期输入 $NaHCO_3$ 时,可发生代谢性碱中毒。

另外,大量输入库存血,库存血液中含抗凝剂柠檬酸盐,后者输入体内后经代谢生成 HCO_3^-。若输入库存血液过多,则可使血浆 HCO_3^- 增加,发生代谢性碱中毒。

(3)低钾血症　低钾血症是引起代谢性碱中毒的原因之一。因为低钾血症时,细胞内液的 K^+ 向细胞外液转移以部分补充细胞外液的 K^+ 不足,为了维持电荷平衡,细胞外液的 H^+ 则向细胞内转移,从而导致细胞外液的 H^+ 减少,引起代谢性碱中毒。

代谢性碱中毒主要靠肺和肾的代偿调节。当 H^+ 浓度降低时,呼吸中枢受到抑制,呼吸变浅变慢,使 CO_2 排出减少,血浆 H_2CO_3 继发性升高,维持 $NaHCO_3/H_2CO_3$ 的比值。另外,肾小管 CA 活性受到抑制,其泌 H^+ 和 NH_4^+ 减少,重吸收 $NaHCO_3$ 减少,促进细胞外液中 HCO_3^- 下降。

(四)呼吸性碱中毒

呼吸性碱中毒因通气过度使 CO_2 呼出过多,导致血浆 H_2CO_3 浓度原发性降低,pH 升高。常见原因有:低张性缺氧、癔症、甲亢、中枢神经系统疾病、呼吸机使用不当等。

急性呼吸性碱中毒主要依赖细胞内外离子交换和细胞内缓冲的方式代偿,常为失代偿性的。慢性呼吸性碱中毒,则通过肾脏分泌 H^+ 和 NH_4^+ 减弱,重吸收 $NaHCO_3$ 减少的方式代偿调节。

 学习小结

体液是由水和溶解在水里的电解质组成,是人体重要的组成成分,分为细胞内液和细胞外液。细胞外液的阳离子以 Na^+ 为主,阴离子以 Cl^- 和 HCO_3^- 为主;细胞内液的阳离子以 K^+ 为主,阴离子以 HPO_4^{2-} 和蛋白质为主。各种体液在经常不断地进行交换的过程中保持着动态平衡。

机体每天水和电解质的摄入和排出处在动态平衡,是受神经-内分泌-肾脏的调节保证维持的。

水的生理功能主要是维持组织的形态和功能,参与新陈代谢、调节体温、润滑作用等。人体内水的来源主要有三,即饮用水、食物水及代谢水。水的去路主要有四,即经皮肤排出、肺呼出、消化道排出和肾脏排泄。通常情况下正常成人每天水的来源和去路动态平衡,总量约 2500ml。

肾对钠的排出特点是"多吃多排,少吃少排,不吃不排";肾对钾的排出特点是"多吃多排,少吃少排,不吃也排"。

钙和磷是体内含量较多的无机盐,钙的生理功能主要有以骨盐形式组成人体骨骼、作为细胞内的第二信使等。磷的生理功能有参与骨骼的形成、参与组成缓冲对等。钙、磷平衡依靠 $1,25$ -二羟维生素 D_3、甲状旁腺素以及降钙素等激素调节肾、骨、肠三个器官来维持。

机体有 10 余种元素含量极少,占人体体重的 0.01% 以下,每天需要量在 100mg 以下,故称为微量元素。如铁、锌、铜、锰、铬、硒、钼、钴、氟等均为微量元素。微量元素与人的生存和健康息息相关。它们的摄入过量、不足或缺乏都会不同程度地引起人体生理的异常或发生疾病。

体液内环境维持相对适宜恒定的酸碱度(pH7.35～7.45)。酸性物质包括挥发酸(碳酸)

和固定酸；经食物摄入碱性物质是人体碱性物质的主要来源。机体对酸碱平衡的调节主要是由血液缓冲系统、肺调节和肾调节三大体系共同作用来完成的。当机体酸碱物质失衡并超过机体调节能力时，就会出现酸碱紊乱。单纯性酸碱紊乱包括代谢性酸中毒、呼吸性酸中毒、代谢性碱中毒和呼吸性碱中毒。

 目标检测

1. 简述体液的含量及分布、水的来源及去路。
2. 简述细胞内、外主要的阴、阳离子；肾脏对钠、钾调节特点。
3. 简述调节钙、磷代谢的因素。
4. 简述机体调节酸碱平衡的三大体系。